国防科技大学建校70周年系列著作

导弹误差传播、辨识与精度评估

杨华波　张士峰　白锡斌　著

科学出版社

北　京

内 容 简 介

本书围绕如何提高导弹打击精度及如何评估导弹打击精度两个问题，系统阐述了影响导弹打击精度的各种误差因素的特点、传播规律及辨识方法，深入讨论了精度评估中的具体问题及解决方法。第 1 章为绪论；第 2 章介绍了精度指标的定义与计算方法；第 3 章主要讨论了各种误差因素的特点及对弹道参数的影响规律；第 4 章主要讨论了惯性导航系统地面测试标定手段与辨识方法；第 5 章主要讨论了基于飞行试验遥测、外测数据的误差辨识方法；第 6 章主要讨论了精度参数的经典评估与检验方法；第 7 章主要讨论了 Bayes 理论基本原理及其在精度评估中的应用。

本书可作为高等院校飞行器设计及相关专业高年级本科生、研究生和教师的参考书，也可作为从事导弹武器设计、研制、鉴定与使用方面的研究人员和工程师的参考书。

图书在版编目（CIP）数据

导弹误差传播、辨识与精度评估 / 杨华波，张士峰，白锡斌著. —北京：科学出版社，2023.11
　ISBN 978－7－03－076858－2

Ⅰ.①导⋯　Ⅱ.①杨⋯　②张⋯　③白⋯　Ⅲ.①导弹－精度－评估　Ⅳ.①TJ76

中国国家版本馆 CIP 数据核字（2023）第 212752 号

责任编辑：徐杨峰 / 责任校对：谭宏宇
责任印制：黄晓鸣 / 封面设计：无极书装

科　学　出　版　社　出版
北京东黄城根北街 16 号
邮政编码：100717
http://www.sciencep.com

南京展望文化发展有限公司排版
广东虎彩云印刷有限公司印刷
科学出版社发行　各地新华书店经销

*

2023 年 11 月第 一 版　开本：720×1000 1/16
2024 年 10 月第二次印刷　印张：20 3/4
字数：347 000
定价：170.00 元
（如有印装质量问题，我社负责调换）

总　　序

国防科技大学从 1953 年创办的著名"哈军工"一路走来,到今年正好建校 70 周年,也是习主席亲临学校视察 10 周年。

七十载栉风沐雨,学校初心如炬、使命如磐,始终以强军兴国为己任,奋战在国防和军队现代化建设最前沿,引领我国军事高等教育和国防科技创新发展。坚持为党育人、为国育才、为军铸将,形成了"以工为主、理工军管文结合、加强基础、落实到工"的综合性学科专业体系,培养了一大批高素质新型军事人才。坚持勇攀高峰、攻坚克难、自主创新,突破了一系列关键核心技术,取得了以天河、北斗、高超、激光等为代表的一大批自主创新成果。

新时代的十年间,学校更是踔厉奋发、勇毅前行,不负党中央、中央军委和习主席的亲切关怀和殷切期盼,当好新型军事人才培养的领头骨干、高水平科技自立自强的战略力量、国防和军队现代化建设的改革先锋。

值此之年,学校以"为军向战、奋进一流"为主题,策划举办一系列具有时代特征、军校特色的学术活动。为提升学术品位、扩大学术影响,我们面向全校科技人员征集遴选了一批优秀学术著作,拟以"国防科技大学迎接建校 70 周年系列学术著作"名义出版。该系列著作成果来源于国防自主创新一线,是紧跟世界军事科技发展潮流取得的原创性、引领性成果,充分体现了学校应用引导的基础研究与基础支撑的技术创新相结合的科研学术特色,希望能为传播先进文化、推动科技创新、促进合作交流提供支撑和贡献力量。

在此，我代表全校师生衷心感谢社会各界人士对学校建设发展的大力支持！期待在世界一流高等教育院校奋斗路上，有您一如既往的关心和帮助！期待在国防和军队现代化建设征程中，与您携手同行、共赴未来！

国防科技大学校长

2023 年 6 月 26 日

前　　言

　　导弹误差主要指导弹飞行过程中影响导弹弹道参数与打击精度的各种因素,在导弹设计、研制、生产、试验、使用等全寿命周期过程中都需要重点关注。准确了解与掌握导弹误差的特点、传播规律、测试与辨识方法是提高导弹命中精度的重要手段。导弹误差主要包括惯性导航工具误差、控制执行机构误差、组合导航误差、末制导误差、重力异常及垂线偏差、制导算法误差、初始发射参数误差、初始对准误差、发动机特性参数误差、弹体机构安装误差、大气扰动误差、再入误差、后效误差等。导弹误差传播主要研究各类误差对弹道参数的影响机理与传播过程,导弹误差辨识则是研究导弹飞行试验前后利用各种地面设备测试数据、飞行试验数据等信息估计导弹各类误差的技术,精度评估研究综合利用各类试验数据综合评价导弹精度的方法。与其他武器装备不同,导弹武器不仅性能指标要求高,其飞行试验是破坏性试验,而且飞行试验还受到地域、经济、政治等因素的制约,试验次数有限,因此如何有效充分地利用各类地面试验数据、现场试验数据以及其他可信验前数据,综合评估导弹性能,是导弹研制与性能鉴定中一个非常复杂的问题。

　　作者针对导弹误差的传播机理、辨识建模、精度评估等关键问题,结合多年教学与科研工作积累,撰写了本书。本书在参考国内外相关文献的基础上,融进了作者大量研究成果与教学心得,既关注理论与方法的完整性,又注重理论与方法的工程实用性。本书主要面向飞行器设计专业高年级本科生与相关专业研究生,同时也适用于导弹论证单位、研制单位、试验单位的相关人员,以及高等学校教师。

　　本书共分为 7 章。第 1 章为绪论,对一些基本概念进行了描述。第 2 章主要介绍了命中精度(针对固定目标)与命中概率(针对移动目标)等精度指标的定义与计算方法。第 3 章重点分析了惯导工具误差、初始误差、推力线偏差、结构偏差、重力异常、再入误差等各类误差因素对弹道参数的影响规律,以及误差因素与主要制导方式之间的关系。第 4 章介绍了惯导工具误差地面标定与测试方法。第 5 章讨论了基于导弹飞行试验遥测、外测数据的误差辨识建模技术,包括惯导工具误差、初始误差、推力线偏斜、风干扰、再入弹道系数,以及多种适应不同应用场景的辨识方法。第 6 章讨论了导弹精度评估与鉴定的鉴定方法,包括圆概率误差(circular error probability,CEP)估计方法、Bootstrap 方法、经典假设检验、序贯概率比检验(sequential probability ratio test,SPRT)方法、双概率圆方法等。第 7 章讨论了贝叶斯(Bayes)理论及在精度评估中的应用情况,重点分析了 Bayes 方法中验前分布构造、数据一致性检验、验后分布计算等问题。

本书第 1 章由杨华波、白锡斌执笔;第 2 章由杨华波执笔;第 3 章由杨华波、白锡斌执笔;第 4 章由白锡斌、杨华波执笔;第 5 章由杨华波、张士峰执笔;第 6 章由张士峰、杨华波执笔;第 7 章由杨华波、张士峰执笔。全书由杨华波拟定编写大纲和统稿。

在本书撰写过程中,参考了引用文献中的相关成果,并得到单位领导和同事们的支持和帮助,在此一并表示谢意。

由于作者学识水平有限、经验不足,疏漏之处在所难免,诚恳希望同行专家和读者不吝赐教。

作 者
2023 年 5 月

目　　录

第1章 绪 论

作为当今世界最重要的远距离精确打击武器,导弹改变了现代战争的作战方式,已成为战争的决定性因素,受到世界各国的重视。从导弹武器数十年的发展历程来看,高精度无疑是其追求的核心性能之一,自海湾战争以来,精确打击武器在现代战争中比例从不到 10% 上升至 90% 以上。以弹道导弹为例,最早期的 V-2 导弹,射程仅数百千米,打击精度约在十千米量级。到 20 世纪 80 年代,经过四十多年的发展,美国 MX 洲际弹道导弹最大射程超过 11 000 千米,而打击精度达到百米量级,具有极大的威慑力[1,2]。决定导弹打击精度的核心部件是弹上导航与制导系统,远程、洲际弹道导弹一般使用纯惯性导航系统(部分采用星光修正),仅在主动段参与制导,工作时间仅数分钟。惯性导航系统具有完全自主、抗干扰、适应性强等优点,但其缺点也很明显,导航误差随工作时间快速积累。随着组合导航技术与末制导技术的快速发展,导弹打击精度得到了很大提高,部分战术导弹打击精度可达 10 米以内,但组合导航系统或末制导系统应用场景有限,一般适应飞行速度较低或者射程较小的导弹,而且几乎所有的组合导航系统均以惯性导航系统为基础,才能充分发挥不同导航方式的优点。随着各大国对高精度、快反应、强机动导弹技术的追求,中远程滑翔导弹受到重视,要达到数千千米甚至 10 000 千米以上的射程,滑翔导弹需要在大气层内长时间、超高速飞行,目前只有惯性导航系统才能适应这种恶劣工作环境,其工作时间需要在半小时甚至 1 小时以上,远大于洲际弹道导弹上惯性系统工作时间,导航误差迅速增大,而高精度打击要求给惯性导航系统提出了极高的挑战,需要在硬件设计、标定技术、飞行试验验证等多方面开展研究,提高系统使用精度。

影响导弹打击精度的误差因素非常多,在目前的高精度要求下,仅仅提高惯性导航系统使用精度是不够的,需要全面分析影响导弹武器打击精度的误差因素的特点和传播规律,并能够采用多种手段、利用多种试验数据辨识各类误差因素,在导弹研制、试验、鉴定、使用等全寿命周期下,深入分析计算、测试、飞行试验、使用等方面的各种数据,采取相应措施,提高导弹精度。

1.1 导弹全寿命周期主要任务

导弹武器全寿命周期涵盖导弹设计、研制、试验、鉴定、使用、退役等整个过程,不同阶段的关注重点不同,导弹武器全寿命周期主要阶段如图 1.1 所示。

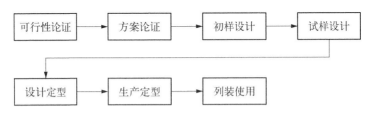

图 1.1 导弹武器全寿命周期主要阶段示意图

1) 可行性论证阶段

该阶段主要根据导弹使命任务确定关键战技指标(射程、精度等),提出初步总体方案(气动外形、动力方式、制导系统等),论证技术方案、关键指标、研制周期、研制经费、项目风险等是否合理可控。

2) 方案论证阶段

该阶段主要工作是对总体方案进行详细论证,通过计算、分析、比较,确定总体技术方案,根据战技指标参数及总体参数确定各分系统技术方案,开展分系统原理样机研制与地面测试,突破关键技术,验证技术方案可行性与关键性能指标达到情况,确定研制过程中的各类地面试验方案。

3) 初样设计阶段

该阶段主要工作是完成各分系统生产与测试,开展所有电气设备的联调联试,完成全弹综合试验、全弹匹配试验等大型试验,突破所有关键技术,搭建飞行控制半实物仿真系统,开展仿真试验。

4) 试样设计阶段

根据初样设计阶段的各种测试试验结果进行设计改进,确保关键性能达到要求,完成导弹所有分系统设计、生产及各种地面试验,开展控制系统半实物仿真试验,针对关键技术或新技术进行性能验证飞行试验,全面考核制造加工工艺与性能指标,确定设计定型技术状态。

5）设计定型阶段

根据试样设计阶段的试验结果,确定导弹正样技术状态,导弹研制方与使用方共同确定性能鉴定试验大纲,根据大纲完成定型地面试验与靶场飞行试验,并根据试验结果评估性能参数是否达到总体要求。

6）生产定型阶段

导弹通过性能鉴定后,认为达到总体性能要求,开展小批量试生产,稳定生产工艺,由装备试验部门组织开展作战鉴定试验,全面考核产品环境适应性与作战效能。

7）列装使用阶段

生产定型通过后,进入批量生产列装部队,使用单位根据要求使用,参与各种演习及作战,同时记录使用中的各种问题,反馈至研制单位对产品进行持续改进,直至退役。

上述导弹武器全寿命周期阶段划分,对于一些有充分技术储备及基础的型号而言,可以减少研制阶段,缩短研制周期。

1.2　导弹误差传播与辨识技术

影响导弹打击精度的误差因素非常多,误差传播规律也非常复杂,一般而言,这些误差因素可分为制导误差、非制导误差。制导误差又分为制导工具误差与制导方法误差:制导工具误差包括制导系统工具误差、控制执行机构误差、组合导航误差、末制导误差等;制导方法误差包括重力异常及垂线偏差、制导算法误差等。非制导误差包括初始发射参数误差、初始对准误差、发动机推力误差、导弹弹体结构安装误差、大气扰动误差、再入误差、后效冲量等[3-6]。这些误差的特点、影响机理、传播规律各不相同,与导弹制导系统的相互作用也各不相同,难以用统一的方法进行分析。一般情况下只能针对具体误差因素,结合飞行力学与误差因素特点,选择理论建模或者数值计算方法分析其对弹道参数的影响规律。

导弹误差辨识包括两大类问题:一类是基于地面设备试验数据的误差标定问题;另一类是基于飞行试验遥测、外测数据的误差辨识问题。导弹在研制过程中,会进行大量的各种地面测试试验,这类试验主要针对弹上分系统或单机设备进行,如惯性导航系统的测试标定、发动机地面试车、导弹结构件安装测量、导引头地面测试试验等。部分试验由于试验手段与测量信息不充分,只能获得关于试验对象的部分参数,例如发动机地面试车可得到发动机推力曲线,但是难以得到准确的推力线误差数据(推力线偏斜、推力线横移),这方面最重要的工作是惯性导航系统误差系数的地面标定[7-10]。

惯性导航系统测试标定是惯性系统应用中的一项基础性工作,鉴于惯性导航系统在导弹精确打击中的重要作用,其地面测试标定手段众多,包括三轴精密转台标定试验[8-10]、模标定试验[11-14]、自对准自标定试验[15-20]、离心机试验[21]、火箭撬试验[2]等。

三轴精密转台能够精确提供重力加速度及地球自转角速度的三轴分量,能够在 1 倍重力加速度下标定陀螺仪、加速度计的各类误差系数。三轴精密转台标定技术成熟,标定精度高,是惯性系统测试标定的常规设备,但所能提供的最大过载仅为 1 倍重力加速度,与导弹实际飞行中的过载条件差距较大。

模标定试验是一种直接使用重力加速度、地球自转角速度矢量模值作为基准量的标定方法,无须外部设备提供关于重力加速度、地球自转角速度矢量精确的三轴分量,实施简单,在多种惯性系统上得到应用,但是该方法能标定的误差系数有限。

为缩短导弹发射过程中的准备时间,提高快速反应能力,针对平台式与混合式惯性系统的自对准自标定技术得到了迅速发展,该技术以捷联导航误差方程为基础,建立工具误差系数与速度误差、姿态误差、位置误差之间的动态传播关系,采用扩展卡尔曼(Kalman)滤波方法估计误差系数与姿态误差,同时实现惯性系统对准与误差系数标定。该方法无须利用外部精密仪器设备,可以直接在弹上完成所有工作,标定完成后惯性系统可直接切换至导航模式,目前该技术得到了广泛应用。

精密离心机是一种能够提供大过载条件的惯性系统测试设备,能够为惯性仪表提供足够大的加速度输入,有利于惯性仪表高阶项误差系数的标定。用于惯性系统标定的离心机实际上是一种大型精密设备,由于要提供精确的角速度、加速度基准,需要精确测量离心机旋转时的角速度与旋转半径,一般要求用于惯性系统标定的离心机设备角速度与旋转半径的测量相对精度小于 10^{-5}。据公开资料报道,美国麻省理工学院一台精密离心机半径达 9.8 m,所能提供最大加速度为 $100g$,加速度相对误差达 10^{-5}。末端带精密反转台的离心机还可以实现加速度和角速度输入的解耦,实现更多的加速度+角速度输入组合,更好地标定各类误差系数。

火箭橇试验是介于实验室试验和飞行试验之间的一种"地面飞行试验",是现有地面试验中最为逼真地模拟导弹助推飞行情况下的一种试验。离心机施加的是向心加速度,而火箭橇施加的是直线加速度,包括加速与减速过程,能更好地模拟导弹飞行过程,测试惯性系统性能。火箭橇直线轨道长度一般有数千米长,甚至十多千米长,其主要缺点是试验占地面积大、设备成本和试验成本都非常高,不易开展,也不宜作为常规测试设备使用。

惯性测量系统误差模型的温度漂移是另一个影响惯性系统使用精度的重要因素[22-24],惯性系统通电启动后,内部温度会升高,直至达到平衡状态。惯性系统误差系数会随着工作温度变化发生变化,这种变化量不可忽略,例如在-30℃与40℃情况下,工具误差系数会有显著不同,但是变化趋势相对稳定。因此建立误差系数随温度漂移的多项式模型,使用过程中对温度进行补偿,也是惯性系统使用中需要解决的一个重要问题。

虽然惯性导航系统地面测试设备与测试方法非常多,但仍然不能完全替代飞行试验,飞行试验仍然是考核惯性导航系统综合性能的最直接手段。美国在20世纪60~70年代大量开展惯性导航系统飞行试验,设计专门的制导鉴定飞行器用于惯性导航系统性能考核[25],积累了大量试验数据,显著提高了惯性导航系统使用精度。这也引入了另一类误差辨识问题:基于导弹飞行试验遥测、外测数据的误差辨识问题。由于导弹飞行试验组织实施难度高,数据测量主要以弹上设备及靶场测量设备为主,其中弹上设备测量信息一般称为遥测信息,如惯性仪表测量的角速度、视加速度和温度传感器测量的内部温度等,而靶场测量设备测量的数据一般称为外测信息,经过处理后可表示为导弹的速度、位置信息。基于遥测、外测数据,结合误差传播模型可以辨识多种导弹误差,如惯性系统工具误差[26,27]、初始发射参数误差[28-31]、再入弹道系数等[32-35]。基于遥测、外测数据的误差辨识首先要计算遥测速度、位置与外测速度、位置之差(简称遥外差),惯性系统测量的视加速度与角速度(遥测数据)一般在弹体坐标系(捷联惯性系统)或者发射惯性坐标系(平台惯性系统)中表示,需要进行导航计算得到速度、位置,而外测数据一般在测量站地平坐标系或者地心坐标系中表示,可认为是导弹真实速度、位置的体现,因此遥测、外测数据中包含了大量的误差信息。

需要注意的是,导弹飞行试验中所有误差源都反映在遥测与外测数据中,因此一方面要根据误差传播机理建立误差传播模型,另一方面需要根据误差影响特点选择合适的数据进行辨识。通过深入分析发现,惯导工具误差信息主要包含在遥测信息中(加速度测量量、陀螺仪测量量、惯性导航位置信息、速度信息等),其传播模型可以根据惯性导航速度误差、位置误差模型建立,如果以外测弹道数据为导弹速度、位置的真实值,可以建立工具误差分离模型[26,28]。而需要计算遥外差需要将外测数据、遥测数据转换至同一个坐标系(如发射惯性系),同时补偿重力加速度的影响,转换过程需要使用初始发射参数,当初始发射参数不准确时,计算遥外差时就引入了初始发射参数误差,即在遥外差计算中,工具误差与初始误差是同时出现的。幸运的是,两者引入的机理不同,相互之间的耦合影响很小,在一阶近似下可以写成两个独立的线性模型。发动机推力线偏差、高空风会产生干扰力与干扰力矩,这种干扰力与力矩产生的加速度与角速度可以被惯性系统测量出来,同时导弹为维持稳定飞行,必须克服这些干扰力与力矩,相应的控制力与力矩可以根据执行机构遥测参数得到,因此发动机推力线偏差、高空风等误差可以根据导弹动力学模型结合遥测参数辨识。同时,由于发动机推力线偏差、高空风在不同飞行高度产生的影响是不同的,因此选择不同飞行高度或者飞行时段可以进一步分离出发动机推力线偏差、高空风。弹道导弹在再入飞行段一般处于无控飞行,再入弹道系数一般使用外测数据结合再入弹道模型,采用 Kalman 滤波技术辨识得到。

导弹误差的辨识方法需要根据具体的辨识问题进行研究,惯性系统工具误差、初始发射参数误差分离模型虽然是线性模型,但是环境函数矩阵复共线性强,最小二乘估计结果交叉,一般使用岭估计方法,如主成分方法、约束主成分方法、支撑向量机方法等[26,36,37]。惯性系统误差系数自标定、再入弹道系数辨识等需要利用误差参数的动态传播过程,结合测量方程,使用扩展 Kalman 滤波[38-41]、自适应 Kalman 滤波[42-44]等技术,相关问题仍是前沿技术问题,具有很强的工程意义。

1.3　精度评估与鉴定技术

导弹武器性能参数评估从数学上讲是一个概率统计问题,但由于导弹武器飞行试验组织困难,样本获取难度大、成本高,在实际中需要解决许多具体问题,如飞行试验样本不充分、试验信息来源不同、样本获取条件不一致等[45]。经典统计方法要求所有样本均具有独立同分布特点,且在样本较大的情况下才有比较好的结果[46,47],在导弹武器性能参数评估领域这一要求很难满足,为此人们开始研究一些能够减少样本数量的统计方法。20 世纪 40 年代,Wald 在武器装备试验鉴定中提出了序贯概率比检验(SPRT)方法[48],该方法理论上可降低试验样本数,自此"序贯"思想在试验鉴定中得到应用,SPRT 方法仍然是基于经典统计学的,其有效性与样本量关系密切。20 世纪 70 年代末 Efron 提出了 Bootstrap 方法,也称自助方法,该方法基于原始样本,采用一定规则进行重抽样,得到与原始样本相同大小的多组再生样本,然后进行统计推断[49]。Efron 证明了该方法具有大样本下的渐近一致性,在一定程度上解决了原始样本量偏小的问题。此后,郑忠国提出的随机加权法[50]等均是在此基础上的深入与改进,目前众多学者的共识认为,Bootstrap 方法适用于样本数量大于 10 的情况。圆概率误差(CEP)是描述导弹命中精度的重要参数,CEP 服从何种分布目前仍未有定论,对于 CEP 的评估与检验与导弹飞行试验子样密切相关[51-53],也是需要重点关注的问题。

随着计算机技术的发展,试验信息的采集、存储与处理更加方便,仿真技术受到重视,并在实践中逐渐得到应用。20 世纪 70 年代初,爱国者防空导弹利用了大系统半实物实时仿真,结合靶场试验,用弹量从 141 发减少到 101 发,节省了 28%。仿真试验可以获得大量的信息(数据),全面考核系统的性能,弥补外场飞行试验的不足。20 世纪 80 年代以来,序贯思想与贝叶斯(Bayes)理论在武器装备试验鉴定中受到重视[54-56],美国明确要求破坏性试验必须运用序贯分析方法或 Bayes 方法确定系统的可靠性,进行精度鉴定。1984 年 9 月,美军采用 Bayes 方法对"潘兴 II"导弹的精度和可靠性进行了评估;而以后的"天空闪光"(麻雀 AIM‒7F 的改型)由于具有很强的技术继承性,作战鉴定次数只有 6 发,成为了美军津津乐道的成功范例。俄罗斯白杨‒M 导弹的试验鉴定工作体现了现代武器试验工作的新方向,由于白杨‒M 导弹继承了之前型号的很多成熟技术,其工程研制只用了不到 5 年,在国外主要战略型号中非常少见。

作为一种与经典统计理论并列的统计学思想,Bayes 理论的奠基性工作是英国统计学家 Bayes 在 1763 年提交的关于二项分布中逆概率问题的论文。拉普拉斯(Laplace)得到了一般形式下的 Bayes"相继律"公式。但是,由于 Bayes 理论本身并不完善以及认识上的问题,这一理论在 19 世纪没有受到应有的重视。进入 20 世纪以后,Bayes 理论的若干基础性问题得到了深入讨论[54-58],为 Bayes 方法的广泛应用奠定了坚实的基础。Bayes 理论认为任何参数都是随机变量,都具有验前概率密度函数,通过将观测信息与验前信息加以综合,得到参数的验后统计结果[59,60]。目前 Bayes 理论在工程实际上得到了许多应用,包括可靠性分析[60,61]、精度分析[62-68]、信息融合[69-70]、统计滤波[44]等。其中的关键问题是如何构造合适的验前分布,一方面验前信息的表示多种多样,如专家打分表、参数上下界信息、测量数据等,需要将其抽象为概率密度函数形式,可使用模糊综合方法、最大熵方法、共轭方法、分组构造方法等。另一方面,验前信息与现场测量信息来源不同,并不是完全一致的,不是独立同分布样本,进行融合计算时需要加以区别,为此人们提出了幂验前[70-72]、混合验前[73]等,其目的是降低验前信息在验后统计推断中的权重。

利用仿真手段开展导弹武器性能参数评估已成为一种重要的技术手段,有利于缩短周期、降低成本、释放风险[74-76]。一直以来,仿真技术受到了各国政府的高度重视,美国国防部一直把仿真技术作为“国防关键技术计划”重点项目,并成立相关机构以加强这方面的组织领导,1996年,美国国防部在“国防技术领域计划”中提出了美国国防科学与技术发展的10个关键领域计划,并明确规定,这10个领域都需利用建模与仿真技术作为工具,开展概念分析、技术开发、采办、试验、部署、作战效果与产品改进等工作。目前,仿真技术已扩展到各个国防技术领域,也不再仅作为一种研究手段,已是应用于导弹全寿命周期,针对不同导弹武器已经构建了十分完备的数字仿真和半实物仿真系统,这些系统都经过了系统的校核与可信性分析,具有较高的置信度,可对导弹性能进行充分的评估。

仿真是基于模型而非真实对象本身进行试验,仿真结果不可能完全精确代表真实对象,存在仿真的可信性问题,缺乏足够可信性的仿真是没有意义的,所以必须对仿真系统进行可信性研究,即仿真系统的“确认、验证与认定”(validation verification and accreditation, VVA)。根据仿真过程中硬件实物的参与程度,仿真技术大致可分为全数字仿真、半实物仿真以及真实、虚拟和构造(live, virtual, and constructive)仿真等。全数字仿真试验主要基于数学模型描述导弹武器飞行过程,数字模型中包含导弹动力学模型、大气参数模型、发动机推力模型、制导控制模型、导引头模型等,目前导弹动力学模型、大气参数模型、发动机推力模型等已非常成熟,制导控制模型基本能够模拟导弹制导控制系统工作机制,导引头模型还处于发展之中。半实物仿真是将数字仿真与实物设备结合起来的一种仿真方式,如导弹控制系统半实物仿真、导引头挂飞试验等,它将弹上实物设备(包括制导控制系统、飞控计算机、执行机构等)置于仿真系统中,利用动力学模型模拟导弹飞行过程,制导控制计算则是利用弹上实物完成,实际上对于导弹武器而言,只有控制系统半实物仿真试验,才能进行飞行试验,半实物仿真试验一般具有较高可信度。LVC 仿真是近年来发展起来的一种仿真系统,是将真实的、虚拟的、构造的试验资源联合起来进行的仿真,简单来说,真实仿真(live simulation)是指真实的人操作真实设备,虚拟仿真(virtual simulation)是指真实的人操作虚拟设备,构造仿真(constructive simulation)是指虚拟的人操作虚拟设备,LVC 是一种典型的虚拟仿真系统,在军事领域越来越受到重视。

相对飞行试验而言,无论是经济成本还是时间成本,仿真试验均大幅度降低,获取仿真试验数据相对容易,所以一般情况下仿真试验样本量远大于飞行试验样本量,如何合理使用仿真样本成为一个重要问题。仿真样本的合理利用与仿真系统的可信性密切相关,如果仿真系统完全可信,仿真结果也是可信的,这样可与飞行试验样本不加区别地直接进行综合分析。实际上仿真系统通常是部分可信的,即可信性小于 1,仿真系统可信性分析可根据 VVA 技术进行分析,还可基于仿真结果与飞行试验数据,采用统计学假设检验方法判断可信性。在获得仿真数据可信性基础上,幂验前与混合验前方法被用于构建验前分布[66,70-73],利用 Bayes 方法综合仿真数据与飞行试验数据时,此时仿真数据在验后统计中的权重小于飞行试验数据,降低了仿真数据对验后统计推断的影响。

对于仿真系统如何应用的另外一种思路是利用飞行试验数据对仿真系统进行验证,不断修正仿真系统,提高其可信性。美国三叉戟 Ⅱ 导弹的精度评估就充分利用了仿真系统,分别利用多次短射程与中射程飞行试验数据不断修正仿真系统,利用仿真系统得到的导弹中射程与短射程落点样本的散布椭圆与飞行试验数据的散布椭圆重合度非常好,说明仿真系统具有非常高的可信度,仿真数据可直接用于评定导弹命中精度[77]。也就是说,飞行试验数据主要用于仿真系统的验证,而不仅是将其落点偏差作为评估样本。可以预见,未来仿真系统将在导弹武器研制与鉴定评估中发挥越来越重要的作用。

1.4　主要内容

本书主要介绍了影响导弹武器打击精度的各种误差因素的传播过程、辨识方法,以及导弹精度的评估与鉴定方法,具体内容如下。

第 2 章介绍了导弹精度指标的描述与计算方法。首先介绍了影响导弹精度的主要误差因素及其特点,然后分析了导弹落点散布的特点,重点介绍了命中精度与命中概率的定义及计算方法。

第 3 章介绍了主要误差因素的特点及传播规律,包括平台式与捷联式惯性系统工具误差、初始发射参数误差、弹体结构偏差、发动机特性参数误差、重力异常、再入误差、末制导雷达照射概率等,重点阐述了各类误差对弹道参数及打击精度的影响过程。

第 4 章介绍了惯性导航系统地面测试标定技术,首先介绍了传统的基于精密转台的多位置标定原理、方法与技术特点,然后介绍了模标定、离心机测试、火箭撬测试、寻北仪原理等,针对可适应快速反应的混合式惯性系统,重点讨论了自标定自对准技术,最后研究了惯性系统的温度漂移建模技术。

第 5 章介绍了基于导弹飞行试验数据的误差辨识技术,详细讨论了基于遥测、外测数据的惯导工具误差、初始误差、发动机特性参数误差、高空风、再入弹道系数等的辨识建模问题,并研究了相适应的参数估计方法。

第 6 章介绍了命中精度与命中概率评估的经典方法,包括 CEP 估计算法、Bootstrap 算法、假设检验基本原理、SPRT 检验原理,以及针对 CEP 参数的概率圆检验方法。

第 7 章介绍了 Bayes 理论及在精度评估中的应用,首先介绍了 Bayes 理论的基本假设与原理,针对 Bayes 理论在精度评估中的具体应用问题,重点讨论了数据一致性检验、验前分布构造、命中精度与命中概率的 Bayes 评估、马尔可夫链蒙特卡洛(Malkov Chain Monte-Carlo, MCMC)技术等问题。

第 2 章　导弹干扰因素分析与精度指标描述

2.1　导弹干扰误差分析

　　导弹干扰误差源主要指飞行过程中影响导弹弹道参数、打击精度的干扰因素。导弹误差源与弹道特征、导航制导方式、发射方式、加工及组装工艺、打击目标、飞行环境等密切相关,不同类型导弹,其误差源是不同的。影响导弹弹道参数的干扰误差非常多,下面主要介绍具有较大影响的误差源,实际上,对于大多数导弹而言,这些误差都是存在的,对于一些特殊类型导弹的误差源,需要单独分析。影响导弹弹道参数的误差源可分为以下几类:制导工具误差、制导方法误差与非制导误差。

　　1) 制导工具误差

　　(1) 制导系统工具误差:指由于制导系统本身误差导致的导航及制导误差。对于纯惯性制导导弹而言,主要指惯导系统工具误差,包括加速度计、陀螺仪的零偏、刻度因子误差、安装误差等。对于末制导导弹而言,主要指末制导系统(雷达导引头、红外导引头等)自身的测角误差、测距误差、信号传播误差、动态条件下的性能误差等。对于其他组合导航制导导弹,主要指组合导航系统自身固有的各类误差。

　　(2) 控制执行机构误差:理论上控制执行机构会准确执行制导指令与控制指令,但由于控制执行机构动态特性限制、滞后、零位误差等,导致无法准确执行制导指令与控制指令,使得弹道参数发生偏差。随着控制执行机构性能不断提升,控制执行机构误差越来越小。

　　2) 制导方法误差

　　(1) 制导算法误差:指由于制导算法简化、迭代计算精度限制等导致的弹道参数误差。为提高制导计算速度,制导数学模型一般会进行简化处理,同时结束制导迭代计算的阈值不可能无限小,导致制导算法误差。随着弹载计算机计算能力提高与制导模型改进,制导算法误差影响越来越小。

(2) 重力异常及垂线偏差:在使用惯性导航系统进行导航时,地球重力加速度使用标准椭球体模型进行计算,而实际地球内部质量分布与形状极为复杂,与标准椭球体模型存在差异,导致重力加速度大小及方向均存在偏差。这类偏差在导弹整个飞行过程中都存在,而且不能被惯性导航系统测量得到。显然如果重力加速度计算模型采用更高阶地球模型,这类误差会越来越小。

3) 非制导误差

(1) 初始发射参数误差:指导弹发射瞬时导弹初始发射参数测量不准确导致的误差,包括发射点定位误差(包括大地经度误差、大地纬度误差、大地高程误差)、发射瞬时定向误差(包括天文经度误差、天文纬度误差、天文方位角误差)、发射瞬时初始速度误差(发射载体在发射瞬时的三个方向速度测量误差)。这类误差是弹上惯性导航系统实现导航计算的初始值(位置初值、速度初值、姿态初值),对惯性导航结果影响较大。

(2) 惯性系统初始对准误差:指惯性导航系统在导弹发射之前的调平与对准误差,该误差实际上影响了惯性导航系统的初始定向误差(姿态初值),其影响规律与初始发射参数误差中的定向误差相同。

(3) 导弹弹体结构安装误差:包括导弹几何尺寸偏差、质量参数偏差、质心横移、弹体轴线偏斜、弹翼安装偏差等,这类误差是由于弹体结构加工安装时与理想要求存在的偏差,会导致导弹视加速度的偏差,理论上其对导弹飞行过程的影响是可以测量的。

(4) 发动机推力误差:包括发动机推力线横移、推力线偏斜、推力大小偏差、秒耗量偏差等,主要由发动机壳体、喷管等部件的几何尺寸偏差、发动机部分与导弹其他部分装配工艺、发动机燃烧异常等原因造成。这类误差会导致导弹视加速度的偏差,理论上其对导弹飞行过程的影响是可以测量的。

(5) 大气扰动误差:指实际飞行过程中大气密度、温度、压强、高空风风速等,与标准气象条件或测量的气象条件的偏差。这类误差会影响导弹实际飞行过程中的动压、马赫数、攻角及侧滑角等参数发生变化,从而导致导弹视加速度偏差,理论上其对导弹飞行过程的影响是可以测量的。

(6) 后效冲量:指导弹发动机按照制导系统指令关机后,残余推进剂继续燃烧所产生的冲量。由于导弹制导中的末速修正一般使用小推力发动机进行,有效减少了后效冲量的影响。后效冲量会产生视加速度,理论上制导系统可以消除该类误差。

（7）再入误差：指飞行器再入过程中大气参数、弹头形状、再入攻角、气动参数等均与标准状态不一致，这些误差会导致飞行器落点发生变化。对于弹道导弹而言，由于再入速度比较快，再入时间较短（一般在 1 min 以内），再入误差累积的弹道参数误差比较小。

需要说明的是，对于不同类型导弹，上述误差可能并不能涵盖所有误差，同时不同类型导弹误差因素的大小也不相同，需要根据具体对象开展分析。

不同类型干扰误差的影响机理、传播过程、误差大小等均不相同，不同制导体制对不同干扰误差的消除情况也不相同，表 2.1 给出了部分制导体制下不同干扰误差的消除情况。

表 2.1　不同干扰误差源与制导方式的关系

序号	干扰误差源	纯惯性制导方式	惯性导航系统/卫星组合制导方式	末制导方式
1	制导系统工具误差	不能消除	不能消除	不能消除
2	初始发射参数误差	不能消除	能够消除	能够消除
3	惯性系统初始对准误差	不能消除	能够消除	能够消除
4	导弹弹体结构安装误差	能够消除	能够消除	能够消除
5	发动机推力误差	能够消除	能够消除	能够消除
6	大气扰动偏差	能够消除	能够消除	能够消除
7	重力异常及垂线偏差	不能消除	能够消除	能够消除
8	控制执行机构误差	不能消除	不能消除	不能消除
9	制导算法误差	不能消除	不能消除	不能消除
10	后效冲量	能够消除	能够消除	能够消除
11	再入误差	不能消除	能够消除	能够消除

2.2　弹道偏差与落点散布

弹道参数是描述导弹飞行过程的各类参数的统称，包括飞行过程中导弹的位置、速度、姿态、角速度等信息，在分析落点偏差之前，介绍几个基本概念。

（1）标准弹道。标准弹道也称理想弹道或基准弹道，标准弹道是指在标准的大气参数、总体参数、制导控制系统参数、无外界或内部干扰等理想条件下的弹道。标准弹道是一种理想情况,实际中不存在,一般根据总体设计和弹道仿真计算得到。

(2)实际弹道。实际弹道是指导弹实际飞行的弹道,根据靶场各种测量手段得到。导弹实际飞行过程中大气参数、总体参数、制导控制系统参数等与标准条件存在差异,各种外界与内部干扰也存在,而且这种差异与干扰是随机的,所以实际弹道与标准弹道存在偏差,即使是同一种型号、同一批导弹产品,在相同的发射条件下,其实际弹道也不一样,而且不可预知。

(3)干扰弹道。干扰弹道是指考虑了各种非标准条件及干扰因素的情况下得到的弹道,干扰弹道可以根据仿真计算得到,也可以是实际弹道。在仿真条件下,将各种非标准条件及干扰因素作为仿真计算的输入,可以得到各种不同的干扰弹道。

即使是在相同的发射条件下,导弹重复射击试验得到的实际弹道相互之间是不重合的,在相同的飞行时刻下,每条实际弹道与标准弹道的弹道参数差异都不相同,即弹道散布现象,产生弹道散布的原因在 2.1 节中已有所阐述。

脱靶量是对导弹是否命中目标的直观描述,对于地面目标(或水面目标)而言,脱靶量是指导弹落点与目标中心点(或称目标的理想瞄准点)之间的偏差距离,对于空中目标而言,脱靶量定义为导弹距离目标中心点的最小距离。

对于地面目标(或水面目标),靶平面一般是指过目标中心点并与地平面(或水平面)平行的平面。严格来说,靶平面的定义与导弹飞行弹道和目标特性有关,应根据导弹的类型和目标的具体情况来定义相应的靶平面。导弹在靶平面上产生的弹道偏差称为落点偏差。落点偏差可用二维变量描述。对于地面目标(或水面目标),以目标为中心 O_T,导弹瞄准方向为纵轴 OX,垂直于导弹瞄准方向为横轴 OZ,这样一来,落点偏差可分解为纵向偏差与横向偏差,用 (x, z) 表示。则脱靶量 r 可表示为

$$r = \sqrt{x^2 + z^2} \tag{2.1}$$

对于空中目标,一般直接用脱靶量描述落点偏差。

脱靶量参数一般可用瑞利分布进行描述,其概率密度函数为

$$f(r) = \frac{r}{b^2}\exp\left(-\frac{r^2}{2b^2}\right) \tag{2.2}$$

其中，b 为分布参数。

假设获得了 n 个独立的瑞利分布样本 r_i，$i = 1, 2, \cdots, n$，则参数 b 的极大似然估计为

$$\hat{b} = \sqrt{\frac{1}{2n} \sum_{i=1}^{n} r_i^2} \tag{2.3}$$

脱靶量 r 的均值与方差分别为

$$\mu_r = b\sqrt{\pi/2}, \quad V_r = \frac{4 - \pi}{2}b^2 \tag{2.4}$$

如果获得了样本数据的方差 S_r^2，则根据式(2.4)所示瑞利分布参数与方差的关系，可得到瑞利分布参数如下：

$$\hat{b} = \sqrt{\frac{2}{4 - \pi}}S_r \tag{2.5}$$

2.2.1　落点纵横向偏差计算

实际中目标点与导弹落点使用大地经度、纬度表示，而地球表面是球面而非平面，所以在计算落点纵、横向偏差时需要使用球面几何，如图 2.1 所示。

图 2.1 中，E 表示导弹的发射点位置，K 为导弹的理论落点位置，M 为导弹的实际落点位置，A、B、C 分别为过 E、K、M 点的子午线与赤道面的交点，P 为北极点。EK 和 ME 表示球面上的大圆弧，则 EK 所在的大圆为射击平面。

定义 M 在 EK 上的投影点 N 如下：

（1）球面角 $\angle KNM = \pi/2$；

（2）MN 为大圆弧（球面上过任意两点的大圆弧的劣弧最短）。

则导弹的纵向落点偏差与横向落点偏差可分别用 KN 和 MN 来表示。因此，现在的问题是如何根据 E 点的经纬度（λ_E，ϕ_E）、K 点的经纬度（λ_K，ϕ_K）和 M 点的经纬度（λ_M，ϕ_M）计算出 KN 和 MN 的长度（单位取弧度）。

为便于求解，作连接 M 点与 K 点的大圆弧，则在直角球面三角形 $\triangle KMN$ 中，由球面

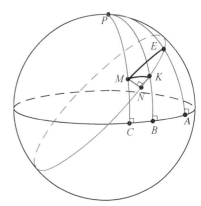

图 2.1　纵、横向落点偏差示意图

三角公式可知:

$$\cos MK = \cos MN \cdot \cos KN \tag{2.6}$$

同样,在直角球面三角形 $\triangle MNE$ 中

$$\cos ME = \cos MN \cdot \cos EN = \cos MN \cdot \cos(KN + EK) \tag{2.7}$$

在球面三角形 $\triangle PME$、$\triangle PMK$ 和 $\triangle PKE$ 中,分别利用边的余弦公式不难得到

$$ME = \arccos\left[\sin\phi_M \cdot \sin\phi_E + \cos\phi_M \cdot \cos\phi_E \cdot \cos(\lambda_E - \lambda_M)\right] \tag{2.8}$$

$$MK = \arccos\left[\sin\phi_M \cdot \sin\phi_K + \cos\phi_M \cdot \cos\phi_K \cdot \cos(\lambda_K - \lambda_M)\right] \tag{2.9}$$

$$EK = \arccos\left[\sin\phi_K \cdot \sin\phi_E + \cos\phi_K \cdot \cos\phi_E \cdot \cos(\lambda_E - \lambda_K)\right] \tag{2.10}$$

则式(2.6)和式(2.7)中仅包含待求参数 KN 和 MN,故联立可解。

将式(2.6)除以式(2.7)可得

$$\frac{\cos MK}{\cos ME} = \frac{\cos KN}{\cos(KN + EK)} \tag{2.11}$$

令 $C_1 = \dfrac{\cos MK \cdot \cos EK}{\cos ME}$,$C_2 = \dfrac{\cos MK \cdot \sin EK}{\cos ME}$,则由式(2.11)可解出:

$$KN = \arctan\left(\frac{C_1 - 1}{C_2}\right) \tag{2.12}$$

将式(2.12)代入式(2.6),即可解得

$$MN = \arccos\left(\frac{\cos MK}{\cos KN}\right) \tag{2.13}$$

令地球平均半径为 R_E,则导弹的落点纵、横向偏差可近似由式(2.14)、式(2.15)计算:

$$DL = R_E \cdot KN \tag{2.14}$$

$$DH = R_E \cdot MN \tag{2.15}$$

算例1: 假设发射点、理论落点和实际落点的经纬度参数如表2.2所示,纵、横向落点偏差的计算结果见表2.3。

表 2.2　某发导弹的飞行试验数据

发　射　点		理　论　落　点		实　际　落　点	
纬　度	经　度	纬　度	经　度	纬　度	经　度
41°16′49.48″	100°18′16.52″	40°24′49.69″	93°35′01.47″	40°24′49.98″	93°35′0.07″

表 2.3　纵横向偏差解算结果

本 节 所 提 方 法	
DL/m	DH/m
30.41	15.55

2.2.2　落点散布规律

受各种干扰因素与随机误差的影响,导弹的实际落点是随机的,下面以地面目标为例,说明导弹落点的散布特点。在靶平面上导弹落点可用二维坐标 (x, z) 表示,分别为落点纵向偏差 x 与落点横向偏差 z。用 X 表示落点纵向偏差随机变量,用 Z 表示落点横向偏差随机变量,根据工程经验以及概率论大数极限定律,落点纵向偏差与横向偏差均服从正态分布,其概率密度函数(probability density function,PDF)分别可表示为

$$f(x) = \frac{1}{\sqrt{2\pi}\,\sigma_x}\exp\left[-\frac{(x-\mu_x)^2}{2\sigma_x^2}\right] \tag{2.16}$$

$$f(z) = \frac{1}{\sqrt{2\pi}\,\sigma_z}\exp\left[-\frac{(z-\mu_z)^2}{2\sigma_z^2}\right] \tag{2.17}$$

其中, μ_x、σ_x 分别为落点纵向偏差正态分布的均值与标准差; μ_z、σ_z 分别为落点横向偏差正态分布的均值与标准差。

导弹飞行过程中,各种干扰因素对落点纵向偏差与横向偏差的影响并不是独立的,而是相互耦合,即影响落点纵向偏差的干扰因素同时会影响横向偏差,反义亦然,即两者是相关的。所以在理论上落点纵向偏差与横向偏差的联合概率密度函数为

$$f(x, z) = \frac{1}{2\pi\sigma_x\sigma_z\sqrt{1 - \rho^2}}$$

$$\exp\left\{-\frac{1}{2(1 - \rho^2)}\left[\frac{(x - \mu_x)^2}{\sigma_x^2} - \frac{2\rho(x - \mu_x)(z - \mu_z)}{\sigma_x\sigma_z} + \frac{(z - \mu_z)^2}{\sigma_z^2}\right]\right\}$$

$$(2.18)$$

其中,ρ 为随机变量 X 与 Z 的相关系数或归一化协方差,描述两者之间的相关性:

$$\rho = \frac{\text{cov}(X, Z)}{\sigma_x\sigma_z} \tag{2.19}$$

$$\text{cov}(X, Z) = E\{[X - \mu_x][Z - \mu_z]\} \tag{2.20}$$

其中,$\text{cov}(X, Z)$ 表示随机变量 X 与 Z 的协方差。

若随机变量 X 与 Z 相互独立,则相关系数 $\rho = 0$,即 X 与 Z 一定不相关;如果 $\rho = 0$ 时,表示随机变量 X 与 Z 不相关,但两者并不一定是独立的。相关性描述的是线性关系,而独立则是更一般的关系。

二维正态分布概率密度函数 $f(x, z)$ 描述了落点在靶平面上散布的分布规律。根据概率论知识,$f(x, z)$ 的边缘概率密度函数就是落点纵向偏差与横向偏差的概率密度函数。

$$f(x) = \int_{-\infty}^{\infty} f(x, z)\,\mathrm{d}z = \frac{1}{\sqrt{2\pi}\,\sigma_x}\exp\left[-\frac{(x - \mu_x)^2}{2\sigma_x^2}\right] \tag{2.21}$$

$$f(z) = \int_{-\infty}^{\infty} f(x, z)\,\mathrm{d}x = \frac{1}{\sqrt{2\pi}\,\sigma_z}\exp\left[-\frac{(z - \mu_z)^2}{2\sigma_z^2}\right] \tag{2.22}$$

即二维联合正态分布的两个边缘分布都是一维正态分布,并且都不依赖于相关系数 ρ。也就是说,无论相关系数 ρ 为何值,其边缘分布都是一样的,与 ρ 无关。

根据概率论中的相关定义,随机变量 X 和 Z 的均值分别为

$$\begin{cases} \mu_x = E(X) = \int_{-\infty}^{+\infty} x f(x)\,\mathrm{d}x \\ \mu_z = E(Z) = \int_{-\infty}^{+\infty} z f(z)\,\mathrm{d}z \end{cases} \tag{2.23}$$

X 和 Z 的方差分别为

$$\begin{cases} \sigma_x^2 = D(X) = E\{[X - E(X)]^2\} = \int_{-\infty}^{+\infty} (x - \mu_x)^2 f(x)\,\mathrm{d}x \\ \sigma_z^2 = D(Z) = E\{[Z - E(Z)]^2\} = \int_{-\infty}^{+\infty} (z - \mu_z)^2 f(z)\,\mathrm{d}z \end{cases} \quad (2.24)$$

X 和 Z 的协方差为

$$\mathrm{cov}(X, Z) = E\{[X - E(X)][Z - E(Z)]\}$$
$$= \int_{-\infty}^{+\infty}\int_{-\infty}^{+\infty} [x - \mu_x][z - \mu_z]f(x, z)\,\mathrm{d}x\mathrm{d}z \quad (2.25)$$

2.2.3　落点散布椭圆

进一步分析落点偏差随机变量 (X, Z) 的概率分布,令概率密度函数 $f(x, z)$ 等于常数,根据式(2.18),$f(x, z)$ 中的 μ_x、μ_z、σ_x、σ_z、ρ 均为已知量,变量仅有 x、z, 即相当于

$$\frac{(x - \mu_x)^2}{\sigma_x^2} - \frac{2\rho(x - \mu_x)(z - \mu_z)}{\sigma_x\sigma_z} + \frac{(z - \mu_z)^2}{\sigma_z^2} = k^2 \quad (2.26)$$

其中,k 为常数。其对应的图形如图2.2所示。

对式(2.26)进行坐标变换,令 $x' = x - \mu_x$, $z' = z - \mu_z$,同时令 $r = \begin{bmatrix} x' \\ z' \end{bmatrix}$,则上述方程可写为

$$r^{\mathrm{T}}Qr = k^2 \quad (2.27)$$

其中,

$$Q = \begin{bmatrix} \dfrac{1}{\sigma_x^2} & -\dfrac{\rho}{\sigma_x\sigma_z} \\ -\dfrac{\rho}{\sigma_x\sigma_z} & \dfrac{1}{\sigma_z^2} \end{bmatrix} \quad (2.28)$$

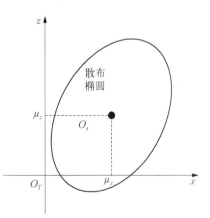

图 2.2　落点散布椭圆

显然,Q 为二阶实对称矩阵。根据线性代数知识,必存在一正交矩阵 P, 使得

$$P^{\mathrm{T}}QP = \begin{bmatrix} \lambda_1 & 0 \\ 0 & \lambda_2 \end{bmatrix} \quad (2.29)$$

其中，λ_1、λ_2 是矩阵 $\boldsymbol{Q}$ 的特征值，且为实数，满足

$$\lambda_1,\ \lambda_2 > 0 \tag{2.30}$$

再次进行坐标变换，令

$$\begin{bmatrix} x'' \\ z'' \end{bmatrix} = \boldsymbol{P}^{\mathrm{T}}\boldsymbol{r} = \boldsymbol{P}^{-1}\begin{bmatrix} x' \\ z' \end{bmatrix} \tag{2.31}$$

则式(2.27)可写成

$$\begin{bmatrix} x'' \\ z'' \end{bmatrix}^{\mathrm{T}} \boldsymbol{P}^{\mathrm{T}}\boldsymbol{Q}\boldsymbol{P}\begin{bmatrix} x'' \\ z'' \end{bmatrix} = k^2 \tag{2.32}$$

即

$$\begin{bmatrix} x'' \\ z'' \end{bmatrix}^{\mathrm{T}} \begin{bmatrix} \lambda_1 & 0 \\ 0 & \lambda_2 \end{bmatrix} \begin{bmatrix} x'' \\ z'' \end{bmatrix} = k^2 \tag{2.33}$$

从而得到

$$\frac{x''^2}{1/\lambda_1} + \frac{z''^2}{1/\lambda_2} = k^2 \tag{2.34}$$

由于 λ_1 和 λ_2 均大于零，式(2.34)描述的曲线为一椭圆，即该方程所表示的曲线在靶平面上的投影为一椭圆，称为"等概率密度椭圆"或"等概率椭圆"（该曲线上每点对应的概率密度相等）。随着常数 k 取值的改变，可以得到一个同几何中心的椭圆曲线族，它描述了落点 $(X,\ Z)$ 在靶平面上的概率分布，因此，等概率椭圆又称为落点散布椭圆，如图 2.3 所示。

图中坐标系 $X'O_SZ'$ 相对于坐标系 XO_TZ 是平移关系，而坐标系 $X''O_SZ''$ 相对于坐标系 $X'O_SZ'$ 是旋转关系，旋转角度为 α，即

$$\begin{pmatrix} x'' \\ z'' \end{pmatrix} = \begin{bmatrix} \cos\alpha & -\sin\alpha \\ \sin\alpha & \cos\alpha \end{bmatrix} \begin{pmatrix} x' \\ z' \end{pmatrix} \tag{2.35}$$

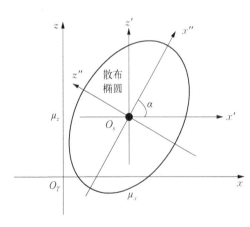

图 2.3 落点散布椭圆及坐标关系转换关系

令正交矩阵 $\boldsymbol{P}$ 满足

$$P = \begin{bmatrix} \cos \alpha & -\sin \alpha \\ \sin \alpha & \cos \alpha \end{bmatrix} \tag{2.36}$$

可得到

$$\tan(2\alpha) = \frac{2\rho \sigma_x \sigma_z}{\sigma_z^2 - \sigma_x^2} \tag{2.37}$$

由旋转角度 α 和散布中心的坐标 (μ_x, μ_z) 即可确定散布椭圆主轴在靶平面坐标系中的位置。可以看出,散布椭圆主轴的位置与散布中心坐标 (μ_x, μ_z) 有关,而主轴方向与相关系数 ρ 有关。

若相关系数 $\rho = 0$,椭圆主轴方向与 x、z 轴平行,如图 2.4 所示。对比图 2.3 和图 2.4 可以看出,相关系数只决定了散布椭圆的主轴方向,与散布椭圆的大小无关。

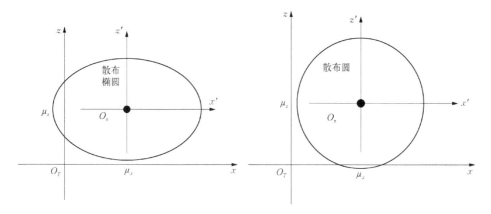

图 2.4　相关系数为零时的散布椭圆　　**图 2.5　纵横向标准差相同时的散布椭圆**

如果标准差 $\sigma_x = \sigma_z$,则特征值 $\lambda_1 = \lambda_2$,散布椭圆变成圆形,称为"散布圆",此种情况的落点散布称为"圆散布",如图 2.5 所示。

如果 $\mu_x = \mu_z = 0$,即落点散布中心与目标点重合,此时的二维正态分布概率密度函数表达式为

$$f(x, z) = \frac{1}{2\pi \sigma_x \sigma_z \sqrt{1 - \rho^2}} \exp\left[-\frac{1}{2(1 - \rho^2)} \left(\frac{x^2}{\sigma_x^2} - \frac{2\rho xz}{\sigma_x \sigma_z} + \frac{z^2}{\sigma_z^2} \right) \right] \tag{2.38}$$

该函数的图形与式(2.18)所示的图形是相同的,只是图形的中心位置不

同,由正态分布的特点可知,在散布中心处的概率密度最高,越远离散布中心,概率密度越低;标准差 σ_x、σ_z 越小,散布中心处的密度峰值 $f(0, 0)$ 或 $f(\mu_x, \mu_z)$ 越大。这一规律实际上与一维正态分布是相同的。

2.3 命中精度描述

精度是反映测量结果与真值接近程度的度量,是一个统计学概念,要准确地确定导弹命中精度,理论上需要进行大量的重复性射击试验,但实际中只能进行有限的重复性射击试验,需要根据有限的射击试验数据统计分析导弹命中精度。精度是导弹武器核心的战技指标之一,是导弹技术水平的综合体现。导弹精度是指导弹武器命中目标的精确程度,反映了导弹落点与目标中心点或瞄准点接近的程度。

根据目标的不同,描述导弹精度使用不同的概念,一般而言,对于固定目标,如地面建筑物等,通常使用命中精度进行描述,表示命中目标的精确程度。对于移动目标,如水面舰艇、飞机等,通常用命中概率进行描述,指命中以目标为中心的特定区域的概率。

大量工程实践表明,随着重复射击次数的增加,同一类型导弹落点散布中心的几何位置趋于稳定,落点散布中心相对于目标点(或瞄准点)的偏差量反映了落点误差的系统误差部分(纵向与横向),描述了武器射击的准确度,显然落点散布中心离目标点越小,射击准确度越高。落点位置偏离落点散布中心的距离,反映了落点偏差的随机特性,描述了武器射击的密集度,显然,落点散布越小,密集度越小。射击准确度与密集度共同构成了导弹精度,精度高反映了导弹武器落点偏差的系统误差和随机误差的综合程度。下面介绍几种衡量精度的方法与指标参数。

2.3.1 均值与方差

落点散布的准确度与密集度在数学上可用正态分布中的均值与标准差描述,因此导弹精度也可用落点纵、横向偏差的均值与标准差表征。对于落点纵向偏差与横向偏差而言,可用二维随机变量 (X, Z) 作为反映导弹精度的量值,其概率密度函数见式(2.18),均值 μ_x、μ_z 分别描述落点纵、横向散布的准确度,标准差 σ_x、σ_z 分别描述落点纵、横向散布的密集度。

当认为落点纵、横向偏差独立时,即相关系数 $\rho = 0$,(X, Z) 的概率密度函数为

$$f(x, z) = \frac{1}{2\pi\sigma_x\sigma_z}\exp\left\{-\frac{1}{2}\left[\frac{(x-\mu_x)^2}{\sigma_x^2} + \frac{(z-\mu_z)^2}{\sigma_z^2}\right]\right\} \qquad (2.39)$$

进一步地,当考虑系统性偏差为零时,即 $\mu_x = \mu_z = 0$ 时,则 (X, Z) 的概率密度函数分别为

$$f(x, z) = \frac{1}{2\pi\sigma_x\sigma_z}\exp\left[-\frac{1}{2}\left(\frac{x^2}{\sigma_x^2} + \frac{z^2}{\sigma_z^2}\right)\right] \qquad (2.40)$$

当纵横向标准差相等时,即 $\sigma_x = \sigma_z = \sigma$,即落点为圆散布,则 (X, Z) 的概率密度函数为

$$f(x, z) = \frac{1}{2\pi\sigma^2}\exp\left[-\frac{1}{2\sigma^2}(x^2 + z^2)\right] \qquad (2.41)$$

均值 μ_x、μ_z 描述的是落点纵横向偏差中的系统性误差,在工程实际中,武器精度的系统性偏差一般不会太大。实际上,如果系统性误差太大,通常认为武器在设计、生产或使用中存在缺陷,或者错误,必须查找出原因进行改正,以减小系统性误差。

正态分布是自然界应用最为广泛的一种分布类型,对其研究也比较透彻。假设 X 是服从正态分布的随机变量,$\{x_1, x_2, \cdots, x_n\}$ 是该正态分布的 n 个独立样本,均值为 μ_x,方差为 σ_x^2,则均值与方差的估计为

$$\hat{\mu}_x = \bar{x} = \frac{1}{n}\sum_{i=1}^{n} x_i, \quad \hat{\sigma}_x^2 = S^2 = \frac{1}{n-1}\sum_{i=1}^{n}(x_i - \bar{x})^2 \qquad (2.42)$$

其中,$\bar{x}$ 为样本均值,S^2 为样本方差,上述均值与方差的估计均为无偏估计。实际上随机变量 X 的均值 $\bar{X}$ 仍为随机变量,且服从正态分布。对于均值 $\bar{x}$,有

$$E(\bar{x}) = \mu_x, \quad D(\bar{x}) = \sigma_x^2/n \qquad (2.43)$$

即样本均值 $\bar{x}$ 服从均值为 μ_x、方差为 σ_x^2/n 的正态分布。可以看到,多次重复测量后方差变小了,只有原来的 $1/n$,这也是多次重复测量可以提高测量精度的原因。

当样本方差未知时,样本均值 $\bar{x}$ 与样本方差 S^2 有下列关系:

$$\frac{(\bar{x} - \mu_x)}{S/\sqrt{n}} \sim t(n-1) \qquad (2.44)$$

即服从自由度为 $n-1$ 的 t 分布(学生氏)分布。样本方差 S^2 与 σ_x^2 有如下关系：

$$\frac{(n-1)S^2}{\sigma_x^2} \sim \chi^2(n-1) \tag{2.45}$$

即服从自由度为 $n-1$ 的卡方分布。关于均值与方差的区间估计均可基于上述分布计算，实际上，后续许多统计计算都要用到上述几个分布。

由于利用均值与标准差描述导弹精度需要四个参数，在实际应用中并不直观、方便，例如，假设某型导弹落点纵、横向偏差的均值均为 2.4，标准差均为 1.0，而另一型导弹落点纵、横向偏差的均值均为 0，而标准差均为 3.0，实际上很难直接判定哪一型导弹精度更高。工程中还需要其他一些更直观、方便的指标描述精度。

2.3.2 线概率误差

当落点落入对称于目标点(或瞄准点)且平行于靶平面坐标系 x 轴或 z 轴的无限长带状区域的概率为 0.5 时，此带状区域宽度的一半称为线概率误差，用 B_x 或 B_z 表示，如图 2.6 所示。

则对于落点纵向偏差，线概率误差的数学表达式为

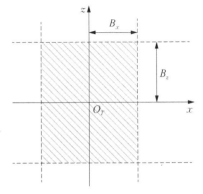

图 2.6　线概率误差示意图

$$P\{|X| \leqslant B_x\} = \frac{1}{\sqrt{2\pi}\,\sigma_x} \int_{-B_x}^{B_x} \exp\left[-\frac{(x-\mu_x)^2}{2\sigma_x^2}\right] \mathrm{d}x = 0.5 \tag{2.46}$$

横向线概率误差计算与此相同。

当落点散布均值 $\mu_x = 0$ 时，式(2.46)简化为

$$P\{|X| \leqslant B_x\} = \frac{1}{\sqrt{2\pi}\,\sigma_x} \int_{-B_x}^{B_x} \exp\left(-\frac{x^2}{2\sigma_x^2}\right) \mathrm{d}x = \Phi\left(\frac{B_x}{\sigma_x}\right) - \Phi\left(\frac{-B_x}{\sigma_x}\right) = 2\Phi\left(\frac{B_x}{\sigma_x}\right) - 1$$

$$\tag{2.47}$$

其中，$\Phi(x)$ 表示正态分布的累积分布函数。根据线概率误差定义，令

$$P\{|X| \leqslant B_x\} = 2\Phi\left(\frac{B_x}{\sigma_x}\right) - 1 = 0.5 \tag{2.48}$$

通过查标准正态分布函数表得

$$B_x = 0.674\,5\sigma_x \tag{2.49}$$

同理可得

$$B_z = 0.674\,5\sigma_z \tag{2.50}$$

注意上述结论的前提条件是落点偏差散布的均值为零,即纵、横向系统性偏差均为零。

综合考虑纵向与横向,导弹落入由概率误差 B_x 与 B_z 确定的两条无限长带状区域的交集区域,即图 2.6 中所示的阴影区域的概率为

$$P\{\mid X \mid \leqslant B_x, \mid Z \mid \leqslant B_z\} = \int_{-B_z}^{B_z}\int_{-B_x}^{B_x} f(x, z)\mathrm{d}x\mathrm{d}z \tag{2.51}$$

其中,$f(x, z)$ 根据式(2.18)确定。

如果 X 与 Z 相互独立,即相关系数 $\rho = 0$,此时 (X, Z) 的概率密度函数为式(2.39),有

$$P\{\mid X \mid \leqslant B_x, \mid Z \mid \leqslant B_z\}$$

$$= \int_{-B_z}^{B_z}\int_{-B_x}^{B_x} \frac{1}{2\pi\sigma_x\sigma_z}\exp\left\{-\frac{1}{2}\left[\frac{(x - \mu_x)^2}{\sigma_x^2} + \frac{(z - \mu_z)^2}{\sigma_z^2}\right]\right\}\mathrm{d}x\mathrm{d}z$$

$$= \frac{1}{2\pi\sigma_x\sigma_z}\int_{-B_x}^{B_x}\exp\left\{-\frac{1}{2}\left[\frac{(x - \mu_x)^2}{\sigma_x^2}\right]\right\}\mathrm{d}x\int_{-B_z}^{B_z}\exp\left\{-\frac{1}{2}\left[\frac{(z - \mu_z)^2}{\sigma_z^2}\right]\right\}\mathrm{d}z \tag{2.52}$$

根据线概率偏差定义

$$P\{\mid X \mid \leqslant B_x, \mid Z \mid \leqslant B_z\} = P\{\mid X \mid \leqslant B_x\}P\{\mid Z \mid \leqslant B_z\} = 0.5 \times 0.5 = 0.25 \tag{2.53}$$

即导弹落入由概率误差 B_x 与 B_z 确定的交集区域中的概率为 25%。

当不考虑系统性偏差时,即 $\mu_x = \mu_z = 0$,考虑对称于目标中心且平行于靶平面 x 轴的无限长带状区域的半宽度 $\Delta Z = 4B_z$,根据式(2.50),有

$$\Delta Z = 4B_z \approx 2.7\sigma_z \tag{2.54}$$

那么

$$P\{\mid Z \mid \leqslant 4B_z\} \approx P\{\mid Z \mid \leqslant 2.7\sigma_z\} = 2\Phi(2.7) - 1 = 0.993\,1 \tag{2.55}$$

同理

$$P\{\mid X\mid \leq 4B_x\} \approx 0.993\ 1 \tag{2.56}$$

即导弹落入由 $\Delta Z = 4B_z$ 所确定的带状区域中的概率超过 0.99，工程中近乎是一个必然事件。当 X 与 Z 相互独立时，$\rho = 0$，导弹落入 x 方向最大误差带与 z 方向最大误差带的交集矩形中的概率为

$$P\{\mid X\mid \leq 4B_x,\mid Z\mid \leq 4B_z\} \approx 0.993\ 1 \times 0.993\ 1 = 0.986\ 2 \tag{2.57}$$

其值接近 1。实际中此矩形区域常作为导弹飞行试验落区安全区域划定的参考依据。

可以看出，使用线概率误差描述导弹精度时，需要分别描述纵向线概率偏差与横向线概率偏差，即需要两个参数描述精度指标。

2.3.3　圆概率误差

圆概率误差（CEP）指以目标点（或目标点中心）为圆心，以 R 为半径画圆，当导弹落在该圆内的概率为 50% 时，此时的半径 R 即被称为 CEP。当落点纵、横向偏差独立时，CEP 半径可以表示为

$$P = \frac{1}{2\pi\sigma_x\sigma_z}\iint\limits_{x^2+z^2\leq R^2}\exp\left\{-\frac{1}{2}\left[\frac{(x-\mu_x)^2}{\sigma_x^2}+\frac{(z-\mu_z)^2}{\sigma_z^2}\right]\right\}\mathrm{d}x\mathrm{d}z = 0.5 \tag{2.58}$$

其中，R 表示上述二重积分中的积分域半径。圆概率误差可用图 2.7 表示。

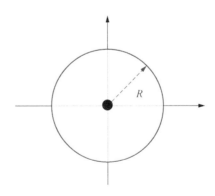

图 2.7　圆概率误差（CEP）的图示

式（2.58）表示的积分没有通用解析解，一般需要利用数值积分方法求解，在一些特殊情况下存在解析解及近似解。下面分三种情况说明 CEP 的计算方法。

（1）不考虑落点偏差的系统性偏差，且落点具有圆散布特性，即 $\mu_x = \mu_z = 0$，$\sigma_x = \sigma_z = \sigma$，根据式（2.58），有

$$P = \iint\limits_{(x^2+z^2) \leqslant R^2} \frac{1}{2\pi\sigma^2} \exp\left[-\frac{1}{2\sigma^2}(x^2 + z^2) \right] \mathrm{d}x\mathrm{d}z = 0.5 \qquad (2.59)$$

采用极坐标形式，令 $x = r\cos\theta$，$z = r\sin\theta$，可以得到

$$P = 1 - \exp\left(-\frac{R^2}{2\sigma^2} \right) \qquad (2.60)$$

根据 CEP 定义及式（2.59），则 CEP 为

$$R = 1.177\,4\sigma \qquad (2.61)$$

此时落点散布圆与 CEP 圆的关系如图 2.8（a）所示。

进一步地，CEP 圆半径与线概率误差的关系如下所示：

$$R = 1.177\,4\sigma = 1.75B \qquad (2.62)$$

此时纵向、横向线概率误差相等，即 $B_x = B_z = B$。

（2）不考虑系统性偏差，导弹落点为椭圆散布特性，即 $\mu_x = \mu_z = 0$，$\sigma_x \neq \sigma_z$，此时落点散布圆与 CEP 圆的关系如图 2.8（b）所示。根据式（2.58），有

$$P = \frac{1}{2\pi\sigma_x\sigma_z} \iint\limits_{x^2+z^2 \leqslant R^2} \exp\left\{\left[-\frac{1}{2}\left(\frac{x^2}{\sigma_x^2} + \frac{z^2}{\sigma_z^2}\right) \right]\right\} \mathrm{d}x\mathrm{d}z = 0.5 \qquad (2.63)$$

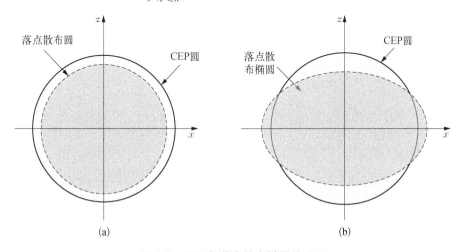

图 2.8 CEP 与落点散布椭圆关系 Ⅱ

式(2.63)没有解析解,工程上为简化计算,常使用如下近似公式:

$$R_{\text{cep}} = 0.562\sigma_x + 0.615\sigma_z, \ \sigma_x > \sigma_z$$
$$R_{\text{cep}} = 0.562\sigma_z + 0.615\sigma_x, \ \sigma_z > \sigma_x \tag{2.64}$$

(3) 一般情况下,导弹落点为椭圆散布特性,即 $\mu_x \neq \mu_z$,$\sigma_x \neq \sigma_z$,CEP 没有解析解,根据式(2.58)计算。CEP 圆与落点散布椭圆的关系见图 2.9。

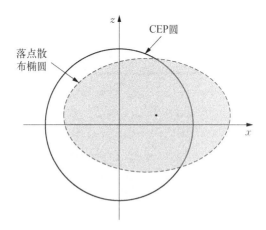

图 2.9　CEP 圆与落点散布椭圆关系Ⅲ

表 2.4 是在不同的纵、横向偏差分布情况下根据近似公式[式(2.64)]与数值积分得到的几组 CEP 值的计较。

表 2.4　不同计算方法下 CEP 值的比较

纵向均值	纵向均方差	横向均值	横向均方差	数值积分	近似公式
0	45	0	65	64.4	64.0
0	60	0	30	52.2	52.17
20	45	25	65	69.9	—
50	45	50	65	91.5	—

从表 2.4 中可以看出,近似计算公式具有比较高的近似精度。

使用 CEP 描述导弹精度只需要一个参数,可以直接比较不同类型导弹打击精度的优劣,所以 CEP 指标在实际中得到了广泛应用。但是 CEP 本身需要数值积分计算,而且目前仍然不清楚 CEP 参数的分布类型是什么,CEP 的统计推断仍然基于落点纵、横向偏差服从二维正态分布的假定,采用模拟打靶方法进行分析。

2.3.4　球概率误差

对于空间运动目标,导弹到目标的距离信息需要采用三维坐标描述,而线概率误差、圆概率误差均为二维精度指标,无法准确描述打击空间运动目标的精度,在工程中,一般采用脱靶量描述,然后转化为命中概率,有时也采用球概率误差(spherical error probability, SEP)描述。

设瞄准点(或目标中心)距导弹位置的矢量用 (x, y, z) 描述,x、y、z 为独立的随机变量且均服从正态分布:$x \sim N(\mu_1, \sigma_1^2)$,$y \sim N(\mu_2, \sigma_2^2)$,$z \sim N(\mu_3, \sigma_3^2)$,假定各项误差不相关,则其联合概率密度函数为

$$f(x, y, z) = \frac{1}{(\sqrt{2\pi})^3 \sigma_1 \sigma_2 \sigma_3} \exp\left\{ -\frac{1}{2}\left[\frac{(x-\mu_1)^2}{\sigma_1^2} + \frac{(y-\mu_2)^2}{\sigma_2^2} + \frac{(z-\mu_3)^2}{\sigma_3^2} \right] \right\} \tag{2.65}$$

其中,μ_1、μ_2、μ_3 分别为正态分布均值;σ_1、σ_2、σ_3 分别为正态分布标准差。

与圆概率误差的定义类似,以瞄准点(或目标中心)为中心,以 R 为半径作一球体,导弹落入该球体内的概率为 50%,则可称 R 为球概率误差(SEP)。即

$$\frac{1}{(\sqrt{2\pi})^3 \sigma_1 \sigma_2 \sigma_3} \iiint_{x^2+y^2+z^2 \leqslant R} \exp\left\{ -\frac{1}{2}\left[\frac{(x-\mu_1)^2}{\sigma_1^2} + \frac{(y-\mu_2)^2}{\sigma_2^2} + \frac{(z-\mu_3)^2}{\sigma_3^2} \right] \right\} \mathrm{d}x\mathrm{d}y\mathrm{d}z = 0.5 \tag{2.66}$$

式(2.66)中所对应的 R 即为计算得到的 SEP,显然式(2.66)没有通用解析解。下面给出一些特殊情况下 SEP 的结果。

(1)不考虑联合概率密度函数中的系统性偏差,且方差均相等,即 $\mu_1 = \mu_2 = \mu_3 = 0$,$\sigma_1 = \sigma_2 = \sigma_3 = \sigma$,随机散布为圆球,根据式(2.66),积分后可得

$$\Phi\left(\frac{R}{\sigma}\right) - \frac{R}{\sqrt{2\pi}\sigma}\exp\left(-\frac{R^2}{2\sigma^2}\right) = 0.75 \tag{2.67}$$

进一步求解,可得到

$$R = 1.538\,2\sigma \tag{2.68}$$

（2）对于其他情况，SEP 均没有解析解，需要通过近似公式或数值积分求解，这里不再赘述。

2.4 命中概率描述

对于移动目标，如水面舰艇、坦克、飞机等，常用命中概率描述导弹打击精度。命中概率是指在一定环境条件、作战态势及对抗条件下，导弹击中以目标为中心的特定区域的概率。导弹命中概率并不是一成不变的，与飞行环境条件、作战双方态势、主被动对抗干扰条件等密切相关。在使用命中概率描述精度时，射击试验的结果只有"命中目标"与"未命中目标"两种情况，命中目标导弹数量与所有可靠飞行导弹数量之比即为导弹命中概率估计。

2.4.1 命中概率计算

对于平面目标而言，导弹命中概率等于落点纵、横向概率密度函数在目标区域上的积分。假设平面目标区域用 Ψ_T 表示，根据式（2.39），命中概率为

$$p = \iint\limits_{\Psi_T} \frac{1}{2\pi\sigma_x\sigma_z}\exp\left\{-\frac{1}{2}\left[\frac{(x-\mu_x)^2}{\sigma_x^2} + \frac{(z-\mu_z)^2}{\sigma_z^2}\right]\right\}\mathrm{d}x\mathrm{d}z \qquad (2.69)$$

理论上平面目标区域 Ψ_T 可以是任意形状闭合区域，图（2.10）中的阴影部分为目标区域，可用多边形描述，其边界为 S_T，命中概率就是根据落点散布的概率密度函数在目标区域上进行积分计算。

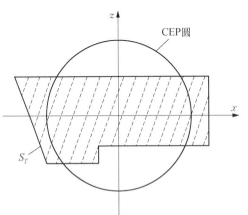

对于空间目标，例如空空导弹打击飞机，此时是否命中目标一般根据脱靶量来衡量。对于特定的飞机目标而言，给定毁伤半径 R_{k_T}，导弹某次攻击时的脱靶量为 s_i，则当

$$s_i \leqslant R_{k_T} \qquad (2.70)$$

则认为导弹命中目标，反之，则认为

图 2.10 命中概率与积分区域

没有命中目标。

2.4.2　命中概率分布特点

根据命中概率的含义,导弹打击目标的结果只有两种:命中目标与未命中目标。令导弹打击目标的结果为随机变量 X,该随机变量只有两种取值,可以用 0 或 1 表示(例如,0 表示命中,1 表示未命中),又称为 0-1 分布。假设命中概率为 p,则其分布律为

$$P\{X = k\} = p^k (1 - p)^{1-k}, \ k = 0, 1 \qquad (2.71)$$

假设在同一状态下进行 n 次导弹打击试验,命中概率为 p,以 X 表示命中目标的次数,则其中有 k 次命中目标的概率为

$$P\{X = k\} = \binom{n}{k} p^k (1 - p)^{n-k}, \ k = 0, 1, \cdots, n \qquad (2.72)$$

随机变量 X 服从参数为 n、p 的二项分布,记为 $X \sim b(n, p)$。注意式(2.71)与式(2.72)的区别,在式(2.72)中,当 $n = 1$ 时,二项分布转化为 0-1 分布。

算例 2:假设某反坦克导弹打击某新型坦克的命中概率为 0.4,共独立发射 5 次,求至少命中一次的概率。

将一次射击看成是一次试验,设命中次数为 X,则 $X \sim b(5, 0.4)$,X 的分布律为 $P\{X = k\} = \binom{5}{k} 0.4^k 0.6^{5-k}, \ k = 0, 1, \cdots, 5$,于是所求概率为

$$P\{X \geqslant 1\} = 1 - P\{X = 0\} = 1 - 0.6^5 = 0.922 \qquad (2.73)$$

即至少有一发导弹命中目标的概率为 0.922。

命中概率 p 是一个连续变量,可以是 0~1 的任何数,命中概率 p 服从 Beta 分布,其概率密度函数为

$$f(p) = \frac{p^{\alpha-1} (1 - p)^{\beta-1}}{B(\alpha, \beta)} \qquad (2.74)$$

其中,α、β 为分布参数,α 的物理含义是多次试验中的成功次数(或命中次数),β 的物理含义是多次试验中的失败次数(或未命中次数);$B(\alpha, \beta)$ 为 Beta 函数,可表示为

$$B(\alpha, \beta) = \int_0^1 p^{\alpha-1} (1 - p)^{\beta-1} dp \qquad (2.75)$$

假设某次导弹打靶试验中,共独立发射 n 发导弹,其中 s 发命中目标 $(s < n)$,则命中概率的估计值为

$$\hat{p} = \frac{s}{n} \tag{2.76}$$

某些情况下当 $s = n$ 时,使用式(2.76)计算会得到命中概率等于 1,统计学上一般不会出现这种情况,此时需要使用下列无失效情况下的计算公式:

$$\sum_{i=0}^{f} \binom{n}{i} p_{L,\gamma}^{n-i} (1 - p_{L,\gamma})^i = 1 - \gamma \tag{2.77}$$

其中,$f = n - s$ 表示失败次数;γ 为显著性水平;$p_{L,\gamma}$ 表示置信度为 $1 - \gamma$ 时的命中概率置信下限。当 $f = 0$ 时,有

$$p_{L,\gamma} = \exp\left[\frac{1}{n}\ln(1 - \gamma)\right] \tag{2.78}$$

2.4.3 多发导弹命中概率计算

在对抗条件下,单发导弹的命中概率一般不高,无法保证对目标的毁伤要求,此时可用多发导弹攻击同一目标,以提高命中概率。

1. 多发连续独立射击的命中概率

多发同类型导弹对同一目标进行连续独立射击,直至目标被击中,则停止射击。这种火力打击方式的目标命中概率取决于单发导弹的命中概率。假设单发导弹命中概率为 p_0,直至第 i 次射击 $(i = 1, 2, \cdots)$ 命中目标的概率为

$$P_{si} = (1 - p_0)^{i-1} p_0 \tag{2.79}$$

根据上述打击方式,第 i 次射击命中目标意味着前 $i - 1$ 次射击均未命中目标。则至少命中一次目标所需的平均耗弹量为

$$n_s = \sum_{i=1}^{\infty} i P_{si} = \sum_{i=1}^{\infty} i (1 - p_0)^{i-1} p_0 \tag{2.80}$$

令 $q = 1 - p_0$,$a_i = iq^{i-1}$,$b_i = q^i$,显然有

$$a_i = \frac{\mathrm{d}b_i}{\mathrm{d}q} \tag{2.81}$$

将数列累加,可得到

$$\sum_{i=1}^{\infty} a_i = \sum_{i=1}^{\infty} \frac{\mathrm{d}b_i}{\mathrm{d}q} = \mathrm{d}\Big(\sum_{i=1}^{\infty} b_i\Big)/\mathrm{d}q \qquad (2.82)$$

由于 $0 < q < 1$,$\{b_i\}$ 是一个收敛的等比数列,其和收敛为

$$S_b = \sum_{i=1}^{\infty} b_i = \frac{q}{1-q} \qquad (2.83)$$

则 $\{a_i\}$ 数列之和为

$$\sum_{i=1}^{\infty} a_i = \frac{\mathrm{d}S_b}{\mathrm{d}q} = \frac{1}{(1-q)^2} = \frac{1}{p_0^2} \qquad (2.84)$$

根据式(2.80),有

$$n_s = \frac{1}{p_0} \qquad (2.85)$$

注意式(2.85)给出的是平均用弹量,是一个理论值,并不是实际用弹量,例如,如果单发导弹命中概率为 0.5,则平均需要 2 发导弹才能命中一次目标。

2. 多发一次齐射命中概率

假设一次齐射 n 发同类型导弹($n > 1$),每发导弹都是独立发射,命中概率均为 p_0。 若以随机变量 K 表示 n 发导弹中命中目标的导弹数量,则 K 服从式(2.72)所示的二项分布。n 发导弹中至少命中 k 发的概率 P_k 为

$$P_k = P\{X \geqslant k\} = \sum_{i=k}^{n} \binom{n}{i} p_0^i (1-p_0)^{n-i} \qquad (2.86)$$

当 $k = 1$ 时,有

$$P_1 = P\{X \geqslant 1\} = 1 - P\{X = 0\} = 1 - (1-p_0)^n \qquad (2.87)$$

则一次齐射 n 发同类型导弹时,目标被命中平均所消耗的导弹数量为

$$n_k = \frac{n}{1-(1-p_0)^n} \qquad (2.88)$$

比较式(2.85)和式(2.88)可得

$$\frac{n_k}{n_s} = \frac{np_0}{1-(1-p_0)^n} \qquad (2.89)$$

式(2.89)可简化为

$$\frac{n_k}{n_s} = \frac{n}{\sum\limits_{i=1}^{n} (1 - p_0)^{i-1}} \tag{2.90}$$

由于 $0 < p_0 < 1$，始终有

$$\frac{n_k}{n_s} > 1 \tag{2.91}$$

即一次多发齐射的平均耗弹量总大于连续独立射击，但是当命中概率较低时，一次多发齐射的首次攻击命中概率会显著增加，例如，当 $p_0 = 0.4$ 时，一次 3 发齐射，根据式(2.87)，命中概率为 0.784，显著增加了打击效率。而连续独立射击需要在上一次射击完成后判断是否命中目标，再决定是否进行下一次射击，作战时间较长，效率偏低。

2.5 小结

本章首先介绍了对导弹落点纵横向偏差的描述与统计分析，然后针对打击地面固定目标情形，介绍了命中精度指标的描述方法，重点分析了 CEP 概念与计算方法，最后针对打击移动目标情形，介绍了命中概率的描述方法与计算方法。

第 3 章　导弹误差特点及传播分析

影响导弹弹道参数与飞行过程的误差有很多,这些误差的来源、产生过程、影响机理、影响程度、消除方法各不相同,本章详细介绍这些误差的特点、分析方法及传播过程。

3.1　常见导航制导方式

导弹导航制导方式非常多,需要根据导弹弹道特征、任务性质及目标特点等选择合适的导航制导方法,例如,远程弹道导弹一般使用纯惯性导航;巡航导弹一般采用组合导航制导方式;空空导弹则一般采用红外末制导方式。下面介绍一些常见的导航制导方式工作原理及特点。

3.1.1　惯性导航系统

惯性导航系统是目前应用最为广泛的一类定位导航系统。惯性技术应用于导航则是在 20 世纪发展起来的。1923 年,德国科学家舒拉在一篇文章中提出了舒拉摆原理,他的一些论断对惯性导航系统的产生与发展起了十分重要的作用。1942 年,德国在 V2 火箭上第一次装上了初级型的惯性导航系统,这一创举引起世界上的极大重视,并把惯性系统的研究推进到一个迅速发展的阶段。惯性导航系统主要的测量器件是陀螺仪与加速度计,陀螺仪敏感载体角速度,加速度计敏感载体视加速度。从结构上看,陀螺仪较加速度计复杂得多,所以陀螺仪也是惯性技术领域重点研究的对象。最早期的陀螺仪为转子式陀螺仪,为提高精度,人们相继开发了球轴承机械陀螺仪、液浮陀螺仪、气浮陀螺仪、静电陀螺仪、磁浮陀螺仪以及挠性陀螺仪等,后来在此基础上研制了动调陀螺(dynamical tuned gyro, DTG)。20 世纪 70 年代末~20 世纪 80 年代初,环形激光陀螺(ring laser gyro, RLG)与光纤陀螺(fiber optical gyro, FOG)研制成功,从而以其良好的动调性能与高可靠性显示出很强的竞争力。20 世纪 80 年代中期美国又研制成功了半球谐振陀螺,这种陀螺结构简单、无转动零件、内耗低,对环境敏感性低,能在各种特殊环境下工作。总的来说,惯性器件是从大体积、高成本、低精度、低可靠性向小体积、低成本、高精度、高可靠性方向发展。

惯性导航系统是目前应用最为广泛的一类导航方式,在各类无人/有人飞行器、舰船、车辆等产品上都有广泛应用,大部分载体上都将其作为最基础的导航方式,或者独立作为载体导航方式,或者与其他导航方式组合形成组合导航系统。惯性导航系统具有其他许多导航方式无可比拟的优势。

(1)完全自主性。惯性导航系统所依赖的是物理世界中的基本规律,通电后自主工作,无须与外界交互。

(2)极强的抗干扰性:惯性导航系统开始工作后与外部没有任何信息交互,包括有线、无线以及电磁波信息,因此不会被干扰,除非系统被破坏。

(3)极强的适应性:惯性导航系统可适应各种气象环境(雨、雪、雾等)、空间环境(太空、空中、地面、水下等)、对抗环境(主动干扰、被动干扰等),以及各种载体(导弹、运载火箭、舰船、飞机、车辆、手机)等,基本上可用于任何载体及对象。

尽管惯性导航系统的优点极为明显,但也存在一些缺点,导航误差随时间积累,也就是说,惯性导航系统工作时间越长,导航误差越大。这个缺点限制了惯性导航系统在长时间工作条件下的应用,所以在需要长时间工作的场合,需要对惯性导航系统导航误差进行修正。

3.1.1.1 惯性导航系统工作原理

惯性导航系统的核心敏感器件是陀螺仪与加速度计,一般而言,陀螺仪测量载体相对于惯性坐标系的角速度,加速度计测量载体的视加速度(载体重力加速度之外的加速度,称为视加速度)。通过测量载体三个正交方向上的角速度与视加速度,同时实时计算载体所受重力加速度,利用数值积分方法可以得到载体速度、位置及姿态角,由于积分计算需要给定积分初值,所以惯性导航系统工作时需要事先给定速度、位置及姿态角的初始值。其递推过程如图 3.1 所示。

惯性导航系统导航计算的递推步骤如下。

(1)上一个计算周期得到的载体位置、速度、姿态信息作为当前 t_i 时刻载体的位置、速度与姿态;零时刻的初始信息需要事先给出。

(2)惯性导航系统测量当前时刻的载体角速度与视加速度。

(3)根据当前时刻的位置信息计算重力加速度。

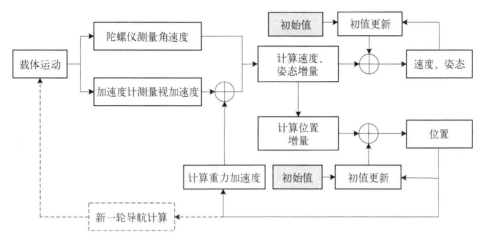

图 3.1 惯性导航系统递推计算过程

（4）综合重力加速度、视加速度、角速度信息，根据导航算法给出载体速度、姿态增量，并与当前时刻载体的速度与姿态相加，可得到 $t_{i+1} = t_i + \Delta t$ 时刻载体的速度与姿态。

（5）进一步积分可得到 t_{i+1} 时刻的载体位置。

（6）对积分初值进行更新，将第（4）、（5）步计算得到的位置、速度、姿态信息作为下一个计算周期的初值。

（7）重复步骤（1）~（6），持续进行导航计算，直至导航过程结束。

3.1.1.2 惯性导航系统类型

根据结构设计特点，惯性导航系统主要可分为平台式惯性导航系统与捷联式惯性导航系统，两种类型的导航算法也有比较大的区别。

1. 平台式惯性导航系统

平台式惯性导航系统（platform inertial navigation system，PINS）的典型构型是：陀螺仪与加速度计（一般情况下各三个）正交安装在平台台体上，台体由包含三个旋转轴的框架系统支撑，然后整个系统再安装于载体上。三个框架轴上各配备有力矩马达，如图 3.2 所示，为提高精度，整个惯性系统中装有温控装置。其典型工作机制是：开始工作前，惯性系统完成调平与对准，平台台体上的陀螺仪与加速度计分别与三个框架轴平行；工作状态下，陀螺仪敏感载体相应轴上的角速度，该角速度反馈至相应框架轴的伺服机构，利用力矩器控制框架轴反向跟踪该角速度，保证平台台体三轴方向在载体运动时不发生变化，理想情况下可以指向惯性空间不变。由于平台台体相对惯性空间不发生旋转,加速度计测量值即为载体惯性空间中的视加速度,框架轴伺服机构的输入即为载体角速度。在实际应用中,为提高平台式惯性系统适应各种不同工作场景及载体的运动,有时会增加一个随动框架,或者增加一个加速度计,这些局部改进不影响平台式惯性系统的工作机制。

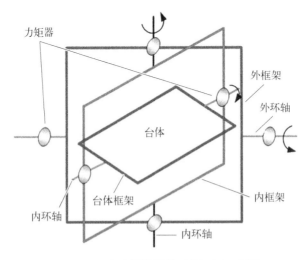

力矩器
外框架
外环轴
台体
台体框架
内框架
内环轴
内环轴

图 3.2　平台式惯性导航系统框架示意图

可以看出,平台式惯性系统结构比较复杂,除了必要的惯性敏感器件(陀螺仪与加速度计)外,还有三轴框架系统及伺服机构,但其优点是工作过程中惯性敏感器件的敏感轴可以对惯性空间定向,导航算法相对简单。

2. 捷联式惯性导航系统

捷联式惯性导航系统(strapdown inertial navigation system, SINS)典型构型是:陀螺仪与加速度计(一般情况下各三个)正交安装组成一个整体,直接安装在载体上。其典型工作机制是:陀螺仪测定载体相对于惯性参考系的角速度,加速度计测量载体视加速度,根据角速度计算载体坐标系至导航坐标系的坐标变换矩阵,通过此矩阵,把加速度信息变换至导航坐标系,然后进行积分计算,得到导航坐标系中的位置、速度与姿态。图 3.3 为某光纤捷联式惯性导航系统。

可以看出,捷联式惯性导航系统没有框架,结构简单,成本相对较低,但是捷联系统直接固连在载体上,工作环境恶劣。近年来,随着惯性技术的发展,捷联式惯性系统性能得到了很大的提高,具有更广泛的应用前景。

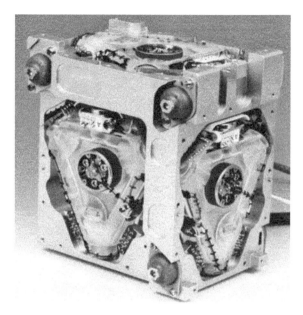

图 3.3　某光纤捷联式惯性导航系统

3. MEMS 惯性测量单元

20 世纪 90 年代以来,随着微电子与精密机械加工技术的发展,微机电系统 (micro electromechanical system, MEMS) 惯性测量单元 (inertial measurement unit, IMU) 得到了足够的重视,世界各国在 MEMS 惯性测量单元研制方面投入了大量资金。作为一种新型捷联惯性系统,MEMS 惯性测量单元继承了传统 SINS 完全自主式、保密性强(在军事应用领域尤为重要)、不受电磁干扰影响、全天候的特性,同时又具有尺寸小、重量轻、成本低、功耗小、可靠性高、动态范围宽、响应速度快和便于安装调试等传统 SINS 所无法比拟的优点。因此,MEMS 惯性测量单元日益受到重视,应用前景也越来越广阔,尤其在军事领域具有很强的应用需求,是当今惯性技术发展的一个重要方向。

4. 混合式惯性导航系统

混合式惯性导航系统是近年来出现的一种新型结构惯性系统,兼顾了传统平台式惯性系统与捷联式惯性系统的优点。在物理结构上与平台式系统比较类似,但其框架系统只包含两个框架,而不是三个,无法完全跟踪惯性坐标系。但在工作时将两个框架锁定,整个混合式惯性系统等价于捷联式惯性系统,按照捷联模式完成导航功能。这样设计的目的是使混合式惯性系统具备自标定、自对准与自测试功能,无须借助外部精密仪器设备,增加了载体的快速反应能力。

3.1.2 卫星导航基本原理

卫星导航是 20 世纪 80 年代发展起来的一种导航技术。它应用专用的导航卫星取代地面导航台向载体发射导航信息,充分利用卫星高度高、信号覆盖面广的特点,实现地面导航台无法实现的功能。目前世界上有几种卫星导航系统,性能最好、功能最完备的是美国的卫星全球定位系统(Global Positioning System, GPS)。另外还有俄罗斯的全球导航卫星网(Global Navigation Satellite System, GLONASS)、欧洲空间局计划中的"伽利略"卫星导航系统,以及中国的"北斗"卫星导航系统等。

GPS 的组成包括导航卫星、地面控制站和用户终端设备等三个部分,其中导航卫星共有 24 颗(21 颗工作星,3 颗备份星),分别布在 6 个近圆形轨道的轨道面上(每个轨道面 4 颗卫星),卫星平均高度 20 183 km,运行周期 11 h 58 min,轨道倾角 55°,以使在全球任何地方、任何时间都可以观测到 4 颗以上卫星。导航卫星向地面播发"卫星星历",星历内容有该卫星的编号、发射该条星历的时刻、该卫星在该时刻的位置(在大地坐标系中的三个坐标值),以及其他修正和加密编码等信息。导航卫星的地面站组包括 4 个监控站、1 个上行注入站和 1 个主控站。监控站监测卫星及气象等数据,并经初步处理后送至主控站。主控站汇集所有数据后进行运算处理,给出卫星运行轨道参数的变化、各卫星原子钟的校正参量和大气层对电波传播的校正参量等,编成"导航电文"送到注入站,由注入站向各卫星上传注入导航电文。用户设备包括 GPS 接收机和接收天线。接收机通过天线接收导航卫星信号,经运算处理,输出导航定位信息供在导航显示器上显示或为控制系统提供导航定位参数。GPS 具有全天候、高精度和自动化的特点,广泛用于飞机、舰艇、导弹、车辆等各种运动载体。

卫星导航系统的基本原理是测量卫星至用户终端的距离(由于包含各种干扰,所以称为伪距),利用多颗卫星测量的至用户终端的距离信息,基于三球交汇定位原理,确定终端设备的位置。当卫星上的原子钟与用户终端时钟精确一致时,如果卫星导航系统上的第 j 颗卫星于时刻 t_{sj} 发播导航信号,该信号于 t_r 时刻到达用户终端,则第 j 颗卫星至用户终端的距离(即伪距)为

$$\rho_j = c(t_r - t_{sj}) \qquad (3.1)$$

其中,c 为光速。同时根据第 j 颗卫星即用户终端在地心坐标系中的位置坐标,

列写如下方程：

$$\rho_j = \sqrt{(X_j - X)^2 + (Y_j - Y)^2 + (Z_j - Z)^2} \qquad (3.2)$$

其中，X_j、Y_j、Z_j 为第 j 颗卫星在 t_{sj} 时刻的地心坐标系位置，由第 j 颗卫星的导航电文给出；X、Y、Z 为用户终端在地心坐标系中的位置。理论上在同一时刻用户终端最少接收到三颗卫星信号，则可求得用户终端的位置 X、Y、Z。

事实上，卫星上的时钟与用户终端的时钟并不完全一致，称为钟差，卫星本身的钟差可由地面监控系统测定，因此 t_{sj} 可以认为是准确的，设用户接收机的准确时刻为 t_r，钟面时刻为 t'_r，则钟差为 $\Delta t_r = t'_r - t_r$。因此

$$\rho'_j = c\tau'_j = c\tau_j + c\Delta t_r = \rho_j + c\Delta t_r \qquad (3.3)$$

即

$$\rho'_j = \sqrt{(X_j - X)^2 + (Y_j - Y)^2 + (Z_j - Z)^2} + c\Delta t_r \qquad (3.4)$$

方程(3.4)包含四个未知量，三个位置坐标与钟差，即卫星导航系统要保证任一用户终端可同时观察到四颗卫星才能精确可靠定位。实际上伪距中包含有电离层、对流层电磁波传输误差、卫星轨道误差、电磁波多路径误差与用户终端误差等，其中信号传输误差可进行补偿，其他误差则难以消除，但是可以使用差分方式减小这类误差，即差分 GPS 技术，可显著提高定位精度。

卫星导航精度高、覆盖范围广，但是卫星导航存在信号交互，容易受到干扰，而且当信号受到遮挡、屏蔽后无法使用，如建筑内部、水下等，所以卫星导航通常与惯性导航系统组成组合导航系统，可有效提高导航性能。关于卫星导航进一步的知识可参考相关文献。

3.1.3　地形匹配导航基本原理

地形匹配实质是由惯性导航系统、无线电高度表和数字地图构成的组合导航系统。基本原理是在弹上计算机预先存储地形高度图，导弹飞行到预定位置时高度表测量弹下点的高度数据，然后与弹上地形高度图进行比对，确定出导弹弹下点所在位置与预定位置的纵向、横向偏差，形成制导指令，修正导弹位置偏差。对于远程飞行来说，若要存储全域地形信息是不可能的，所以在实际工作中，通常需要事先设计若干匹配区，匹配区一般是边长为几公里的矩形，再将该区分成许多正方形网格，边长一般是 20～60 m。通过卫星或航空测量获得匹配区每个网格的平均高度数据，得到一个网格化的数字地图，并将其存入弹上

计算机。导弹在起飞之前需要规划好飞行航迹,确定经过哪些匹配区。当导弹飞经第一个匹配区时,将弹上实测数据与计算机存储数据进行相关比较,确定导弹纵向和横向的航迹误差,给出修正指令,导弹回到预定航线,然后飞向下一个匹配区,如图 3.4 所示。

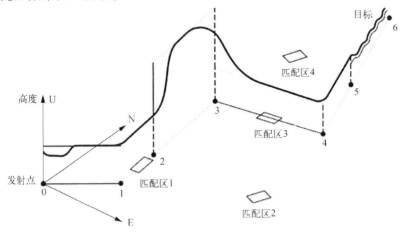

图 3.4 一种地形匹配示意图

地形匹配导航已在巡航导弹中得到广泛应用,目前地形辅助导航系统主要有地形轮廓匹配导航系统、惯性地形辅助导航系统等。海湾战争中的"战斧"巡航导弹就是采用地形辅助导航系统。地形轮廓匹配系统利用地形高度数据进行辅助导航。惯性地形辅助导航是根据惯性导航系统输出的位置在数字地图上找到地形高程,而惯性导航系统输出的绝对高度与地形高程之差就是飞行器相对高度的估计值,它与无线电高度表实测相对高度之差就是 Kalman 滤波的测量值。由于地形的非线性特性导致了测量方程的非线性,采用地形随机线性化算法实时获得地形斜率,得到线性化的测量方程,结合惯导系统的误差方程,经 Kalman 滤波递推算法得到导航位置、速度误差的最佳估值,形成制导指令,修正导弹位置偏差,其实时性更好。

地形轮廓匹配算法是将弹上存储的地形高度数据与雷达实测地形高度数据进行相关计算,确定导弹飞行的最佳路径,然后给出位置偏差。下面以一维轨迹为例,分析相关计算方法。假设弹上高度计测量的地形高度为

$$h_t(i) = h(i) + \varepsilon_t(i) \tag{3.5}$$

其中,$h(i)$ 为第 i 个网格的真实地形高度;$h_t(i)$ 为测量的地形高度;$\varepsilon_t(i)$ 为测

量误差。弹上存储的地形高度表示为

$$h_m(i, j\Delta) = h(i, j\Delta) + \varepsilon_m(i, j\Delta) \tag{3.6}$$

其中，$h(i, j\Delta)$ 为真实地形高度；$j\Delta$ 为存储路径偏离测量路径的距离；$\varepsilon_m(i, j\Delta)$ 为弹上存储地形高度的随机误差。

地形轮廓匹配就是计算存储的数字地图与弹上实测地形高度数据匹配度最高的一组数据。数据序列的匹配计算主要有三种，包括互相关匹配算法、平均绝对差匹配算法和平均平方差匹配算法。假设每一组数据长度为 n，互相关匹配算法为

$$\max_j\left[J_{\mathrm{COR}}(j\Delta) \right] = \frac{1}{n}\sum_{i=1}^{n} h_m(i, j\Delta) \cdot h_t(i) \tag{3.7}$$

即数字地图中每一组数据与弹上实测地形高度数据进行相关计算，数字地图中相关值最大的一组数据对应的位置即为导弹弹下点位置。平均绝对差匹配算法为

$$\min_j\left[J_{\mathrm{MAD}}(j\Delta) \right] = \frac{1}{n}\sum_{i=1}^{n} \mid h_m(i, j\Delta) - h_t(i) \mid \tag{3.8}$$

平均平方差匹配算法为

$$\min_j\left[J_{\mathrm{MSD}}(j\Delta) \right] = \frac{1}{n}\sum_{i=1}^{n} \left[h_m(i, j\Delta) - h_t(i) \right]^2 \tag{3.9}$$

下面以一个简单的例子说明地形匹配算法，如图 3.5 所示，图中每个方框代

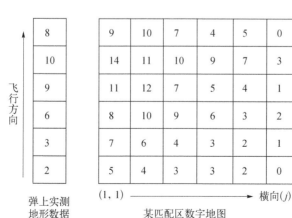

图 3.5　地形匹配算法示意图

表地形匹配区网格,弹上实测地形数据序列为(2,3,6,9,10,8),数字地图为6×6网格,左下网格坐标为(1,1)。根据匹配算法确定飞行轨迹与数字地图中哪一列相关度最好。

分别根据式(3.7)~式(3.9)计算数字地图中每一列与实测地形数据的互相关值、平均绝对差值和平均平方差值,结果见表3.1。

表 3.1 匹配计算结果

	第 1 列 ($j = 1$)	第 2 列 ($j = 2$)	第 3 列 ($j = 3$)	第 4 列 ($j = 4$)	第 5 列 ($j = 5$)	第 6 列 ($j = 6$)
COR	390	384	291	218	174	54
MAD	16	15	8	10	15	31
MSD	50	43	16	34	53	201

可以看出平均绝对差算法和平均平方差算法的结果具有一致性,互相关算法不太适用于地形匹配计算。也就是说,数字地图中的第 3 列与实际测量数据一致,即导弹的横向位置处于数字地图第 3 列对应的位置。对于纵向位置,可以根据实测地形数据序列长度,在数字地图每列选择相同的长度进行匹配计算,例如如果实测地形数据序列长度为 4,则图 3.5 中每一列依次选择连续 4 个数据进行匹配计算,对应最小的平均绝对差或平均平方差,即为导弹纵向位置。

本节简要说明了地形匹配导航的基本原理,实际中还有许多问题需要考虑,感兴趣的读者可自行查阅相关资料。可以看出,地形匹配导航只有在高度变化比较剧烈的地区才能使用,在地形平坦区域,数字地图每个网格高度相差不大,在进行匹配计算时可能无法区分。所以地形匹配区一般选择具有明显起伏特征的地区,在平原、平坦沙漠、水面等无法使用。

3.1.4 寻的制导工作原理

寻的制导利用导弹头部的导引头直接探测目标辐射或反射的能量(如电磁波、红外线、激光或可见光等),据此计算目标、导弹的相对运动参数,按照给定的导引算法形成制导指令,控制导弹飞向目标。寻的制导的核心是导引头,根据探测的能量特点可分为雷达导引头、红外导引头、激光导引头、可见光导引头等不同类型。

寻的制导系统与自主式制导系统的主要区别是,寻的制导系统可以直接

"看到"目标,自行探测目标相对运动信息,一般在导弹飞行末段使用,其制导阶段的弹道无须事先确定,适合于攻击运动目标的导弹,如空空导弹、地空导弹、反舰导弹等。

寻的制导系统按目标信息源所处的位置,可分为以下几种。

1)主动寻的制导系统

弹上制导系统发射能量(电磁波或激光),并接收目标发射回来的能量,形成制导控制信号,控制导弹飞向目标。主动寻的制导系统使导弹具有"发射后不用管"的特性,广泛应用于各种类型导弹。其缺点是弹上设备复杂,质量尺寸较大,作用距离有限,限制了导弹性能。

2)半主动寻的制导系统

由弹外制导站向目标发射能量(电磁波或激光等),弹上制导系统接收目标反射回来的能量,形成导引控制指令,控制导弹飞向目标。

半主动寻的制导系统不具有"发射后不管"的特性,始终需要弹外制导站向目标发射能量。但弹外制导站不受导弹尺寸及载荷质量限制,其功率可以较大,作用距离比较远,而且弹上无须能量发射装置,导引头结构简单、质量小、适应性强。半主动寻的制导系统的最大缺点是易受干扰,且制导站需要一直向目标发射能量,其机动性受限并易受到攻击。

3)被动寻的制导系统

弹上导引头直接探测由目标辐射出的能量(电磁波或红外线等),形成导引控制指令,控制导弹飞向目标。

被动寻的制导系统自身不辐射能量,弹上设备简单,质量小,尺寸小,可实现"发射后不管",目前主要有被动雷达制导、可见光制导、红外制导等模式。但被动寻的制导系统的正常工作须建立在目标的能量辐射,且达到一定信噪比的基础上,对目标依赖性比较大,且易受干扰欺骗。

以雷达末制导为例,制导误差受多个误差因素影响,主要误差源包括以下几种。

(1)制导交接班误差:包括中(初)、末制导交班系统误差与随机误差。

(2)导引头本身的误差:包括导引头上的陀螺仪零位及线性度误差、导引头的天线轴与机械轴不重合、天线罩折射率误差、导引头接收机的热噪声等。

(3)目标特性:包括目标幅度起伏、目标角度起伏、目标机动引起导引头测量噪声。

(4)与环境有关的误差:包括低空陆海杂波、低空多路径效应等。

(5)载体运动引起的误差:包括弹上陀螺仪及加速度计零位与线性度误

差、控制系统动态滞后、制导算法中的截断误差等。

这些误差源的影响非常复杂,目前主要通过仿真手段分析其对导引头性能及导弹弹道参数的影响。

3.1.5　组合导航系统原理

由前面的分析可知,每一种导航方式都具有其独特的优点与缺点,例如,惯性导航系统具有完全自主性、抗干扰、适应性强、数据频率快等特点,但其导航误差随时间积累;卫星导航精度高、全天候,但需要接受卫星电磁波信号,在遮挡及干扰情况下无法工作;寻的制导方式可直接"观测"目标,但需要保持通视条件,作用距离较短。因此,工程中将两种或两种以上导航方式组合在一起,发挥各自优点,形成一种更为优良的组合系统,如惯性+卫星、惯性+地形匹配、惯性+雷达末制导等。组合导航系统的组合方式非常多,根据具体对象与应用场景进行选择,组合导航系统中的基础导航部件通常是惯性系统,因为它的特点是其他导航方式不可替代的。

3.1.6　常用制导方法

3.1.6.1　摄动制导与显式制导

制导方法与导弹采用的制导体制密切相关。远程弹道导弹一般采用纯惯性制导,在主动段完成制导计算,制导系统通过导引计算完成发动机关机控制或能量管理,之后弹头与发动机分离,经自由飞行后,再入大气层打击目标。由飞行力学知识可知,自由飞行段弹道特性取决于自由飞行段起始点的弹道参数(主要是飞行速度与位置矢量),而自由飞行段的起始点即为主动段的终点,因此,弹道导弹的制导计算主要是控制导弹速度矢量与位置矢量在主动段终点时刻满足给定的导引方程或关机方程,就可使导弹命中目标。

对于纯惯性制导的弹道导弹,其制导方法主要有摄动制导和显式制导两种。摄动制导方法需要在导弹发射前设计一条由发射点至目标点的标准弹道,并预先求解出标准弹道的弹道参数及相关偏导数。导弹的实际飞行弹道参数相对标准弹道参数的微小偏差称为"摄动"或"小扰动",根据摄动理论,可以将实际弹道在标准弹道附近"线性展开",用弹道参数偏差的线性表达式表示弹头落点的偏差。在导弹的主动段飞行中,根据惯性导航系统测量值实时计算导弹的速度与位置,并根据导引方程实时预测导弹射程与横程(横向位置),与标准值作差形成导引指令,控制导弹以标准弹道为基准飞行。

　　显式制导方法根据惯性制导系统测量值进行实时导航计算,得到弹道当前速度与位置矢量,并以此速度与位置矢量作为主动段终点弹道参数(即自由飞行段起始点弹道参数),根据椭圆轨道理论计算"落点"位置(椭圆轨道与地球表面的交点),并与目标点比较,计算偏差,形成制导指令,控制导弹飞行,当"落点"位置与目标点偏差足够小时,认为导弹以当前速度、位置矢量飞行时可以命中目标,关闭发动机,主动段结束。

　　摄动制导方法利用了弹道参数的一阶近似,方法误差比较大,显式制导方法使用的是迭代逼近的思想,方法误差比摄动制导小得多,但是摄动制导方法相对简单,计算量小,而显式制导方法计算量大,且要求指令更新快,对弹载计算机的要求更高。因此远程弹道导弹一般采用摄动制导与显式制导的混合制导策略,在一级、二级采用摄动制导方法,在三级与末修级采用显式制导方法。

3.1.6.2　末端导引方法

　　对于采用末端寻的制导体制的导弹,末端导引头可以直接"观测"目标信息,其导引算法更加多样。末端导引方法受导弹速度、姿态、弹目距离、可用过载、热流密度等因素约束,对导弹命中精度、毁伤概率等性能指标有直接影响。末端导引方法有很多种,主要包括经典导引方法与现代导引方法。

　　经典导引方法是建立在早期经典理论基础上的制导规律,主要包括追踪法、三点法、前置角或半前置角法、比例导引法和平行接近法等。

　　1)追踪法

　　追踪法分为弹体追踪法和速度追踪法两种形式。弹体追踪法要求导弹在攻击目标的飞行过程中,弹体纵轴始终指向目标;速度追踪法则要求导弹在飞行过程中,其速度矢量始终指向目标。追踪法是最早提出的一种导引方法,曾应用于早期的空地导弹和激光制导炸弹。

　　2)三点法

　　三点法要求导弹在攻击目标的飞行过程中,其质心始终位于制导站和目标的连线上,三点法多应用于遥控制导系统。应用三点法导引的主要缺点是弹道较弯曲,迎击目标时,越是接近目标,弹道就越弯曲,控制弹道所需的法向控制力就越大。特别是当外部制导站运动时,不但要考虑目标的运动特性,还需要考虑制导站的运动状态。

　　3)前置角法

　　前置角法是追踪法的推广,它要求导弹在飞行中,其弹体纵轴或速度矢量与目标视线之间保持一个夹角,该夹角称为前置角。

4）比例导引法

比例导引法要求导弹在飞向目标的过程中，其速度矢量偏转角速率与目标

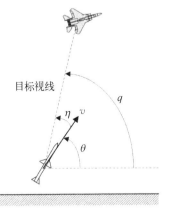

目标视线

视线（即导弹与目标的连线）偏转角速率成正比例，如图 3.6 所示。按照比例导引法，导弹的飞行速度矢量应满足以下关系式：

$$\frac{\mathrm{d}\theta}{\mathrm{d}t} = K \cdot \frac{\mathrm{d}q}{\mathrm{d}t} \qquad (3.10)$$

或

$$\frac{\mathrm{d}\eta}{\mathrm{d}t} = (1 - K)\frac{\mathrm{d}q}{\mathrm{d}t} \qquad (3.11)$$

图 3.6　比例导引法导弹与目标的相对运动关系图

其中，K 为比例系数。导引头探测到目标视线角发生变化，产生控制指令改变导弹速度方向，使导弹与目标的相对速度方向始终对准目标。比例导引法较好地反映了导弹与目标之间的相对运动情况，响应速度快，适合于攻击机动目标，具有较高的制导精度，因此被广泛应用。该方法既可用于自动寻的制导导弹，也可用于遥控制导导弹。

5）平行接近法

平行接近法要求导弹在运动过程中目标视线始终平行于初始位置。即如果在导弹发射时刻，目标视线的倾角为某一角度，则当导弹接近目标时，目标视线倾角应保持为该固定的角度。也就是说，目标视线不应有转动角速度。

从上述各种经典导引方法可知，比例导引法是追踪法、前置角法和平行接近法的综合描述，是寻的导引方法中最重要的一种。如果比例系数 $K = 1$，则导弹速度矢量与目标视线的夹角 η 为常数，这就是常值前置角导引法；若 $\eta = 0$，则为速度追踪法（即速度追踪法可视为常值前置角导引法的一个特例）；若 $K \to \infty$，则 $\mathrm{d}q/\mathrm{d}t \to 0$，即视线角 q 为常数，即为平行接近法。通常，比例系数 K 的取值范围为 2~6，K 值越大，导引弹道越平直，所需法向控制力越小。

现代导引方法建立在现代控制理论和决策理论基础之上，目前主要有线性最优、自适应显式制导以及微分对策等导引规律。经典导引规律需要的信息量少，制导系统结构简单、工程实现容易，因此，现役战术导弹多数还是使用经典导引规律或其改进形式。现代导引规律较之经典导引规律有许多优点，如制导误差小、导弹命中目标时姿态角易于满足需要、抗干扰能力强、适应目标强机

动、弹道需用过载分布合理等。但是,现代导引方法输入信息较多,制导系统结构复杂,给导引方法的工程实现带来一定的技术困难。随着微型计算机、微电子技术和目标探测技术的发展,现代导引技术将逐步走向工程实用。

3.2　惯性导航系统工具误差建模

前面已经指出,惯性导航系统的主要缺点是导航误差随时间积累,工作时间越长,导航误差越大。实际上,这类误差中的大部分是可以使用精确模型描述的。通过对惯性器件的误差机理分析,目前已经可以得到比较精确的误差模型(包括加速度计、陀螺仪及其他系统误差),称为工具误差模型,误差模型中的系数称为工具误差系数。工程实际中可使用多种精密仪器设备与技术手段标定出工具误差系数,在使用时进行补偿。目前,提高惯性系统使用精度的方法一般有两种:一是不断提高陀螺仪及加速度计的精度,从硬件上提升精度;二是建立惯性系统准确的误差模型,利用各种精密仪器设备,辨识出各项误差系数,将辨识结果提供给系统进行补偿,提高系统使用精度。惯性技术数十年的发展历史表明,每一种新体制的惯性测量仪器都需要经过十数年甚至数十年的研发过程,人力、经费及时间投入巨大,而第二种方法是提高惯性系统使用精度十分经济而又有成效的技术途径。

3.2.1　惯性仪表工作原理

惯性导航系统的核心敏感器件是陀螺仪与加速度计,其中陀螺仪测量载体角速度,而加速度计测量载体视加速度(除重力加速度之外的加速度),本节简要介绍主要惯性器件的工作原理。

3.2.1.1　机械式陀螺仪工作原理

机械式陀螺仪主要是应用物理学中的角动量守恒原理,实现角速度的测量。单自由度机械式陀螺仪基本结构如图 3.7 所示,其核心部件是一个高速旋转的转子,以及由力矩马达、信号发生器、框架等组成的伺服回路等。高速旋转的转子使得陀螺仪具有角动量 $\boldsymbol{H}$。

当陀螺仪受到外力矩时,其角动量变化满足

$$\frac{\mathrm{d}\boldsymbol{H}}{\mathrm{d}t} = \boldsymbol{M} \tag{3.12}$$

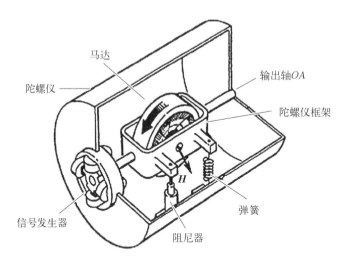

图 3.7　单自由度机械式陀螺仪基本结果

其中，$\boldsymbol{H}$ 为物体角动量；$\boldsymbol{M}$ 为物体所受外力矩。当外力矩矢量方向与陀螺仪角动量方向相同时，会使角动量大小发生变化，而方向不会变化。当外力矩方向与陀螺仪角动量方向不相同时，陀螺仪角动量大小、方向会同时发生变化，产生进动，进动角速度为

$$\boldsymbol{\omega} = \frac{\boldsymbol{H} \times \boldsymbol{M}}{H^2} \tag{3.13}$$

注意式 (3.13) 中的分子是矢量叉乘，当外力矩矢量方向与角动量方向相同时，进动角速度为零，只有当两者方向不同时，才会产生进动角速度。

当陀螺仪整体以角速度 $\boldsymbol{\omega}$ 转动时，会产生相应的陀螺力矩，可表示为

$$\boldsymbol{M}_G = \boldsymbol{H} \times \boldsymbol{\omega} \tag{3.14}$$

由于单自由度陀螺仪只有一个框架轴，即图 3.7 中的输出轴 OA，即陀螺仪转子部分发生进动的话，只能绕 OA 轴旋转。因此单自由度陀螺仪输出轴上会安装伺服回路，该回路首先敏感到该轴上的陀螺力矩，然后力矩马达会产生大小相同、方向相反的控制力矩，平衡该力矩，使得陀螺仪转子不产生绕输出轴的转动。根据式 (3.14) 可知，该控制力矩与陀螺仪外部角速度成正比，只要能够得到控制力矩，即可得到该角速度。注意陀螺仪转子部分的旋转角速度是由转子控制回路控制的，与陀螺仪输出轴的回路不同，而输出轴控制回路只与陀螺

仪转子部分角动量变化产生的陀螺力矩有关。

对于单自由度陀螺仪而言,由于只能获得输出轴 O 轴上的陀螺力矩,根据矢量叉乘法则,只能得到陀螺仪输入轴 I 轴(也称为敏感轴)上的角速度,而 O 轴与 H 轴上的角速度分量则无法测量,即单自由度陀螺仪只能测量输入轴(敏感轴)方向的角速度。

3.2.1.2　激光陀螺仪工作原理

激光陀螺仪主要应用了物理学中的 Sagnac 效应:在任意闭合的光路中,从某一观察点出发的一对光波分别沿正、反方向运行一周后又回到该观察点时,这对光波经历的光程将由于该闭合环形光路相对于惯性空间的旋转而不同,其光程差的大小与闭合光路的转动速率成正比。1960 年,世界上第一台激光器出现,1963 年第一台环形激光陀螺样机出现,20 世纪 80 年代开始应用于各个领域。由于 20 世纪 70 年代光纤技术的发展,光纤陀螺仪也研制成功,之后的数十年发展过程中,光纤陀螺仪以其综合指标(精度、可靠性、体积、成本、制造性)的优越性在惯性导航领域已成为主流产品,特别是近些年来得到了长足的发展,在测量精度、成本、可靠性上都取得了长足进步。

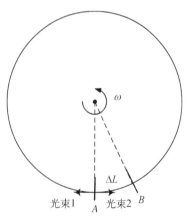

图 3.8　激光陀螺仪原理

激光陀螺仪原理图如图 3.8 所示,激光光源与检测装置都在 A 点,当陀螺仪不旋转时,从同一点 A 出发的两束激光分别沿顺时针与逆时针运动,之后回到 A 点,此时两束光光程相同。假设整个环状光路全长为 L,激光旋转一周所需时间为

$$t = \frac{L}{c} \tag{3.15}$$

其中,c 为真空光速。

当陀螺仪逆时针旋转时,从同一点 A 出发的顺时针、逆时针两束激光在 B 点遇到激光检测装置。则逆时针激光的光程为 $L + \Delta L$,顺时针激光的光程为 $L - \Delta L$,根据光速不变原理,两束激光所需时间分别为

$$t_1 = \frac{L + \Delta L}{c}, \quad t_2 = \frac{L - \Delta L}{c} \tag{3.16}$$

两者时间差为

$$\Delta t = t_1 - t_2 = \frac{2\Delta L}{c} \tag{3.17}$$

由于陀螺仪旋转,在激光运动一周后的光程差可表示为

$$\Delta L = r\omega t = \omega \frac{L^2}{2\pi c} \tag{3.18}$$

其中,r 为环路半径。则时间差的一阶表达式为

$$\Delta t = \frac{\omega L^2}{\pi c^2} \tag{3.19}$$

则对于激光而言,实际光程差为

$$\Delta L = c\Delta t = \frac{L^2}{\pi c}\omega \tag{3.20}$$

可以看出光程差与旋转角速度、环形区域长度平方成正比,与光速成反比。

根据式(3.20)可以看出,只要能够测量出光程差,可以得到角速度 ω。由于激光陀螺仪环形区域面积比较小(直径约 10 cm)而光速非常大,光程差非常小,需要使用激光干涉方法测量光程差。由于激光是单一波长光源,环形区域长度可以表示为激光波长的倍数,即

$$L = n\lambda \tag{3.21}$$

其中,n 为波长倍数;λ 为激光波长。由于转动导致的顺、逆两束激光的频率分别可表示为

$$f_1 = \frac{nc}{L + \Delta L}, \quad f_2 = \frac{nc}{L - \Delta L} \tag{3.22}$$

忽略二阶小量,则频率差为

$$\Delta f = f_2 - f_1 = \frac{\omega L^2}{\pi c} \frac{2nc}{L^2} = \frac{2L}{\pi\lambda}\omega \tag{3.23}$$

要获得角速度的高精度估计,需要高精度测量频率差 Δf。激光陀螺仪使用激光干涉技术测量频率差。则角速度可表示为

$$\omega = \frac{\pi\lambda}{2L}\Delta f \tag{3.24}$$

激光陀螺仪主要误差源包括温度漂移、闭锁效应以及其他随机游走误差。由于光学回路的各种非均匀因素,当旋转角速度比较小时,顺时针和逆时针激光光束的频率差也会比较小,当该频率差小到一定程度,两束光的频率会被牵引到同步,差频为零,这就是激光陀螺仪的闭锁效应。解决该问题的包括多频率差动、抖动频偏技术等。

3.2.1.3 光纤陀螺仪工作原理

光纤陀螺仪也是使用 Sagnac 效应,不同之处在于光纤陀螺仪使用缠绕多匝的光纤作为激光传输路径,如图 3.9 所示。由于光纤环可以缠绕很多圈,所以激光的光程 L 可以非常长,可达数百米至数千米。由式(3.23)可以看出,激光光程越大,频率差灵敏度越高,从而产生相位差,光纤陀螺通过测量相位差得到角速度。

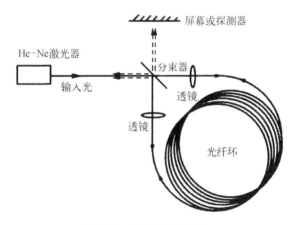

图 3.9 光纤环形干涉仪

随着技术进步,相对于激光陀螺仪,光纤陀螺仪结构简单、可靠性高、成本低的优势越发明显,近些年其精度也得到了显著提升,应用越来越广,目前中高精度陀螺仪市场中,光纤陀螺仪市场占有率已达一半以上。

3.2.1.4 石英加速度计工作原理

用来测量运动载体沿一定方向的加速度信息的敏感器,与陀螺仪一样,是惯导系统的核心器件,其精度与性能决定了惯导系统的精度和性能。石英加速度计的测量原理可以假设为一个弹簧系统,当仅受到重力时,其内部处于一种稳定状态,不会发生形变。当加速度计受到外力(除重力外)时,内部发生形变,形变可使用胡克定理。因此,只需要测量石英加速度计内部形变,即可得到相应加速度,需要注意的是,该加速度是载体视加速度,不包括重力加速度。

3.2.1.5　MEMS 惯性器件工作原理

随着制作集成电路的硅半导体工艺的成熟和完善,20 世纪 80 年代出现了采用微型机械加工和微型控制电路工艺制造的微机电陀螺仪与加速度计。与通常的陀螺仪相比,MEMS 惯性器件具有很多优点:体积小、重量轻、成本低、功耗低等,它可以广泛地运用于航空航天、汽车工业、工业自动化及机器人等领域,具有广阔的应用前景。但是目前其精度仍不能和前述几种陀螺仪与加速度计比拟,主要应用于一些对于成本更加敏感而对精度要求一般的领域。

3.2.2　惯性仪表误差模型

无论何种测量体制的陀螺仪与加速度计,都存在漂移误差,也称为惯导工具误差。从本质上讲,陀螺仪测量量为角速度,加速度计测量量为加速度,必须进行积分才能得到速度,再次积分才能得到位置,所以惯性系统误差随时间积累。

3.2.1.1　机械式陀螺仪误差模型

机械式陀螺仪包括典型的三浮式(气浮、液浮、磁浮)陀螺仪,输出量一般为角速度,包含三部分,可用式(3.25)表示:

$$\omega_g = \omega_{g0} + \Delta\omega_g + \varepsilon_g \tag{3.25}$$

其中,ω_g 为陀螺仪实际输出;ω_{g0} 为陀螺仪输入值;$\Delta\omega_g$ 与 ε_g 为陀螺仪输出漂移误差。$\Delta\omega_g$ 为确定性误差部分,可以根据误差机理分析、地面测试等手段得到其数学模型,ε_g 为随机性误差部分,一般用白噪声或有色噪声表示。惯性系统误差模型讨论的主要是确定性误差部分 $\Delta\omega_g$。

机械式陀螺仪误差模型一般可表示为

$$\Delta\omega_g = k_{g0} + k_{g11}\dot{W}_I + k_{g12}\dot{W}_O + k_{g13}\dot{W}_H + k_{g211}\dot{W}_I^2 + k_{g212}\dot{W}_I\dot{W}_O \tag{3.26}$$

其中,$\dot{W}_I$、$\dot{W}_O$、$\dot{W}_H$ 为作用在陀螺仪输入轴(I)、输出轴(O)、自转轴(H)的载体视加速度,或者比力,也称为误差系数的激励;k_{g0} 称为常值漂移,也称为零偏误差;k_{g11}、k_{g12}、k_{g13} 与陀螺仪所受过载有关,称为一次项系数;k_{g211}、k_{g212} 与陀螺仪所受过载的乘积项或平方项有关,称为二次项系数。

机械式陀螺仪误差模型并不是只有上述一种表达式,具体模型与陀螺仪精度水平有密切关系,对于某些高精度陀螺仪,可能还要考虑其他误差系数。多数情况下,机械式陀螺仪不考虑二次项误差系数。

3.2.1.2　光纤/激光陀螺仪误差模型

光纤陀螺仪输出量同样可以分为三部分,即陀螺仪输入值、确定性误差部分和随机性误差部分,确定性误差部分可以通过误差机理分析、地面测试等手段得到其数学模型,随机性误差部分可用白噪声或有色噪声描述。光纤陀螺仪随机噪声分析可用 Allan 方差技术展开,具体可参见相关文献。

光纤陀螺仪误差模型可表示为

$$\Delta \omega_g = k_{g0} + k_{g1} \omega_0 \tag{3.27}$$

其中,ω_0 为输入角速度,误差系数含义与机械式陀螺仪相同。

需要注意的是,光纤陀螺仪误差模型与机械式陀螺仪不同,其误差系数的激励项是输入角速度,而不是过载。一般而言,光纤陀螺仪、激光陀螺仪、MEMS 陀螺仪都可使用上述误差模型。当然,在误差机理分析与试验研究的基础上,也可以建立更精细的误差模型。

3.2.1.3　石英加速度计误差模型

石英加速度计是目前应用最为广泛的一类加速度计,其输出量同样可分为三部分,用式(3.28)表示:

$$A_a = A_{a0} + \Delta A_a + \varepsilon_a \tag{3.28}$$

其中,A_a 为加速度计实际输出;A_{a0} 为加速度计输入值;ΔA_a 与 ε_a 为加速度计输出漂移误差。ΔA_a 为确定性误差部分,ε_a 为随机性误差部分,其特点均与陀螺仪相同,下面讨论的也是加速度计确定性误差部分。

石英加速度计误差模型可表示为

$$\Delta A_a = k_{a0} + k_{a1} \dot{W}_I + k_{a2} \dot{W}_I^2 \tag{3.29}$$

其中,$\dot{W}_I$ 为作用在加速度计输入轴的载体视加速度,此处有 $\dot{W}_I = A_{a0}$;k_{a0} 称为常值漂移,也称为零偏;k_{a1} 为一次项系数,又称为刻度因子误差;k_{a2} 与加速度计输入的平方有关,称为二次项系数。

同样,石英加速度计误差模型并不是只有上述一种表达式,具体模型与石英加速度计精度水平有关,对于某些高精度石英加速度计,一般包含二次项系数 k_{a2},对于低精度加速度计,一般不考虑二次项误差系数。

3.2.3　安装误差模型

无论是平台式惯性系统,还是捷联式惯性系统,均至少需要三个单自由度陀螺仪与三个加速度计,分别测量载体三个方向的角速度与实加速度,然后经过导航计算给出载体三维位置、速度以及姿态信息。不失一般性,下面对于惯性导航系统误差模型的讨论,均假设惯性导航系统包含三个单自由度陀螺仪与三个陀螺加速度,均为正交安装,如图3.10所示。

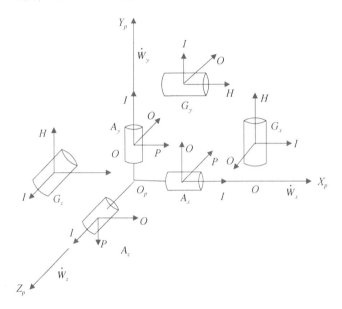

图 3.10　平台组成图

图中 G_x、G_y、G_z 为三个陀螺仪;I、H、O 分别表示陀螺仪的敏感轴(输入轴)、自旋轴和输出轴;A_x、A_y、A_z 为三个加速度计;I、P、O 分别表示加速度计的敏感轴(输入轴)、摆轴和输出轴。

惯性仪表(陀螺仪、加速度计)的安装误差是指惯性仪表敏感轴(输入轴)实际方向与理想方向不重合而形成的误差,也称为仪表不对准误差。惯性仪表安装误差包含多种情况,首先,惯性仪表在装配成惯性导航系统时,由于工艺等问题,三个加速度计敏感轴方向可能不重合,与理想方向存在偏差,陀螺仪同样如此,均会产生安装误差;其次,惯性导航系统安装在载体上时,惯性系统三轴实际方向与理想安装方向也会存在偏差。这几类安装偏差导致的效果都是一样的,对不同类型惯性导航系统,安装误差定义会有所不同。

下面以更为复杂的平台式惯性系统为例,说明安装误差的定义。首先介绍几个描述平台式惯性系统的几个常用坐标系。

（1）发射惯性系（a）：为方便起见，原点为平台中心，X 轴指向发射方向，Y 轴指向与地球表面垂直向上的方向，Z 轴与 X、Y 轴构成右手坐标系。

（2）当地地平坐标系（h）：当地地平坐标系采用当地东北天坐标系，原点为平台中心，基本面为原点的大地水准面，X 轴指向原点所在水准面正东，Y 轴指向正北，Z 轴指向与地球表面垂直向上的方向，并与 X、Y 轴构成右手法则。

（3）导航坐标系（n）：导航坐标系指飞行器进行导航计算的坐标系，导航坐标系因需要而设定，例如对于平台式惯性系统，一般选择发射惯性坐标系作为导航坐标系，对于捷联惯性系统，可选择当地地平坐标系作为导航坐标系。

（4）平台台体坐标系（p）：平台坐标系由六面体基准确定，X_p、Z_p 为平台的水平轴，Y_p 为平台的方位轴，三轴构成右手正交坐标系，坐标原点为平台台体的几何中心。在不存在安装误差的情况下，X_p、Y_p、Z_p 分别与三个陀螺仪的敏感轴平行，如图 3.10 所示。

（5）陀螺仪坐标系（gx、gy、gz）：陀螺仪坐标系根据理想情况下陀螺仪自身的敏感轴（输入轴）、自转轴、输出轴确定，每一个陀螺仪确定一个陀螺仪坐标系。

（6）加速度计坐标系（ax、ay、az）：加速度计坐标系根据理想情况下加速度计自身的敏感轴（输入轴）确定，每一个加速度计确定一个加速度计坐标系。

（7）陀螺仪敏感轴坐标系（gI）：X_{gl}、Y_{gl}、Z_{gl} 轴分别与平台 X 陀螺仪、Y 陀螺仪、Z 陀螺仪的敏感轴平行，由于存在安装误差，该坐标系为非正交坐标系。

（8）加速度计敏感轴坐标系（aI）：X_{al}、Y_{al}、Z_{al} 三轴分别与 X 加速度计、Y 加速度计及 Z 加速度计的敏感轴相平行，由于存在安装误差，该坐标系为非正交坐标系。

3.2.3.1 基于台体坐标系的安装误差定义

惯性仪表安装误差是指仪表敏感轴与平台台体坐标系相应轴的不对准度，根据图 3.11 的安装方式，平台 X 轴陀螺仪的安装误差定义如下：首先绕台体坐标系 Y_{yx} 轴旋转 Δ_{yx} 角度，形成坐标系 $X'_p Y_p Z_{gx}$，再绕 Z_{gx} 轴旋转 Δ_{zx} 角度，形成坐标系 $X_{gx} Y_{gx} Z_{gx}$，如图 3.11 所示。

则台体坐标系 $X_p Y_p Z_p$ 至 X 陀螺仪坐标系的坐标转换矩阵为

$$\boldsymbol{C}_p^{gx} = \boldsymbol{M}_3(\Delta_{zx}) \boldsymbol{M}_2(\Delta_{yx}) = \begin{bmatrix} \cos\Delta_{zx} & \sin\Delta_{zx} & 0 \\ -\sin\Delta_{zx} & \cos\Delta_{zx} & 0 \\ 0 & 0 & 1 \end{bmatrix} \begin{bmatrix} \cos\Delta_{yx} & 0 & -\sin\Delta_{yx} \\ 0 & 1 & 0 \\ \sin\Delta_{yx} & 0 & \cos\Delta_{yx} \end{bmatrix}$$

$$(3.30)$$

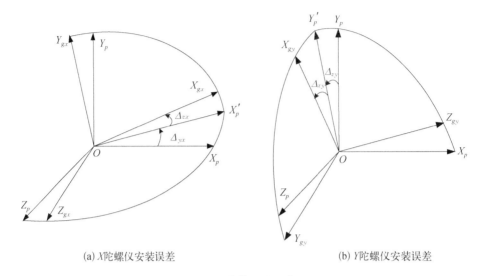

(a) X陀螺仪安装误差 (b) Y陀螺仪安装误差

图 3.11 安装误差示意图

其中，Δ_{zx}、Δ_{yx} 即为 X 陀螺仪安装误差，考虑到 Δ_{zx}、Δ_{yx} 为小量，上述转换矩阵可简化为

$$C_p^{gx} = \begin{bmatrix} 1 & \Delta_{zx} & -\Delta_{yx} \\ -\Delta_{zx} & 1 & 0 \\ \Delta_{yx} & 0 & 1 \end{bmatrix} \tag{3.31}$$

对于 Y 轴陀螺仪安装误差，如图 3.11 所示，Y 陀螺仪敏感轴 X_{gy} 理论上要与 Y_p 轴重合，可以看出，即使理论上 $X_{gy}Y_{gy}Z_{gy}$ 坐标系也与 $X_pY_pZ_p$ 不一致，可以采取下列旋转方案使其完全一致：先绕 Z 轴旋转 $90°$，再绕 X 轴旋转 $90°$，其坐标转化矩阵为

$$C_p^{\prime gy} = M_1\left(\frac{\pi}{2}\right) M_3\left(\frac{\pi}{2}\right) = \begin{bmatrix} 0 & 1 & 0 \\ 0 & 0 & 1 \\ 1 & 0 & 0 \end{bmatrix} \tag{3.32}$$

在定义 Y 陀螺仪安装误差时，只需要描述陀螺仪敏感轴与相应平台轴之间的差异。定义如下：首先绕平台坐标系 Z_p 轴旋转 Δ_{zy} 角度，形成坐标系 $Z_{gy}Y_p^{\prime}Z_p$，再绕 Z_{gy}（实际为 X 轴）轴旋转 Δ_{xy} 角度，形成坐标系 $X_{gy}Y_{gy}Z_{gy}$。结合前面平台坐标系 $X_pY_pZ_p$ 与理论 Y 陀螺仪坐标系 $X_{gy}Y_{gy}Z_{gy}$ 的关系，其坐标转换矩阵为

$$C_p^{gy} = M_1\left(\frac{\pi}{2}\right) M_3\left(\frac{\pi}{2}\right) M_1(\Delta_{xy}) M_3(\Delta_{zy}) = C_p'^{gy} M_1(\Delta_{xy}) M_3(\Delta_{zy}) \quad (3.33)$$

将式(3.32)代入式(3.33),可得到

$$C_p^{gy} = \begin{bmatrix} -\Delta_{zy} & 1 & \Delta_{xy} \\ 0 & -\Delta_{xy} & 1 \\ 1 & \Delta_{zy} & 0 \end{bmatrix} \quad (3.34)$$

对于 Z 轴陀螺仪安装误差,定义方式与上述定义相同,其安装误差为 Δ_{xz}、Δ_{yz},则平台坐标系 $X_p Y_p Z_p$ 至 Z 陀螺仪坐标系的坐标转换矩阵为

$$C_p^{gz} = M_2\left(-\frac{\pi}{2}\right) M_1\left(-\frac{\pi}{2}\right) M_2(\Delta_{yz}) M_1(\Delta_{xz}) = \begin{bmatrix} \Delta_{xz} & -\Delta_{yz} & 1 \\ 1 & 0 & -\Delta_{xz} \\ 0 & 1 & \Delta_{yz} \end{bmatrix} \quad (3.35)$$

则台体坐标系至陀螺仪敏感轴坐标系的坐标转换矩阵可表示为

$$C_p^{gI} = \begin{bmatrix} 1 & \Delta_{zx} & -\Delta_{yx} \\ -\Delta_{zy} & 1 & \Delta_{xy} \\ \Delta_{xz} & -\Delta_{yz} & 1 \end{bmatrix} \quad (3.36)$$

对于三个加速度计的安装误差,其定义方式与三个陀螺仪完全相同,其安装误差分别用 θ_{yx}、θ_{zx},θ_{zy}、θ_{xy},θ_{xz}、θ_{yz} 表示,相应的坐标转换矩阵 C_p^{ax}、C_p^{ay}、C_p^{az} 分布具有与 C_p^{gx}、C_p^{gy}、C_p^{gz} 相同的形式,此处不再详细推导。台体坐标系至加速度计敏感轴坐标系的坐标转换矩阵可表示为

$$C_p^{aI} = \begin{bmatrix} 1 & \theta_{zx} & -\theta_{yx} \\ -\theta_{zy} & 1 & \theta_{xy} \\ \theta_{xz} & -\theta_{yz} & 1 \end{bmatrix} \quad (3.37)$$

可以看到,根据上述定义方式,每个陀螺仪与加速度计均包含两个安装误差,对于一个包含三个正交陀螺仪与正交加速度计的惯性系统而言,一共有 12 个安装误差。捷联式惯性系统安装误差的定义与此类似,只是平台坐标系使用捷联惯性系统本体坐标系代替即可。

3.2.3.2　基于惯性仪表敏感轴的安装误差定义

对于惯性导航系统而言,平台台体坐标系是基于惯性系统平台几何定义

的,并没有准确的物理意义,安装误差的定义实际上与基准坐标系有关。实际当中还有另一种定义平台坐标系(导航坐标系)的方法:以惯性导航系统中 X 加速度计敏感轴作为平台坐标系 X 轴,平台坐标系 Y 轴位于以 X、Y 加速度计敏感轴形成的平面内,并与 X 轴垂直,Z 轴使用右手法则确定,为示区别,后面用 p' 表示。

根据上述定义方法,显然,X 加速度计不存在安装误差,Y 加速度计仅存在一个安装误差,Z 加速度计存在两个安装误差,三个陀螺仪安装误差的定义与 3.2.3.1 节相同。这样三个加速度计共 3 个安装误差,而三个陀螺仪共 6 个安装误差,整个惯性导航系统安装误差共 9 个。此种定义方式下,平台坐标系至加速度计敏感轴坐标系的坐标转换矩阵可表示为

$$C_{p'}^{al} = \begin{bmatrix} 1 & 0 & 0 \\ \theta_y' & 1 & 0 \\ \theta_{xz}' & -\theta_{yz}' & 1 \end{bmatrix} \qquad (3.38)$$

台体坐标系至陀螺仪敏感轴坐标系的坐标转换矩阵与式(3.36)相同。

3.2.3.3 两种安装误差定义方式的关系

基于台体坐标系定义的安装误差与基于惯性仪表敏感轴定义的安装误差并没有本质的区别,两者之间的关系可通过欧拉转换得到。显然,基于惯性仪表敏感轴定义的台体坐标系与 3.2.3.1 节中的台体坐标系是不同的,其关系可用三个欧拉角确定,其旋转顺序为"321",即 p 系至 p' 系的坐标转换矩阵可表示为

$$C_p^{p'} = \begin{bmatrix} \cos\alpha_1\cos\beta_1 & \sin\alpha_1\cos\beta_1 & -\sin\beta_1 \\ \cos\alpha_1\sin\beta_1\sin\gamma_1 - \sin\alpha_1\cos\gamma_1 & \sin\alpha_1\sin\beta_1\sin\gamma_1 + \cos\alpha_1\cos\gamma_1 & \cos\beta_1\sin\gamma_1 \\ \cos\alpha_1\sin\beta_1\cos\gamma_1 + \sin\alpha_1\sin\gamma_1 & \sin\alpha_1\sin\beta_1\cos\gamma_1 - \cos\alpha_1\sin\gamma_1 & \cos\beta_1\cos\gamma_1 \end{bmatrix}$$

$$(3.39)$$

显然无论三个欧拉角为何值,始终有 $\|C_p^{p'}\| = 1$。三个欧拉角都可认为是小量,忽略二阶及以上小量,则 $C_p^{p'}$ 可简化为

$$C_p^{p'} = \begin{bmatrix} 1 & \alpha_1 & -\beta_1 \\ -\alpha_1 & 1 & \gamma_1 \\ \beta_1 & -\gamma_1 & 1 \end{bmatrix} \qquad (3.40)$$

根据式(3.37)与式(3.38),可得到

$$
\begin{bmatrix} 1 & \theta_{zx} & -\theta_{yx} \\ -\theta_{zy} & 1 & \theta_{xy} \\ \theta_{xz} & -\theta_{yz} & 1 \end{bmatrix} = \begin{bmatrix} 1 & 0 & 0 \\ \theta'_{y} & 1 & 0 \\ \theta'_{xz} & -\theta'_{yz} & 1 \end{bmatrix} \begin{bmatrix} 1 & \alpha_{1} & -\beta_{1} \\ -\alpha_{1} & 1 & \gamma_{1} \\ \beta_{1} & -\gamma_{1} & 1 \end{bmatrix} \tag{3.41}
$$

忽略二阶小量,可得到

$$
\begin{aligned}
\theta_{zx} &= \alpha_{1} \\
\theta_{yx} &= \beta_{1} \\
\theta_{zy} &= \alpha_{1} - \theta'_{y} \\
\theta_{xy} &= \gamma_{1} \\
\theta_{xz} &= \beta_{1} + \theta'_{xz} \\
\theta_{yz} &= \gamma_{1} + \theta'_{yz}
\end{aligned} \tag{3.42}
$$

上述参数都为可称为安装误差,其中 α_{1}、β_{1}、γ_{1} 称为正交安装误差,或者安装误差中的正交分量;θ'_{y}、θ'_{xz}、θ'_{yz} 称为非正交安装误差,或者安装误差中的正交分量。

3.2.4 惯性导航系统工具误差模型

3.2.4.1 平台惯性系统误差模型

综合考虑惯性仪表误差与安装误差,可得到惯性系统的误差模型。以机械式陀螺仪+石英加速度计组成的平台式惯性系统为例,考虑安装误差的情况下,根据平台坐标系至惯性仪表坐标系的转化矩阵,可以得到

$$
\dot{\boldsymbol{W}}_{gi} = \boldsymbol{C}_{p}^{gi} \dot{\boldsymbol{W}}_{p} \tag{3.43}
$$

$$
\boldsymbol{\omega}_{gi} = \boldsymbol{C}_{p}^{gi} \boldsymbol{\omega}_{p} \tag{3.44}
$$

其中,$\dot{\boldsymbol{W}}_{p}$、$\boldsymbol{\omega}_{p}$ 分别为平台坐标系视加速度矢量、角速度矢量;$\dot{\boldsymbol{W}}_{gi}$、$\boldsymbol{\omega}_{gi}(i = x, y, z)$ 分别为各惯性仪表坐标系中的加速度矢量与角速度矢量。对于 X 陀螺仪,有

$$
\dot{\boldsymbol{W}}_{gx} = \begin{bmatrix} 1 & \Delta_{zx} & -\Delta_{yx} \\ -\Delta_{zx} & 1 & 0 \\ \Delta_{yx} & 0 & 1 \end{bmatrix} \begin{bmatrix} \dot{W}_{px} \\ \dot{W}_{py} \\ \dot{W}_{pz} \end{bmatrix} = \begin{bmatrix} \dot{W}_{px} + \Delta_{zx}\dot{W}_{py} - \Delta_{yx}\dot{W}_{pz} \\ \dot{W}_{py} - \Delta_{zx}\dot{W}_{px} \\ \dot{W}_{pz} + \Delta_{yx}\dot{W}_{px} \end{bmatrix} \tag{3.45}
$$

$$\boldsymbol{\omega}_{gx} = \begin{bmatrix} 1 & \Delta_{zx} & -\Delta_{yx} \\ -\Delta_{zx} & 1 & 0 \\ \Delta_{yx} & 0 & 1 \end{bmatrix} \begin{bmatrix} \omega_{px} \\ \omega_{py} \\ \omega_{pz} \end{bmatrix} = \begin{bmatrix} \omega_{px} + \Delta_{zx}\omega_{py} - \Delta_{yx}\omega_{pz} \\ \omega_{py} - \Delta_{zx}\omega_{px} \\ \omega_{pz} + \Delta_{yx}\omega_{px} \end{bmatrix} \quad (3.46)$$

误差系数与安装误差均可认为是一阶小量,将式(3.45)、式(3.46)代入式(3.25)与式(3.26),忽略二阶小量。为区别不同陀螺仪的误差系数,以下标 x、y、z 区分,可以得到 X 陀螺仪输出为

$$\omega_{gx} = \omega_{px} + \Delta_{zx}\omega_{py} - \Delta_{yx}\omega_{pz} + k_{g0x} + k_{g11x}\dot{W}_{px} + k_{g12x}\dot{W}_{py} + k_{g13x}\dot{W}_{pz} + k_{g211x}\dot{W}_{px}^2 + \varepsilon_g$$
$$(3.47)$$

式(3.47)中角速度输入值为 ω_{px},所以考虑安装误差后的 X 陀螺仪误差模型为

$$\Delta\omega_{gx} = \Delta_{zx}\omega_{py} - \Delta_{yx}\omega_{pz} + k_{g0x} + k_{g11x}\dot{W}_{px} + k_{g12x}\dot{W}_{py} + k_{g13x}\dot{W}_{pz} + k_{g211x}\dot{W}_{px}^2 + \varepsilon_g$$
$$(3.48)$$

同理可以得到 Y 陀螺仪误差模型为

$$\Delta\omega_{gy} = \Delta_{xy}\omega_{pz} - \Delta_{zy}\omega_{px} + k_{g0y} + k_{g11y}\dot{W}_{py} + k_{g12y}\dot{W}_{pz} + k_{g13y}\dot{W}_{px} + k_{g211y}\dot{W}_{py}^2 + \varepsilon_g$$
$$(3.49)$$

Z 陀螺仪误差模型为

$$\Delta\omega_{gz} = \Delta_{yz}\omega_{px} - \Delta_{xz}\omega_{py} + k_{g0z} + k_{g11z}\dot{W}_{pz} + k_{g12z}\dot{W}_{px} + k_{g13z}\dot{W}_{py} + k_{g211z}\dot{W}_{pz}^2 + \varepsilon_g$$
$$(3.50)$$

对于加速度计误差模型,推导过程与前面相同,将式(3.45)代入式(3.28)与式(3.29),忽略二阶小量。为区别不同加速度计误差系数,以下标 x、y、z 区分,可以得到 X 加速度计输出为

$$\Delta A_{ax} = k_{a0x} + k_{a1x}\dot{W}_{px} + k_{a2x}\dot{W}_{px}^2 + \theta_{zx}\dot{W}_{py} - \theta_{yx}\dot{W}_{pz} \quad (3.51)$$

同理可以得到 Y 加速度计误差模型为

$$\Delta A_{ay} = k_{a0y} + k_{a1y}\dot{W}_{py} + k_{a2y}\dot{W}_{py}^2 + \theta_{xy}\dot{W}_{pz} - \theta_{zy}\dot{W}_{px} \quad (3.52)$$

Z 加速度计误差模型为

$$\Delta A_{az} = k_{a0z} + k_{a1z}\dot{W}_{pz} + k_{a2z}\dot{W}_{pz}^2 + \theta_{yz}\dot{W}_{px} - \theta_{xz}\dot{W}_{py} \quad (3.53)$$

3.2.4.2　捷联式惯性系统误差模型

对于捷联式惯性系统,其安装误差的定义是类似的,由于捷联式惯性系统直接安装在载体上,一般是以载体体坐标系作为惯性系统安装基准。理想情况下,捷联式惯性系统三轴应与载体体坐标系重合,因此捷联式系统惯性仪表安装误差可以根据载体体坐标系进行定义,其定义方式与上面平台式系统的定义是相同的。

捷联式惯性系统一般采用光纤陀螺仪+石英加速度计作为主要敏感器件,陀螺仪误差模型主要与载体角速度有关。考虑安装误差,根据式(3.27)、式(3.31)、式(3.34)及式(3.35),捷联式惯性系统 X 陀螺仪误差模型为

$$\Delta\omega_{gx} = k_{g0x} + k_{g1x}\omega_{gx} + \Delta_{zx}\omega_{py} - \Delta_{yx}\omega_{pz} \tag{3.54}$$

同理可以得到 Y 陀螺仪与 Z 陀螺仪误差模型分别为

$$\Delta\omega_{gy} = k_{g0y} + k_{g1y}\omega_{gy} + \Delta_{xy}\omega_{pz} - \Delta_{zy}\omega_{px} \tag{3.55}$$

$$\Delta\omega_{gz} = k_{g0z} + k_{g1z}\omega_{gz} + \Delta_{yz}\omega_{px} - \Delta_{xz}\omega_{py} \tag{3.56}$$

捷联式惯性系统一般均采用石英加速度计作为加速度测量器件,加速度误差模型分别与式(3.51)、式(3.52)、式(3.53)相同。

MEMS 惯性测量系统的误差模型与此类似,可参考捷联式惯性系统误差模型。

3.3　惯性导航系统工具误差分析与传播

惯性导航系统工具误差是影响惯性系统导航误差的主要因素,由于平台式惯性系统与捷联式惯性系统不同的结构形式与导航计算方式,使得平台式惯性系统与捷联式惯性系统工具误差传播有所不同。

3.3.1　平台式系统工具误差传播模型

3.3.1.1　导航计算方法

理论上,平台式惯性系统在工作状态下可以跟踪任意坐标系,这里使用平台式惯性系统常用工作模式:跟踪发射惯性坐标系为例,分析平台式惯性系统工具误差传播过程,即平台式惯性系统导航坐标系为发射惯性坐标系。理想情

况下,平台坐标系与发射惯性坐标系重合,但是由于陀螺仪漂移,使得平台坐标系时刻发生变化,造成与发射惯性坐标系之间的差异。假设平台式惯性系统由三个陀螺仪、三个加速度计组成,基本构成方式如图3.10所示。对于跟踪惯性坐标系的平台式惯性系统而言,平台台体空间指向理论上不会发生变化,要获得载体导航速度与位置,只需要对加速度计输出进行积分,然后加上引力加速度计即可:

$$
\begin{aligned}
\boldsymbol{v}_a &= \int_0^t \left[\dot{\boldsymbol{W}}_a + \boldsymbol{g}_a(r) \right] \mathrm{d}\tau \\
\boldsymbol{r}_a &= \int_0^t \boldsymbol{v}_a \mathrm{d}\tau
\end{aligned}
\tag{3.57}
$$

其中,$\boldsymbol{g}_a(r)$ 为引力加速度;r 为导弹至地心的距离;引力加速度可表示为

$$
\boldsymbol{g} = g_r \boldsymbol{r}^0 + g_{\omega_e} \boldsymbol{\omega}_e^0
\tag{3.58}
$$

其中,$\boldsymbol{r}^0$ 为地心至导弹质心的矢径方向;$\boldsymbol{\omega}_e^0$ 为地球自转角速度矢量方向;g_r 与 g_{ω_e} 分别为

$$
\begin{aligned}
g_r &= - \frac{GM}{r^2} \left[1 + J_2 \frac{3a_e^2}{2r^2}(1 - 5\sin^2\phi_e) \right] \\
g_{\omega_e} &= - 3J_2 \frac{GM}{r^2} \frac{a_e^2}{r^2} \sin\phi_e
\end{aligned}
\tag{3.59}
$$

其中,$J_2 = 1.082\,63 \times 10^{-3}$;$a_e$ 为地球长半轴;G 为引力常数;M 为地球质量;ϕ_e 为地心纬度。

$\boldsymbol{\omega}_e^0$ 在发射惯性坐标系中的矢量方向为

$$
\boldsymbol{\omega}_e^0 = \begin{bmatrix} \cos B_0 \cos A \\ \cos B_0 \\ -\cos B_0 \sin A \end{bmatrix}
\tag{3.60}
$$

其中,B_0 为地理纬度;A 为发射方位角。

3.3.1.2 工具误差传播模型

不同类型的惯性器件有不同的误差源,下面以机械式陀螺仪为例,说明工具误差传播过程。考虑比较简单的模型,陀螺仪误差模型仅考虑零次项、刻度因子项以及一次项,为后续方便,用 $\dot{\alpha}_{xp}$、$\dot{\alpha}_{yp}$、$\dot{\alpha}_{zp}$ 表示陀螺仪漂移误差:

$$\begin{bmatrix} \dot{\alpha}_{xp} \\ \dot{\alpha}_{yp} \\ \dot{\alpha}_{zp} \end{bmatrix} = \begin{bmatrix} k_{g0x} + k_{g11x}\dot{W}_{px} + k_{g12x}\dot{W}_{py} + k_{g13x}\dot{W}_{pz} \\ k_{g0y} + k_{g11y}\dot{W}_{py} + k_{g12y}\dot{W}_{pz} + k_{g13y}\dot{W}_{px} \\ k_{g0z} + k_{g11z}\dot{W}_{pz} + k_{g12z}\dot{W}_{px} + k_{g13z}\dot{W}_{py} \end{bmatrix} \quad (3.61)$$

其中, $\dot{W}_{px}$、$\dot{W}_{py}$、$\dot{W}_{pz}$ 为平台坐标系下的视加速度。加速度计误差模型仅考虑零次项和刻度因子误差项:

$$\begin{bmatrix} \Delta A_{ax} \\ \Delta A_{ay} \\ \Delta A_{az} \end{bmatrix} = \begin{bmatrix} k_{a0x} + k_{a1x}\dot{W}_{px} \\ k_{a0y} + k_{a1y}\dot{W}_{py} \\ k_{a0z} + k_{a1z}\dot{W}_{pz} \end{bmatrix} \quad (3.62)$$

由于陀螺仪存在漂移误差,导致平台坐标系与发射惯性坐标系不重合,其转换矩阵可用三个陀螺仪漂移角度描述:

$$\boldsymbol{C}_a^p = \boldsymbol{M}_3(\alpha_{zp})\boldsymbol{M}_2(\alpha_{yp})\boldsymbol{M}_1(\alpha_{xp}) \quad (3.63)$$

其中,漂移角度 α_{xp}、α_{yp}、α_{zp} 认为是小量,根据式(3.61)可以看出,漂移角度与陀螺仪工作时间有关。式(3.63)可以表示为

$$\boldsymbol{C}_a^p = \begin{bmatrix} 1 & -\alpha_{zp} & \alpha_{yp} \\ \alpha_{zp} & 1 & -\alpha_{xp} \\ -\alpha_{yp} & \alpha_{xp} & 1 \end{bmatrix} \quad (3.64)$$

则在平台坐标系中的视加速度可表示为

$$\begin{bmatrix} \dot{W}_{px} \\ \dot{W}_{py} \\ \dot{W}_{pz} \end{bmatrix} = \boldsymbol{C}_a^p \begin{bmatrix} \dot{W}_{ax} \\ \dot{W}_{ay} \\ \dot{W}_{az} \end{bmatrix} = \begin{bmatrix} 1 & -\alpha_{zp} & \alpha_{yp} \\ \alpha_{zp} & 1 & -\alpha_{xp} \\ -\alpha_{yp} & \alpha_{xp} & 1 \end{bmatrix} \begin{bmatrix} \dot{W}_{ax} \\ \dot{W}_{ay} \\ \dot{W}_{az} \end{bmatrix} \quad (3.65)$$

考虑加速度计漂移,根据式(3.62),平台系统加速度计测量输出可表示为

$$\begin{bmatrix} A_{ax} \\ A_{ay} \\ A_{az} \end{bmatrix} = \begin{bmatrix} \dot{W}_{px} \\ \dot{W}_{py} \\ \dot{W}_{pz} \end{bmatrix} + \begin{bmatrix} \Delta A_{ax} \\ \Delta A_{ay} \\ \Delta A_{az} \end{bmatrix} \quad (3.66)$$

代入式(3.65),可得

$$\begin{bmatrix} A_{ax} \\ A_{ay} \\ A_{az} \end{bmatrix} = \begin{bmatrix} 1 & -\alpha_{zp} & \alpha_{yp} \\ \alpha_{zp} & 1 & -\alpha_{xp} \\ -\alpha_{yp} & \alpha_{xp} & 1 \end{bmatrix} \begin{bmatrix} \dot{W}_{ax} \\ \dot{W}_{ay} \\ \dot{W}_{az} \end{bmatrix} + \begin{bmatrix} \Delta A_{ax} \\ \Delta A_{ay} \\ \Delta A_{az} \end{bmatrix} \tag{3.67}$$

则平台惯性系加速度计输出的总误差为

$$\begin{bmatrix} \delta \dot{W}_{ax} \\ \delta \dot{W}_{ay} \\ \delta \dot{W}_{az} \end{bmatrix} = \begin{bmatrix} A_{ax} \\ A_{ay} \\ A_{az} \end{bmatrix} - \begin{bmatrix} \dot{W}_{ax} \\ \dot{W}_{ay} \\ \dot{W}_{az} \end{bmatrix} = \begin{bmatrix} \alpha_{yp}\dot{W}_{az} - \alpha_{zp}\dot{W}_{ay} + k_{a0x} + k_{a1x}\dot{W}_{px} \\ \alpha_{zp}\dot{W}_{ax} - \alpha_{xp}\dot{W}_{az} + k_{a0y} + k_{a1y}\dot{W}_{py} \\ \alpha_{xp}\dot{W}_{ay} - \alpha_{yp}\dot{W}_{ax} + k_{a0z} + k_{a1z}\dot{W}_{pz} \end{bmatrix} \tag{3.68}$$

根据式(3.61),陀螺仪漂移量可表示为

$$\begin{bmatrix} \alpha_{xp} \\ \alpha_{yp} \\ \alpha_{zp} \end{bmatrix} = \begin{bmatrix} k_{g0x}t + k_{g11x}W_{px} + k_{g12x}W_{py} + k_{g13x}W_{pz} \\ k_{g0y}t + k_{g11y}W_{py} + k_{g12y}W_{pz} + k_{g13y}W_{px} \\ k_{g0z}t + k_{g11z}W_{pz} + k_{g12z}W_{px} + k_{g13z}W_{py} \end{bmatrix} \tag{3.69}$$

其中, W_{px}、W_{py}、W_{pz} 表示视速度。将陀螺仪漂移量与加速度计漂移量写成矢量形式:

$$\boldsymbol{\alpha}_p = \boldsymbol{S}_{Ag}\boldsymbol{D}_g \tag{3.70}$$

其中, $\boldsymbol{\alpha}_p = \begin{bmatrix} \alpha_{xp} & \alpha_{yp} & \alpha_{zp} \end{bmatrix}^{\mathrm{T}}$; $\boldsymbol{D}_g$ 为陀螺仪误差系数矢量, $\boldsymbol{D}_g = \begin{bmatrix} k_{g0x} & k_{g0y} \end{bmatrix}$ k_{g0z} k_{g11x} k_{g11y} k_{g11z} k_{g12x} k_{g12y} k_{g12z} k_{g13x} k_{g13y} $k_{g13z} \end{bmatrix}^{\mathrm{T}}$; $\boldsymbol{S}_{Ag}$ 为

$$\boldsymbol{S}_{Ag} = \begin{bmatrix} t & 0 & 0 & W_{px} & 0 & 0 & W_{py} & 0 & 0 & W_{pz} & 0 & 0 \\ 0 & t & 0 & 0 & W_{py} & 0 & 0 & W_{pz} & 0 & 0 & W_{px} & 0 \\ 0 & 0 & t & 0 & 0 & W_{pz} & 0 & 0 & W_{px} & 0 & 0 & W_{py} \end{bmatrix}$$

$$\tag{3.71}$$

则式(3.68)可表示为

$$\begin{bmatrix} \delta \dot{W}_{ax} \\ \delta \dot{W}_{ay} \\ \delta \dot{W}_{az} \end{bmatrix} = \begin{bmatrix} 0 & \dot{W}_{az} & -\dot{W}_{ay} \\ -\dot{W}_{az} & 0 & \dot{W}_{ax} \\ \dot{W}_{ay} & -\dot{W}_{ax} & 0 \end{bmatrix} \begin{bmatrix} \alpha_{xp} \\ \alpha_{yp} \\ \alpha_{zp} \end{bmatrix} + \begin{bmatrix} k_{a0x} + k_{a1x}\dot{W}_{px} \\ k_{a0y} + k_{a1y}\dot{W}_{py} \\ k_{a0z} + k_{a1z}\dot{W}_{pz} \end{bmatrix} \tag{3.72}$$

进一步可表示为

$$\delta \dot{\boldsymbol{W}}_A = \boldsymbol{S}_e\boldsymbol{S}_{Ag}\boldsymbol{D}_g + \boldsymbol{S}_{Aa}\boldsymbol{D}_a \tag{3.73}$$

其中，$\boldsymbol{S}_e = \begin{bmatrix} 0 & \dot{W}_{az} & -\dot{W}_{ay} \\ -\dot{W}_{az} & 0 & \dot{W}_{ax} \\ \dot{W}_{ay} & -\dot{W}_{ax} & 0 \end{bmatrix}$；$\boldsymbol{S}_{Aa} = \begin{bmatrix} 1 & 0 & 0 & \dot{W}_{px} & 0 & 0 \\ 0 & 1 & 0 & 0 & \dot{W}_{py} & 0 \\ 0 & 0 & 1 & 0 & 0 & \dot{W}_{pz} \end{bmatrix}$；$\boldsymbol{D}_a =$

$[k_{a0x} \quad k_{a0y} \quad k_{a0z} \quad k_{a1x} \quad k_{a1y} \quad k_{a1z}]^{\mathrm{T}}$。

进一步简化，写成线性矩阵形式：

$$\delta \dot{\boldsymbol{W}}_A = \boldsymbol{S}_A \boldsymbol{D} \tag{3.74}$$

其中，$\boldsymbol{S}_A = [\boldsymbol{S}_e \boldsymbol{S}_{Ag} \quad \boldsymbol{S}_{Aa}]$；$\boldsymbol{D} = [\boldsymbol{D}_g^{\mathrm{T}} \quad \boldsymbol{D}_a^{\mathrm{T}}]^{\mathrm{T}}$。式(3.74)称为视加速度域传播方程，$\boldsymbol{S}_A$ 称为视加速度域环境函数矩阵。从推导过程可以看出，在每一个时刻点，工具误差系数导致的视加速度偏差在一阶近似条件下，都可以表示成上述线性模型，其系数矩阵即为环境函数矩阵。对式(3.74)积分可得视速度域误差传播方程：

$$\delta \boldsymbol{W}_A = \boldsymbol{S}_V \boldsymbol{D} \tag{3.75}$$

其中，$\boldsymbol{S}_V$ 称为速度域环境函数矩阵，可表示为

$$\boldsymbol{S}_V = \int_0^t \boldsymbol{S}_A \mathrm{d}t \tag{3.76}$$

继续积分可得视位置域误差传播方程：

$$\delta \boldsymbol{W}_A = \boldsymbol{S}_P \boldsymbol{D} \tag{3.77}$$

其中，$\boldsymbol{S}_P$ 称为位置域环境函数矩阵，可表示为

$$\boldsymbol{S}_P = \int_0^t \boldsymbol{S}_V \mathrm{d}t \tag{3.78}$$

工程实际中上述积分可使用数值积分进行计算。式(3.75)、式(3.77)表明平台式惯性系统工具误差对导航速度、位置误差的影响，在一阶近似下可以表示为一个线性模型。

惯导工具误差的传播中，环境函数矩阵发挥着重要作用，在分析惯导工具误差导致的弹道速度、位置偏差时，只需要计算相应时刻的速度环境函数矩阵、位置环境函数矩阵即可，计算中需要的视加速度值 $\dot{W}_p$、$\dot{W}_a$，可根据标准弹道，经过相应的坐标转换得到。

在实际飞行试验中，实际弹道参数与标准弹道参数存在差异，此时一般使用飞行试验数据计算环境函数矩阵，而式(3.72)中的视加速度 $\dot{W}_{px}$、$\dot{W}_{py}$、$\dot{W}_{pz}$ 与

$\dot{W}_{ax}$、$\dot{W}_{ay}$、$\dot{W}_{az}$ 均是未知量,已知视加速度只有加速度计测量量 A_{ax}、A_{ay}、A_{az},所以实际中使用加速度计测量量计算环境函数矩阵,即式(3.72)可修改为

$$
\begin{bmatrix} \delta \dot{W}_{ax} \\ \delta \dot{W}_{ay} \\ \delta \dot{W}_{az} \end{bmatrix} = \begin{bmatrix} 0 & A_{az} & -A_{ay} \\ -A_{az} & 0 & A_{ax} \\ A_{ay} & -A_{ax} & 0 \end{bmatrix} \begin{bmatrix} \alpha_{xp} \\ \alpha_{yp} \\ \alpha_{zp} \end{bmatrix} + \begin{bmatrix} k_{a0x} + k_{a1x}A_{px} \\ k_{a0y} + k_{a1y}A_{py} \\ k_{a0z} + k_{a1z}A_{pz} \end{bmatrix} \tag{3.79}
$$

显然这样计算引入了新的误差,如果把误差系数作为一阶小量,用加速度计测量量代替 $\dot{W}_{px}$、$\dot{W}_{py}$、$\dot{W}_{pz}$ 与 $\dot{W}_{ax}$、$\dot{W}_{ay}$、$\dot{W}_{az}$ 计算环境函数矩阵,引入的是二阶小量,在一阶近似情况下,式(3.79)仍然具有实际工程意义。

3.3.2 捷联式系统工具误差传播模型

3.3.2.1 导航计算方法

捷联式惯性系统与载体固联在一起,当导弹姿态发生变化时,惯性敏感器件的敏感轴(输入轴)也会相应发生变化,捷联式惯性系统加速度计测量的是载体体坐标系下的视加速度,而陀螺仪测量的是载体相对于惯性坐标系的角速度在体坐标系中的分量。根据飞行力学知识,载体姿态描述一般使用俯仰角、偏航角、滚动角三个姿态角描述,通过这个三个欧拉角,可以将发射惯性坐标系或发射坐标系转换至任意体坐标系。从发射惯性坐标系至体坐标系的坐标转换矩阵可描述为

$$
\begin{aligned}
\boldsymbol{C}_a^b &= \begin{bmatrix} 1 & 0 & 0 \\ 0 & \cos\gamma & \sin\gamma \\ 0 & -\sin\gamma & \cos\gamma \end{bmatrix} \begin{bmatrix} \cos\psi & 0 & -\sin\psi \\ 0 & 1 & 0 \\ \sin\psi & 0 & \cos\psi \end{bmatrix} \begin{bmatrix} \cos\varphi & \sin\varphi & 0 \\ -\sin\varphi & \cos\varphi & 0 \\ 0 & 0 & 1 \end{bmatrix} \\
&= \begin{bmatrix} \cos\varphi\cos\psi & \sin\varphi\cos\psi & -\sin\psi \\ \cos\varphi\sin\psi\sin\gamma - \sin\varphi\cos\gamma & \sin\varphi\sin\psi\sin\gamma + \cos\varphi\cos\gamma & \cos\psi\sin\gamma \\ \cos\varphi\sin\psi\cos\gamma + \sin\varphi\sin\gamma & \sin\varphi\sin\psi\cos\gamma - \cos\varphi\sin\gamma & \cos\psi\cos\gamma \end{bmatrix}
\end{aligned} \tag{3.80}
$$

对于捷联惯性系统而言,陀螺仪测量的是体坐标系中的角速度,而欧拉角 φ、ψ、γ 的角速度 $\dot{\varphi}$、$\dot{\psi}$、$\dot{\gamma}$ 相互之间并不是正交的,两类角速度之间的关系可用式(3.81)表示:

$$
\begin{cases} \omega_{bx} = -\dot{\varphi}\sin\psi + \dot{\gamma} \\ \omega_{by} = \dot{\varphi}\cos\psi\sin\gamma + \dot{\psi}\cos\gamma \\ \omega_{bz} = \dot{\varphi}\cos\psi\cos\gamma - \dot{\psi}\sin\gamma \end{cases} \tag{3.81}
$$

或者

$$\begin{cases} \dot{\varphi} = \dfrac{\omega_{by}\sin\gamma + \omega_{bz}\cos\gamma}{\cos\psi} \\ \dot{\psi} = \omega_{by}\cos\gamma - \omega_{bz}\sin\gamma \\ \dot{\gamma} = \omega_{bx} + (\omega_{by}\sin\gamma + \omega_{bz}\cos\gamma)\tan\psi \end{cases} \tag{3.82}$$

从式 (3.82) 中的第一个及第三个式子可以看出,当偏航角 ψ 等于 $\pm 90°$ 时,公式出现奇异,无法计算,所以捷联惯性系统姿态角的计算一般使用四元数方法。姿态四元数定义如下:

$$q = q_0 + q_1 i + q_2 j + q_3 k \tag{3.83}$$

其中,$\eta = q_0$ 为四元数标量部分;$\varepsilon = [q_1 \quad q_2 \quad q_3]^T$ 为四元数矢量部分。四元数虽然包含四个量,但是必须满足

$$\| q \| = q_0^2 + q_1^2 + q_2^2 + q_3^2 = 1 \tag{3.84}$$

所以四元数中只有三个量是独立的。令 $q = [q_0 \quad q_1 \quad q_2 \quad q_3]^T$,$p = [p_0 \quad p_1 \quad p_2 \quad p_3]^T$,四元数乘法的可根据下列方法计算:

$$q * p = \begin{bmatrix} q_0 & -q_1 & -q_2 & -q_3 \\ q_1 & q_0 & -q_3 & q_2 \\ q_2 & q_3 & q_0 & -q_1 \\ q_3 & -q_2 & q_1 & q_0 \end{bmatrix} \begin{bmatrix} p_0 \\ p_1 \\ p_2 \\ p_3 \end{bmatrix} = \begin{bmatrix} p_0 & -p_1 & -p_2 & -p_3 \\ p_1 & p_0 & p_3 & -p_2 \\ p_2 & -p_3 & p_0 & p_1 \\ p_3 & p_2 & -p_1 & p_0 \end{bmatrix} \begin{bmatrix} q_0 \\ q_1 \\ q_2 \\ q_3 \end{bmatrix} \tag{3.85}$$

四元数与矢量角速度的关系可表示为

$$\dot{q} = \frac{1}{2} Q(q) \omega \tag{3.86}$$

其中,$Q(q) = \begin{bmatrix} -\varepsilon \\ \eta I_3 + [\varepsilon \times] \end{bmatrix} = \begin{bmatrix} -q_2 & -q_3 & -q_4 \\ q_1 & -q_4 & q_3 \\ q_4 & q_1 & -q_2 \\ -q_3 & q_2 & q_1 \end{bmatrix}$。

也可以写成

$$\dot{q} = \frac{1}{2} \Omega(\omega) q \tag{3.87}$$

其中，$\boldsymbol{\Omega}(\boldsymbol{\omega}) = \begin{bmatrix} 0 & -\boldsymbol{\omega}^{\mathrm{T}} \\ \boldsymbol{\omega} & -[\boldsymbol{\omega} \times] \end{bmatrix} = \begin{bmatrix} 0 & -\omega_x & -\omega_y & -\omega_z \\ \omega_x & 0 & \omega_z & -\omega_y \\ \omega_y & -\omega_z & 0 & \omega_x \\ \omega_z & \omega_y & -\omega_x & 0 \end{bmatrix}$。

可以证明，使用三个欧拉角可以实现任意坐标系之间的变换。发射惯性坐标系 $OX_aY_aZ_a$ 到体坐标系 $OX_bY_bZ_b$ 坐标转换可使用 3 − 2 − 1 转换顺序，转动的欧拉角依次为俯仰角 φ_T、偏航角 ψ_T、滚动角 γ_T，则

$$\begin{bmatrix} x_b \\ y_b \\ z_b \end{bmatrix} = \boldsymbol{C}_a^b \begin{bmatrix} x_a \\ y_a \\ z_a \end{bmatrix} \tag{3.88}$$

其中，$\boldsymbol{C}_a^b$ 为发射惯性系至体坐标系的坐标转换矩阵：

$$\boldsymbol{C}_a^b = \begin{bmatrix} \cos\varphi_T\cos\psi_T & \sin\varphi_T\cos\psi_T & -\sin\psi_T \\ \cos\varphi_T\sin\psi_T\sin\gamma_T - \sin\varphi_T\cos\gamma_T & \sin\varphi_T\sin\psi_T\sin\gamma_T + \cos\varphi_T\cos\gamma_T & \cos\psi\sin\gamma_T \\ \cos\varphi_T\sin\psi_T\cos\gamma_T + \sin\varphi_T\sin\gamma_T & \sin\varphi_T\sin\psi_T\cos\gamma_T - \cos\varphi_T\sin\gamma_T & \cos\psi\cos\gamma_T \end{bmatrix}$$

根据式（3.86）实时计算四元数，四元数与坐标转换矩阵的关系可表示为

$$\boldsymbol{C}_a^b = \begin{bmatrix} q_0^2 + q_1^2 - q_2^2 - q_3^2 & 2(q_1q_2 - q_0q_3) & 2(q_1q_3 + q_0q_2) \\ 2(q_1q_2 + q_0q_3) & q_0^2 - q_1^2 + q_2^2 - q_3^2 & 2(q_2q_3 - q_0q_1) \\ 2(q_1q_3 - q_0q_2) & 2(q_2q_3 + q_0q_1) & q_0^2 - q_1^2 - q_2^2 + q_3^2 \end{bmatrix} \tag{3.89}$$

已知欧拉角，则四元数可表示为

$$\boldsymbol{q} = \begin{bmatrix} \cos\dfrac{\gamma_T}{2}\cos\dfrac{\psi_T}{2}\cos\dfrac{\phi_T}{2} + \sin\dfrac{\gamma_T}{2}\sin\dfrac{\psi_T}{2}\sin\dfrac{\phi_T}{2} \\[2mm] \sin\dfrac{\gamma_T}{2}\cos\dfrac{\psi_T}{2}\cos\dfrac{\phi_T}{2} - \cos\dfrac{\gamma_T}{2}\sin\dfrac{\psi_T}{2}\sin\dfrac{\phi_T}{2} \\[2mm] \cos\dfrac{\gamma_T}{2}\sin\dfrac{\psi_T}{2}\cos\dfrac{\phi_T}{2} + \sin\dfrac{\gamma_T}{2}\cos\dfrac{\psi_T}{2}\sin\dfrac{\phi_T}{2} \\[2mm] -\sin\dfrac{\gamma}{2}\sin\dfrac{\psi}{2}\cos\dfrac{\phi}{2} + \cos\dfrac{\gamma}{2}\cos\dfrac{\psi}{2}\sin\dfrac{\phi}{2} \end{bmatrix} \tag{3.90}$$

根据式(3.89)、式(3.90)可完成四元数与姿态转换矩阵的相互计算。对四元数更详细的讨论感兴趣的读者可参考相关书籍。

上面给出了捷联惯性系统姿态计算的四元数方法,获取了姿态信息之后,将加速度计测量得到的视加速度转换至导航坐标系,然后加上重力加速度,进行积分计算即可,重力加速度见式(3.58),详细的捷联导航计算方法这里不做详细讨论,感兴趣的读者可参考相关文献。

3.3.2.2 捷联系统工具误差传播模型

对于捷联惯性系统而言,陀螺仪测量到的角速度是体坐标系中的载体角速度,包含弹体相对于惯性坐标系的角速度,以及陀螺仪漂移:

$$\begin{cases} \omega_{\mathrm{xout}}^{b} = \omega_{abx}^{b} + \dot{\alpha}_x \\ \omega_{\mathrm{yout}}^{b} = \omega_{aby}^{b} + \dot{\alpha}_y \\ \omega_{\mathrm{zout}}^{b} = \omega_{abz}^{b} + \dot{\alpha}_z \end{cases} \quad (3.91)$$

其中,ω_{abx}^{b}、ω_{aby}^{b}、ω_{abz}^{b} 为体坐标系相对于惯性坐标系的角速度在体坐标系中的表示;$\dot{\alpha}_x$、$\dot{\alpha}_y$、$\dot{\alpha}_z$ 为陀螺仪漂移。加速度计测量到的是体坐标系中的视加速度,以及加速度计漂移:

$$\begin{cases} \dot{W}_{\mathrm{xout}}^{b} = \dot{W}_{xb} + \Delta A_x \\ \dot{W}_{\mathrm{yout}}^{b} = \dot{W}_{yb} + \Delta A_y \\ \dot{W}_{\mathrm{zout}}^{b} = \dot{W}_{zb} + \Delta A_z \end{cases} \quad (3.92)$$

捷联惯性系统一般采用光纤陀螺仪+石英加速度计作为惯性敏感器件,光纤陀螺仪误差模型采用式(3.93):

$$\begin{cases} \dot{\alpha}_x = k_{g0x} + k_{g1x}\omega_x + \Delta_{zx}\omega_y - \Delta_{yx}\omega_z \\ \dot{\alpha}_y = k_{g0y} + k_{g1y}\omega_y + \Delta_{xy}\omega_z - \Delta_{zy}\omega_x \\ \dot{\alpha}_z = k_{g0z} + k_{g1z}\omega_z + \Delta_{yz}\omega_x - \Delta_{xz}\omega_y \end{cases} \quad (3.93)$$

石英加速度计误差模型采用式(3.94):

$$\begin{cases} \Delta a_x(t) = k_{a0x} + k_{a1x}\dot{W}_x(t) \\ \Delta a_y(t) = k_{a0y} + k_{a1y}\dot{W}_y(t) \\ \Delta a_z(t) = k_{a0z} + k_{a1z}\dot{W}_z(t) \end{cases} \quad (3.94)$$

假设 $\boldsymbol{C}_b^a$ 为体坐标系到惯性坐标系的坐标转移矩阵,根据矩阵微分方程,则有

$$\dot{\boldsymbol{C}}_b^a = \boldsymbol{C}_b^a \boldsymbol{\Omega}_{ab}^b \tag{3.95}$$

其中，$\boldsymbol{\Omega}_{ab}^b$ 为体坐标系相对于惯性坐标系角速度在体坐标系中表示的角速度的反对称阵，表示为

$$\boldsymbol{\Omega}_{ab}^b = \begin{bmatrix} 0 & -\omega_{abz}^b & \omega_{aby}^b \\ \omega_{abz}^b & 0 & -\omega_{abx}^b \\ -\omega_{aby}^b & \omega_{abx}^b & 0 \end{bmatrix} \tag{3.96}$$

由于陀螺仪漂移，输出的角速度存在误差，使得 $\boldsymbol{C}_b^a$ 的计算结果产生误差 $\delta \boldsymbol{C}_b^a$，实际计算结果记为 $\tilde{\boldsymbol{C}}_b^a$，两者的关系为

$$\tilde{\boldsymbol{C}}_b^a = \boldsymbol{C}_b^a + \delta \boldsymbol{C}_b^a = (\boldsymbol{I} + \boldsymbol{\Omega}_\phi) \boldsymbol{C}_b^a \tag{3.97}$$

其中，$\boldsymbol{\Omega}_\phi$ 为失准角 ϕ_x、ϕ_y、ϕ_z 的反对称矩阵：

$$\boldsymbol{\Omega}_\phi = \begin{bmatrix} 0 & -\phi_z & \phi_y \\ \phi_z & 0 & -\phi_x \\ -\phi_y & \phi_x & 0 \end{bmatrix} \tag{3.98}$$

对式(3.97)求导，可得

$$\dot{\tilde{\boldsymbol{C}}}_b^a = (\boldsymbol{I} + \boldsymbol{\Omega}_\phi) \dot{\boldsymbol{C}}_b^a + \dot{\boldsymbol{\Omega}}_\phi \boldsymbol{C}_b^a \tag{3.99}$$

对比式(3.95)与式(3.99)，可得

$$\delta \dot{\boldsymbol{C}}_b^a = \dot{\boldsymbol{\Omega}}_\phi \boldsymbol{C}_b^a + \boldsymbol{\Omega}_\phi \dot{\boldsymbol{C}}_b^a = \dot{\boldsymbol{\Omega}}_\phi \boldsymbol{C}_b^a + \boldsymbol{\Omega}_\phi \boldsymbol{C}_b^a \boldsymbol{\Omega}_{ab}^b \tag{3.100}$$

对式(3.95)取变分，可得

$$\delta \dot{\boldsymbol{C}}_b^a = \delta \boldsymbol{C}_b^a \boldsymbol{\Omega}_{ab}^b + \boldsymbol{C}_b^a \delta \boldsymbol{\Omega}_{ab}^b = \boldsymbol{\Omega}_\phi \boldsymbol{C}_b^a \boldsymbol{\Omega}_{ab}^b + \boldsymbol{C}_b^a \delta \boldsymbol{\Omega}_{ab}^b \tag{3.101}$$

对比式(3.100)与式(3.101)，可得

$$\dot{\boldsymbol{\Omega}}_\phi = \boldsymbol{C}_b^a \delta \boldsymbol{\Omega}_{ab}^b \boldsymbol{C}_a^b \tag{3.102}$$

式(3.102)是矩阵形式，写成矢量形式，可得

$$\dot{\boldsymbol{\phi}} = \boldsymbol{C}_b^a \delta \boldsymbol{\omega}_{ab}^b = \boldsymbol{C}_b^a \cdot \dot{\boldsymbol{\alpha}} \tag{3.103}$$

式(3.103)表明，姿态误差角是由陀螺仪角速度误差所引起的，这样建立了姿态误差角与陀螺仪漂移之间的关系。

假设 $\boldsymbol{\Phi}_T$ 表示载体实际的俯仰角、偏航角、滚动角集合，$\boldsymbol{\phi}$ 为姿态角偏差，无误差的载体姿态角可表示为

$$\boldsymbol{\Phi}_{T0} = \boldsymbol{\Phi}_T - \boldsymbol{\phi} \tag{3.104}$$

载体俯仰角、偏航角、滚动角是从发射惯性坐标系转换到体坐标系形成的，考虑到坐标转换矩阵的正交特性，从体坐标系转换到发射惯性坐标系的坐标转换矩阵表示为 $\boldsymbol{C}_b^a(-\boldsymbol{\Phi}_{T0})$。加速度计输出为 $\dot{\boldsymbol{W}}_b$，陀螺仪与加速度计漂移分别为 $\boldsymbol{\alpha}$ 与 $\Delta\boldsymbol{A}$，则发射惯性坐标系真实视加速度 $\dot{\boldsymbol{W}}_{a0}$ 为

$$\dot{\boldsymbol{W}}_{a0} = \boldsymbol{C}_b^a(-\boldsymbol{\Phi}_{T0}) \cdot (\dot{\boldsymbol{W}}_b - \Delta\boldsymbol{A}) \tag{3.105}$$

则工具误差引起的视加速度偏差为

$$\delta\dot{\boldsymbol{W}} = \dot{\boldsymbol{W}}_a - \dot{\boldsymbol{W}}_{a0} = \dot{\boldsymbol{W}}_a - \boldsymbol{C}_b^a(-\boldsymbol{\Phi}_T + \boldsymbol{\phi}) \cdot (\dot{\boldsymbol{W}}_b - \Delta\boldsymbol{A}) \tag{3.106}$$

又

$$\boldsymbol{C}_b^a(-\boldsymbol{\Phi}_T) = \boldsymbol{C}_b^a(-\boldsymbol{\Phi}_{T0} - \boldsymbol{\phi}) = (\boldsymbol{I} + \boldsymbol{\Omega}_{-\phi})\boldsymbol{C}_b^a(-\boldsymbol{\Phi}_{T0}) = (\boldsymbol{I} - \boldsymbol{\Omega}_\phi)\boldsymbol{C}_b^a(-\boldsymbol{\Phi}_{T0}) \tag{3.107}$$

则式(3.106)可表示为

$$\begin{aligned}
\delta\dot{\boldsymbol{W}} &= \dot{\boldsymbol{W}}_a - \boldsymbol{C}_b^a(-\boldsymbol{\Phi}_T + \boldsymbol{\phi}) \cdot (\dot{\boldsymbol{W}}_b - \Delta\boldsymbol{A}) \\
&= \dot{\boldsymbol{W}}_a - [\boldsymbol{C}_b^a(-\boldsymbol{\Phi}_T) + \boldsymbol{\Omega}_\phi \boldsymbol{C}_b^a(-\boldsymbol{\Phi}_T)] \cdot (\dot{\boldsymbol{W}}_b - \Delta\boldsymbol{A}) \\
&= -\boldsymbol{\Omega}_\phi \boldsymbol{C}_b^a(-\boldsymbol{\Phi}_T)\dot{\boldsymbol{W}}_b + \boldsymbol{C}_b^a(-\boldsymbol{\Phi}_T)\Delta\boldsymbol{A} + \boldsymbol{\Omega}_\phi \boldsymbol{C}_b^a(-\boldsymbol{\Phi}_T)\Delta\boldsymbol{A}
\end{aligned} \tag{3.108}$$

由于失准角漂移量 $\boldsymbol{\phi}$ 与加速度计漂移量 $\Delta\boldsymbol{A}$ 都是小量，忽略二阶小量，式(3.108)变为

$$\delta\dot{\boldsymbol{W}} = -\boldsymbol{\Omega}_\phi \boldsymbol{C}_b^a(-\boldsymbol{\Phi}_T)\dot{\boldsymbol{W}}_b + \boldsymbol{C}_b^a(-\boldsymbol{\Phi}_T)\Delta\boldsymbol{A} \tag{3.109}$$

写成矢量形式，可得

$$\delta\dot{\boldsymbol{W}} = \boldsymbol{\Omega}_{\dot{W}}\boldsymbol{\phi} + \boldsymbol{C}_b^a(-\boldsymbol{\Phi}_T)\Delta\boldsymbol{A} \tag{3.110}$$

其中，$\dot{\boldsymbol{W}}_b^a = \boldsymbol{C}_b^a(-\boldsymbol{\Phi}_T)\dot{\boldsymbol{W}}_b$ 为惯性坐标系中的加速度计输出的视加速度；$\boldsymbol{\Omega}_{\dot{W}}$ 为

$$\boldsymbol{\Omega}_{\dot{W}} = \begin{bmatrix} 0 & -\dot{W}_{bz}^a & \dot{W}_{by}^a \\ \dot{W}_{bz}^a & 0 & -\dot{W}_{bx}^a \\ -\dot{W}_{by}^a & \dot{W}_{bx}^a & 0 \end{bmatrix} \tag{3.111}$$

可以看出,式(3.110)中 $\dot{\boldsymbol{W}}_b$ 为加速度计测量值,$\boldsymbol{\Phi}_T$ 为飞行姿态角,可由导航计算给出,也就是说,式(3.110)可以根据已有数据进行计算。式(3.110)写成矩阵形式:

$$\delta\dot{\boldsymbol{W}} = \boldsymbol{S}_A \cdot \boldsymbol{D} \tag{3.112}$$

其中,$\boldsymbol{S}_A = \begin{bmatrix} \boldsymbol{\Omega}_{\dot{W}}\boldsymbol{C}_\omega & \boldsymbol{C}_b^a(\boldsymbol{\Phi}_T)\boldsymbol{C}_A \end{bmatrix}$;$\boldsymbol{D}$ 为误差系数,$\boldsymbol{D} = \begin{bmatrix} \boldsymbol{D}_g^{\mathrm{T}} & \boldsymbol{D}_a^{\mathrm{T}} \end{bmatrix}^{\mathrm{T}}$。$\boldsymbol{C}_\omega =$

$$\int_0^t \begin{bmatrix} 1 & 0 & 0 & \omega_x & 0 & 0 & \omega_y & 0 & 0 & -\omega_z & 0 & 0 \\ 0 & 1 & 0 & 0 & \omega_y & 0 & 0 & \omega_z & 0 & 0 & \omega_x & 0 \\ 0 & 0 & 1 & 0 & 0 & \omega_z & 0 & 0 & \omega_x & 0 & 0 & \omega_y \end{bmatrix}, \quad \boldsymbol{C}_A = \begin{bmatrix} 1 & 0 & 0 & \dot{W}_{bx} & 0 & 0 \\ 0 & 1 & 0 & 0 & \dot{W}_{by} & 0 \\ 0 & 0 & 1 & 0 & 0 & \dot{W}_{bz} \end{bmatrix},$$

$\boldsymbol{D}_g = \begin{bmatrix} k_{g0x} & k_{g0y} & k_{g0z} & k_{g1x} & k_{g1y} & k_{g1z} & \Delta_{zx} & \Delta_{xy} & \Delta_{yz} & \Delta_{yx} & \Delta_{zy} & \Delta_{xz} \end{bmatrix}^{\mathrm{T}}$,$\boldsymbol{D}_a = \begin{bmatrix} k_{a0x} & k_{a0y} & k_{a0z} & k_{a1x} & k_{a1y} & k_{a1z} \end{bmatrix}^{\mathrm{T}}$。

$\boldsymbol{S}_A$ 称为加速度域环境函数矩阵,积分后可得到速度域模型:

$$\delta\boldsymbol{W} = \boldsymbol{S}_V \cdot \boldsymbol{D} \tag{3.113}$$

其中,$\boldsymbol{S}_V$ 称为速度域环境函数矩阵。再进行一次积分,可得到位置域模型:

$$\delta\boldsymbol{W} = \boldsymbol{S}_R \cdot \boldsymbol{D} \tag{3.114}$$

其中,$\boldsymbol{S}_R$ 称为位置域环境函数矩阵。

如果外测信息包括载体姿态信息,则根据式(3.103),姿态误差中包括陀螺仪误差系数,该误差信息也可作为分离工具误差系数的有效信息之一。根据式(3.103),考虑姿态误差信息的遥外差方程可表示为

$$\Delta\dot{\boldsymbol{\varphi}}_a = \boldsymbol{S}_\omega(t) \cdot \boldsymbol{D}_G \tag{3.115}$$

积分可得

$$\delta\boldsymbol{\Phi} = \boldsymbol{S}_\Phi \cdot \boldsymbol{D}_G + \boldsymbol{\varepsilon} \tag{3.116}$$

其中,$\boldsymbol{S}_\omega = \boldsymbol{C}_b^a(\boldsymbol{\Phi}_T)\boldsymbol{C}_\omega(t)$;$\boldsymbol{S}_\Phi = \int_0^t \boldsymbol{S}_\omega(\tau)\mathrm{d}\tau$。这样,考虑姿态误差信息的遥外差方程可表示为

$$\begin{cases} \delta\boldsymbol{W} = \boldsymbol{S}_V \cdot \boldsymbol{D} + \boldsymbol{\varepsilon}_V \\ \delta\dot{\boldsymbol{W}} = \boldsymbol{S}_R \cdot \boldsymbol{D} + \boldsymbol{\varepsilon}_R \\ \delta\boldsymbol{\Phi} = \boldsymbol{S}_\Phi \cdot \boldsymbol{D}_G + \boldsymbol{\varepsilon}_\Phi \end{cases} \tag{3.117}$$

式(3.117)就是捷联系统工具误差分离模型,其遥外差信息可包括位置、速

度与姿态误差信息。

3.4　初始误差传播分析

在 3.1.1 节中已经指出,惯性导航算法是一种递推式算法,需要给定递推积分的初值,包括速度、位置及姿态初值,称为初始发射参数。对于陆基发射导弹/火箭而言,发射瞬时发射点位置、初始速度、初始姿态都可以准确测量(误差在可接受范围之内),而对于某些水下发射的导弹,发射点位置、初始速度、初始姿态都存在较大误差,称为初始发射参数误差,简称为初始误差,这些误差对于惯性导航系统而言是无法消除的,本节主要分析初始误差对弹道参数的影响。

3.4.1　初始误差定义

本质上讲,初始误差实际上就是惯性导航计算中初始位置、初始速度及初始姿态的误差。初始位置与初始姿态误差反映到弹道计算上,就是发射坐标系或发射惯性坐标系的确定存在偏差。三维坐标系的定义需要六个独立的量:确定原点位置的三个量以及确定三个坐标轴方向的三个量。初始误差主要包括下面几个部分。

(1)初始定位误差:指在确定发射坐标系或发射惯性系时,坐标系原点(发射点)测量不准确造成的误差。地面上发射点位置一般用大地经度 λ_0、大地纬度 B_0、大地高程 H_0 描述,它确定了导弹发射瞬时的位置,初始定位误差就是指发射点大地经度误差 $\Delta\lambda_0$、大地纬度误差 ΔB_0、大地高程误差 ΔH_0。

(2)初始定向误差:指在确定发射坐标系或发射惯性系时,坐标轴方向测量不准确造成的误差。理论上,发射坐标系或发射惯性坐标系三轴方向使用发射点的天文经度 λ_T、天文纬度 B_T、天文方位角 A_T 定义,发射时这三个参数测量不准确时,即为初始定向误差,包括发射点天文经度误差 $\Delta\lambda_T$、天文纬度误差 ΔB_T、方位角误差 ΔA_T。工程实际中,由于天文经度、天文纬度测量不方便,且天文经、纬度与大地经、纬度的差异比较小,可用下述关系表示之间的差异:

$$\begin{cases} \xi = B_T - B_0 \\ \eta = (\lambda_T - \lambda_0)\cos B_T \end{cases} \tag{3.118}$$

$$A_T = A_0 + \eta\tan B_T \tag{3.119}$$

其中，ξ、η 称为发射点垂线偏差，描述的是天文经纬度与大地经纬度之间的关系，A_0 为大地方位角，式(3.119)描述天文方位角与大地方位角的关系，式(3.119)也称为拉普拉斯公式。

（3）初始速度误差：指发射瞬时导弹初始速度测量不准确造成的误差。初始速度误差的描述可以在发射惯性坐标系（或发射坐标系），用 Δv_{ax}、Δv_{ay}、Δv_{az} 表示，也可以在载体体坐标系，用 Δv_{sx}、Δv_{sy}、Δv_{sz} 表示。

从上述分析可以看出，初始误差包含 9 项，在一般的弹道计算中，由于垂线偏差比较小，很多时候不区分天文经度与大地经度，天文纬度与大地纬度，所以有时初始误差只用 7 项描述：发射点经度误差 $\Delta\lambda_0$、纬度误差 ΔB_0、大地高程误差 ΔH_0、方位角误差 ΔA_T、3 项初始速度误差。

3.4.2 初始误差对弹道参数的影响

初始误差对落点的影响是多方面的，既影响导弹的初始位置和初始速度，又影响导弹的受力情况，还影响弹上计算机的制导计算，下面简要分析初始误差对弹道的影响。

1）定位定向误差影响弹道在地心坐标系中的位置

定位定向参数直接决定了坐标系的建立。由于初始定位、定向误差的影响，导致发射惯性坐标系从理论准确坐标系 $O_a x_a y_a z_a$ 变为实际坐标系 $O'_a x'_a y'_a z'_a$，控制导弹姿态运动的基准发生了变化。俯仰角控制的基准面由 $O_a x_a z_a$ 平面变为 $O'_a x'_a z'_a$ 平面，偏航角控制的基准面由 $O_a x_a y_a$ 平面变为 $O'_a x'_a y'_a$ 平面。由于两对平面各不重合，那么在两个坐标系控制导弹飞行过程中，相对于真实地球而言，导弹弹道的形状和方位是不一样的。同时，由于弹道上各点在地心坐标系中的位置由定位定向参数决定，因此，当初始定位、定向参数存在误差时，即使不考虑其他影响，导弹落点在地心坐标系的位置也将偏离目标点。

2）初始误差影响导弹在发射惯性系中的初始速度

发射瞬时发射点在发射惯性系中的位置坐标为

$$\boldsymbol{R}_{0a} = \begin{pmatrix} R_{0x} \\ R_{0y} \\ R_{0z} \end{pmatrix} = \boldsymbol{M}_2\left(-\frac{\pi}{2} - A_T\right)\boldsymbol{M}_1(B_T)\boldsymbol{M}_3\left(-\frac{\pi}{2} + \lambda_T\right)\begin{pmatrix} X_0 \\ Y_0 \\ Z_0 \end{pmatrix} \quad (3.120)$$

地球自转角速度矢量在发射惯性系中的分量为

$$\boldsymbol{\omega}_e = \omega_e \begin{bmatrix} \cos B_T \cos A_T \\ \sin B_T \\ -\cos B_T \sin A_T \end{bmatrix} \tag{3.121}$$

而发射点在发射惯性系中的坐标及地球自转角速度矢量影响导弹的初始速度和受力。在机动发射情况下，导弹发射瞬时载体有相对于地面的运动速度，设该速度在发射惯性系中的表示为 $\boldsymbol{V}_s^a$，则初始速度在发射惯性系中的分量为

$$\boldsymbol{V}_{0a} = \boldsymbol{\omega}_e^a \times \boldsymbol{R}_{0a} + \boldsymbol{V}_s^a \tag{3.122}$$

显然，初始速度与定位定向参数以及载体速度密切相关，当这些参数存在误差时，导弹初始速度存在误差。

3）初始误差影响导弹的受力

发射点在发射惯性系与发射系中的坐标、地球自转角速度矢量决定了导弹的引力加速度：

$$\begin{pmatrix} g_{ax} \\ g_{ay} \\ g_{az} \end{pmatrix} = g_r \begin{pmatrix} \dfrac{x_a + R_{0x}}{r} \\ \dfrac{y_a + R_{0y}}{r} \\ \dfrac{z_a + R_{0z}}{r} \end{pmatrix} + g_\omega \boldsymbol{\omega}_e^a \tag{3.123}$$

由于受力的不同引起导弹飞行高度和速度的不同，从而间接引起导弹所受推力和气动力的变化。

推力计算时要考虑大气压力的影响，而大气压是高度的函数，计算公式为

$$P = P_0 + S_a p_0 \left(1 - \frac{p_H}{p_0} \right)$$

或

$$P = P_v - S_a p_H$$

其中，P_0 为发动机海平面推力；P_v 为发动机真空推力；p_0 为海平面大气压力；p_H 为当前大气压力；S_a 为发动机喷管出口面积。

空气动力分解为阻力 D、升力 L 和侧向力 Z，有

$$\begin{pmatrix} D \\ L \\ Z \end{pmatrix} = \begin{pmatrix} -C_x q S_M \\ C_y^\alpha \alpha q S_M \\ -C_y^\alpha \beta q S_M \end{pmatrix}$$

其中，C_x、C_y^α 为气动系数；q 为速度头；α 为攻角；β 为侧滑角；S_M 为特征面积。

由于受力的不同引起导弹飞行高度和速度的不同，从而间接引起导弹所受推力和气动力的变化。推力计算时要考虑大气压力的影响，而大气压是高度的函数。同时，推力矢量的计算与舵偏角有关，而舵偏角的计算也受到高度的影响。空气动力计算中气动系数、速度头与速度和高度均有关。

4）初始误差影响弹上的制导计算

目前，导弹一般采用真速度、真位置进行制导。弹上计算时，首先由测量到的视加速度直接积分得到视速度，而后根据视速度和计算得到的引力加速度由递推公式计算真速度、真位置。当真速度、真位置满足一定的关机方程时，导弹关机。

当存在定位定向误差时，一方面制导坐标系与实际飞行坐标系存在差异，因此满足关机方程不能保证命中目标；另一方面，真速度、真位置递推公式的初值和引力加速度计算与实际情况不同，从而导致计算得到的真速度、真位置与实际不符。

对于闭路制导方式，弹上计算机要实时计算命中目标所需的需要速度。一般来说，需要速度是当前速度、位置、发射点及目标点位置、地球自转角速度矢量及定向参数的函数，即

$$V_{aR} = V_{aR}(V_a, \; R_a, \; R_{obj}, \; R_{0a}, \; \omega_e^a, \; \lambda_T, \; B_T, \; A_T) \tag{3.124}$$

显然，定位定向误差直接影响需要速度的计算，进而影响导弹的关机。

根据上述分析可以看出，初始误差对弹道参数的影响是多方面的，总的来说，初始误差对弹道参数的影响可分为由坐标系变化引起的几何项部分、惯性系初始速度误差引起的初值项部分、力学环境变化引起的受力项部分，这几部分是耦合在一起的，而且纯惯性制导系统无法消除初始误差的影响。初始误差对导弹参数的影响不可忽略，依据球面几何可以计算，对于 10 000 km 射程的导弹，如果发射方位角偏离 1″，其造成的横向落点几何项偏差约为 29 m。

3.5　推力偏差与结构偏差分析

推力偏差主要包括发动机推力线偏斜、推力线横移、推力大小偏差等。弹体结构偏差是指由于结构加工、工艺、装配过程中产生不确定性,包括弹体质心横移、弹体轴线偏斜、弹翼安装偏差等。推力偏差与结构偏差会产生干扰力与干扰力矩,产生的加速度及角速度能够被惯性仪表测量到,因此,如果导弹制导算法精确,控制系统能力足够,这类误差对弹道参数的影响可以被消除。但是,导弹控制系统必须要有足够能力抗衡该类误差产生的干扰力与干扰力矩,干扰力与干扰力矩的分析对导弹控制系统执行机构设计有重要作用。

高空风干扰是导弹飞行过程中的一类重要干扰源,高空风会在导弹飞行中产生附加攻角与附加侧滑角,从而产生附加干扰力与干扰力矩。高空风产生的干扰与导弹飞行速度、飞行高度密切相关,其最大值显著大于推力偏差与结构偏差产生的干扰,对控制系统设计提出了更高要求。鉴于风干扰同样会产生干扰力与干扰力矩,所以放在本节统一讨论。

3.5.1　推力线偏差

发动机推力线偏差是由从喷管排出的燃气流产生的推力矢量与导弹的理论轴线不重合造成的。推力线偏差一般由几何推力偏心和燃气流推力偏心两部分组成,前者是由发动机壳体、喷管等部件的几何尺寸偏差、发动机部分与导弹其他部分(制导控制舱、战斗部等)的装配工艺偏差等诸因素引起的,后者主要是由发动机装药燃烧异常导致排出的燃气流不均匀造成的。由于导弹发动机工作会导致导弹质心变化,推力线偏差实际上会随发动机工作时间发生变化。

推力线偏差会导致导弹所受力及力矩与设计状态不符,产生干扰力与干扰力矩,该干扰对导弹控制系统执行机构控制能力提出了要求。根据产生干扰力与干扰力矩的特点,推力线偏差一般分为推力线偏斜与推力线横移。

3.5.1.1　推力线偏斜

推力线偏斜是指发动机推力线方向与导弹轴线之间存在的偏差,推力线偏斜会产生干扰力与干扰力矩,示意图见图 3.12。

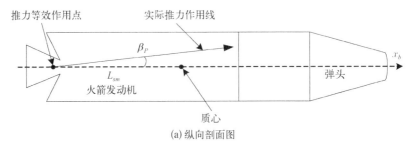

(a) 纵向剖面图

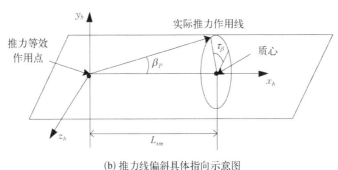

(b) 推力线偏斜具体指向示意图

图 3.12   推力线偏斜示意图

图中，L_{sm} 为推力等效作用点至导弹质心的距离；β_P 为推力线偏斜角度；τ_β 描述推力线在弹体 YZ 平面所在象限，从 y_b 方向开始测量，顺时针为正。

从图 3.12 可以看出，推力线偏斜既会产生干扰力，也会产生干扰力矩，推力线偏斜产生的干扰力为

$$\begin{cases} F_{d\beta y} = P\sin\beta_P\cos\tau_\beta \\ F_{d\beta z} = P\sin\beta_P\sin\tau_\beta \end{cases} \tag{3.125}$$

干扰力矩为

$$\begin{cases} M_{d\beta y} = P \cdot L_{sm}\sin\beta_P\sin\tau_\beta \\ M_{d\beta z} = -P \cdot L_{sm}\sin\beta_P\cos\tau_\beta \end{cases} \tag{3.126}$$

其中，$F_{d\beta y}$、$M_{d\beta y}$ 为推力线偏斜在 y_b 轴方向产生的干扰力与干扰力矩；$F_{d\beta z}$、$M_{d\beta z}$ 为推力线偏斜在 z_b 轴方向产生的干扰力、干扰力矩。

3.5.1.2   推力线横移

推力线横移是指发动机推力线与导弹轴线平行但不重合，发动机推力在弹体三轴上的分量不会发生变化，但是会产生附加干扰力矩，示意图见图 3.13。

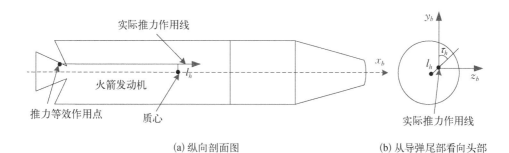

(a) 纵向剖面图　　　　　　　　　　(b) 从导弹尾部看向头部

图 3.13　推力线横移示意图

图中，x_b、y_b、z_b 为弹体三轴方向；l_h 为实际推力作用线与导弹轴线的垂直距离；τ_h 描述推力作用线在 $y_b z_b$ 平面内所在的象限，从 y_b 轴顺时针计算。从图 3.13 可以看出，推力线横移不产生干扰力，但会产生干扰力矩，假设发动机推力大小为 P，则可以得到

$$\begin{cases} M_{dhy} = P \cdot l_h \sin \tau_h \\ M_{dhz} = - P \cdot l_h \cos \tau_h \end{cases} \tag{3.127}$$

其中，M_{dhy} 为推力线横移在 y_b 轴方向产生的干扰力矩；M_{dhz} 为推力线横移在 z_b 轴方向产生的干扰力矩。

3.5.1.3　推力线偏差干扰量计算

工程实际中，很难精确测量发动机推力线偏斜与横移，一般只会根据地面试车结果给出偏斜量 β_P 与横移量 l_h 的上限或范围，作为发动机性能参数一部分，而不会给出角度 τ_β 与 τ_h 的信息，同时推力线偏斜与推力线横移均被认为是小量。在导弹设计与分析中，一般根据最严酷原则计算干扰量的影响，例如，推力线偏斜产生的干扰力与力矩分别为

$$\begin{cases} F_{d\beta y} = P\beta_P \\ F_{d\beta z} = P\beta_P \end{cases} \tag{3.128}$$

$$\begin{cases} M_{d\beta y} = P \cdot L_{sm} \beta_P \\ M_{d\beta z} = - P \cdot L_{sm} \beta_P \end{cases} \tag{3.129}$$

推力线横移产生的干扰力矩分别为

$$\begin{cases} M_{dhy} = P \cdot l_h \\ M_{dhz} = - P \cdot l_h \end{cases} \tag{3.130}$$

即推力线偏斜与横移产生的弹体侧向与法向干扰力与干扰力矩都按照最大值计算,控制系统必须具有能够抗衡该干扰力与干扰力矩的能力。

3.5.2 质心横移

质心横移是指导弹质心不在弹体中心轴线上,当发动机推力线与弹体轴线重合时,质心横移会产生干扰力矩,如图 3.14 所示。

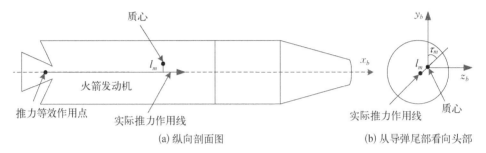

(a) 纵向剖面图　　　　　　　　　(b) 从导弹尾部看向头部

图 3.14　质心横移示意图

图中, x_b、y_b、z_b 为弹体三轴方向; l_m 为质心距离推力作用线(与弹体轴线重合)的垂直距离; τ_m 描述质心横移量在 $y_b z_b$ 平面内所在的象限,从 y_b 轴顺时针计算。从图(3.14)可以看出,质心不产生干扰力,但会产生干扰力矩,假设发动机推力大小为 P, 可以得到

$$\begin{cases} M_{dmy} = - P \cdot l_m \sin \tau_m \\ M_{dmz} = P \cdot l_m \cos \tau_m \end{cases} \tag{3.131}$$

其中, M_{dmy} 为质心横移在 y_b 轴方向产生的干扰力矩; M_{dmz} 为质心横移在 z_b 轴方向产生的干扰力矩。

同样,工程实际中质心横移量也不能精确测量,根据最严酷原则计算干扰量的影响,质心横移产生的干扰力矩为

$$\begin{cases} M_{dmy} = - P \cdot l_m \\ M_{dmz} = P \cdot l_m \end{cases} \tag{3.132}$$

可以看出,质心横移与推力线横移产生的干扰效果是一样的,只产生干扰力矩,而且干扰力矩的计算原理也是相同的,所以实际中推力线横移与质心横移通常放在一起考虑。

3.5.3 弹体轴线偏斜

弹体轴线偏斜指导弹各舱段在对接装配时由于加工及工艺问题导致各舱段轴线不平行,形成轴线偏斜。导弹弹体或火箭箭体一般由多个舱段对接而成,每个舱段在对接过程中都可能存在轴线偏斜。假设弹体由三个圆柱体部件组装而成,共有两个连接端面,从下至上各个部件的长度为 L_i,直径为 D_i,如图 3.15 所示。

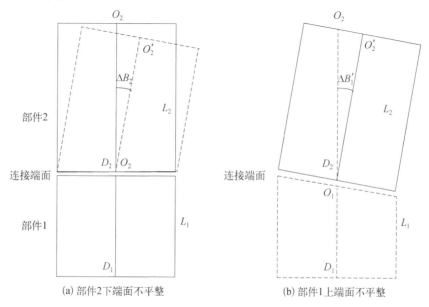

(a) 部件2下端面不平整   (b) 部件1上端面不平整

图 3.15 箭体轴线偏斜示意图

部件 1 与部件 2 在连接端面处连接在一起,部件 2 的下端面不平整,如图 3.15(a)所示,存在位置偏差,导致安装时部件 2 倾斜,偏差角模量为 ΔB_2,定义为轴线 $O_2 - O_2$ 与轴线 $O_2 - O_2'$ 之间的夹角,倾斜方向假设为 θ_2(即倾斜方向在横截面中的角位置),工程中一般难以测量,常假设为 $0 \sim 2\pi$ 的均匀随机变量。

实际中不仅部件 2 下端面存在位置偏差导致轴线偏斜,部件 1 的上端面与部件 2 的上端面也会产生位置偏差,导致安装其上的部件产生轴线偏斜,如图 3.15(b)所示,部件 1 上端面的位置偏差导致部件 2 安装时形成偏差角,假设偏差角模量 $\Delta B_1'$ 定义为轴线 $O_1 - O_2$ 与轴线 $O_1 - O_2'$ 之间的夹角,倾斜方向假设为 θ_1'。

在部件 1 上端面与部件 2 的下端面安装时,会造成偏差角的叠加,忽略安装时的预紧力等因素影响,部件 1 与部件 2 连接端面处形成的合成偏差角满足平行四边形法则,偏差角模值为

$$\Delta B_{12} = \sqrt{\Delta B_1'^2 + \Delta B_2^2 + 2\cos(\theta_1' - \theta_2)\Delta B_1'\Delta B_2} \tag{3.133}$$

同理,在不考虑下面部件偏差影响情况下,部件 2 与部件 3 形成的合成偏差角模量为

$$\Delta B_{23} = \sqrt{\Delta B_2'^2 + \Delta B_3^2 + 2\cos(\theta_2' - \theta_3)\Delta B_2'\Delta B_3} \tag{3.134}$$

当三个部件组装完成后,形成综合的弹体轴线偏斜,则部件 3 相对于部件 1 的上端面形成总的偏差模量为

$$\Delta B = \frac{\sqrt{X_1^2 + Y_1^2}}{L_2 + L_3} \tag{3.135}$$

其中,

$$X_1 = L_2\Delta B_{12}\cos\theta_{12} + L_3\Delta B_{23}\cos\theta_{23} \tag{3.136}$$

$$Y_1 = L_2\Delta B_{12}\sin\theta_{12} + L_3\Delta B_{23}\sin\theta_{23} \tag{3.137}$$

其中,合成偏差角的方向 θ_{12} 基于 θ_2 与 θ_1' 根据平行四边形法则确定;θ_{23} 为部件 2 与部件 3 形成的合成偏差角方向。

对于更多部件组成的弹体结构,轴线偏斜综合方法与此相同。

轴线偏斜造成的干扰量可等效为附加攻角与附加侧滑角,根据最严酷原则,实际中一般假定附加攻角与附加侧滑角相等。假设轴线偏斜产生的附加攻角为 $\Delta\alpha_{bt}$,根据前述分析,可认为

$$\Delta\alpha_{bt} = \Delta B \tag{3.138}$$

则弹体轴线偏斜产生的附加力为

$$F_{y\Delta\alpha_{bt}} = F_{z\Delta\alpha_{bt}} = C_{N\alpha}qS_m\Delta\alpha_{bt} \tag{3.139}$$

附加力矩为

$$M_{y\Delta\alpha_{bt}} = M_{z\Delta\alpha_{bt}} = C_{N\alpha}qS_m\Delta\alpha_{bt}(X_{cp} - X_{cg}) \tag{3.140}$$

其中,q 为动压;S_m 为特征面积;$C_{N\alpha}$ 为气动法向力系数对攻角与侧滑角的导数;X_{cp} 为弹体压心至理论顶点的距离;X_{cg} 为弹体质心至理论顶点的距离。

3.5.4　弹翼安装误差

弹翼安装偏差是指导弹固定弹翼或控制舵翼实际安装位置与理想安装位置之间的偏差,实际中可准确测量每个弹翼或舵翼的安装偏差,根据弹翼或舵翼的构型(十字形或 X 形),据此分别计算出俯仰、偏航、滚动通道的等效舵偏角,进一步可计算出相应干扰力与力矩。基于现在的装配与加工工艺,弹翼安装误差一般可以控制在可接受的范围内,对于有控导弹而言,这类误差产生的干扰容易克服。

3.5.5　高空风干扰

理论研究和导弹的发射试验都表明,大气参数与其标准值的偏差对导弹的运动有较大的影响,尤其是风速矢量 V_W 的变化,是引起弹道散布的重要因素之一。高空风风速 V_W 不仅随地理位置变化,即使是在同一地理位置也随时间和空间高度的变化而变化。在进行火箭、导弹的飞行试验之前,通常需要进行气象预报,或者发射前数小时利用气象设备实际测量发射点附近的风速风向,作为高空风参数。

在高度上,风可以分为高空风与近地面风,高空风主要受地球自转偏向力、水平气压梯度力影响,近地面风除上述两种力外,还受到地面摩擦力影响,一般而言,近地面风的特点更加复杂。下面主要讨论高空风的影响。

风速是一个矢量,包括风速大小与风向。一个地区的风速、风向一般使用统计平均值(随季节与时间)叠加瞬时风速描述。在分析风对火箭导弹的干扰时,一般只考虑水平风的影响,即不考虑垂直于当地水平面的风的分量。

风主要影响作用在火箭、导弹上的气动力及气动力矩,特别是风产生的附加干扰力矩对导弹的影响更为显著。在计算导弹所受气动力、力矩时,需要使用导弹的空速,即导弹质心相对于空气的速度,即

$$V_K = v - V_W \tag{3.141}$$

其中,v 为导弹相对大地的速度;V_K 为导弹质心相对于空气的速度,即空速。

风场统计资料分析表明,高空风可以分为以下三类。

1. 平稳风

根据一个地方长期观测资料统计平均的结果,与季节有关。在同一时间,当地点风速与当地海拔高度关系密切,靶场一般将其制成表格形式,如表 3.2 所示。

表 3.2   平稳风插值表

高度/km	0	10	15	20	30	80
风速/(m/s)	10	50	50	25	26	80

实际中使用插值方法获得不同高度下的风速。

2. 切变风

切变风又称剪切风,这里主要考虑水平切变风。其特点是持续时间比较短,仅数秒钟,在分析其干扰影响时,一般假设其风速与平稳风相同,风向随机。在分析时切变风持续时间取 2~5 s,或者其厚度取为 1 km。

3. 阵风

阵风为一种瞬时大风,随机性很强,风速跨度很大,发生概率很小,在分析风干扰对导弹的影响时,一般不考虑其影响。

风向 A_W 定义为以当地点正北为基准,顺时针到风向的角度,其定义与导弹发射方位角(或瞄准方向)定义相同,便于后续讨论。图 3.16(a)为风向定义;图 3.16(b)为导弹空速示意图。

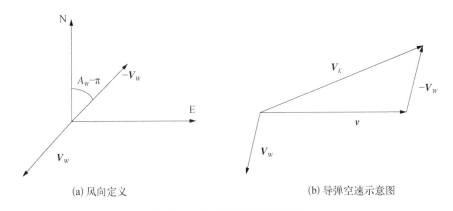

(a) 风向定义   (b) 导弹空速示意图

图 3.16   导弹空速矢量三角形

V_W 为风速;v 为导弹相对地面速度;V_K 为导弹空速

实际上,风速沿时间和空间高度的变化过程是随机的。在工程实践中,也可以把风速矢量 V_W 视为平稳风 V_{W_c} 和随机风速 ΔV_W 的矢量和:

$$V_W = V_{W_c} + \Delta V_W \tag{3.142}$$

根据统计数据，随机风速 ΔV_W 的标准差 $\sigma_{\Delta V_W}$ 可用如下关系式估算：

$$\sigma_{\Delta V_W} = \frac{0.1 V_{W_c} - 0.1}{0.674\,4} \tag{3.143}$$

实际的随机风速则根据均值为零、标准差为 $\sigma_{\Delta V_W}$ 的正态分别抽样得到，其风向也为随机量，一般假设为 $\begin{bmatrix} 0 & 2\pi \end{bmatrix}$ 上的均匀分布。

导弹在飞行过程中，风速使得导弹空速发生变化，从而改变了导弹所受的阻力、升力与侧力，以及气动力矩。在这些干扰中，对导弹飞行影响比较大的是风产生的附加攻角 $\Delta \alpha_w$ 与侧滑角 $\Delta \beta_w$，使得导弹的俯仰力矩与偏航力矩发生变化，而导弹要按照设计的攻角与侧滑角飞行，必须克服由于风速导致的附加攻角、附加侧滑角引起的附加力矩，而这种干扰也是导弹控制系统需要"平衡"的主要干扰之一。考虑风速情况下的附加攻角如图 3.17 所示。

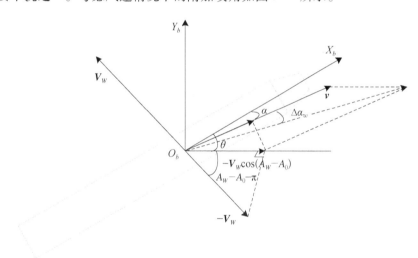

图 3.17 考虑风速情况下的导弹空速示意图

其中 θ 为弹道倾角，描述速度矢量与当地水平面的夹角，α 为攻角。则水平风 $-V_W$ 在导弹纵平面内的分量为

$$V_{W1} = V_W \cos(A_W - A_0 - \pi) = -V_W \cos(A_W - A_0) \tag{3.144}$$

垂直纵平面的分量为

$$V_{W2} = V_W \sin(A_W - A_0 - \pi) = -V_W \sin(A_W - A_0) \tag{3.145}$$

其中风速在纵平面内的分量产生附加攻角、在垂直纵平面的分量产生附加侧滑角。风产生的附加攻角可表示为

$$\Delta \alpha_w = - \arctan \frac{V_W \cos(A_W - A_0) \sin \theta}{v - V_W \cos(A_W - A_0) \cos \theta} \tag{3.146}$$

附加侧滑角为

$$\Delta \beta_w = - \arctan \frac{V_W \sin(A_W - A_0) \sin \theta}{v} \tag{3.147}$$

则风产生的干扰力为

$$
\begin{aligned}
F_{yw} &= C_{L\alpha} q' S_m \Delta \alpha_w \\
F_{zw} &= C_{L\beta} q' S_m \Delta \beta_w
\end{aligned}
\tag{3.148}
$$

干扰力矩为

$$
\begin{aligned}
M_{yw} &= C_{N\alpha} q' S_m (X_{cp} - X_{cg}) \Delta \alpha_w \\
M_{zw} &= C_{N\beta} q' S_m (X_{cp} - X_{cg}) \Delta \beta_w
\end{aligned}
\tag{3.149}
$$

其中，$C_{L\alpha}$、$C_{L\beta}$ 为气动升力系数对攻角与侧滑角的导数；$C_{N\alpha}$、$C_{N\beta}$ 为气动法向力系数对攻角与侧滑角的导数；X_{cp} 为弹体压心至理论顶点的距离；X_{cg} 为弹体质心至理论顶点的距离；q' 为考虑风速后的动压，理论上基于导弹对地速度矢量与风速矢量根据平行四边形法则计算，工程实际中可根据式（3.150）计算：

$$q' = 0.5\rho (v + V_W)^2 \tag{3.150}$$

或者

$$q' = 0.5\rho (v^2 + V_W^2) \tag{3.151}$$

3.6　重力异常分析

地球引力场是一个保守力场，如果地球为一均质圆球，对地球外距地心距离为 r 的一单位质点的势函数为

$$U = \frac{\mu}{r} \tag{3.152}$$

其中，μ 为地球引力常数，$\mu = 3.986\,04 \times 10^{14}\ \mathrm{km^3/s^2}$。则地球外一单位质点所

受作用力矢量为

$$g = -\frac{\mu}{r^2}r^0 \qquad\qquad (3.153)$$

其中，r^0 为地球中心到场外质点的单位矢径；g 即为单位质点在地球引力场中所受的引力加速度矢量。

由于地球自转，产生向心加速度：

$$g_\omega = \omega_e^2 R_e \qquad\qquad (3.154)$$

引力加速度与地球自转向心加速度矢量和称为重力加速度，相应的力即为重力。

3.6.1　重力异常定义

实际地球为形状复杂的非均质近似球体，其势函数非常复杂，目前还无法得到精确的地球势函数，一般使用球函数展开式描述。随着空间技术的不断发展，观测数据不断增多，球函数谐系数的求解也不断完善，GEM - 10C 地球模型中已经给出了阶次多达 180 次的三万多个谐系数。由于地球的物理表面极不规则，实际上不能用数学方法描述。

通常所说的地球形状是指地球静止海平面的形状，地球静止海面不考虑地球物理表面的海陆差异及陆上、海底的地势起伏。它与实际海洋静止表面相重合，而且包括陆地下的假想"海面"，后者是前者的延伸，总称为大地水准面，大地水准面的法向即是重力方向。大地水准面是连续、封闭的，而且没有褶皱与裂痕，所以是一个等重力势面。由于重力方向与地球内部不均匀分布的质量有关，因此，大地水准面的表面也是一个无法用数学方法描述的非常复杂的表面。实际中常用一个形状较简单的物体来代替，要求该物体表面与大地水准面的差别尽可能小，并且在此表面上进行计算没有困难。

最简单的近似就是假设地球为一均质圆球，其质量等于地球质量，圆球体半径为 6 371 004 m。在多数情况下，用一椭圆绕其短轴旋转所得的椭球体来代替大地水准面，用它逼近实际大地水准面的精度一般情况下是足够的。我国采用 1975 年第十六届国际测量协会的推荐值：地球赤道半径（即椭球体长半轴）：$a_e = 6\ 378\ 140$ m，地球扁率 $\alpha_e = 1/298.257$，则地球两极半径（即椭球体短半轴）$b_e = a_e(1 - \alpha_e)$。

在弹道计算中，当假定地球为均质旋转椭球时，称为正常地球椭球，相对应的引力场称为正常引力场,引力加速度为正常引力加速度。正常重力加速度为正常引力加速度与地球自转离心加速度之和,正常重力对应的位函数称为正常重力位,正常椭球面为正常重力位的一个等位面。

实际上由于地球质量分布的复杂性,导致了地球引力场的复杂性,使它不同于正常引力场。称实际引力场与正常引力场的差别为地球扰动引力场,实际引力加速度与正常引力加速度之差为扰动引力加速度,实际重力与正常重力之差为扰动重力,也称为重力异常。

图 3.18 中,O 为地球表面任意一点;O_E 为地球椭球中心;ϕ_0 称为地心纬度,是 O 点与地心 O_E 连线与赤道面形成的夹角;OM 是正常大地水准面(标准椭球体形成的水准面)过 O 点的垂线;OM 与赤道面形成的夹角 B_0 称为地理纬度,也称为大地纬度;ON 为实际大地水准面过 O 点的垂线,即当地铅垂线;ON 与赤道面形成的夹角 B_T 称为天文纬度。地理纬度 B_0 与地心纬度 ϕ_0 之间有以下严格关系:

$$\tan B_0 = \frac{a_e^2}{b_e^2}\tan \phi_0 \tag{3.155}$$

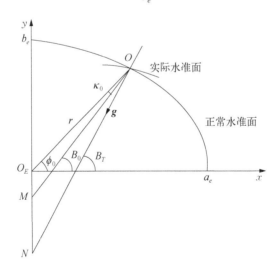

图 3.18 纬度定义示意图

两者之间的差异可表示为

$$\kappa_0 = B_0 - \phi_0 \tag{3.156}$$

由于空间任一点的实际大地水准面是不规则的,所以其天文纬度不能用数学方法描述,一般通过测量得到。弹道计算经常使用的发射坐标系、发射惯性坐标系坐标轴方向的定义即是根据天文经、纬度定义的。

根据标准椭球体计算得到的重力为正常重力 g_0,其方向为 OM 方向。地心坐标系中的正常重力计算公式可根据式(3.59)计算。实际重力 g 的方向为 ON 方向,可由测量仪器进行精确测量,或者根据高阶重力场模型计算得到。正常重力 g_0 与实际重力 g 的模值差异即为重力异常,两者的方向差异称为垂线偏差。

3.6.2　重力异常影响分析

根据 3.6.1 节的定义可知,重力异常实际上是在弹道计算过程中对重力计算的简化造成的计算值与真实值不一致。因此,重力异常的分析可从两个方面考虑,即工程测量与理论计算。工程测量方法是测量地球真实表面的重力值,然后将测量值改正到大地水准面上。但在实际重力测量时不可能对全球每一点都进行测量,一般将全球按经纬度划分为若干地面几何方块,在方块内测量若干点的实际重力并经空间改正后求出这些点的重力异常,然后对这些点的重力异常加以平均,作为该方格重力异常的代表值。显然这种地面几何块的平均空间重力异常与其真实重力异常仍有偏差,地面几何方块面积越大,偏差越大。

理论计算方法是采用高阶球谐函数重力场模型计算重力,其与标准重力场之差即为重力异常,但无论使用多少阶球谐函数,始终是真实重力的近似,不过当阶次大于 5 阶时,这种近似差异已经非常小了,完全满足工程应用,而且阶次越高,计算越困难。工程中常用球谐函数计算方法分析重力异常对弹道参数的影响。

下面介绍一种重力异常计算的快速计算方法。地心坐标系中的弹道计算方程可表示为

$$
\begin{aligned}
\dot{v} &= \dot{W} - 2\boldsymbol{\omega}_e \times v - \boldsymbol{\omega}_e \times \left[\boldsymbol{\omega}_e \times (\boldsymbol{R}_0 + \boldsymbol{\rho})\right] + g_0 \\
\dot{\boldsymbol{\rho}} &= v
\end{aligned}
\tag{3.157}
$$

其中,$\dot{W}$ 为飞行器所受视加速度,可由加速度计测量得到;$\boldsymbol{\omega}_e$ 为地球自转角速度矢量;$\boldsymbol{R}_0$ 为地心至发射点矢径;$\boldsymbol{\rho}$ 为飞行器质心距发射点的位置矢量;g_0 为正常重力加速度。

不考虑加速度计测量误差,对式(3.157)求微分,可得到

$$
\begin{aligned}
\delta\dot{v} &= -2\boldsymbol{\omega}_e \times \delta v - \boldsymbol{\omega}_e \times (\boldsymbol{\omega}_e \times \delta\boldsymbol{\rho}) + \delta\left[g_0(\rho)\right] \\
\delta\dot{\boldsymbol{\rho}} &= \delta v
\end{aligned}
\tag{3.158}
$$

其中,重力部分偏差可表示为

$$\delta\left[g_0(\boldsymbol{\rho})\right] = g_0^*(\boldsymbol{\rho}^*) - g_0(\boldsymbol{\rho}) = \left[g_0(\boldsymbol{\rho}^*) - g_0(\boldsymbol{\rho})\right] + \left[g_0^*(\boldsymbol{\rho}^*) - g_0(\boldsymbol{\rho}^*)\right]$$
(3.159)

式(3.159)右端 $g_0(\boldsymbol{\rho}^*) - g_0(\boldsymbol{\rho})$ 部分是由于累积的位置偏差导致的重力加速度计算偏差,其计算公式见式(3.59)。如果将位置偏差认为是小量,则

$$g_0(\boldsymbol{\rho}^*) - g_0(\boldsymbol{\rho}) = \left(\frac{\mathrm{d}\boldsymbol{g}_0}{\mathrm{d}\boldsymbol{\rho}}\right)^* \delta\boldsymbol{\rho}$$
(3.160)

式(3.159)右端第二部分 $g_0^*(\boldsymbol{\rho}^*) - g_0(\boldsymbol{\rho}^*)$ 是在相同的位置矢量情况下重力加速度计算的差异,即为重力异常。在飞行过程中,飞行器在地面上的投影(弹下点)是一条曲线,所以需要根据弹下点经、纬度实时计算重力异常。令 $\boldsymbol{A} = \left(\frac{\mathrm{d}\boldsymbol{g}_0}{\mathrm{d}\boldsymbol{\rho}}\right)^*$,则式(3.158)可表示为

$$\begin{aligned} \delta\dot{\boldsymbol{v}} &= -2\boldsymbol{\Omega}\delta\boldsymbol{v} + (\boldsymbol{A} - \boldsymbol{\Omega}^2)\delta\boldsymbol{\rho} + \delta\boldsymbol{g}_0 \\ \delta\dot{\boldsymbol{\rho}} &= \delta\boldsymbol{v} \end{aligned}$$
(3.161)

其中, $\boldsymbol{\Omega}$ 为地球自转角速度矢量的反对称矩阵, $\delta\boldsymbol{g}_0 = g_0^*(\boldsymbol{\rho}^*) - g_0(\boldsymbol{\rho}^*)$ 表示重力异常。式(3.161)可进一步写成状态方程的形式:

$$\begin{bmatrix} \delta\dot{\boldsymbol{v}} \\ \delta\dot{\boldsymbol{\rho}} \end{bmatrix} = \begin{bmatrix} -2\boldsymbol{\Omega} & \boldsymbol{A} - \boldsymbol{\Omega}^2 \\ 1 & 0 \end{bmatrix} \begin{bmatrix} \delta\boldsymbol{v} \\ \delta\boldsymbol{\rho} \end{bmatrix} + \begin{bmatrix} \delta\boldsymbol{g}_0 \\ 0 \end{bmatrix}$$
(3.162)

3.7　再入误差分析

本节提到的再入误差主要指高速再入飞行器从大气层外再入大气层直至落地的过程中,由于再入误差源引起的弹道参数偏差。由于弹头无控再入,其再入弹道是根据预先设计的标准再入弹道定义的,当弹头实际再入条件与标准条件存在差异时,实际再入弹道与标准再入弹道存在偏差,导致落点偏差。标准再入弹道的标准条件包括再入初始条件、再入大气密度与温度、标准弹头特性参数、标准风条件等,所以再入弹道误差源主要包括再入初始姿态偏差、大气参数偏差、再入风干扰、弹头特性参数偏差等。

3.7.1　再入初始条件偏差

再入初始条件误差主要指再入初始时刻弹头的攻角、侧滑角等与标准状态不一致,造成的落点偏差是由总升力和阻力的变化引起的。阻力的影响导致落点的射程偏差,而总升力的影响则会导致落点任意方向上的散布。为了减小再入初始总攻角误差,设计时往往让弹头在再入之前使其绕纵轴自旋,且自旋的方向定向于使再入初始时刻总攻角等于零的方向上。

3.7.2　大气参数偏差

在大气参数偏差中,直接影响落点偏差的误差源主要是大气密度偏差和大气温度偏差。大气密度与大气温度是随高度变化的随机函数,同时与时间、地区也有关系。可表示为

$$\rho(h) = \rho^*(h) + \Delta\rho(h)$$
$$T(h) = T^*(h) + \Delta T(h) \tag{3.163}$$

其中,$\rho^*(h)$ 为大气密度标准值;$T^*(h)$ 为大气温度标准值。

大气参数偏差对弹头再入飞行中所受到的气动力、气动力矩均有影响,从而使实际弹道偏离标准弹道,引起落点偏差。密度偏差直接造成动压头偏差,大气温度偏差会影响声速,使弹头飞行马赫数发生变化,引起与马赫数有关的气动系数产生偏差。动压头偏差和气动系数偏差必然造成气动力与气动力矩偏差。对零攻角标准再入弹道而言,大气参数偏差造成附加阻力,记大气密度偏差和温度偏差产生的附加阻力分别为 ΔX_ρ、ΔX_T,大气阻力为 X,一阶近似之下:

$$\Delta X_\rho = \frac{\partial X}{\partial \rho}\Delta\rho \tag{3.164}$$

$$\Delta X_T = \frac{\partial X}{\partial T}\Delta T \tag{3.165}$$

气动阻力可表示为

$$X = \frac{1}{2}\rho v^2 S_k C_x \tag{3.166}$$

则

$$\frac{\partial X}{\partial \rho} = \frac{X}{\rho}$$

$$\frac{\partial X}{\partial T} = \frac{\partial X}{\partial C_x} \frac{\partial C_x}{\partial Ma} \frac{\partial Ma}{\partial a} \frac{\partial a}{\partial T} = \frac{X}{C_x} \frac{\partial C_x}{\partial Ma} \frac{\partial Ma}{\partial a} \frac{\partial a}{\partial T} \tag{3.167}$$

注意到声速 $a = k\sqrt{T}$，马赫数 $Ma = \dfrac{v}{a}$，k 为系数，在高度为 $0 \sim 91\,\mathrm{km}$ 时，$k = 20.0468$，则有

$$\frac{\partial Ma}{\partial a} = -\frac{Ma}{a}, \quad \frac{\partial a}{\partial T} = \frac{a}{2T} \tag{3.168}$$

所以

$$\frac{\partial X}{\partial T} = -\frac{X}{2T} \frac{Ma}{C_x} \frac{\partial C_x}{\partial Ma} \tag{3.169}$$

于是附加阻力为

$$\Delta X_\rho = X \frac{\Delta \rho}{\rho}$$

$$\Delta X_T = -X \frac{Ma}{2C_x} \frac{\partial C_x}{\partial Ma} \frac{\Delta T}{T} \tag{3.170}$$

3.7.3　再入风干扰

　　再入过程中的风干扰分析方法与中段误差中的风干扰分析方法是相同的，其影响的机理也相同。风干扰会产生附加攻角与附加侧滑角，导致弹头飞行过程中的气动力与气动力矩发生变化，本节不再详细分析。

3.7.4　弹头特性参数偏差

　　弹头特性参数偏差主要包括两个方面，一方面是弹头再入大气层时环境条件的影响（如气动加热、烧蚀引起的几何外形的变化）、弹头制导工艺误差以及地面风洞试验误差等，造成气动阻力系数偏差、压心位置偏差、气动力矩系数偏差等，影响作用在弹头上的气动力和气动力矩，引起落点偏差。

　　另一方面是弹头质量特性偏差。弹头质量偏差 Δm_t 是指再入飞行过程中弹头实际质量与标准条件质量的偏差，包括再入初始时刻弹头质量偏差（测量

不准确)以及再入过程中气动加热引起的烧蚀质量损失。弹头质量偏差改变了作用在弹头上的气动加速度,引起落点偏差。再入初始时刻弹头质量偏差在再入飞行中为一常值,而质量烧蚀是随高度、再入时间等变化的随机变量。由质量偏差 Δm_t 引起的附加阻力加速度为

$$\Delta a_t = -\frac{X}{m_t^2}\Delta m_t \tag{3.171}$$

显然,气动加速度发生变化,会使得弹头速度、位置发生相应变化。

3.7.5　再入误差计算

从 3.7.4 节分析可以看出,再入误差主要影响弹头的受力,变化过程非常复杂,目前主要根据弹道仿真计算进行分析。先计算标准条件下的再入弹道及落点,然后根据再入弹道实际情况给出各种再入误差,再计算实际条件下的再入弹道及落点,两者对比即可得到再入误差导致的落点偏差。

实际上,由于弹头再入速度很快,而且是零攻角再入,再入时间非常短(一般小于 30 s),再入误差造成的落点偏差累积效果并不明显,量级一般在数十米左右,目前主要根据弹道计算进行分析。

3.8　弹载末制导雷达照射概率分析

雷达末制导是一种常用的末制导方式,由于弹载末制导雷达功率有限,当导弹距离目标在一定范围内时,才会开机工作。当射程较远时,末制导导弹一般采用多阶段复合制导模式,初、中制导采用组合制导方式,控制导弹向目标飞行。当达到开机条件时,末制导雷达开机工作,探测目标。其一般时序如图 3.19 所示。

图 3.19　末制导雷达一般时序

导弹制导过程中,要求中、末制导交班误差在给定范围内,保证末制导雷达在开机后能够照射到目标,才能确保探测到目标。影响末制导雷达照射概率的因素很多,主要包括以下几点。

(1)导弹弹道参数及散布:速度、位置及散布特性。

(2)目标机动方式:非合作目标逃跑方式。

(3)导弹姿态偏差:俯仰、偏航姿态偏差。

(4)末制导雷达性能参数:探测距离、半宽角等。

(5)目标电磁波散射特性:雷达反射面积(radar cross-section, RCS)等。

这里主要从弹目运动参数角度讨论末制导雷达照射概率,上述因素中第(4)、(5)项作为分析该问题已知的输入参数,同时不考虑导弹姿态偏差影响,这里主要考虑上述第(1)、(2)项因素对末制导雷达照射概率的影响。

3.8.1　横向照射概率分析

假设末制导雷达扫描半宽角为 θ,最大探测距离为 d_m,图 3.20 为弹目相对运动示意图,图 3.21 为目标逃避示意图,图中原点为初始目标点,X 轴为导弹来袭方向,Z 轴为横向。

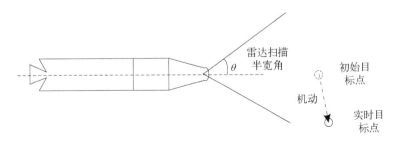

图 3.20　弹目相对运动示意图

由于目标是非合作目标,并不能知道目标发现被瞄准攻击后的逃避策略,按照最严酷原则,假设目标在 t_b 时刻发现被导弹瞄准,采取的逃避策略是尽可能远离初始目标点,即目标以最大速度直线逃离初始目标点,但是逃跑方向未知。即目标速度为

$$v_T = v_{\max} \tag{3.172}$$

逃跑方向假设服从 0 ~ 2π 的均匀分布:

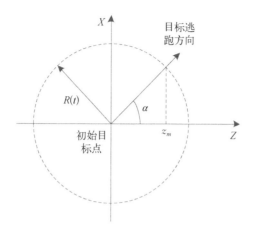

图 3.21　目标逃避示意图

$$f(\alpha) = \frac{1}{2\pi}, \ \alpha \in \left[\, 0, \, 2\pi \,\right] \tag{3.173}$$

则在 t_r 时刻目标离初始目标点的距离为

$$R(t) = v_{\max}(t_r - t_b) \tag{3.174}$$

如图 3.21 所示，横向距离 z_m 可表示为

$$z_m = R(t)\cos\alpha \tag{3.175}$$

则 z_m 的概率密度函数为

$$f(z_m) = 2 \times \left| \frac{\mathrm{d}\alpha}{\mathrm{d}z_m} \right| f(\alpha) = \frac{1}{\pi} \frac{1}{\sqrt{R^2(t) - z_m^2}} \tag{3.176}$$

在导弹不断迫近目标的过程中，由于雷达扫描半宽角的限制，导弹的横向偏差不能太大，否则雷达导引头将不能照射到目标，如图 3.22 所示。

由于导航误差散布，当导弹 Z 向位置位于图中 P、Q 两点之间时，理论上导弹能照射到目标，当导弹 Z 向位置位于图中 P、Q 两点之外时，导弹不能照射到目标，也肯定不能探测到目标。雷达照射概率分析就是计算导弹位于 P、Q 两点之间能照射到目标的概率。

设导弹末制导雷达开机时刻为 t_0，导弹在 X 方向与 Z 方向位置偏差均服从正态分布，分布参数分别为 (μ_x, σ_x)、(μ_z, σ_z)，在 t_r 时刻导弹离初始目标点的

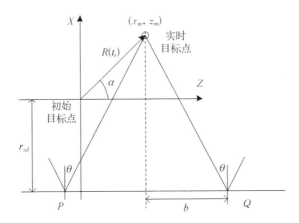

图 3.22 雷达搜索示意图

距离为 r_{zd}。根据图 3.22，P 点 Z 向坐标为 $z_m - b$，Q 点 Z 向坐标 $z_m + b$，其中 b 为

$$b = \left[r_{zd} + \sqrt{R^2(t_r) - z_m^2} \right] \tan \theta \tag{3.177}$$

则导弹处于在 P、Q 两点之间的概率为

$$P = \int_{z_m - b}^{z_m + b} \frac{1}{\sqrt{2\pi} \sigma_z} \exp \left[-\frac{(z - \mu_z)^2}{2\sigma_z^2} \right] dz \tag{3.178}$$

根据式（3.176），z_m 也是随机变量，所以雷达横向照射概率计算：

$$P_{zsc} = \int_{-R(t_r)}^{R(t_r)} \int_{z_m - b}^{z_m + b} \frac{1}{\sqrt{2\pi} \sigma_{Zk}} \exp \left[-\frac{(z - \mu_{Zk})^2}{2\sigma_{Zk}^2} \right] dz \cdot \frac{1}{\pi} \frac{1}{\sqrt{R^2(t_r) - z_m^2}} dz_m \tag{3.179}$$

注意，上述横向照射概率是随导弹飞行时间不断变化的。导弹末制导雷达开机后，导弹至初始目标点的距离 r_{zd} 不断变小，假设导弹沿 X 方向飞行速度为 v_m，则在 t_r 时刻，有

$$r_{zd} = r_{zd0} - v_m(t_r - t_0) \tag{3.180}$$

其中，r_{zd0} 为导弹末制导雷达开机时刻距离初始目标点的距离，一般而言，r_{zd0} 可以认为是定值。

在反舰导弹攻击过程中，如果末制导雷达开机后搜索到目标，导弹在制导

控制系统作用下始终跟踪目标(此处不考虑探测到目标而无法跟踪上目标的问题),所以计算末制导雷达开机后的一小段时间内的横向照射概率才有实际意义。

目标发现自己被瞄准并开始逃跑的时刻 t_b 是影响横向照射概率大小重要因素,由式(3.174)可以看出, t_b 影响距离 $R(t)$,目标越早开始逃离初始目标点, $R(t)$ 越大,被末制导雷达发现的概率越小。

3.8.2　纵向照射概率分析

对于纵向照射概率,理论上末制导雷达存在最大探测距离的限制,当目标距离导弹大于该距离时,雷达将无法探测到目标。考虑导弹纵向位置散布的情况下,其纵向照射概率为

$$P_{zsz} = P\{x_m + r_{zd} + x \le d_m\} = P\{x \le d_m - x_m - r_{zd}\} \tag{3.181}$$

其中, x 为导弹纵向位置散布。

$$P_{zsz} = \int_{-\infty}^{d_m-x_m-r_{zd}} \frac{1}{\sqrt{2\pi}\,\sigma_{Xk}} \exp\left[-\frac{(x-\mu_{Xk})^2}{2\sigma_{Xk}^2} \right] \mathrm{d}z \tag{3.182}$$

进一步考虑目标的机动特性,则纵向照射概率为

$$P_{zsz} = \int_{-R(t_r)}^{R(t_r)} \int_{-\infty}^{d_m-x_m-r_{zd}} \frac{1}{\sqrt{2\pi}\,\sigma_{Xk}} \exp\left[-\frac{(x-\mu_{Xk})^2}{2\sigma_{Xk}^2} \right] \mathrm{d}z \frac{1}{\pi} \frac{1}{\sqrt{R^2(t)-x_m^2}} \mathrm{d}x_m \tag{3.183}$$

实际上,由于目标的运动速度远小于导弹的飞行速度,随着导弹的持续靠近目标,纵向照射概率一般是必然事件。

3.9　小结

本章首先简单介绍了导弹常用导航制导方法,然后重点分析了平台式惯性导航系统工具误差、捷联式惯性系统工具误差、初始发射参数误差、发动机推力偏差、结构偏差、高空风干扰、重力异常、再入误差、雷达导引头目标照射概率等误差的定义、传播规律、计算方法等问题,为后续误差辨识奠定了基础。

第4章 惯性导航系统误差标定与辨识方法

惯性导航系统测试标定是提高其使用精度非常有效的手段,惯性技术数十年的发展历史表明,高效的测试标定方法与技术手段一直是惯性技术发展的一个重要方向。惯性系统测试标定涉及许多大型精密设备,而这些精密设备的研制与建设也是惯性技术领域的重要内容。本章主要介绍惯性导航系统测试标定方法及相应的大型精密设备。

4.1 基于三轴精密转台的多位置标定方法

基于三轴精密转台的多位置标定方法是惯性仪表及惯性导航系统最为常用的一种测试标定方法。根据第3章惯性仪表误差模型可以看出,惯性仪表及系统误差漂移与系统所受的过载或角速度有关,如果能够精确获得惯性仪表三轴方向上的过载与角速度大小,然后根据惯性仪表输出测量量,结合参数估计技术,就可以得到误差系数的估计结果。三轴精密转台可精确模拟飞行器在空间的三轴姿态运动,包括姿态角与角速度,图4.1是一种三轴精密转台。基于三轴转台的多位置标定方法就是利用三轴精密转台获得地球自转角速度与重力加速度在转台三轴方向上的准确分量,从而得到惯性仪表误差模型中的准确输入量。

三轴精密转台包括三个转轴,一般称为外框轴、内框轴与台体轴,在使用前转台需进行归零操作,归零之后转台三轴的准确指向会在控制终端上显示,转台每个轴转动时的角速度与转动角度都可以精确控制,例如转动角度误差一般可以小于几个角秒。标定过程中,待标定对象(陀螺仪、加速度计或惯性系统)安装在三轴精密转台的载荷安装区域,利用工装精确控制标定对象的安装位置与方位,保持标定对象三轴指向与精密转台的三个转轴指向的

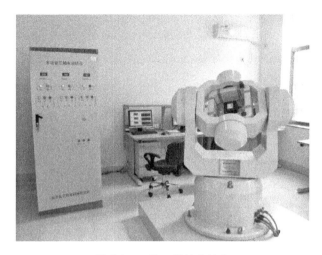

图 4.1　一种三轴精密转台

相对关系精确已知。根据设计好的多位置标定方案,依次将精密转台旋转至指定标定位置,然后静止约数分钟,测量标定对象输出量,将多个标定位置下的测量量组合,结合误差模型,利用参数估计方法得到标定对象误差系数的估计值。一般而言,惯性仪表的采样频率比较高,可从数十赫兹至上千赫兹,因此在每一个静态标定位置下,标定对象均会采集到大量输出,由于转台处于静止状态,且静止时间仅数分钟,理论上该输出扣除随机误差外,应为常值,因此只需将每一个标定位置下的测量量取平均,作为该标定位置下标定对象输出量常值的估计值。

4.1.1　惯性仪表多位置标定原理

　　下面以陀螺仪为例说明基于三轴精密转台的多位置标定原理。假设某型陀螺仪的误差模型可用式(4.1)表示:

$$\omega = \omega_0 + k_0 + k_I f_I + k_H f_H + k_O f_O + k_{II} f_I^2 + k_{HH} f_H^2 + k_{IH} f_I f_H + k_{IO} f_I f_O + k_{HO} f_H f_O + \varepsilon$$

$$(4.1)$$

其中,f_I、f_O、f_H 为陀螺仪输入轴(敏感轴)、输出轴、自转轴方向所受的过载,也称为比力;ω 为陀螺仪输出量;ω_0 为陀螺仪真实输入;k_0、k_I、k_H、k_O、k_{II}、k_{HH}、k_{IH}、k_{IO}、k_{HO} 为陀螺仪误差系数;ε 为随机误差。对于放置地面静止不动的物体而言,其比力为其所受支撑力形成的加速度。

4.1.1.1 输入轴水平指东方式

在这种标定方式下,利用三轴精密转台保证陀螺仪输入轴始终指向当地点地平坐标系的东向,而输出轴则分别指向上、下、北、南等四个方向,即标定位置为四个,如图 4.2 所示。

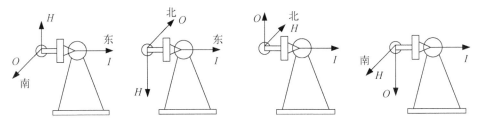

图 4.2　输入轴水平指东标定方式示意图

仔细分析式(4.1)可以发现,该误差模型与角速度无关,因此只需要计算出每个标定位置下的比力即可,表 4.1 给出了重力加速度与角速度在陀螺仪三轴指向上的分量,可以看出,在该标定方式下,地球自转角速度在陀螺仪输入轴方向的分量为零。

表 4.1　输入轴水平指东标定方式下比力分量

位置	三　轴　指　向			沿各轴比力分量(单位:g)			地球自转角速度在输入轴 (I轴)上的分量
	H	I	O	H	I	O	
1	上	东	南	1	0	0	$\omega_0 = 0$
2	下	东	北	-1	0	0	$\omega_0 = 0$
3	北	东	上	0	0	1	$\omega_0 = 0$
4	南	东	下	0	0	-1	$\omega_0 = 0$

在上述四个位置下,将各轴比力分量(单位为 g)代入陀螺仪误差模型,则陀螺仪输出方程分别可表示为

$$\omega_{p1} = k_0 + k_H + k_{HH}$$
$$\omega_{p2} = k_0 - k_H + k_{HH}$$
$$\omega_{p3} = k_0 + k_O \tag{4.2}$$
$$\omega_{p4} = k_0 - k_O$$

其中，$\omega_{pi}(i=1,2,3,4)$ 为四个位置下陀螺仪输出量平均值，直接对该标定位置下陀螺仪输出量取算术平均即可。根据式（4.2）可直接给出各系数的估计：

$$
\begin{aligned}
k_0 &= (\omega_{p3} + \omega_{p4})/2 \\
k_O &= (\omega_{p3} - \omega_{p4})/2 \\
k_H &= (\omega_{p1} - \omega_{p2})/2 \\
k_{HH} &= (\omega_{p1} + \omega_{p2} - \omega_{p3} - \omega_{p4})/2
\end{aligned}
\tag{4.3}
$$

当然也可以使用最小二乘方法估计各个系数。可以看出，上述标定方式并不能标定式（4.1）所示的陀螺仪的所有误差系数，因为部分误差系数对应的激励（即比力）为零，测量方程中该系数不可观，自然无法估计，实际情况也是如此。

上述标定方案只选用了四个标定位置，在输入轴水平指东的情况下，也可以根据需要设计更多的标定位置，可标定误差系数也更多。例如输出轴每间隔 45°作为一个标定位置，共 8 个标定位置，感兴趣的读者可写出相应的测量方程，以及误差系数的估计方法。

4.1.1.2　输入轴水平指北方式

在这种标定方式下，利用三轴精密转台保证陀螺仪输入轴（敏感轴）始终指向当地点地平坐标系的北向，而输出轴则分别指向当地点东、西、下、上等四个方向，同样标定位置有四个，如图 4.3 所示。

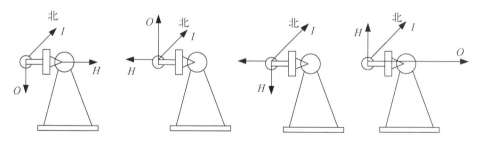

图 4.3　输入轴水平指北标定方式示意图

表 4.2 给出了重力加速度与角速度在陀螺仪三轴指向上的分量，可以看出，在该标定方式下，地球自转角速度在陀螺仪输入轴方向的分量为常值，其中 φ 为当地点大地纬度，ω_e 为地球自转角速度。

表 4.2 输入轴水平指北标定方式下比力分量

位置	三 轴 指 向			沿各轴比力分量(单位：g)			地球自转角速度在输入轴 (I 轴)上的分量
	H	I	O	H	I	O	
1	东	北	下	0	0	−1	$\omega_e \cos \varphi$
2	西	北	上	0	0	1	$\omega_e \cos \varphi$
3	下	北	西	−1	0	0	$\omega_e \cos \varphi$
4	上	北	东	1	0	0	$\omega_e \cos \varphi$

在上述四个位置下，陀螺仪始终可以敏感到地球自转角速度的北向分量，将各轴比力分量代入陀螺仪误差模型，则陀螺仪输出方程分别可表示为

$$
\begin{aligned}
\omega_{p1} &= k_0 - k_O + \omega_e \cos \varphi \\
\omega_{p2} &= k_0 + k_O + \omega_e \cos \varphi \\
\omega_{p3} &= k_0 - k_H + k_{HH} + \omega_e \cos \varphi \\
\omega_{p4} &= k_0 + k_H + k_{HH} + \omega_e \cos \varphi
\end{aligned}
\tag{4.4}
$$

四个位置下陀螺仪输出量平均值 $\omega_{pi}(i = 1, 2, 3, 4)$ 与前面计算相同，根据式(4.4)可直接给出各系数的估计：

$$
\begin{cases}
k_0 = \dfrac{1}{2}(\omega_{p2} + \omega_{p1}) - \omega_e \cos \varphi \\[2mm]
k_O = \dfrac{1}{2}(\omega_{p2} - \omega_{p1}) \\[2mm]
k_H = \dfrac{1}{2}(\omega_{p4} - \omega_{p3}) \\[2mm]
k_{HH} = \dfrac{1}{2}(\omega_{p3} + \omega_{p4}) - \dfrac{1}{2}(\omega_{p1} + \omega_{p2})
\end{cases}
\tag{4.5}
$$

同样也可以使用最小二乘方法估计各个系数。上述标定方案同样不能标定式(4.1)所示的陀螺仪的所有误差系数，因为部分误差系数在测量方程中不可观。对于式(4.1)所示陀螺仪误差模型，设计标定方案使得所有误差系数均可标定并不困难，例如将陀螺仪敏感轴设计为指天(竖直向上)或地(竖直向下)，然后绕敏感轴旋转，每隔 45° 确定一个标定位置，即可保证所有误差系数均可观。或者将陀螺仪敏感轴设计为指天向(竖直向上)偏东 45°，然后绕敏感轴

每隔 45°确定一个标定位置,同样可保证所有误差系数可观。

由于受标定设备所施加过载的限制,惯性仪表误差系数往往并不能只用同一种标定方式全部标定出来,往往需要多种标定方式发挥各自特点,给出高精度的标定结果。

4.1.2　惯性导航系统多位置标定方法

惯性导航系统的多位置标定原理与 4.1.1 节惯性仪表是相同的,只是惯性导航系统包含有多个惯性仪表,其数据处理上稍微复杂一下。惯性导航系统一般包含三个正交安装的陀螺仪与三个正交安装的加速度计,其构型参考图 3.10。各坐标系定义参考 3.2.3 节。

在当地地平坐标系下,则地球自转角速度矢量可表示为

$$\boldsymbol{\omega}_e = \begin{bmatrix} 0 & \omega_{e0}\cos\varphi & \omega_{e0}\sin\varphi \end{bmatrix}^{\mathrm{T}} \tag{4.6}$$

重力加速度矢量可表示为

$$\boldsymbol{g} = \begin{bmatrix} 0 & 0 & -g_0 \end{bmatrix}^{\mathrm{T}} \tag{4.7}$$

其中,g_0 为当地点重力加速度值。

对于实际使用的惯性导航系统,陀螺仪模型中一般不考虑式(4.1)中的二次项,为简单起见,假设陀螺仪误差模型为

$$\dot{\alpha}_{gi} = k_{g0i} + k_{g11i}f_{li} + k_{g12i}f_{Oi} + k_{g13i}f_{Hi} + e_{gi} \tag{4.8}$$

其中,$i = x, y, z$,分别对应 X、Y、Z 陀螺仪。加速度计误差模型为

$$\Delta Z_{ai} = k_{a0i} + (1 + k_{a1i})f_{li} + e_{ai} \tag{4.9}$$

其中,$i = x, y, z$,分别对应 X、Y、Z 加速度计,同时每个加速度计考虑两个安装误差,其定义见第 3 章。

对于陀螺仪而言,第 i($i = x, y, z$)个陀螺仪三轴上的比力信息为

$$\boldsymbol{f}_{gi} = \boldsymbol{C}_p^{gi} \cdot \boldsymbol{C}_n^p \cdot \boldsymbol{f}_n \tag{4.10}$$

其中,$\boldsymbol{C}_n^p$ 为当地地平坐标系至台体坐标系的坐标转换矩阵,该矩阵与具体的标定位置有关;$\boldsymbol{C}_p^{gi}$ 为台体坐标系至相应陀螺仪坐标系的坐标转换矩阵;$\boldsymbol{f}_n$ 为当地地平坐标系下的比力,与当地点重力加速度大小相等,方向相反:

$$\boldsymbol{f}_n = \begin{bmatrix} 0 & 0 & g_0 \end{bmatrix}^{\mathrm{T}} \tag{4.11}$$

第 i 个陀螺仪三轴上的地球角速度矢量为

$$\boldsymbol{\omega}_{egi} = \boldsymbol{C}_p^{gi} \cdot \boldsymbol{C}_n^p \cdot \boldsymbol{\omega}_e \tag{4.12}$$

根据图 3.10 所示惯性仪表的安装方式,台体系至三个陀螺仪坐标系的三个坐标转换矩阵分布为

$$\boldsymbol{C}_p^{gx} = \begin{bmatrix} 1 & 0 & 0 \\ 0 & 1 & 0 \\ 0 & 0 & 1 \end{bmatrix} \quad \boldsymbol{C}_p^{gy} = \begin{bmatrix} 0 & 1 & 0 \\ 1 & 0 & 0 \\ 0 & 0 & -1 \end{bmatrix} \quad \boldsymbol{C}_p^{gz} = \begin{bmatrix} 0 & 0 & 1 \\ 1 & 0 & 0 \\ 0 & 1 & 0 \end{bmatrix} \tag{4.13}$$

则陀螺仪输出可表示为

$$\begin{cases} Z_{gx} = k_{g0x} + k_{g11x} f_{px} + k_{g12x} f_{py} + k_{g13x} f_{pz} + \omega_{epx} + \varepsilon_{gx} \\ Z_{gy} = k_{g0y} + k_{g11y} f_{py} + k_{g12y} f_{px} - k_{g13y} f_{pz} + \omega_{epy} + \varepsilon_{gy} \\ Z_{gz} = k_{g0z} + k_{g11z} f_{pz} + k_{g12z} f_{px} + k_{g13z} f_{py} + \omega_{epz} + \varepsilon_{gz} \end{cases} \tag{4.14}$$

其中,f_{px}、f_{py}、f_{pz} 为台体坐标系中的比力:

$$\boldsymbol{f}_p = \begin{bmatrix} f_{px} \\ f_{py} \\ f_{pz} \end{bmatrix} = \boldsymbol{C}_n^p \cdot \boldsymbol{f}_n = \boldsymbol{C}_n^p \begin{bmatrix} 0 \\ 0 \\ g_0 \end{bmatrix} \tag{4.15}$$

所以,在标定方案确定后,具体标定位置组合即可确定,相应各个标定位置下的坐标转换矩阵 $\boldsymbol{C}_n^p$ 也就确定了,台体坐标系中的比力矢量 $\boldsymbol{f}_p$ 也就可以求得。

第 i 个加速度计三轴上的比力为

$$\boldsymbol{f}_{ai} = \boldsymbol{C}_p^{ai} \cdot \boldsymbol{C}_n^p \cdot \boldsymbol{f}_n \tag{4.16}$$

由于加速度计定义了安装误差,则三个坐标转换矩阵分别为

$$\boldsymbol{C}_p^{ax} = \boldsymbol{M}_3(\theta_{px}) \boldsymbol{M}_2(\theta_{ox}) = \begin{bmatrix} 1 & \theta_{px} & -\theta_{ox} \\ -\theta_{px} & 1 & 0 \\ \theta_{ox} & 0 & 1 \end{bmatrix} \tag{4.17}$$

$$\boldsymbol{C}_p^{ay} = \boldsymbol{M}_1(\pi) \boldsymbol{M}_3(\pi/2) \boldsymbol{M}_1(\theta_{py}) \boldsymbol{M}_3(\theta_{oy}) = \begin{bmatrix} -\theta_{oy} & 1 & \theta_{py} \\ 1 & \theta_{oy} & 0 \\ 0 & \theta_{py} & -1 \end{bmatrix} \tag{4.18}$$

$$C_p^{az} = M_1(-\pi/2)M_2(-\pi/2)M_2(\theta_{pz})M_1(\theta_{oz}) = \begin{bmatrix} \theta_{pz} & -\theta_{oz} & 1 \\ 1 & 0 & -\theta_{pz} \\ 0 & 1 & \theta_{oz} \end{bmatrix}$$

(4.19)

则 X 加速度计三轴比力为

$$f_{ax} = C_p^{ax} \cdot C_n^p f_n = C_p^{ax} \cdot f_p = \begin{bmatrix} f_{px} \\ f_{py} \\ f_{pz} \end{bmatrix} + \begin{bmatrix} \theta_{px}f_{py} - \theta_{ox}f_{pz} \\ -\theta_{px}f_{px} \\ \theta_{ox}f_{px} \end{bmatrix}$$

(4.20)

Y 加速度计三轴比力为

$$f_{ay} = C_p^{ay} \cdot C_n^p f_n = C_p^{ay} \cdot f_p = \begin{bmatrix} f_{py} \\ f_{px} \\ -f_{pz} \end{bmatrix} + \begin{bmatrix} \theta_{py}f_{pz} - \theta_{oy}f_{px} \\ \theta_{oy}f_{py} \\ \theta_{py}f_{py} \end{bmatrix}$$

(4.21)

Z 加速度计三轴比力为

$$f_{az} = C_p^{az} \cdot C_n^p f_n = C_p^{az} \cdot f_p = \begin{bmatrix} f_{pz} \\ f_{px} \\ f_{py} \end{bmatrix} + \begin{bmatrix} \theta_{pz}f_{px} - \theta_{oz}f_{py} \\ -\theta_{pz}f_{pz} \\ \theta_{oz}f_{pz} \end{bmatrix}$$

(4.22)

则根据加速度计的误差模型及安装误差,可得到三个加速度计的输出方程分别为

$$\begin{cases} Z_{ax} = f_{px} + k_{a0x} + k_{a1x}f_{px} + \theta_{px}f_{py} - \theta_{ox}f_{pz} + e_{ax} \\ Z_{ay} = f_{py} + k_{a0y} + k_{a1y}f_{py} + \theta_{py}f_{pz} - \theta_{oy}f_{px} + e_{ay} \\ Z_{az} = f_{pz} + k_{a0z} + k_{a1z}f_{pz} + \theta_{pz}f_{px} - \theta_{oz}f_{py} + e_{az} \end{cases}$$

(4.23)

式(4.14)与式(4.23)给出了基于台体坐标系下比力的陀螺仪和加速度计的输出方程,在不同标定位置下,重力加速度在台体坐标系三轴方向上的分量均不相同,相应的比力也不相同,当标定位置确定后,相应比力是容易得到的。

从式(4.14)与式(4.23)可以看出,在每个标定位置下,每一个陀螺仪与加速度计均可列出一个输出方程,每个陀螺仪输出方程或加速度计输出方程中均包含 4 个未知数,因此,理论上标定位置至少需要 4 个才能估计出所有误差系数。由于输出方程均是线性方程,利用最小二乘方法即可得到误差系数的估计值。

标定方案的设计需要保证每个待估计误差系数均可观测，同时方便三轴转台旋转，节省标定时间。对于一个 n 位置标定方案，每个陀螺仪和加速度计分别可写出 n 个输出方程，将 n 个输出方程组合在一起，采用最小二乘方法即可得到相应误差系数的估计，每个陀螺仪与加速度计均进行同样计算，即可得到惯性导航系统所有误差系数的标定结果。

基于精密转台的多位置标定方法技术成熟、标定精度高，应用非常广泛，但是也有一些缺点：

（1）相对于飞行器实际飞行过程，误差系数的激励（比力）小，不超过当地点重力加速度值，无法有效激发高阶项误差系数。

（2）标定过程以三轴精密转台为主要设备，该设备建造成本与使用要求高，需要有固定底座与厂房。

4.1.3　MEMS 陀螺仪标定

对于 MEMS 陀螺仪与光纤陀螺仪而言，其误差模型与仪表所受过载无关，与输入角速度有关，根据式（3.27），MEMS 陀螺仪误差模型主要考虑零偏、刻度因子误差。MEMS 陀螺仪标定过程中，精密转台的作用是提供精确的角速度输入，转台输入角速度、陀螺仪测量角速度形成输入-输出数据对，然后利用线性模型进行参数估计，得到陀螺仪零偏与刻度因子误差。

4.2　模标定技术

从 4.1 节中可以看到，惯性导航系统的标定主要是通过对比测量量（陀螺仪与加速度计输出量）与基准量（重力加速度三分量、地球自转角速度三分量等），获得误差系数的估计。在标定中，基准量是必不可少的，基于三轴转台的标定方法是利用三轴精密转台在三维空间中的精确指向得到了准确的重力加速度三分量、地球自转角速度三分量。实际上，重力加速度矢量模值、地球自转角速度矢量的模值也是精确已知，同样可以作为标定过程中的基准量。

模标定技术就是基于某一确定矢量（如当地重力矢量）其模值在惯性空间内保持不变的特性，以多个任意静态位置下加速度计或陀螺仪的输出为观测量，由相应的标定算法，获得惯性仪表的部分误差系数的标定。对于一个任意正交坐标系 b，无论其三轴指向如何，重力加速度三分量始终满足

$$\| \boldsymbol{f}_p \|^2 = (f_{px} + f_{py} + f_{pz})^2 = g_0^2 \tag{4.24}$$

其中，f_{px}、f_{py}、f_{pz} 分别为比力 $\boldsymbol{f}_p$ 在惯导系统台体系三个方向的分量。从式 (4.24) 可以看出，无论三分量 f_{px}、f_{py}、f_{pz} 的准确值是多少，其模值都是准确已知的，所以模标定方法可以摆脱三轴精密转台等大型标定设备。

4.2.1　加速度计模标定原理

假设某惯性导航系统包含三个正交安装的陀螺仪与三个正交安装的加速度计，先考虑三个加速度计的标定。每个加速度计考虑零偏、刻度因子误差，三个加速度计的安装误差按照 3.2.3.2 节定义，共 3 个安装误差，这样三个加速度计共 9 项误差系数。

在不考虑加速度计漂移、安装误差的理想条件下，三个加速度计的输出可组成矢量：

$$\boldsymbol{Z}_a = \begin{bmatrix} Z_{ax} & Z_{ay} & Z_{az} \end{bmatrix}^{\mathrm{T}} \tag{4.25}$$

当仅考虑加速度计零偏误差时，三轴加速度计的输出为

$$\boldsymbol{Z}_a = \begin{bmatrix} Z_{ax} \\ Z_{ay} \\ Z_{az} \end{bmatrix} = \begin{bmatrix} f_{px} \\ f_{py} \\ f_{pz} \end{bmatrix} + \begin{bmatrix} k_{a0x} \\ k_{a0y} \\ k_{a0z} \end{bmatrix} \stackrel{\triangle}{=} \boldsymbol{f}_p + \boldsymbol{k}_{a0} \tag{4.26}$$

其中，$\boldsymbol{k}_{0a}$ 表示三个加速度的零偏误差；$\boldsymbol{f}_p$ 表示惯性导航系统台体坐标系中的比力矢量，其与重力加速度矢量的关系为

$$\boldsymbol{f}_p = -\boldsymbol{g} \tag{4.27}$$

当仅考虑刻度因子时，三轴加速度计输出为

$$\boldsymbol{Z}_a = \begin{bmatrix} Z_{ax} \\ Z_{ay} \\ Z_{az} \end{bmatrix} = \begin{bmatrix} k_{a1x} + 1 & 0 & 0 \\ 0 & k_{a1y} + 1 & 0 \\ 0 & 0 & k_{a1z} + 1 \end{bmatrix} \begin{bmatrix} f_{px} \\ f_{py} \\ f_{pz} \end{bmatrix} \stackrel{\triangle}{=} \boldsymbol{S}_1 \boldsymbol{f}_p \tag{4.28}$$

其中，$\boldsymbol{S}_1 = \begin{bmatrix} k_{a1x} + 1 & 0 & 0 \\ 0 & k_{1ay} + 1 & 0 \\ 0 & 0 & k_{a1z} + 1 \end{bmatrix}$；$k_{a1x}$、$k_{a1y}$、$k_{a1z}$ 分别表示三个加速度计的刻度因子误差。

由于制造工艺水平的限制,三个加速度计的敏感轴不能保证两两相互正交,存在安装误差,根据式(3.38),当仅考虑加速度计非正交安装误差时,三个加速度计测量输出为

$$\boldsymbol{Z}_a = \begin{bmatrix} Z_{ax} \\ Z_{ay} \\ Z_{az} \end{bmatrix} = \begin{bmatrix} 1 & 0 & 0 \\ \theta_y & 1 & 0 \\ \theta_{xz} & -\theta_{yz} & 1 \end{bmatrix} \begin{bmatrix} f_{px} \\ f_{py} \\ f_{pz} \end{bmatrix} \triangleq \boldsymbol{P}_a \boldsymbol{f}_p \tag{4.29}$$

其中,$\boldsymbol{P}_a$ 表示由三个非正交安装误差角 θ_y、θ_{xz}、θ_{yz} 组成的下三角矩阵。

综上所述,当考虑零偏、刻度因子误差、非正交误差、测量噪声等误差因素时,三个加速度计的测量输出可写成

$$\boldsymbol{Z}_a = \begin{bmatrix} k_{a1x}+1 & 0 & 0 \\ 0 & k_{a1y}+1 & 0 \\ 0 & 0 & k_{a1z}+1 \end{bmatrix} \begin{bmatrix} 1 & 0 & 0 \\ \theta_y & 1 & 0 \\ \theta_{zx} & -\theta_{zy} & 1 \end{bmatrix} \begin{bmatrix} f_{px} \\ f_{py} \\ f_{pz} \end{bmatrix} + \begin{bmatrix} k_{a0x} \\ k_{a0y} \\ k_{a0z} \end{bmatrix} + \begin{bmatrix} \varepsilon_{ax} \\ \varepsilon_{ay} \\ \varepsilon_{az} \end{bmatrix}$$

$$\triangleq \boldsymbol{S}_1 \boldsymbol{P}_a \boldsymbol{f}_p + \boldsymbol{k}_{0a} + \boldsymbol{\varepsilon}_a \tag{4.30}$$

其中,$\boldsymbol{\varepsilon}_a = \begin{bmatrix} \varepsilon_{ax} & \varepsilon_{ay} & \varepsilon_{az} \end{bmatrix}^{\mathrm{T}}$ 为加速度计测量噪声,为零均值高斯白噪声。式(4.30)改写成矢量形式:

$$\boldsymbol{Z}_a = \boldsymbol{S}_1 \boldsymbol{P}_a \boldsymbol{f}_p + \boldsymbol{k}_{0a} + \boldsymbol{\varepsilon}_a \tag{4.31}$$

忽略由于误差系数相乘形成的二阶小量,式(4.31)可进一步简化为

$$\boldsymbol{Z}_a = \boldsymbol{K}_a \boldsymbol{f}_p + \boldsymbol{k}_{0a} + \boldsymbol{\varepsilon}_a \tag{4.32}$$

其中,

$$\boldsymbol{K}_a = \begin{bmatrix} k_{a1x}+1 & 0 & 0 \\ \theta_y & k_{a1y}+1 & 0 \\ \theta_{zx} & -\theta_{zy} & k_{a1z}+1 \end{bmatrix} \tag{4.33}$$

式(4.32)即为三个加速度计输出方程的另一种表示方式。

地球上任意一点重力矢量大小在短时间内具有不变性。故三个正交安装加速度计在任意位置上输出量的模值在理论上应该与当地重力矢量大小相等。但是,由于加速度计各项漂移误差与测量噪声的影响,使得不同静态位置下加速度计输出的比力大小不一致。根据式(4.32),可得

$$f_p = K_a^{-1}(Z_a - k_{a0} - \varepsilon_a) \tag{4.34}$$

在不同静态位置条件下,f_p 均满足式(4.24)。将式(4.34)代入式(4.24),有

$$\| K_a^{-1}(Z_a - k_{a0} - \varepsilon_a) \| = g_0 \tag{4.35}$$

式(4.35)中并不包含重力加速度矢量f^b 或其分量,只包含加速度计输出量、误差系数及测量噪声,无论惯性导航系统处于何种姿态(标定位置),内部三个正交加速度计的输出总满足式(4.35)。因此只要当地重力加速度的大小是已知的,在任意一种位置之下,均可以构建满足式(4.35)的一个测量方程。

与基于三轴精密转台的多位置标定方法不同,式(4.35)是一个非线性方程,而且每一个标定位置下三个加速度计只能列写一个测量方程。上述非线性方程可使用牛顿迭代法求解,也可使用 4.2.2 节所示的方法求解。

4.2.2 加速度计标定算法

为推导方便,定义

$$K_{a'} = \begin{bmatrix} k_{a1x} + 1 & 0 & 0 \\ \theta_y & k_{a1y} + 1 & 0 \\ \theta_{zx} & -\theta_{zy} & k_{a1z} + 1 \end{bmatrix}^{-1} \triangleq \begin{bmatrix} K_{a'11} & 0 & 0 \\ K_{a'21} & K_{a'22} & 0 \\ K_{a'31} & K_{a'32} & K_{a'33} \end{bmatrix} \tag{4.36}$$

$$k_{a'0} = \begin{bmatrix} k_{a1x} + 1 & 0 & 0 \\ \theta_y & k_{a1y} + 1 & 0 \\ \theta_{zx} & -\theta_{zy} & k_{a1z} + 1 \end{bmatrix}^{-1} \begin{bmatrix} k_{a0x} \\ k_{a0y} \\ k_{a0z} \end{bmatrix} \triangleq \begin{bmatrix} k_{a'0x} \\ k_{a'0y} \\ k_{a'0z} \end{bmatrix} \tag{4.37}$$

$$\varepsilon_{a'} = \begin{bmatrix} k_{a1x} + 1 & 0 & 0 \\ \theta_y & k_{a1y} + 1 & 0 \\ \theta_{zx} & -\theta_{zy} & k_{a1z} + 1 \end{bmatrix}^{-1} \begin{bmatrix} \varepsilon_{ax} \\ \varepsilon_{ay} \\ \varepsilon_{az} \end{bmatrix} \triangleq \begin{bmatrix} \varepsilon_{a'x} \\ \varepsilon_{a'y} \\ \varepsilon_{a'z} \end{bmatrix} \tag{4.38}$$

式(4.34)可改写为

$$f_p = (K_a)^{-1}Z_a - (K_a)^{-1}k_{a0} - (K_a)^{-1}\varepsilon_a \tag{4.39}$$

将式(4.39)两边同时求模,得

$$(K_{a'}Z_a + k_{a'0} + \varepsilon_{a'})^{\mathrm{T}}(K_{a'}Z_a + k_{a'0} + \varepsilon_{a'}) = g_0^2 \tag{4.40}$$

将式(4.40)展开,忽略测量噪声有

$$\boldsymbol{h}_Z \boldsymbol{c}_k^{\mathrm{T}} + \left[(k_{a'0x})^2 + (k_{a'0y})^2 + (k_{a'0z})^2 \right] = g_0^2 \tag{4.41}$$

其中，$\boldsymbol{h}_Z = [Z_{ax}^2 \quad Z_{ay}^2 \quad Z_{az}^2 \quad 2Z_{ax}Z_{ay} \quad 2Z_{ax}Z_{az} \quad 2Z_{ay}Z_{az} \quad 2Z_{ax} \quad 2Z_{ay} \quad 2Z_{az}]$；系数矩阵 $\boldsymbol{c}_k = [k_1 \quad k_2 \quad k_3 \quad k_4 \quad k_5 \quad k_6 \quad k_7 \quad k_8 \quad k_9]^{\mathrm{T}}$，各系数定义如下：

$$
\begin{array}{lll}
k_1 = K_{a'11}^2 + K_{a'21}^2 + K_{a'31}^2 & k_2 = K_{a'22}^2 + K_{a'32}^2 & k_3 = K_{a'33}^2 \\
k_4 = K_{a'21} + K_{a'31}K_{a'32} & k_5 = K_{a'31}K_{a'33} & k_6 = K_{a'32}K_{a'33} \\
k_7 = K_{a'11}k_{0a'x} + K_{a'21}k_{0a'y} + K_{a'33}k_{0a'z} & k_8 = K_{a'22}k_{0a'y} + K_{a'32}k_{0a'z} & k_9 = K_{a'33}k_{0a'z}
\end{array}
\tag{4.42}
$$

式（4.41）是一个标量方程，在一个标定位置之下，三个加速度计输出量及误差系数满足该方程。在 n 个标定位置下，共有 n 个方程满足式（4.41）。标定时当地点的重力加速度模值是不变的，即在 n 个方程中式（4.41）的右端为常值。令

$$\lambda^2 = \frac{g_0^2}{g_0^2 - (k_{a'0x}^2 + k_{a'0y}^2 + k_{a'0z}^2)} \tag{4.43}$$

方程（4.41）可写为

$$\boldsymbol{h}_Z (\lambda^2 \boldsymbol{c}_k)^{\mathrm{T}} = g_0^2 \tag{4.44}$$

在 n 个标定位置下，将 n 个测量方程组合在一起，可得

$$\boldsymbol{H}_Z (\lambda^2 \boldsymbol{c}_k)^{\mathrm{T}} = g^2 \boldsymbol{I}_{n \times 1} \tag{4.45}$$

其中，$\boldsymbol{I}_{n \times 1} = [1 \quad \cdots \quad 1]^{\mathrm{T}}$，$\boldsymbol{H}_Z$ 为由加速度计输出构成的观测矩阵，即

$$
\boldsymbol{H}_Z = \begin{bmatrix}
(Z_{ax}^2)_1 & (Z_{ay}^2)_1 & (Z_{az}^2)_1 & 2(Z_{ax}Z_{ay})_1 & 2(Z_{ax}Z_{az})_1 & 2(Z_{ay}Z_{az})_1 & 2(Z_{ax})_1 & 2(Z_{ay})_1 & 2(Z_{az})_1 \\
(Z_{ax}^2)_2 & (Z_{ay}^2)_2 & (Z_{az}^2)_2 & 2(Z_{ax}Z_{ay})_2 & 2(Z_{ax}Z_{az})_2 & 2(Z_{ay}Z_{az})_2 & 2(Z_{ax})_2 & 2(Z_{ay})_2 & 2(Z_{az})_2 \\
\vdots & \vdots & \vdots & \vdots & \vdots & \vdots & \vdots & \vdots & \vdots \\
(Z_{ax}^2)_n & (Z_{ay}^2)_n & (Z_{az}^2)_n & 2(Z_{ax}Z_{ay})_n & 2(Z_{ax}Z_{az})_n & 2(Z_{ay}Z_{az})_n & 2(Z_{ax})_n & 2(Z_{ay})_n & 2(Z_{az})_n
\end{bmatrix}
\tag{4.46}
$$

可以证明，在足够多的静态测量位置下能够保证三个加速度计输出组成的矩阵 $\boldsymbol{H}_Z$ 列满秩。定义变量 $\boldsymbol{t}$ 为

$$\boldsymbol{t} = \lambda^2 \boldsymbol{c}_k \tag{4.47}$$

由最小二乘方法可以计算 $\boldsymbol{t}$：

$$\hat{t} = (\boldsymbol{H}_Z^{\mathrm{T}} \boldsymbol{H}_Z)^{-1} \boldsymbol{H}_Z^{\mathrm{T}} \boldsymbol{I}_{n \times 1} g_0^2 \tag{4.48}$$

由式(4.48)计算得到的是 $\lambda^2 c_k$ 的估计,还需要进一步估计加速度计误差系数。结合式(4.42)易知式(4.48)的估计结果是将误差系数矩阵 $\boldsymbol{K}_{a'}$、$\boldsymbol{k}_{a'0}$ 放大了 λ 倍,直接根据 $\hat{t}$ 计算放大 λ 倍的 $\boldsymbol{K}_{a'}$、$\boldsymbol{k}_{a'0}$,代入式(4.40),可得到 λ 估计值:

$$\hat{\lambda} = \frac{|\lambda \boldsymbol{K}_{a'} \boldsymbol{Z}_a + \lambda \boldsymbol{k}_{a'0}|}{g_0} \tag{4.49}$$

根据 $\hat{t}$ 得到的放大 λ 倍的 $\boldsymbol{K}_{a'}$、$\boldsymbol{k}_{a'0}$ 值计算其估计值。总结上述推导过程,三轴加速度计模标定算法流程如下:

(1)首先采集三个加速度计测量系统在多个静态位置下的输出,求取每个位置下输出的平均值,利用式(4.46)计算观测矩阵 $\boldsymbol{H}_Z$;

(2)根据式(4.48)计算 $\hat{t}$;

(3)根据 $\hat{t}$ 由式(4.42)计算 $\lambda \boldsymbol{K}_{a'}$ 和 $\lambda \boldsymbol{k}_{a'0}$;

(4)根据式(4.49)和上一步计算的结果,计算出 $\hat{\lambda}$;

(5)再根据 $\hat{t}$ 的值计算加速度计误差系数矩阵 $\boldsymbol{K}_{a'}$ 与 $\boldsymbol{k}_{a'0}$。

与传统的牛顿迭代算法不同,该算法不需要事先给定初值,避免了因初值给定不合适而引起计算精度太低或计算发散问题。

4.2.3　模标定方法试验验证

选择某型捷联惯性系统中的三轴加速度计作为标定对象,加速度计标称精度指标为:零偏稳定性为 1 mg,刻度因子误差为 300 ppm①。采用一种 18 位置标定方案确定三轴加速度计零偏、刻度因子误差及非正交安装误差,该标定方案已经过仿真验证,合理可行。标定过程在一个普通桌面上完成,除必要的电源、电缆及数据采集设备外,没有其他辅助设备。由于试验过程中没有姿态基准及支撑台架,位置设计时需考虑以下两个问题:

(1)按照待测设备坐标轴定义,Z 轴负向是数据电缆接口,所以 Z 轴正向只能在水平面或水平面以下,在没有其他设备提供姿态或支撑的条件下,难以满足 Z 轴方向竖直向上或在水平面内以上;

(2)系统姿态角只能为 ±90°、±45°(±135°)、0° 的组合,其中只能有一个姿态角为 45° 左右。这是由于系统成长方体结构,在完全没有姿态基准和支撑设

---

①　1 ppm = 10^{-6}。

备的条件下，只能保证有一个姿态角为45°左右。

根据待测对象及试验要求，一种18位置模标定方案见表4.3。

表4.3 一种18位置模标定方案

位置序号	姿态描述	位置序号	姿态描述	位置序号	姿态描述
1	$(0°, 0°, 0°)$	7	$(0°, -45°, 0°)$	13	$(0°, 45°, 90°)$
2	$(0°, 90°, 0°)$	8	$(0°, -90°, -45°)$	14	$(45°, 0°, 0°)$
3	$(0°, -90°, -90°)$	9	$(0°, -90°, -135°)$	15	$(-45°, 0°, 0°)$
4	$(0°, -90°, 0°)$	10	$(0°, -90°, 135°)$	16	$(0°, 0°, 45°)$
5	$(0°, -90°, 90°)$	11	$(0°, -90°, 45°)$	17	$(0°, 0°, 135°)$
6	$(0°, 45°, 0°)$	12	$(0°, -45°, 90°)$	18	$(0°, 0°, -45°)$

表4.3中姿态描述栏中的三个角度分别表示绕相应轴的欧拉角，例如位置3表示先绕Y轴旋转$-90°$，再绕Z轴旋转$-90°$。其中的转动角度并不需要精确的转动，只是大致角度，实际上，试验中将惯性系统任一面平放于桌面上即为$90°$或$-90°$，而$\pm45°$（$\pm135°$）将惯性系统倾斜放置即可，如图4.4所示，图中即为一个标定位置，试验过程中手动放置惯性系统满足某个空间姿态。

图4.4 模标定位置示意图

采集每个位置下加速度计输出值，求平均值，计算加速度计误差系数，计算结果见表4.4。

表 4.4　加速度计模标定结果

系　数		标定结果	系　数		标定结果	系数 3		标定结果
零偏/g	k_{0ax}	0.000 84	刻度因子误差/ppm	k_{1ax}	203.67	安装误差/(°)	θ_y	0.049 2
	k_{0ay}	0.000 63		k_{1ay}	77.00		θ_{xz}	0.010 3
	k_{0az}	0.001 12		k_{1az}	93.04		θ_{yz}	−0.102

从表 4.4 中可以看出加速度计零偏在 0.001g 左右,刻度因子误差小于 300 ppm,非正交误差角小于 0.2°,与产品性能指标一致。

模标定方法不再需要外界设备提供相应的基准信息,仅需要改变三轴加速度计指向即可,相比传统的标定方法而言,模标定方法不依赖外部精密仪器设备,降低了试验成本,缩短标定时间,特别适合野外无试验设备支持情况下的标定。同时模标定方法也有一些固有缺点,标定对象需具有三轴正交构型,可标定误差系数有限,不能标定高阶项误差、正交安装误差等,对于陀螺仪标定效果不佳。

4.3　惯性导航系统其他地面测试标定方法

导弹的实际飞行环境非常复杂,包括大过载、振动、温度变化等,其误差表现形式与地面状态相差很大,特别是大过载影响下高阶项误差会得到比较充分的激励,无论是前面介绍的基于精密转台的标定方法,还是模标定方法,误差系数的激励主要是地球重力场,高阶项不能得到有效激励,实际上对于高阶项误差的测试与标定是惯性导航系统测试应用领域中的重要问题之一。目前对于惯性导航系统大过载条件下的测试标定方法主要有离心机试验、火箭撬试验、振动台试验、弹载飞行试验等。

4.3.1　精密离心机试验

离心机是一种可高速旋转、提供比较大的向心力的试验设备,在很多领域都有应用,例如医院就使用离心机进行血常规检查。由于惯性导航系统本身是比较精密的仪器设备,要对其进行测试标定,必须使用更为精密的设备,因此用于惯性系统标定的离心机精度一般都非常高。4.1 节已经提到,惯性导航系统标定需要有已知的精确基准量或输入量,精密离心机的主要作用就是提供精确的向心过载,图 4.5 为一种精密离心机。

图 4.5 一种精密离心机

精密离心机旋转时的向心加速度可表示为

$$a = \omega_0^2 R \tag{4.50}$$

其中,ω_0 为离心机自转角速度;R 为试验对象中心至离心机转轴的向心距。表 4.5 给出了离心机不同转速及向心距下的向心加速度与载荷位置的线速度。

表 4.5 不同转速及向心距下的向心加速度

自转角速度	向心距 R	向心加速度	载荷线速度	自转角速度	向心距 R	向心加速度	载荷线速度
1 rad/s	1 m	$0.1g$	1 m/s	6.28 rad/s	1 m	$3.94g$	6.28 m/s
1 rad/s	5 m	$0.5g$	5 m/s	6.28 rad/s	5 m	$19.7g$	31.5 m/s
2 rad/s	1 m	$0.4g$	2 m/s	2 r/s	1 m	$15.8g$	12.56 m/s
2 rad/s	5 m	$2.0g$	10 m/s	2 r/s	5 m	$78.9g$	157 m/s

从表 4.5 可以看出,要产生比较大的加速度,离心机半径及转速都比较大。一般而言,用于惯性导航系统测试标定的精密离心机最大向心加速度大于 $50g$,最小向心加速度小于 $0.5g$,而向心加速度的不确定度小于 10^{-5},其性能要求非常高。

精密离心机所施加的加速度是作为离心机测试中的输入基准量,这个输入基准量目前主要根据理论公式计算得到,所以要求自转角速度与向心距能精确获得,这是精密离心机设备研制最大的困难。

4.3.1.1　精密离心机向心加速度不确定性分析

从式(4.50)可以看出,向心加速度与向心距及旋转角速度有关。影响精密离心机向心距的因素非常多,主要包括静态条件下离心机大臂(向心距)测量的不准确、旋转动态条件下离心机大臂(向心距)的拉伸形变、旋转轴的动态变化、安装负载后离心机大臂的弯曲等,向心距的变化直接会导致向心加速度的变化。

对式(4.50)中的向心距取变分,则相应的向心加速度偏差为

$$\delta a = \delta R \cdot \omega_0^2 \tag{4.51}$$

假设离心机转速为 5 rad/s,向心距变化 1 mm,产生的加速度偏差为 $\delta a = 0.025 \text{ m/s}^2$,该加速度偏差已远大于常规石英加速度计的精度水平,对于精密离心机而言,这一向心距测量误差是无法接受的。其相对误差为

$$\frac{\delta R}{R} = \frac{\delta a}{a} \tag{4.52}$$

可以看出,如果要求向心加速度相对误差优于 10^{-6},向心距相对误差也要优于 10^{-6},如果向心距 1 m,则其绝对误差需小于 1 μm。离心机在旋转时产生的向心力会导致离心机向心距发生变化,难以事先确定,目前主要利用激光实时测量的方法得到向心距。

对式(4.50)中的旋转角速度取变分,则相应的向心加速度偏差为

$$\delta a = 2\omega_0 R \delta \omega_0 \tag{4.53}$$

假设离心机角速度为 5 rad/s,离心机向心距 1 m,角速度误差为 10^{-5} rad/s (约 2.06″/s),其导致的向心加速度误差为 $\delta a = 0.0001 \text{ m/s}^2$。其相对误差为

$$\frac{\delta \omega_0}{\omega_0} = \frac{\delta a}{2a} \tag{4.54}$$

如果要求向心加速度相对误差小于 10^{-6},离心机旋转角速度相对误差要求在 5×10^{-7} 以内,如果角速度为 5 rad/s,则角速度绝对精度需优于 2.5×10^{-6} rad/s (约 0.5″/s)。可以看出,精密离心机对于旋转速度的稳定性要求很高,对于离心机这类大型精密设备而言,实现如此高精度的角速度控制是非常困难的,目

前主要利用光栅技术实时测量离心机的旋转角速度。

当精确获得了离心机向心距与旋转角速度后,向心加速度即能根据公式(4.50)计算得到,虽然向心加速度的方向在离心机旋转平面内呈周期性变化,但由于旋转角速度可以精确测量,所以向心加速度的方向是准确已知的。所以离心机试验中的过载包括重力加速度与向心加速度都是准确已知的输入量,理论上可以作为惯性仪表误差系数标定的输入基准量。

离心机试验误差包括三类:半径不确定性误差、角速度不确定性误差与对准不确定性误差。半径不确定性误差来源主要包括以下几部分。

(1)静态半径测量不准确。

静态半径是指静止状态下从离心机转臂旋转中心到被测器件有效质量中心的距离。静态半径的测量需要知道离心机主轴旋转中心的位置、被测器件有效质量中心相对于安装基准面的位置以及这些位置之间所有机械构件的尺寸和相互关系,包括试验夹具,实际上,静态半径的准确测量并不简单。

(2)由旋转引起的旋转半径变化。

离心机工作时,转臂受到负载作用会产生形变,形变量的大小与离心机的向心加速度大小成正比。此外,离心机在旋转时,旋转中心也会发生变化,同样会改变旋转半径的长度。

(3)外界环境因素变化引起的旋转半径变化。

外径环境变化引起的旋转半径变化,例如离心机工作时的温度变化会造成转臂热膨胀,使旋转半径发生变化。

各种因素引起的半径不确定性误差可以综合考虑,用式(4.55)来衡量半径不确定性的大小:

$$r_R = \left| \frac{\delta R}{R} \right| \tag{4.55}$$

角速度不确定性误差主要包括两方面,一是周期性角速度误差,形式为 $\delta\omega_1 = \omega_p \sin(2\pi f_w t + \phi)$,其中 ω_p 表示角速度周期性变化的幅值,f_w 表示角速度周期性变化的频率,ϕ 表示相位角。二是与时间相关的线性漂移,形式为 $\delta\omega_2 = k\omega_0 t$,其中 k 表示角速度的漂移率(rad/s),ω_0 表示预设的角速度,t 为时间。与半径不确定性误差类似,利用式(4.56)来衡量角速度不确定性误差:

$$r_\omega = \left| \frac{\delta\omega_1 + \delta\omega_2}{\omega_0} \right| \tag{4.56}$$

其中，$\delta\omega$ 表示各种因素综合作用下的角速度误差。

对准不确定性误差主要指惯性仪表敏感轴与离心机旋转轴、转臂、重力矢量之间的相互关系跟试验中的理想值不一致，这种不对准误差会影响向心加速度的计算，影响误差系数辨识精度。

4.3.1.2　带反转台离心机

从表 4.5 可以看出，离心机要提供较大的向心加速度，其旋转角速度都比较快，超过了许多陀螺仪量程或者平台式系统框架轴的响应速度，导致设备无法正常工作，无法进行离心机试验。一种常见做法是在离心机载荷位置安装反转台，当离心机旋转时，反转台以大小相等、方向相反的角速度同步旋转，如图 4.6 所示。

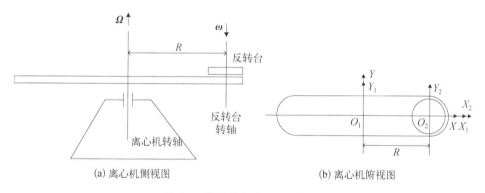

(a) 离心机侧视图　　　　　　　　(b) 离心机俯视图

图 4.6　带反转台离心机示意图

其中，图 4.6(a) 为离心机侧视图，给出了反转台的相对位置，图 4.6(b) 为离心机俯视图，XO_1Y 与离心机基座固联，$X_1O_1Y_1$ 与离心机大臂固联，$X_2O_2Y_2$ 与反转平台固联。Ω 为离心机旋转角速度，ω 为反转台旋转角速度，两者大小相等，方向相反，即

$$\omega + \Omega = 0 \tag{4.57}$$

试验时惯性导航系统放置在 O_2 处，该处的角速度为零。理论上离心机旋转角速度与反转台旋转角速度均为恒定值。O_2 处的向心加速度可表示为

$$a_{O_2} = a_e + a_r + a_c \tag{4.58}$$

其中，牵连加速度 a_e 为

$$a_e = \frac{\mathrm{d}\Omega}{\mathrm{d}t} \times R + \Omega \times (\Omega \times \Omega) = \Omega \times (\Omega \times R) \tag{4.59}$$

待测设备质心位于 O_2 点，$r = 0$，相对加速度为

$$a_r = \frac{\mathrm{d}\boldsymbol{\omega}}{\mathrm{d}t} \times \boldsymbol{r} + \boldsymbol{\omega} \times (\boldsymbol{\omega} \times \boldsymbol{r}) = \boldsymbol{\omega} \times (\boldsymbol{\omega} \times \boldsymbol{r}) = 0 \qquad (4.60)$$

V_r 为反转平台 O_2 点相对于大臂的相对速度：

$$V_r = \boldsymbol{\omega} \times \boldsymbol{r} = 0 \qquad (4.61)$$

所以哥氏加速度为

$$a_c = 2\boldsymbol{\Omega} \times V_r = 0 \qquad (4.62)$$

所以 O_2 处相对于地面基座固定坐标系的加速度为

$$a_a = \boldsymbol{\Omega} \times (\boldsymbol{\Omega} \times \boldsymbol{R}) \qquad (4.63)$$

可见加反转台后离心机向心加速度与不加反转台时是相同的。

精密离心机的主要特点是能够提供大过载下的向心加速度，能够充分激励惯性系统的高阶项误差，离心机试验用于误差系数的标定主要采用 Kalman 滤波技术辨识误差系数，感兴趣的读者可参考相关文献。

4.3.2 火箭橇试验

火箭橇是利用火箭发动机作动力在特定轨道上模拟载体实际飞行的大过载环境，并辅以时间、速度、位置等精确测试手段，测试惯性导航系统性能。火箭橇试验是介于实验室试验和飞行试验之间的一种"地面飞行试验"，是现有地面试验中最为逼真地模拟导弹助推的一种试验，而且可以重复进行。火箭橇试验可使惯性系统受到最大超过 $8g$ 的加速度和 $15g$ 的振动，最大马赫数超过 10，这样的力学环境有利于激励加速度计与陀螺仪的非线性误差与高阶项误差。

本质上火箭橇是一种大型精密试验设备，轨道长度一般在数千米至十几千米，而且必须保证平直。由于轨道长度有限，而火箭橇速度很大，大过载条件下的试验时间比较短，惯性系统误差积累有限，所以对火箭橇外测设备精度要求很高，例如，速度测量精度一般优于 10^{-5} m/s，距离测量精度优于 1 cm。图 4.7 为某火箭橇试验场俯瞰图。

根据试验对象特点，火箭橇试验需经历静止、加速、气动减速、水闸减速、滑行等过程。一般过程如下：T_0 时刻进入试验状态，使待测对象保持时间稳定至 T_1 时刻，然后启动火箭发动机，工作至 T_2 时刻关闭，有多个火箭发动机时可以

图 4.7　某火箭橇试验场俯瞰图

依次启动或关闭发动机,发动机关闭后气动阻力产生附加过载,减速至 T_3 时刻,之后火箭橇触到水闸经受 $1\sim2\,\text{s}$ 的快速减速至 T_4 时刻,然后缓慢滑行到 T_5 时刻。试验完成后所有数据汇集到控制中心进行处理。

　　火箭橇的主要缺点是试验场地占地面积大、设备成本和试验成本都非常高,不易开展,也不宜作为常规测试设备使用。由于火箭橇每次运行时间短,只能在平直轨道上运动,大过载只能沿轨道方向,不能模拟导弹飞行的全部外界环境和运动特性,一般只能估计惯性仪表部分误差系数。

4.3.3　振动台试验

　　振动台是一种能够施加往复运动的测试设备,包括线振动台与角振动台,线振动台可以实现直线往复运动,而角振动台则可实现一定角度的往复运动。虽然振动台试验中振动频率、幅值、相位等可数字化输入,但由于振动控制设备的响应延迟、稳定性等问题,其实际振动的频率、幅值、相位与输入并不一致,而且产生的线加速度、角加速度、速度等难以通过外测手段测量,所以一般只用于定性考察惯性仪表或平台式惯性系统的性能。

4.3.4　弹载试验

　　弹载试验是将待测惯性系统直接安装在试验飞行器上(与真实导弹类似),

同时在飞行器上安装一套更为精确的惯性系统作为参考基准,或者采用高精度外测设备获得飞行试验中的试验飞行器的速度、位置信息,利用遥外差信息辨识待测惯性系统误差系数。弹载试验飞行环境与待测惯性系统真实飞行环境基本相同,当采用高精度惯性系统作为参考基准时,可直接对比两套惯性系统输出量,获得待测惯性系统误差系数估计值。弹载试验是破坏性试验,成本高昂,但是能够充分考核待测惯性系统性能。

4.4　基于陀螺仪的寻北技术

寻北技术是指获得当地水平面内给定指向与当地真北之间的夹角,相应的仪器设备称为寻北仪。基于陀螺仪的寻北技术是利用陀螺仪测量地球自转角速度确定北向,获得当地水平面内给定指向的方位角。基于陀螺仪的寻北仪具有完全自主、不受干扰的特点,应用领域非常广泛,如隧道挖掘、矿井测量、火炮瞄准等。

基于陀螺仪的寻北技术主要有两种模式,一种是基于摆式陀螺罗盘原理的寻北仪,机械陀螺仪的转子轴在重力矩和地球自转的共同作用下,在子午面附近做椭圆简谐摆动,而摆动中心就是真北方向。这种寻北仪精度比较高,可以达到10″以下,但是设备较复杂,测量所需时间较长。另一种是利用安装在框架上的单自由度陀螺仪测量地球自转角速度分量,然后计算方位角。这种寻北仪结构相对简单,测量所需时间较短,可在数分钟内给出测量结果,精度与陀螺仪精度密切相关,适合光纤/激光陀螺仪。

4.4.1　陀螺仪寻北基本原理

由于地球自转轴指向与自转角速度大小都是精确已知的,如果能够准确测量地球自转角速度在给定方向上的分量,根据当地点纬度及简单的数学关系,即可计算给定方向的方位。如图4.8(a)所示,地球自转角速度在当地水平面内北向与天向分量分别为

$$\begin{aligned} \Omega_{eh} &= \omega_e \cos \varphi \\ \Omega_{ev} &= \omega_e \sin \varphi \end{aligned} \tag{4.64}$$

其中,φ 为当地点纬度。

进一步根据图4.8(b),假设陀螺仪敏感轴方向(待测方向)与当地正北向

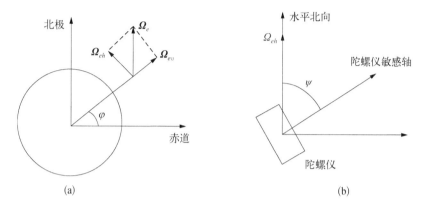

图 4.8　陀螺仪寻北示意图

之间的夹角为 ψ，则自转角速度分量为

$$\omega_d = \Omega_{eh} \cos\psi = \omega_e \cos\varphi \cos\psi \tag{4.65}$$

如果测量出 ω_d，则方位角估计值为

$$\hat{\psi} = \cos^{-1}\left(\frac{\omega_d}{\omega_e \cos\varphi}\right) \tag{4.66}$$

　　寻北仪的基本原理就是利用陀螺仪测量 ω_d，然后反过来估计方位角 ψ。理论上，只要知道了当地点纬度，以及陀螺仪测量输出值，就可以计算出方位角 ψ。

　　式 (4.65) 要求陀螺仪敏感轴在当地水平面内，当陀螺仪敏感轴不在当地水平面内时，需要使用寻北仪上的两个水平加速度计进行调平。寻北仪上安装的两个水平加速度计的敏感轴与陀螺仪敏感轴处于同一平面，两个加速度计敏感轴相差 90°。理想情况下，寻北仪处于水平状态，实际中当寻北仪不处于水平状态时，以当地东北天坐标系为基准，分别绕东向轴、北向轴旋转角度 ϕ_x、ϕ_y，称为水平失准角，可得坐标转换矩阵：

$$
\begin{aligned}
\boldsymbol{C} &= \begin{bmatrix} 1 & 0 & 0 \\ 0 & \cos\phi_x & -\sin\phi_x \\ 0 & \sin\phi_x & \cos\phi_x \end{bmatrix} \begin{bmatrix} \cos\phi_y & 0 & \sin\phi_y \\ 0 & 1 & 0 \\ -\sin\phi_y & 0 & \cos\phi_y \end{bmatrix} \\
&= \begin{bmatrix} \cos\phi_y & 0 & \sin\phi_y \\ \sin\phi_x\sin\phi_y & \cos\phi_x & -\sin\phi_x\cos\phi_y \\ \cos\phi_x\sin\phi_y & \sin\phi_x & \cos\phi_x\cos\phi_y \end{bmatrix}
\end{aligned}
$$

将重力加速度分解到两个加速度计,可得到两个水平加速度计敏感到的比力为

$$\begin{cases} A_x = \sin\phi_y g_0 \\ A_y = -\sin\phi_x \cos\phi_y g_0 \end{cases} \quad (4.67)$$

可以看出,加速度计输出与两个水平失准角 ϕ_x、ϕ_y 密切相关,调平过程中,欧拉角 ϕ_x、ϕ_y 可认为是小量,则

$$\begin{cases} A_x = \phi_y g_0 \\ A_y = -\phi_x g_0 \end{cases} \quad (4.68)$$

可以看出,两个水平加速度计分别与两个水平失准角相对应,只要不断调整加速度计输出至零状态,即可实现寻北仪在给定精度内的调平,保证陀螺仪敏感轴处于当地水平面内。如果将寻北仪调平误差当作小量,则其导致的寻北误差是二阶小量。

由于陀螺仪零偏及其他漂移误差的影响,导致陀螺仪输出值存在误差。对式(4.66)取全微分,则方位角估计标准差为

$$\sigma_{\hat\psi} = \frac{\sigma_g}{|\sin\hat\psi|\,\omega_e \cos\varphi} \quad (4.69)$$

其中,σ_g 为陀螺仪输出量补偿之后的统计标准差。

可以看出,寻北精度与陀螺仪测量精度、当地点纬度、实际方位角都有关系,表4.6给出了不同参数组合下的寻北精度。

表 4.6　陀螺仪精度与寻北精度的关系

纬　度	方位角	陀螺仪输出标准差	方位角估计标准差
45°	45°	0.01°/h	274.3″
		0.001°/h	27.43″
30°	120°	0.01°/h	182.9″
		0.001°/h	18.29″

根据式(4.69)可以看出,当地点纬度 φ 接近 90°,即在南极、北极附近时,寻北精度会显著降低。当实际方位角接近 0°、180°时,寻北精度也会显著降低。

所以上述陀螺仪寻北方法无法在高纬度地区使用,同时当方位角接近 0°、180° 时,寻北精度也会降低。

4.4.2　陀螺仪寻北多位置方案

在实际应用过程中,由于陀螺仪误差特别是零偏误差的影响,陀螺仪必须进行标定补偿,才能达到其标称精度。为减少陀螺仪零偏误差对寻北结果的影响,可以采用多位置寻北方案。设备调平后,将单个陀螺仪敏感轴绕当地点天轴旋转至不同方位停止下来,测量陀螺仪在这些方位的静态输出,然后利用这些不同方位下的测量数据进行寻北解算。

假设陀螺仪初始方位角为 ψ_0,采用 m 位置寻北方案。以 ψ_0 为第一个位置,静态采用陀螺仪输出,然后每隔 $2\pi/m$ 角度改变陀螺仪敏感轴在当地水平面内的指向,静态采样陀螺仪输出。第 i 个采样位置下陀螺仪敏感轴与当地真北方向夹角为

$$\psi_i = \psi_0 + \frac{2\pi}{m}(i - 1) \tag{4.70}$$

其中,i 表示采样位置,$\psi_1 = \psi_0$。

考虑陀螺仪零偏误差,不同位置下陀螺仪输出为

$$\omega_i = k_{0g} + \omega_e \cos\varphi \cos\left[\psi_0 + \frac{2\pi}{m}(i - 1)\right] \tag{4.71}$$

当取 $m = 2$,即两个位置时,采样时角度分别为 ψ_0 和 $\psi_0 + \pi$,则陀螺仪在两个位置下的输出分别为

$$\begin{aligned} \omega_1 &= k_{0g} + \omega_e \cos\varphi \cos\psi_0 \\ \omega_2 &= k_{0g} - \omega_e \cos\varphi \cos\psi_0 \end{aligned} \tag{4.72}$$

两式作差可得

$$\omega_1 - \omega_2 = 2\omega_e \cos\varphi \cos\psi_0 \tag{4.73}$$

可以看到,作差之后,零偏误差被抵消,方位角估计值为

$$\hat{\psi}_0 = \cos^{-1}\left(\frac{\omega_1 - \omega_2}{2\omega_e \cos\varphi}\right) \tag{4.74}$$

同样,对式(4.74)取全微分,则有

$$\sigma_{\hat{\psi}2} = \frac{\sqrt{\sigma_{g1}^2 + \sigma_{g2}^2}}{2\omega_e\cos\varphi\mid\sin\hat{\psi}_0\mid} = \frac{\sqrt{2}}{2}\frac{\sigma_g}{\omega_e\cos\varphi\mid\sin\hat{\psi}_0\mid} \tag{4.75}$$

其中，σ_g 为陀螺仪测量量补偿之后的标准差。与式(4.69)对比，其标准差为 $\sqrt{2}/2$ 倍，即二位置方案提高了寻北精度。

实际上多位置方案的另一个优点是使用时不需要补偿零偏误差，解算过程中作差抵消了零偏误差。由于陀螺仪标定需要使用精密转台，寻北仪在使用过程中不能随时标定，只能进行定期标较，使用过程中陀螺仪零偏会在定期标定结果的基础上发生变化，导致零偏补偿不准，从而降低了寻北精度。多位置方案可以抵消零偏影响，但是需要测量多个位置下陀螺仪输出值，寻北时间有所增加。

根据式(4.66)与式(4.74)，方位角 $\hat{\psi}$ 在 $[0, 2\pi]$ 范围内存在双解问题，工程实际中一般先进行粗寻北，即事先确定方位角大致的大小，再利用式(4.66)或式(4.74)估计方位角 ψ，或者结合其他信息确定式(4.66)或式(4.74)的合理解。

当位置 m 大于 2 个时，式(4.71)可写为

$$\omega_{gi} = k_{0g} + \omega_e\cos\varphi\cos\psi_0\cos\left(2\pi\frac{i-1}{m}\right) - \omega_e\cos\varphi\sin\psi_0\sin\left(2\pi\frac{i-1}{m}\right) \tag{4.76}$$

令

$$\begin{cases} \rho_0 = k_{0g} \\ \rho_1 = \omega_e\cos\varphi\cos\psi_0 \\ \rho_2 = \omega_e\cos\varphi\sin\psi_0 \\ x_{1i} = \cos[2\pi(i-1)/m] = \cos\theta_i \\ x_{2i} = -\sin[2\pi(i-1)/m] = -\sin\theta_i \end{cases} \tag{4.77}$$

则陀螺输出可表示为

$$\omega_i = \rho_0 + \rho_1 x_{1i} + \rho_2 x_{2i} \tag{4.78}$$

令

$$\boldsymbol{X} = \begin{bmatrix} 1 & 1 & \cdots & 1 \\ x_{11} & x_{12} & \cdots & x_{1m} \\ x_{21} & x_{22} & \cdots & x_{2m} \end{bmatrix}^{\mathrm{T}} = \begin{bmatrix} 1 & 1 & \cdots & 1 \\ \cos\theta_1 & \cos\theta_2 & \cdots & \cos\theta_m \\ \sin\theta_1 & \sin\theta_2 & \cdots & \sin\theta_m \end{bmatrix}^{\mathrm{T}} \tag{4.79}$$

$$Y = \begin{bmatrix} \omega_{g1} & \omega_{g2} & \cdots & \omega_{gm} \end{bmatrix}^{\mathrm{T}} \tag{4.80}$$

其最小二乘解为

$$\begin{bmatrix} \hat{\rho}_0 & \hat{\rho}_1 & \hat{\rho}_2 \end{bmatrix}^{\mathrm{T}} = (X^{\mathrm{T}}X)^{-1}X^{\mathrm{T}}Y \tag{4.81}$$

其中,

$$X^{\mathrm{T}}X = \begin{bmatrix} m & \sum_{i=1}^{m} \cos\theta_i & -\sum_{i=1}^{m} \sin\theta_i \\ \sum_{i=1}^{m} \cos\theta_i & \sum_{i=1}^{m} \cos^2\theta_i & -\sum_{i=1}^{m} \cos\theta_i \sin\theta_i \\ -\sum_{i=1}^{m} \sin\theta_i & -\sum_{i=1}^{m} \cos\theta_i \sin\theta_i & \sum_{i=1}^{m} \sin^2\theta_i \end{bmatrix} = \begin{bmatrix} m & 0 & 0 \\ 0 & m/2 & 0 \\ 0 & 0 & m/2 \end{bmatrix}$$

$$\tag{4.82}$$

所以,

$$\begin{bmatrix} \hat{\rho}_0 & \hat{\rho}_1 & \hat{\rho}_2 \end{bmatrix} = \begin{bmatrix} \dfrac{1}{m}\sum_{i=1}^{m}\omega_i & \dfrac{2}{m}\sum_{i=1}^{m}\cos\theta_i\omega_i & -\dfrac{2}{m}\sum_{i=1}^{m}\sin\theta_i\omega_i \end{bmatrix} \tag{4.83}$$

则角度 ψ_0 估计值为

$$\hat{\psi}_0 = \tan^{-1}(\hat{\rho}_2/\hat{\rho}_1) \tag{4.84}$$

其中,多解问题可以根据 $\hat{\rho}_1$、$\hat{\rho}_2$ 的象限确定唯一解。对估计模型求全微分,标准差为

$$\sigma_{\hat{\psi}m} = \frac{\sqrt{\rho_1^2\sigma_{\rho_2}^2 + \rho_2^2\sigma_{\rho_1}^2}}{\rho_1^2 + \rho_2^2} \tag{4.85}$$

其中,

$$\hat{\rho}_1 = \frac{2}{m}\sum_{i=1}^{m}\cos\theta_i\omega_{gi} \quad \hat{\rho}_2 = -\frac{2}{m}\sum_{i=1}^{m}\sin\theta_i\omega_{gi} \tag{4.86}$$

$$\sigma_{\rho_1}^2 = \frac{4}{m^2}\sum_{i=1}^{m}\cos^2\theta_i\sigma_{\omega_1}^2 = \frac{4}{m^2}\sigma_g^2\sum_{i=1}^{m}\cos^2\theta_i = \frac{2}{m}\sigma_g^2 \tag{4.87}$$

$$\sigma_{\rho_2}^2 = \frac{4}{m^2}\sum_{i=1}^{m}\sin^2\theta_i\sigma_{\omega_2}^2 = \frac{4}{m^2}\sigma_g^2\sum_{i=1}^{m}\sin^2\theta_i = \frac{2}{m}\sigma_g^2 \tag{4.88}$$

则多位置下寻北结果标准差为

$$\sigma_{\psi m} = \frac{\sqrt{2}\,\sigma_g}{\sqrt{m}\,\sqrt{\rho_1^2 + \rho_2^2}} = \frac{\sqrt{2}\,\sigma_g}{\sqrt{m}\,\omega_e \cos\varphi} \tag{4.89}$$

比较式(4.89)与式(4.75),有比较明显的区别,即当 $m = 2$ 时,两者并不相等,主要原因在于二位置方法只是作差抵消了陀螺仪零偏,并没有估计陀螺仪零偏,而多位置方位同时估计了陀螺仪零偏,估计参数的个数有所不同。

4.5 混合式惯性导航系统自标定自对准技术

平台式与捷联式是两类最为典型的惯性系统体制形式,对比来看,两者各有优缺点,一般而言,平台式惯性系统精度较高,能够实现自标定自对准,但是结构复杂、成本高昂;捷联式惯性系统结构简单、成本低,但是不具备自标定自对准能力,需要使用外部高精度设备。混合式惯性系统则是具备了两类惯性系统的优点:具备自标定自对准功能,具有相对较高的精度,同时结构上远比平台式惯性系统简单,成本上也比平台式惯性系统低得多。随着惯性技术的发展,光纤/激光陀螺捷联惯性系统精度得到显著提升,以光纤/激光陀螺捷联式惯性系统为基础的混合式惯性系统得到了快速发展。

混合式惯性导航系统一般采用两轴而非三轴框架系统,三个陀螺仪与三个加速度计正交安装在中心台体上,结构形式与捷联式系统类似。采用两轴框架系统的主要作用是实现自标定与自对准功能,而在导航状态下,混合式惯性系统的两个框架轴处于锁定状态,无法旋转,整个惯性系统以捷联模式工作。

4.5.1 自标定自对准模型

惯性导航系统初始对准是指确定导航系统相对于参考坐标系的初始条件,如初始位置、初始速度和初始姿态等的过程。由于惯性导航"递推"计算特性,初始对准的精度影响着整个导航的精度,初始对准误差一般占整个导航误差的20%左右。衡量初始对准的主要指标包括对准时间与对准精度,对准精度影响惯导系统的使用精度,对准时间描述快速反应能力,所以通常要求初始对准精度高、对准时间短。按照载体状态初始对准包括静基座对准与动基座对准,按照对准方式包括自对准与传递对准,按照对准阶段又分为粗对准与精对准。

本节描述的静基座自对准自标定方案是利用混合式惯导系统的框架旋转功能,对准标定过程中惯性系统台体根据指令连续旋转,实时采集陀螺仪与加速度计输出值,同时惯性系统位置不发生移动,速度为零,然后利用 Kalman 滤波技术得到不对准误差与误差系数的估计值,对准标定完成可直接转入导航状态。

4.5.1.1　混合式惯性系统误差模型

以光纤陀螺混合式惯性系统为例,光纤陀螺仪误差模型为

$$\dot{\alpha}_x = k_{g0x} + k_{g1x}\omega_x + E_{gxz}\omega_y - E_{gxy}\omega_z + \varepsilon_x$$
$$\dot{\alpha}_y = k_{g0y} + k_{g1y}\omega_y + E_{gyx}\omega_z - E_{gyz}\omega_x + \varepsilon_y \qquad (4.90)$$
$$\dot{\alpha}_z = k_{g0z} + k_{g1z}\omega_z + E_{gzy}\omega_x - E_{gzx}\omega_y + \varepsilon_z$$

其中,k_{g0x}、k_{g0y}、k_{g0z} 分别为三个陀螺仪的零偏误差系数;k_{g1x}、k_{g1y}、k_{g1z} 分别为三个陀螺仪的刻度因子误差;E_{gxz}、E_{gxy} 为 X 陀螺仪安装误差;E_{gyx}、E_{gyz} 为 Y 陀螺仪安装误差;E_{gzy}、E_{gzx} 为 Z 陀螺仪安装误差。

加速度计误差模型采用 3.2.3.2 节定义方式,共三个误差系数:

$$\begin{cases} \Delta a_x = k_{a0x} + k_{a1x}f_x + \varepsilon_x \\ \Delta a_y = k_{a0y} + k_{a1y}f_y + E_{ay}f_y + \varepsilon_y \\ \Delta a_z = k_{a0z} + k_{a1z}f_z + E_{azy}f_x - E_{azx}f_y + \varepsilon_z \end{cases} \qquad (4.91)$$

其中,k_{a0x}、k_{a0y}、k_{a0z} 分别为三个加速度计的零偏误差系数;k_{a1x}、k_{a1y}、k_{a1z} 分别为三个加速度计的刻度因子误差;X 加速度计无安装误差;E_{ay} 为 Y 加速度计安装误差;E_{azy}、E_{azx} 为 Z 加速度计安装误差;f_x、f_y、f_z 为三轴比力。

4.5.1.2　混合式惯性系统粗对准

混合式惯性系统可以使用模标定技术粗标定加速度计误差系数,然后使用解析对准方法进行粗对准。注意到如下关系式:

$$C_p^n f^p = f^n$$
$$C_p^n (f^p \times \omega^p) = f^n \times \omega^n \qquad (4.92)$$
$$C_p^n [f^p \times (f^p \times \omega^p)] = f^n \times (f^n \times \omega^n)$$

其中,上标 n 表示导航坐标系,可以是东北天坐标系,也可以是发射坐标系,根据需要定义,这里采用东北天坐标系。上标 p 为台体坐标系,与惯性系统台体固联,描述惯性系统台体三轴指向,在框架轴旋转过程中,该坐标系始终变化。

在惯性系统自标定自对准中,当标定位置已知时,导航坐标系选择当地东北天坐标系,右侧的 $\boldsymbol{f}^n$ 和 $\boldsymbol{\omega}^n$ 分别对应重力加速度和地球自转角速度理论值,而 $\boldsymbol{f}^p$ 和 $\boldsymbol{\omega}^p$ 使用惯性系统测量值。式(4.92)可以构造关于姿态矩阵 $\boldsymbol{C}_p^n$ 的 9 个标量方程,可以得到台体姿态角,完成粗对准。在粗对准的基础上,还需要进一步进行连续旋转自对准自标定方法完成精对准,粗对准为后续精对准时的 Kalman 滤波算法提供初值。

4.5.1.3 姿态误差方程

实际上 4.5.1.2 节中的解算结果是包含误差的,即对准误差。假设含有姿态角误差的姿态矩阵用 $\boldsymbol{C}_p'^n$ 表示,真实的姿态转换矩阵用 $\boldsymbol{C}_p^n$ 表示,实际中 $\boldsymbol{C}_p'^n$ 可由导航计算得到,而真实值 $\boldsymbol{C}_p^n$ 是未知的。$\boldsymbol{C}_p'^n$ 与 $\boldsymbol{C}_p^n$ 三个欧拉角之间的差异定义为不对准误差,根据矩阵关系可定义为

$$\boldsymbol{I} + [\boldsymbol{\varphi} \times] = \boldsymbol{C}_p^n (\boldsymbol{C}_p'^n)^{\mathrm{T}} \tag{4.93}$$

其中,$\boldsymbol{\varphi} = [\phi_x \quad \phi_y \quad \phi_z]^{\mathrm{T}}$,表示 $\boldsymbol{C}_p^n$ 相对于 $\boldsymbol{C}_p'^n$ 的不对准角;$[\boldsymbol{\varphi} \times]$ 表示矢量 $\boldsymbol{\varphi}$ 的反对称矩阵,如式(4.94)所示:

$$[\boldsymbol{\varphi} \times] = \begin{bmatrix} 0 & -\phi_z & \phi_y \\ \phi_z & 0 & -\phi_x \\ -\phi_y & \phi_x & 0 \end{bmatrix} \tag{4.94}$$

后面该符号的含义与此相同。

对式(4.93)求导,可得

$$[\dot{\boldsymbol{\varphi}} \times] = \dot{\boldsymbol{C}}_p^n (\boldsymbol{C}_p'^n)^{\mathrm{T}} + \boldsymbol{C}_p^n (\dot{\boldsymbol{C}}_p'^n)^{\mathrm{T}} \tag{4.95}$$

根据矩阵微分公式:

$$[\dot{\boldsymbol{\varphi}} \times] = \boldsymbol{C}_p^n [\boldsymbol{\omega}_{np}^p \times] (\boldsymbol{C}_p'^n)^{\mathrm{T}} + \boldsymbol{C}_p^n (\boldsymbol{C}_p'^n [\boldsymbol{\omega}_{np}'^p \times])^{\mathrm{T}} \tag{4.96}$$

其中,$\boldsymbol{\omega}_{np}^p$ 为 p 系转到 n 系时角速度矢量在 p 系中的表示;$\boldsymbol{\omega}_{np}'^p$ 为相应的含有误差的角速度。实际中 $\boldsymbol{\omega}_{np}^p$、$\boldsymbol{\omega}_{np}'^p$ 都不可测量,对其进行变换:

$$\boldsymbol{\omega}_{np}^p = \boldsymbol{\omega}_{ip}^p - \boldsymbol{\omega}_{in}^p \tag{4.97}$$

$$\boldsymbol{\omega}_{np}'^p = \boldsymbol{\omega}_{ip}'^p - \boldsymbol{\omega}_{in}'^p \tag{4.98}$$

将式(4.97)、式(4.98)代入式(4.96),可得

$$[\dot{\boldsymbol{\varphi}} \times] = \boldsymbol{C}_p^n [\boldsymbol{\omega}_{ip}^p \times] (\boldsymbol{C}_p'^n)^{\mathrm{T}} - \boldsymbol{C}_p^n [\boldsymbol{\omega}_{in}^p \times] (\boldsymbol{C}_p'^n)^{\mathrm{T}}$$

$$+ \boldsymbol{C}_p^n [\boldsymbol{\omega}_{ip}'^p \times]^{\mathrm{T}} (\boldsymbol{C}_p'^n)^{\mathrm{T}} - \boldsymbol{C}_p^n [\boldsymbol{\omega}_{in}'^p \times]^{\mathrm{T}} (\boldsymbol{C}_p'^n)^{\mathrm{T}} \qquad (4.99)$$

合并同类项可得

$$[\dot{\boldsymbol{\varphi}} \times] = - \boldsymbol{C}_p^n [\delta\boldsymbol{\omega}_{ip}^p \times] (\boldsymbol{C}_p'^n)^{\mathrm{T}} - \boldsymbol{C}_p^n ([\boldsymbol{\omega}_{in}^p \times] - [\boldsymbol{\omega}_{in}'^p \times]) (\boldsymbol{C}_p'^n)^{\mathrm{T}}$$

$$(4.100)$$

其中, $\delta\boldsymbol{\omega}_{ip}^p = \boldsymbol{\omega}_{ip}'^p - \boldsymbol{\omega}_{ip}^p$。 坐标转换矩阵乘法中有如下公式：

$$\boldsymbol{C}_p^n ([\boldsymbol{\omega}_{in}^p \times]) = [(\boldsymbol{C}_p^n \boldsymbol{\omega}_{in}^p) \times] \boldsymbol{C}_p^n \qquad (4.101)$$

代入式(4.100)得

$$[\dot{\boldsymbol{\varphi}} \times] = - [(\boldsymbol{C}_p^n \delta\boldsymbol{\omega}_{ip}^p) \times] \boldsymbol{C}_p^n (\boldsymbol{C}_p'^n)^{\mathrm{T}} - \boldsymbol{C}_p^n ([\boldsymbol{\omega}_{in}^p \times] - [\boldsymbol{\omega}_{in}'^p \times]) (\boldsymbol{C}_p'^n)^{\mathrm{T}}$$

$$(4.102)$$

将式(4.93)代入式(4.102)，则式(4.102)右边第一项可表示为

$$- [(\boldsymbol{C}_p^n \delta\boldsymbol{\omega}_{ip}^p) \times] \boldsymbol{C}_p^n (\boldsymbol{C}_p'^n)^{\mathrm{T}} = - [(\boldsymbol{C}_p^n \delta\boldsymbol{\omega}_{ip}^p) \times] (\boldsymbol{I} + [\boldsymbol{\varphi} \times]) \quad (4.103)$$

不对准误差 $\boldsymbol{\varphi}$ 可认为是一阶小量,角速度误差 $\delta\boldsymbol{\omega}_{ip}^p$ 也为一阶向量,则在一阶近似情况下,有

$$- [(\boldsymbol{C}_p^n \delta\boldsymbol{\omega}_{ip}^p) \times] \boldsymbol{C}_p^n (\boldsymbol{C}_p'^n)^{\mathrm{T}} = - [(\boldsymbol{C}_p^n \delta\boldsymbol{\omega}_{ip}^p) \times] \qquad (4.104)$$

式(4.100)右边第二项中

$$\boldsymbol{\omega}_{in}^p = \boldsymbol{\omega}_{ie}^p + \boldsymbol{\omega}_{en}^p = \boldsymbol{C}_n^p \boldsymbol{\omega}_{ie}^n + \boldsymbol{C}_n^p \boldsymbol{\omega}_{en}^n \qquad (4.105)$$

其中,下标 e 表示地心坐标系或地固系； $\boldsymbol{\omega}_{ie}^p$ 为地球自转角速度在 p 系中的表示； $\boldsymbol{\omega}_{ie}^n$ 为地球自转角速度在 n 系(东北天坐标系)中的表示； $\boldsymbol{\omega}_{en}^n$ 为载体在地球表面平移运动时形成的角速度。对于静基座自对准自标定而言, $\boldsymbol{\omega}_{en}^n = 0$, $\boldsymbol{\omega}_{ie}^n = [0 \quad \omega_{e0}\cos B_0 \quad \omega_{e0}\sin B_0]^{\mathrm{T}}$, ω_{e0} 表示地球自转角速度, B_0 表示标定位置大地纬度。所以 $\boldsymbol{\omega}_{in}^p$ 与 $\boldsymbol{\omega}_{in}'^p$ 的区别主要由坐标转换矩阵的差异造成,式(4.100)右边第二项可表示为

$$- \boldsymbol{C}_p^n ([\boldsymbol{\omega}_{in}^p \times] - [\boldsymbol{\omega}_{in}'^p \times]) (\boldsymbol{C}_p'^n)^{\mathrm{T}}$$

$$= - \boldsymbol{C}_p^n ([(\boldsymbol{C}_n^p \boldsymbol{\omega}_{in}^n) \times] - [(\boldsymbol{C}_n'^p \boldsymbol{\omega}_{in}^n) \times]) (\boldsymbol{C}_p'^n)^{\mathrm{T}} \qquad (4.106)$$

进一步可得到

$$- \boldsymbol{C}_p^n([\boldsymbol{\omega}_{in}^p \times] - [\boldsymbol{\omega}_{in}'^p \times]) (\boldsymbol{C}_p'^n)^{\mathrm{T}} = - ([\boldsymbol{\omega}_{in}^n \times] - [(\boldsymbol{C}_p^n \boldsymbol{C}_n'^p \boldsymbol{\omega}_{in}^n) \times]) \boldsymbol{C}_p^n (\boldsymbol{C}_p'^n)^{\mathrm{T}}$$

$$(4.107)$$

根据式(4.93),可得

$$- \boldsymbol{C}_p^n([\boldsymbol{\omega}_{in}^p \times] - [\boldsymbol{\omega}_{in}'^p \times]) (\boldsymbol{C}_p'^n)^{\mathrm{T}}$$

$$= - ([\boldsymbol{\omega}_{in}^n \times] - [((\boldsymbol{I} + [\boldsymbol{\varphi} \times]) \boldsymbol{\omega}_{in}^n) \times]) (\boldsymbol{I} + [\boldsymbol{\varphi} \times]) \qquad (4.108)$$

化简并忽略二阶小量,得

$$- \boldsymbol{C}_p^n([\boldsymbol{\omega}_{in}^p \times] - [\boldsymbol{\omega}_{in}'^p \times]) (\boldsymbol{C}_p'^n)^{\mathrm{T}} = [([\boldsymbol{\varphi} \times] \boldsymbol{\omega}_{in}^n) \times] \qquad (4.109)$$

将式(4.109)及式(4.104)代入式(4.102),可得到不对准角微分方程为

$$[\dot{\boldsymbol{\varphi}} \times] = [([\boldsymbol{\varphi} \times] \boldsymbol{\omega}_{in}^n) \times] - [(\boldsymbol{C}_p^n \delta \boldsymbol{\omega}_{ip}^p) \times] \qquad (4.110)$$

将其写成矢量微分形式:

$$\dot{\boldsymbol{\varphi}} = [\boldsymbol{\varphi} \times] \boldsymbol{\omega}_{in}^n - \boldsymbol{C}_p^n \delta \boldsymbol{\omega}_{ip}^p \qquad (4.111)$$

式(4.111)即为姿态误差方程。实际上 $\delta \boldsymbol{\omega}_{ip}^p$ 即是陀螺仪漂移误差,$\boldsymbol{\omega}_{en}^n = 0$,$\boldsymbol{\omega}_{in}^n = \boldsymbol{\omega}_{ie}^n$。实际中 $\boldsymbol{C}_p^n$ 无法得到,而 $\boldsymbol{C}_p'^n$ 可以根据姿态导航计算得到。根据陀螺仪误差漂移模型:

$$\delta \boldsymbol{\omega}_{ip}^p = [\dot{\alpha}_x \quad \dot{\alpha}_y \quad \dot{\alpha}_z]^{\mathrm{T}} = \boldsymbol{S}_g \boldsymbol{K}_g \qquad (4.112)$$

其中,$\boldsymbol{K}_g = [k_{g0x} \quad k_{g0y} \quad k_{g0z} \quad k_{g1x} \quad k_{g1y} \quad k_{g1z} \quad E_{gxz} \quad E_{gyx} \quad E_{gzy} \quad E_{gxy} \quad E_{gyz} \quad E_{gzx}]^{\mathrm{T}}$,为陀螺仪误差系数矢量;

$$\boldsymbol{S}_g = \begin{bmatrix} 1 & 0 & 0 & \omega_x & 0 & 0 & \omega_y & 0 & 0 & -\omega_z & 0 & 0 \\ 0 & 1 & 0 & 0 & \omega_y & 0 & 0 & \omega_z & 0 & 0 & -\omega_x & 0 \\ 0 & 0 & 1 & 0 & 0 & \omega_z & 0 & 0 & \omega_x & 0 & 0 & -\omega_y \end{bmatrix}$$

$$(4.113)$$

$\boldsymbol{S}_g$ 中的 ω_x、ω_y、ω_z 使用陀螺仪测量值代入。令

$$\dot{\boldsymbol{\alpha}}^n = \boldsymbol{C}_p'^n \boldsymbol{S}_g \boldsymbol{K}_g \qquad (4.114)$$

则姿态误差方程的分量形式为

$$\begin{cases} \dot{\phi}_x = \phi_y \omega_{ie} \sin B_0 - \phi_z \omega_{ie} \cos B_0 - \dot{\alpha}_x^n \\ \dot{\phi}_y = -\phi_x \omega_{ie} \sin B_0 - \dot{\alpha}_y^n \\ \dot{\phi}_z = \phi_x \omega_{ie} \cos B_0 - \dot{\alpha}_z^n \end{cases} \tag{4.115}$$

根据式(4.115)可以看出,姿态误差方程与陀螺仪误差系数有关,而与标定方案中框架轴的转动速度无关,也就是说,自对准自标定方案中,框架轴转速大小、是否精确实际上不影响不对准误差角,因为无论框架轴如何旋转,陀螺仪都可以测量得到该角速度,并进行姿态解算,得到 $\boldsymbol{C}_p'^n$。

4.5.1.4　速度与位置误差方程

在不考虑任何误差时,东北天坐标系下的速度解算方程为

$$\dot{\boldsymbol{v}}_{en}^n = \boldsymbol{C}_p^n \boldsymbol{f}^p - (2\boldsymbol{\omega}_{ie}^n + \boldsymbol{\omega}_{en}^n) \times \boldsymbol{v}_{en}^n + \boldsymbol{g}^n \tag{4.116}$$

对式(4.116)取全微分,可得

$$\delta \dot{\boldsymbol{v}}_{en}^n = \delta \boldsymbol{C}_p^n \boldsymbol{f}^p + \boldsymbol{C}_p^n \delta \boldsymbol{f}^p - (2\delta \boldsymbol{\omega}_{ie}^n + \delta \boldsymbol{\omega}_{en}^n) \times \boldsymbol{v}_{en}^n - (2\boldsymbol{\omega}_{ie}^n + \boldsymbol{\omega}_{en}^n) \times \delta \boldsymbol{v}_{en}^n + \delta \boldsymbol{g}^n \tag{4.117}$$

同样在静基座自对准自标定情况下,$\delta \boldsymbol{\omega}_{ie}^n = 0$,$\delta \boldsymbol{\omega}_{en}^n = 0$,$\delta \boldsymbol{g}^n = 0$,惯性系统在地面的速度也为零,即 $\boldsymbol{v}_{en}^n = 0$,所以式(4.117)可以简化为

$$\delta \dot{\boldsymbol{v}}_{en}^n = \delta \boldsymbol{C}_p^n \boldsymbol{f}^p + \boldsymbol{C}_p^n \delta \boldsymbol{f}^p - 2\boldsymbol{\omega}_{ie}^n \times \delta \boldsymbol{v}_{en}^n \tag{4.118}$$

比力误差 $\delta \boldsymbol{f}^p$ 为加速度计实际输出 $\boldsymbol{f}'^p$ 和理论加速度 $\boldsymbol{f}^p$ 之间的差值,实际上就是加速度计漂移:

$$\delta \boldsymbol{f}^p = \Delta \boldsymbol{a} \tag{4.119}$$

其中,$\Delta \boldsymbol{a}$ 根据式(4.91)所示加速度计误差模型计算。根据式(4.93),坐标转换矩阵误差 $\delta \boldsymbol{C}_p^n$ 根据式(4.120)计算:

$$\delta \boldsymbol{C}_p^n = -[\boldsymbol{\varphi} \times] \boldsymbol{C}_p^n \tag{4.120}$$

式(4.118)可改写为

$$\delta \dot{\boldsymbol{V}}_{en}^n = -[\boldsymbol{\varphi} \times] \boldsymbol{C}_p^n \boldsymbol{f}^p + \boldsymbol{C}_p^n \Delta \boldsymbol{a} - 2\boldsymbol{\omega}_{ie}^n \times \delta \boldsymbol{v}_{en}^n \tag{4.121}$$

令

$$\boldsymbol{f}^n = \boldsymbol{C}_p^n \boldsymbol{f}^p \tag{4.122}$$

$$\Delta \boldsymbol{a}^n = \boldsymbol{C}_p^n \Delta \boldsymbol{a} = \boldsymbol{C}_p^n \boldsymbol{S}_a \boldsymbol{K}_a \tag{4.123}$$

其中，$\boldsymbol{K}_a = [\, k_{a0x} \quad k_{a0y} \quad k_{a0z} \quad k_{a1x} \quad k_{a1y} \quad k_{a1z} \quad E_{ay} \quad E_{azy} \quad E_{azx} \,]^{\mathrm{T}}$，为加速度计误差系数矢量；

$$\boldsymbol{S}_a = \begin{bmatrix} 1 & 0 & 0 & f_x & 0 & 0 & f_y & 0 & 0 \\ 0 & 1 & 0 & 0 & f_y & 0 & 0 & f_x & 0 \\ 0 & 0 & 1 & 0 & 0 & f_z & 0 & 0 & -f_y \end{bmatrix} \tag{4.124}$$

实际计算中，式(4.122)中的$\boldsymbol{f}^p$、式(4.124)中的$\boldsymbol{S}_a$中的f_x、f_y、f_z用加速度计测量量代替，$\boldsymbol{C}_p^n$使用导航计算得到的坐标转换矩阵$\boldsymbol{C}_p'^n$代替。

将式(4.118)写成标量形式，则东北天坐标系中的速度误差方程可表示为

$$\begin{cases} \delta \dot{v}_x = -\phi_y f_z^n + \phi_z f_y^n + 2\omega_{ie}\sin B_0 \delta v_y - 2\omega_{ie}\cos B_0 \delta v_z + \Delta a_x^n \\ \delta \dot{v}_y = -\phi_z f_x^n + \phi_x f_z^n - 2\omega_{ie}\sin B_0 \delta v_x + \Delta a_y^n \\ \delta \dot{v}_z = -\phi_x f_y^n + \phi_y f_x^n + 2\omega_{ie}\cos B_0 \delta v_x + \Delta a_z^n \end{cases} \tag{4.125}$$

位置误差方程为

$$\begin{cases} \delta \dot{B}_0 = \delta v_y / r_0 \\ \delta \dot{\lambda} = \delta v_x \sec B_0 / r_0 \\ \delta \dot{h} = \delta v_z \end{cases} \tag{4.126}$$

其中，r_0为地心至惯性导航系统所在位置距离，根据惯性系统所在经、纬度计算；λ为惯性系统所在地经度；h为距地面高度。

在本节自对准自标定方案中，以速度误差量为测量方程，即

$$\boldsymbol{h} = \begin{bmatrix} \delta \dot{v}_x \\ \delta \dot{v}_y \\ \delta \dot{v}_z \end{bmatrix} = 0 \tag{4.127}$$

将惯性系统误差系数增广为状态变量，令状态变量为$\boldsymbol{X}$，有

$$\boldsymbol{X} = \begin{bmatrix} \boldsymbol{\varphi} \\ \boldsymbol{\delta v}_{en}^n \\ \boldsymbol{K}_g \\ \boldsymbol{K}_a \end{bmatrix} \tag{4.128}$$

显然,状态变量共有 27 维,当然如果惯性系统工具误差系数更多,其状态变量维数更高。

工程实际中,以速度误差方程(4.125)、姿态误差方程(4.115)为动力学方程,以式(4.127)为测量方程,利用 Kalman 滤波技术得到不对准误差及误差系数的估计值,完成自对准自标定。获得不对准误差估计值 $\hat{\boldsymbol{\varphi}}$ 后,利用式(4.93)结合导航计算得到转换矩阵 $\boldsymbol{C}_p^{\prime n}$,可得到理想转换矩阵的估计:

$$\boldsymbol{C}_p^n = (\boldsymbol{I} + [\hat{\boldsymbol{\varphi}} \times]) \boldsymbol{C}_p^{\prime n} \tag{4.129}$$

4.5.2　自标定自对准过程

基于转台的多位置标定方法需要使用外部大型精密仪器,而且还需要将惯性系统从载体上拆卸下来安装在转台上,使用上不方便。模标定技术虽然不需要精密转台,但是可标定误差系数有限,而且对于陀螺仪的标定精度不高。而其他的测试标定方法与三轴精密转台标定存在相同的问题。混合式惯性系统自标定利用自身框架系统的旋转功能,在不同旋转轨迹的组合之下,采集加速度计、陀螺仪、角度传感器等输出,进行导航计算,计算结果与惯性系统已知的速度、位置比较,利用 Kalman 滤波技术得到误差系数的标定。自标定过程中惯性系统处于静止状态(定点导航),或者利用卫星等其他导航方式给出惯性系统精确的位置、速度信息。自标定技术不依赖于外部精密设备,无须将惯性系统从载体上拆卸下来,标定结果直接用于误差补偿,使用方便,精度高,而且惯性系统无须重复通电启动,可显著提高载体快速反应能力。

实际上,自对准精度与惯性系统仪表的精度水平密切相关,为使自对准自标定中所有误差系数都可观测,需要设计绕框架轴的多种转序组合。混合式惯性系统只有两个框架轴,下面介绍一种成熟的 19 位置转序组合方案。混合式惯性系统两个框架分别定义为外框架(包含内框架与台体)与内框架(包含台体),相应转轴分别为外框架轴与内框架轴,标定初始状态为:Z 轴朝天,X 轴朝东,Y 轴朝北,内框架轴与 Z 轴重合、外框架轴在初始位置时与 Y 轴重合。如表 4.7 所示,19 位置转序包含 18 次转动动作,每次转动包含动作(转轴 in/out、转向 +/-、转角)、转速和转动完成后的停留时间 3 个要素。在动作列中,“in”和“out”分别表示内框轴和外框轴;符号“+”表示转向符合右手定则;数字表示转动的角度(°)。

表 4.7　19 位置转序

编号	动　作	角速度	停留时间	编号	动　作	角速度	停留时间
1	-90 out	10°/s	20 s	10	-90 out	10°/s	20 s
2	-90 out	10°/s	20 s	11	+90 out	10°/s	20 s
3	-90 out	10°/s	20 s	12	+90 out	10°/s	20 s
4	+90 out	10°/s	20 s	13	+90 out	10°/s	20 s
5	+90 out	10°/s	20 s	14	-90 in	10°/s	20 s
6	+90 out	10°/s	20 s	15	-90 in	10°/s	20 s
7	-90 in	10°/s	20 s	16	+90 in	10°/s	20 s
8	-90 in	10°/s	20 s	17	+90 in	10°/s	20 s
9	-90 out	10°/s	20 s	18	+90 in	10°/s	20 s

连续旋转自对准自标定实施之前要求惯性系统具有一定的对准精度,才能充分发挥该方法优势。为了使卡尔曼滤波器中的所有状态量可观测需要转动台体的姿态,采用成熟公开的 19 位置标定方法,具体标定方案如下所示。

（1）将惯性系统置于一稳定台面上,通过目视使惯性系统的台体轴大致指向天,暖机至工作状态;

（2）进行两位置对准;

（3）按照表 4.7 的转序转动惯性系统框架,转速为 10°/s,每次转动 90°,停留 20 s。期间采集惯性系统输出;

（4）以两位置对准估计的姿态为初值,根据 4.5.1.4 节的算法进行标定。

在标定过程中,系统的速度误差 δv^n 主要由惯性仪表各项误差参数产生。系统的运动不同,各个误差参数对 δv^n 的影响程度不同。当系统从一个位置翻转到另一个位置,短时间内静态导航速度误差 δv^n 主要是由惯性仪表部分误差参数产生的,可以认为系统此次位置翻转激励出了惯性仪表部分误差参数,δv^n 是这些误差参数的函数,并且误差参数较小,该函数近似线性。通过理论推导,系统按一定方式进行 19 个位置的翻转,可充分激励出所有 21 个误差参数。由此,可以建立一组有关 21 个误差参数的线性函数,通过测量系统翻转后每个位置静态导航状态下的速度增量,采用最小二乘参数辨识技术对惯性仪表所有误差参数进行辨识,实现系统误差参数的标定。

利用 4.5.1 节的自对准自标定模型进行滤波,滤波初始协方差矩阵可以根据惯导系统的出厂精度设定。系统噪声矩阵可以根据惯导的静态输出估计得到,或者利用 Allan 方差分析估计。测量噪声矩阵根据基座所受的振动干扰的情况来选择,一般可以设置为一个小量。滤波过程理解为对数学平台和补偿系数进行反馈控制的过程,如图 4.9 所示。

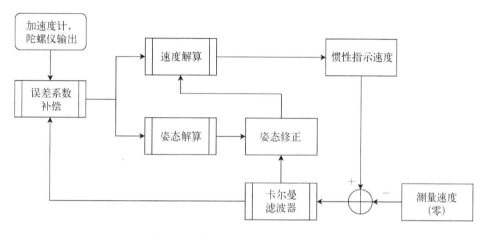

图 4.9　自标定自对准滤波过程框图

共进行 5 次实验,结果记录在表 4.8、表 4.9、表 4.10 中。图 4.10 显示了某次试验的原始输出。

表 4.8　加速度计误差系数 5 次自标定自对准试验估计结果

系　数	1	2	3	4	5	估计标准差
	$-2.669\text{E}-01$	$-2.686\text{E}-01$	$-2.697\text{E}-01$	$-2.671\text{E}-01$	$-2.641\text{E}-01$	$1.563\text{E}-03$
零偏/g	$1.800\text{E}-03$	$1.510\text{E}-03$	$4.365\text{E}-03$	$5.881\text{E}-03$	$7.628\text{E}-03$	$1.984\text{E}-03$
	$-5.454\text{E}-03$	$-6.148\text{E}-03$	$-7.147\text{E}-03$	$-7.457\text{E}-03$	$-7.814\text{E}-03$	$6.390\text{E}-03$
	$-4.575\text{E}-03$	$-4.594\text{E}-03$	$-4.654\text{E}-03$	$-4.593\text{E}-03$	$-4.598\text{E}-03$	$7.993\text{E}-05$
刻度因子误差	$6.222\text{E}-03$	$6.603\text{E}-03$	$5.233\text{E}-03$	$5.437\text{E}-03$	$4.578\text{E}-03$	$2.267\text{E}-04$
	$-2.936\text{E}-04$	$-4.069\text{E}-04$	$-3.266\text{E}-04$	$-3.377\text{E}-04$	$-2.763\text{E}-04$	$1.658\text{E}-04$
E_{ay} /(°)	3.369	3.386	3.409	3.380	3.346	0.013
E_{azy} /(°)	-0.155	-0.162	-0.164	-0.170	-0.170	0.020
E_{azx} /(°)	-0.013	-0.022	-0.029	-0.032	-0.036	0.012

表 4.9　陀螺仪 5 次自标定自对准试验估计结果

项/编号	1	2	3	4	5	估计标准差
零偏/ [(°)/h]	$-3.073E-01$	$-3.362E-01$	$-2.248E-01$	$-1.646E-01$	$-1.499E-01$	$8.314E-02$
	$-7.609E+00$	$-7.655E+00$	$-7.775E+00$	$-7.775E+00$	$-7.775E+00$	$8.210E-02$
	$-1.302E-01$	$-1.145E-01$	$-1.555E-01$	$-1.415E-01$	$-1.529E-01$	$1.694E-02$
刻度因子 误差	$4.433E-04$	$4.490E-04$	$4.076E-04$	$3.856E-04$	$3.744E-04$	$3.350E-05$
	$3.501E-03$	$3.563E-03$	$3.522E-03$	$3.565E-03$	$3.484E-03$	$3.630E-05$
	$9.981E-03$	$1.024E-02$	$1.051E-02$	$1.069E-02$	$1.075E-02$	$3.214E-04$
$E_{gxy}/(°)$	$1.008E-01$	$1.163E-01$	$1.100E-01$	$1.169E-01$	$8.652E-02$	$1.266E-02$
$E_{gxz}/(°)$	$3.295E-01$	$3.323E-01$	$3.358E-01$	$3.335E-01$	$3.317E-01$	$2.240E-03$
$E_{gyx}/(°)$	$-8.995E-03$	$-1.536E-02$	$3.936E-03$	$3.489E-03$	$2.177E-02$	$1.427E-02$
$E_{gyz}/(°)$	$-2.143E-01$	$-2.086E-01$	$-1.828E-01$	$-1.713E-01$	$-1.621E-01$	$2.292E-02$
$E_{gzx}/(°)$	$-2.922E-01$	$-3.214E-01$	$-2.550E-01$	$-2.315E-01$	$-2.143E-01$	$4.389E-02$
$E_{gzy}/(°)$	$-1.324E-03$	$-1.324E-03$	$-1.094E-03$	$-1.037E-03$	$-7.964E-04$	$2.217E-04$

表 4.10　5 次自标定自对准试验对准误差估计结果

试验次数	俯仰/(°)	滚转/(°)	航向/(°)
1	-179.9085	4.4281	-2.8645
2	-179.8738	4.4527	-2.9459
3	-179.9308	4.4935	-2.9428
4	-179.8360	4.4684	-2.9324
5	-179.8258	4.4530	-3.0178
估计标准差	0.0452	0.0240	0.0544

　　根据该型混合式惯性系统 5 次标定结果可以看出,陀螺仪零偏误差系数轨迹标准差均小于 0.1°/h,刻度因子误差估计标准差最大为 321 ppm,安装误差估计标准差最大为 2.63′,符合该型陀螺仪标称指标值。加速度计零偏误差最大值

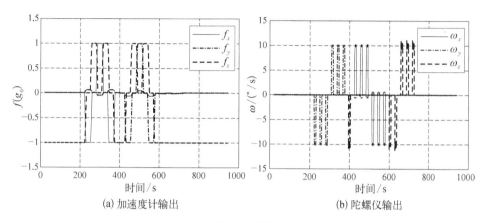

图 4.10 试验过程中加速度计与陀螺仪输出

为 6.4 毫 g,其余均不大于 2 毫 g,刻度因子误差均小 300 ppm,安装误差估计标准差最大为 1.2′,符合该型加速度计标称指标值。对准误差中航向角估计标准差约为 3.24′,俯仰与滚动标准差小于 3.0′,与该型惯性系统精度水平一致。

4.6 惯性导航系统温度漂移建模分析

惯性导航系统漂移误差受温度影响显著,无论是陀螺仪还是加速度计漂移误差,都会随着温度的变化而变化,而且这种变化并不是线性的,非常复杂。惯性导航系统的标定通常是在特定温度下的标定结果,如果在全温下应用会产生较大的误差。惯性导航系统在通电开始工作后,其内部温度(惯性仪表表头温度)会逐渐上升,直至达到热平衡状态,热平衡状态下表头温度比外部环境温度高出 10℃ 以上,这一过程一般需要数分钟至数十分钟的时间,在某些需要快速反应的场合,很难留出足够的时间让惯性系统达到热平衡状态,这种情况下惯性导航系统温度漂移建模显得非常重要。

4.6.1 惯性导航系统温度标定试验设计

惯性导航系统温度漂移建模的目的是建立每个误差系数随仪表温度变化的多项式模型,温度漂移建模需要以试验数据为基础,下面主要介绍温度标定试验的设计思路。惯性导航系统温度漂移试验以某混合式光纤捷联惯性系统为对象,如图 4.11 所示,采用高性能温控箱控制惯性系统环境温度,利用 4.5 节的自标定方法完成不同温度下的每个误差系数的估计,然后再利用 4.6.2 节的多项式建模验证方法建立每个误差系数的多项模型。

图 4.11　某型混合式惯性导航系统

为覆盖惯性导航系统工作时的环境温度,温度标定试验的环境温度为 -45~50℃,间隔 2°~5° 选择一个温度点,共开展 35 个温度点下的标定试验,表 4.11 第 2 列给出了温控箱标定温度点。试验步骤设计如下:

（1）检查温控箱、惯性系统、数据采集设备等所有试验设备是否工作正常;

（2）将惯性系统置于温控箱内,温控箱调至预定温度,检查惯性系统供电、数据采集等是否正常;

（3）温控箱通电,静置足够时间,保证惯性系统内部温度与温控箱设定温度相同;

（4）惯性导航系统通电工作,测量各仪表表头温度,待各仪表表头温度稳定(温度变化小于 0.2℃);

（5）根据 19 位置自标定方案开始该温度下误差系数标定,该过程大约需 1.5 h;

（6）完成该温度点下的标定后,开始下一次标定,设定温控箱温度至预定温度,等待约 30 min,至温控箱温度与仪表表头温度稳定(惯性系统一直处于通电状态);

（7）重复步骤（5）～步骤（6），直至完成所有温度点下的标定试验；

（8）根据采集数据，分析试验结果，形成试验报告。

试验过程中，为确保温控箱温度为设定的标定温度，开始试验前保温足够时间，试验过程中温控箱温变速率为 3℃/min。确保在标定试验开始前惯性导航系统表头温度稳定，温控箱到达给定温度后，保温静止 30 min 以上，保证在惯性系统内部温度场稳定的情况下完成标定试验。试验过程中温控箱温度与仪表表头温度并不一致，试验过程中保证表头温度波动小于 0.2℃。表 4.11 给出了试验过程中温控箱温度与各仪表头温度的对应关系。每个温度点进行至少两次标定，一次从最低温依次升至最高温，一次从最高温依次降至最低温。

表 4.11　标定温度点与对应的各表头温度

序号	标定点温控箱温度/℃	X 陀螺仪表头温度/℃	Y 陀螺仪表头温度/℃	Z 陀螺仪表头温度/℃	X 加速度计表头温度/℃	Y 加速度计表头温度/℃	Z 加速度计表头温度/℃
1	−45	−25.948	−25.308	−24.223	−23.853	−18.072	−20.846
2	−43	−24.812	−24.516	−23.277	−22.864	−17.155	−19.849
3	−40	−22.713	−22.269	−21.161	−20.717	−15.007	−17.662
4	−38	−20.873	−20.389	−19.295	−18.819	−13.111	−15.751
5	−35	−18.670	−18.249	−17.152	−16.635	−10.952	−13.530
6	−32	−15.822	−15.495	−14.359	−13.779	−8.119	−10.640
7	−30	−13.705	−13.283	−12.185	−11.564	−5.894	−8.415
8	−26	−10.706	−10.225	−9.201	−8.522	−2.867	−5.332
9	−23	−7.828	−7.424	−6.356	−5.614	0.012	−2.399
10	−20	−3.659	−3.365	−2.160	−1.339	4.267	1.875
11	−17	−2.009	−1.549	−0.516	0.345	5.959	3.604
12	−14	0.432	0.797	1.860	2.813	8.397	6.119
13	−11	3.111	3.453	4.534	5.546	11.111	8.879
14	−8	5.837	6.153	7.237	8.309	13.860	11.654
15	−5	9.831	10.094	11.237	12.403	17.928	15.762
16	−3	12.403	12.700	13.871	15.081	20.601	18.442
17	0	14.180	14.529	15.627	16.872	22.384	20.258
18	3	16.797	17.079	18.187	19.492	24.976	22.903
19	6	19.618	19.870	21.002	22.375	27.840	25.794
20	9	22.636	22.893	24.036	25.477	30.929	28.899

续　表

序号	标定点温控箱温度/℃	X陀螺仪表头温度/℃	Y陀螺仪表头温度/℃	Z陀螺仪表头温度/℃	X加速度计表头温度/℃	Y加速度计表头温度/℃	Z加速度计表头温度/℃
21	12	25.460	25.715	26.867	28.364	33.795	31.799
22	15	29.614	29.891	31.103	32.654	38.085	36.100
23	17	30.860	31.206	32.352	33.924	39.349	37.379
24	20	32.827	33.016	34.194	35.829	41.203	39.295
25	23	35.610	35.813	36.988	38.678	44.037	42.158
26	26	38.642	38.824	40.027	41.779	47.112	45.257
27	27	40.749	40.947	42.216	43.996	49.335	47.476
28	30	42.793	42.959	44.208	46.034	51.345	49.526
29	33	45.463	45.607	46.870	48.753	54.039	52.253
30	36	48.304	48.432	49.726	51.666	56.931	55.171
31	39	51.336	51.458	52.781	54.779	60.027	58.282
32	42	54.935	54.930	56.371	58.444	63.667	61.930
33	45	59.481	59.541	61.106	63.237	68.481	66.703
34	48	61.396	61.422	62.955	65.130	70.353	68.622
35	50	63.340	63.504	65.016	67.206	72.441	70.707

　　图 4.12 给出了部分误差系数两次标定过程中不同温度点下标定结果随表头温度的变化图,两次标定结果一致性较好。

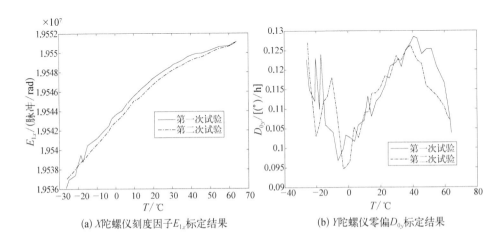

(a) X陀螺仪刻度因子E_{1x}标定结果　　　　　(b) Y陀螺仪零偏D_{0y}标定结果

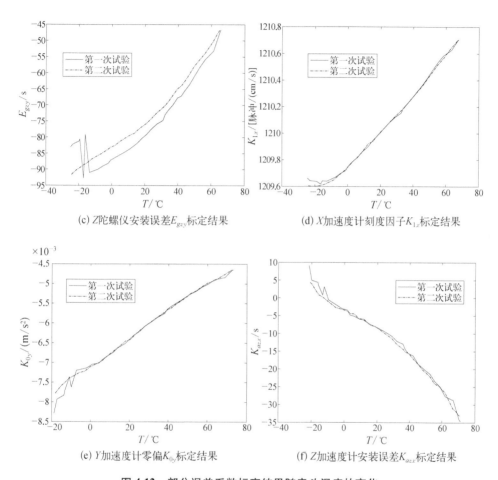

(c) Z陀螺仪安装误差E_{gzy}标定结果　　　　(d) X加速度计刻度因子K_{1x}标定结果

(e) Y加速度计零偏K_{0y}标定结果　　　　(f) Z加速度计安装误差K_{azz}标定结果

图 4.12　部分误差系数标定结果随表头温度的变化

为分析温度漂移建模结果的有效性,选择−40℃、−20℃、15℃、45℃四个温度点进行多次重复标定,每个温度点共标定 6 次,完成标定后选择 20℃、45℃两个温度点开展静态导航试验,此时惯性系统处于导航状态,但是不移动(定点导航),持续时间为 30 min。

4.6.2　惯性导航系统温度漂移建模

惯性导航系统误差系数的温度漂移多项式建模中,多项式阶次的确定是其中的关键问题,模型阶次的确定既要考虑模型的拟合能力,又要考虑模型的预测能力。较为常规的方法是先确定模型的阶次,例如一阶模型或二阶模型,然后使用最小二乘方法进行拟合,这种思路相对简单,但是并不适用于所有情况。温度漂移建模不仅需要确定模型参数,还需要确定模型阶次,下面利用交叉验证思想获得误差系数的最优多项式模型。

为方便起见,假设误差系数温度漂移模型为

$$x = \sum_{i=0}^{p} a_i T^i \tag{4.130}$$

其中,x 表示任一误差系数;T 为温度,采用归一化表示;a_i 表示多项式系数;p 为多项式阶次。在模型确定中,多项式阶次 p 与多项式系数 a_i 都根据数据优化确定。

在模型优化选择中,需要综合考虑模型的拟合能力与预测能力,从模型的综合性能评价上考虑,模型选择准则既要求尽可能保持无偏性也需要方差尽可能地小,这样既可以保证最优模型的拟合能力,又可以避免出现过拟合问题。为此将试验数据分为两部分,一部分作为拟合数据集,一部分作为预测数据集,两者无重合。常见的模型选择准则有赤池信息准则(Akaike Information Criterion,AIC)如下:

$$J_p^{(\text{AIC})} = \ln \hat{\sigma}_p^2 + \frac{2p}{n} \tag{4.131}$$

以及最小描述长度(Minimum Description Length,MDL)准则

$$J_p^{(\text{MDL})} = \ln \hat{\sigma}_p^2 + p \frac{\ln n}{n} \tag{4.132}$$

比较上述几种选择准则,实际上都由两部分组成,一部分是与估计方差或预测方差相关的量,另一部分则是与样本数量相关,在大样本统计理论中,n 越大,参数估计无偏性越好,当 $n \to \infty$ 时,上述选择准则中与估计偏差有关项都趋近于零。

模型优选中充分考虑拟合集中的残差平方和与预测集中的残差平方和,以及模型阶次,模型选择优化函数为

$$J_p = \ln(r_{sse}^2 + r_{pr}^2) + \frac{2p}{n} \tag{4.133}$$

其中,r_{sse}^2 为根据拟合集拟合后得到的拟合残差平方和;r_{pr}^2 为根据拟合模型计算

预测验证集后得到的预测残差平方和；p 为模型阶次；n 为所有的温度点个数。

　　由于温度试验点较多，开展了两次全过程温度标定试验，在构建温度漂移模型时，同样采用交叉验证方式优选多项式模型阶次。将上述 35 个温度点分为两部分，其中 10 个点为预测验证集，25 个点为拟合集，选择的基本原则是综合平衡模型的拟合能力与预测能力，预测验证集见表 4.12，拟合集见表 4.13。

表 4.12　预测验证集

序号	1	2	3	4	5	6	7	8	9	10
温度/℃	−43	−35	−23	−8	9	20	30	45	48	50

表 4.13　拟合集

序号	1	2	3	4	5	6	7	8	9	10	11	12	13
温度/℃	−45	−40	−38	−32	−30	−26	−20	−17	−14	−11	−5	−3	0
序号	14	15	16	17	18	19	20	21	22	23	24	25	
温度/℃	3	6	12	15	17	23	26	27	33	36	39	42	

　　在标定试验中，温控箱温度为惯性系统工作环境温度，惯性系统启动工作后，内部会发热，陀螺仪与加速度计表头温度与环境温度存在较大差别，建模时采用各仪表表头温度作为输入参数。为提高多项式拟合精度，标定温度采用如下的归一化温度作为多项式输入：

$$T' = \frac{T + T_0}{T_0} \tag{4.134}$$

其中，T_0 为 0℃时对应的开式温度，$T_0 = 273.15$；T 为标定温度点对应的表头温度（℃）。

4.6.3　惯性导航系统温度漂移模型验证

　　根据上述建模方法，利用第二次标定结果，获得了不同误差系数标定结果对于各仪表表头温度的多项式模型，见表 4.14。

表 4.14 误差系数的多项式建模结果

	误 差 系 数	最优多项式阶次	多项式系数(归一化温度,从高阶到低阶)
1	X 陀螺仪标度 E_{1x}/($^{\wedge}$/rad)	4	[1 718 763.4, -7 417 517.7, 11 866 710.1, -8 295 801.3, 21 670 700.1]
2	Y 陀螺仪标度 E_{1y}/($^{\wedge}$/rad)	2	[-109 385.86, 276 695.98, 19 358 242.52]
3	Z 陀螺仪标度 E_{1z}/($^{\wedge}$/rad)	4	[2 176 051.7, -9 420 917.2, 15 132 978.9, -10 641 087.2, 22 282 578.3]
4	X 陀螺仪零位 D_{0x}/[(°)/h]	2	[0.893, -1.994, 1.020]
5	Y 陀螺仪零位 D_{0y}/[(°)/h]	5	[398.18, -2 111.76, 4 457.97, -4 681.97, 2 446.21, -508.53]
6	Z 陀螺仪零位 D_{0z}/[(°)/h]	2	[0.066 1, -0.158 9, 0.196 1]
7	X 陀螺仪安装误差 K_{gxz}/(″)	5	[-122 787.2, 663 980.0, -1 429 530.8, 1 531 151.2, -815 750.4, 172 962.8]
8	X 陀螺仪安装误差 K_{gxy}/(″)	3	[346.46, -1 357.32, 1 720.67, -1 042.82]
9	Y 陀螺仪安装误差 K_{gyx}/(″)	5	[152 069.2, -814 711.9, 1 738 792.2, -1 847 415.7, 977 144.3, -205 738.0]
10	Y 陀螺仪安装误差 K_{gyz}/(″)	5	[-22 884.9, 120 266.7, -252 257.5, 264 149.8, -138 169.8, 29 422.7]
11	Z 陀螺仪安装误差 K_{gzx}/(″)	5	[-11 136.8, 66 295.9, -157 472.1, 186 124.9, -109 293.7, 25 035.0]
12	Z 陀螺仪安装误差 K_{gzy}/(″)	4	[-5 882.419, 25 873.048, -42 256.362, 30 504.134, -8 321.467]
13	X 加速度计标度 K_{1x}/[$^{\wedge}$/(m/s)]	5	[-954.805, 5 314.650, -11 804.831, 13 081.775, -7 230.281, 2 803.242]
14	Y 加速度计标度 K_{1y}/[$^{\wedge}$/(m/s)]	5	[-559.067, 3 115.764, -6 953.310, 7 768.141, -4 341.435, 2 142.715]
15	Z 加速度计标度 K_{1z}/[$^{\wedge}$/(m/s)]	5	[-2 673.8, 14 631.0, -31 918.4, 34 710.6, -18 820.9, 5 291.6]
16	X 加速度计零位 K_{0x}/g	5	[-0.169, 0.761, -1.107, 0.359, 0.415, -0.257]
17	Y 加速度计零位 K_{0y}/g	3	[-0.035 9, 0.116 6, -0.115 9, 0.028 1]
18	Z 加速度计零位 K_{0z}/g	5	[3.606, -19.956, 44.015, -48.327, 26.403, -5.742]
19	Y 加速度计安装误差 K_{ayx}/(″)	5	[106 588.2, -585 385.3, 1 279 611.5, -1 391 440.3, 752 859.1, -162 363.0]
20	Z 加速度计安装误差 K_{azx}/(″)	3	[-799.35, 2 446.06, -2 570.56, 920.44]
21	Z 加速度计安装误差 K_{azy}/(″)	4	[8 481.399, -38 045.009, 62 976.715, -45 303.93, 11 801.268]

注:符号"$^{\wedge}$"代表脉冲数。

对于温度漂移模型的有效性判断从两个方面进行分析：一是比较多次重复标定结果标准差与增加预测值后的标准差变化；二是进行选择若干温度点进行定点导航，利用温度漂移模型的预测结果进行补偿，分析补偿前后导航误差的变化。

根据表 4.14 中建立的各个误差系数的多项式模型，选择 $-45℃$、$-20℃$、$15℃$、$45℃$ 4 个温度点计算误差系数预测值。该四个温度点进行了 6 次重复标定试验，分别计算其均值与标准差，然后利用表 4.14 所示模型预测相应温度点下误差系数值，并与 6 次重复标定结果组成新样本集（共 7 个样本），分别计算均值与标准差，比较两者的变化。

表 4.15 是 $-45℃$ 下的预测效果。

表 4.15　$-45℃$ 下的温度预测效果

	误 差 系 数	多次标定结果		模型预测值	模型预测标准差	标准差变化值
		均　值	标准差			
1	X 陀螺仪标度 $E_{1x}/(\text{^}/\text{rad})$	19 536 740.29	405.047	19 537 087.37	392.338	-3.14%
2	Y 陀螺仪标度 $E_{1y}/(\text{^}/\text{rad})$	19 519 141.38	254.421	19 519 246.69	235.639	-7.38%
3	Z 陀螺仪标度 $E_{1z}/(\text{^}/\text{rad})$	19 523 243.94	728.433	19 523 779.42	695.083	-4.58%
4	X 陀螺仪零位 $D_{0x}/[(°)/\text{h}]$	$-0.059\,5$	1.865E$-$02	$-0.052\,1$	1.726E$-$02	-7.49%
5	Y 陀螺仪零位 $D_{0y}/[(°)/\text{h}]$	0.120 7	7.607E$-$03	0.119 5	6.958E$-$03	-8.53%
6	Z 陀螺仪零位 $D_{0z}/[(°)/\text{h}]$	0.115 0	8.626E$-$03	0.106 3	8.539E$-$03	-1.00%
7	X 陀螺仪安装误差 $K_{gxz}/('')$	28.233	5.119	24.266	4.908	-4.13%
8	X 陀螺仪安装误差 $K_{gxy}/('')$	-341.167	1.472	-340.500	1.367	-7.12%
9	Y 陀螺仪安装误差 $K_{gyx}/('')$	125.333	4.033	129.000	3.934	-2.46%
10	Y 陀螺仪安装误差 $K_{gyz}/('')$	528.000	1.549	528.742	1.442	-6.93%
11	Z 陀螺仪安装误差 $K_{gzx}/('')$	-449.500	3.834	-446.187	3.717	-3.05%
12	Z 陀螺仪安装误差 $K_{gzy}/('')$	-87.117	4.881	-91.700	4.780	-2.06%
13	X 加速度计标度 $K_{1x}/[\text{^}/(\text{m}/\text{s})]$	1 209.628 1	2.778E$-$02	1 209.610	2.630E$-$02	-5.34%
14	Y 加速度计标度 $K_{1y}/[\text{^}/(\text{m}/\text{s})]$	1 172.746 2	3.618E$-$02	1 172.717	3.484E$-$02	-3.71%
15	Z 加速度计标度 $K_{1z}/[\text{^}/(\text{m}/\text{s})]$	1 220.262 6	6.804E$-$02	1 220.210	6.517E$-$02	-4.22%
16	X 加速度计零位 K_{0x}/g	6.908 4E$-$04	1.956E$-$04	0.000 772	1.812E$-$04	-7.38%
17	Y 加速度计零位 K_{0y}/g	$-7.933\,3$E$-$03	2.141E$-$04	$-0.007\,696$	2.150E$-$04	0.45%
18	Z 加速度计零位 K_{0z}/g	$-2.106\,7$E$-$03	6.314E$-$05	$-0.002\,075$	5.886E$-$05	-6.77%
19	Y 加速度计安装误差 $K_{ayx}/('')$	-145.333	4.082	-141.974	3.937	-3.56%
20	Z 加速度计安装误差 $K_{azx}/('')$	5.557	1.892	3.158	1.951	3.10%
21	Z 加速度计安装误差 $K_{azy}/('')$	-125.167	3.125	-122.595	3.014	-3.56%

注：符号"^"代表脉冲数。

可以看出,利用 21 个误差系数的温度漂移模型预测的-45℃下的误差系数,与 6 次标定结果非常一致,所有误差统计标准差的变化均不超过 10%。其他三个温度点下的预测结果也非常一致,计算结果与-45℃下的结论相同。

下面利用定点导航进一步分析温度漂移模型的补偿效果,分别在-45℃与常温(约 15℃)下进行定点导航。惯性系统通电后马上采集加速度计与陀螺仪数据,此时内部温度场未稳定,采集时间 30 min,分别进行两次试验,然后离线进行导航计算,得到 30 min 时姿态、速度与位置误差,结果见表 4.16 与表 4.17。

表 4.16 温度补偿的定点导航效果(-45℃)

项　　目			补偿前	补偿后
-45℃第一次采集数据	姿态/(°)	俯仰角	-1.207E-01	-4.058E-01
		横滚角	-2.823E-02	4.963E-02
		方位角	2.533E+02	2.538E+02
	速度误差/(m/s)	东	-4.506E+01	2.961E+00
		北	4.469E-01	-1.590E+00
		天	6.159E+02	-1.427E+01
	位置误差/m	东	-3.492E+04	2.343E+03
		北	1.857E+02	-1.032E+03
		天	5.796E+05	-1.348E+04
-45℃第二次采集数据	姿态/(°)	俯仰角	-1.797E-01	-4.031E-01
		横滚角	-9.990E-03	4.547E-02
		方位角	2.533E+02	2.537E+02
	速度误差/(m/s)	东	-4.069E+01	2.534E+00
		北	8.312E-01	-9.001E-01
		天	5.581E+02	-1.301E+01

续　表

项　目			补偿前	补偿后
-45℃第二次 采集数据	位置误差/m	东	-2.760E+04	1.619E+03
		北	4.747E+02	-4.271E+02
		天	4.760E+05	-1.115E+04

表 4.17　温度补偿的定点导航效果(常温)

项　目			补偿前	补偿后
常温第一次 原始数	姿态/(°)	俯仰角	5.718E-02	-5.649E-02
		横滚角	1.717E-02	-9.800E-04
		方位角	2.670E+02	2.674E+02
	速度误差/ (m/s)	东	-2.785E+01	2.136E+00
		北	6.376E-01	-3.022E-01
		天	4.165E+02	-9.458E+00
	位置误差/(m)	东	-1.314E+04	1.018E+03
		北	2.389E+02	-1.022E+02
		天	2.678E+05	-6.102E+03
常温第二次 原始数	姿态/(°)	俯仰角	1.333E-01	-5.970E-02
		横滚角	5.923E-03	-3.720E-03
		方位角	2.670E+02	2.675E+02
	速度误差/ (m/s)	东	-3.705E+01	2.751E+00
		北	4.800E-01	-1.046E+00
		天	5.090E+02	-1.177E+01
	位置误差/m	东	-2.249E+04	1.630E+03
		北	1.821E+02	-5.266E+02
		天	4.000E+05	-9.268E+03

从表 4.16、表 4.17 中可以看出,采用温度漂移补偿模型可以显著降低速度与位置导航误差,对姿态误差也有很好的补偿效果,两个温度点、两次独立试验导航误差均具有相同的变化趋势,说明温度漂移模型的补偿效果显著。

4.7 小结

本章主要研究了惯性导航系统工具误差标定与补偿的各种方法与技术手段,包括基于三轴精密转台的多位置标定、模标定、离心机试验、火箭橇试验、陀螺仪寻北、自标定自对准技术、温度漂移建模分析等,介绍了各种标定与补偿方法的理论基础、主要特点以及不足之处。

第5章 基于飞行试验测量数据的误差辨识

第3章分析了影响导弹飞行弹道参数的各类偏差因素的传播机制,这些偏差可以在飞行之前采取多种措施进行估计与辨识,也可以在飞行试验完成之后根据试验数据,辅以飞行器总体参数与其他弹道参数,结合飞行力学知识,建立辨识模型,完成误差辨识,本章主要讨论基于飞行试验遥测、外测数据,惯导工具误差、初始误差、发动机特性参数误差、高空风、再入弹道系数等干扰因素的辨识问题,以及相应的辨识方法。

5.1 遥外差计算与惯导工具误差系数辨识

在导弹或火箭的飞行试验中,为尽可能全面掌握飞行试验情况,获得尽可能多的飞行试验数据,需要对飞行试验过程进行全面监测与观测,其中,利用飞行器内部所携带的遥测设备,将弹/箭上设备得到的各种信息,包括加速度、角速度、导航解算的速度、位置、控制指令与反馈,以及各种温度、振动等环境信息,传输到地面遥测接收装置,经过解码后得到的数据,称为遥测数据。利用靶场测量设备对飞行器进行观测获得的试验数据,称为外测试验数据,例如,利用靶场观测雷达、光电经纬仪等设备可以得到飞行器距离、高低角、方位角等信息,经过转换滤波后可以得到飞行器地平坐标系中的速度、位置信息,再进行转换即可得到发射坐标系、发射惯性坐标系中的飞行器速度、位置。

根据靶场测量设备得到的飞行器速度、位置信息仅仅包含测量设备本身的测量误差,不包含飞行器自身的惯导工具误差、中段误差等在内,如果不考虑靶场测量设备的测量误差,则外测速度、位置信息是飞行器真实速度、位置的体现。而遥测数据中的加速度、角速度等信息是根据惯性测量系统测量得到的,包含有工具误差,利用遥测数据、外测数据的这种差异,可以实现各类误差的分离与辨识。需要注意的是,部分飞行器导航系统中包含卫星导航设备,而根据卫星导航设备给出的飞行器速度、位置信息通常也会随弹/箭上遥测装置下行至地面,这类根据纯卫星导航给出的速度、位置信息只包含卫星导航系统本身的测量误差,不包含其他误差在内,也可看作是飞行器真实速度、位置的体现。

飞行试验中遥测信息和外测信息表示了飞行器弹道参数不同的特征,根据惯性系统测量数据可计算得到载体速度、位置、姿态等弹道参数,根据外测设备测量数据综合滤波可得到载体速度、位置、姿态,两者之差即为遥外差。在求解遥外差时,需要解决两个问题:一是遥测、外测信息必须转换到同一个坐标系中,再计算差值;二是必须在外测信息中减去重力加速度导致的速度、位置增量,或者在遥测数据中加上重力加速度导致的速度、位置增量。

根据上述分析,不失一般性,按照下列假定计算遥外差:

(1) 在发射惯性坐标系中计算遥外差,发射惯性坐标系用下标 a 表示;

(2) 计算遥外差时在外测信息中扣除重力加速度影响;

(3) 为简化问题,假设外测位置、速度信息均在地心坐标系中表示,且除外测测量设备随机误差外,不包含其他误差,地心坐标系用下标 e 表示;

(4) 除制导工具误差、外测设备随机误差外,不包含其他误差。

5.1.1 平台式惯性系统发射惯性坐标系中遥测视速度、视位置计算

依据遥测信息中惯性测量系统给出的角速度及加速度计算飞行器视速度与视位置,实际上就是进行不考虑重力加速度下的导航计算。因此,无论是平台式惯性系统,还是捷联式惯性系统,根据相应的导航计算方法即可得到发射惯性坐标系下的遥测视速度与视位置。

由于平台式惯性系统可以直接跟踪惯性坐标系,所以在应用中,平台式惯性系统一般直接跟踪发射惯性坐标系,即平台式惯性系统中陀螺仪与加速度计三轴指向理论上不会发生变化,三个加速度计输出值即为发射惯性坐标系中的视加速度,直接积分即可得到视速度与视位置。由于陀螺仪与加速度计输出为离散值,使用梯形公式即可完成积分计算:

$$W_{yao}(t_i) = W_{yao}(t_{i-1}) + 0.5[\dot{W}_{acc}(t_{i-1}) + \dot{W}_{acc}(t_i)] \cdot \Delta t$$
$$\underset{.}{W}_{yao}(t_i) = \underset{.}{W}_{yao}(t_{i-1}) + 0.5[W_{yao}(t_{i-1}) + W_{yao}(t_i)] \cdot \Delta t \tag{5.1}$$

其中, $\dot{W}_{acc}(t_i)$ 表示惯性系统三个正交加速度计的测量输出值,由于加速度计不能测量重力加速度,其测量值称为视加速度; t_i 表示飞行时间; Δt 为加速度计

测量值更新周期,也等于积分周期;$\boldsymbol{W}_{\mathrm{yao}}(t_i)$ 表示积分得到的视速度;$\dot{\boldsymbol{W}}_{\mathrm{yao}}(t_i)$ 表示积分得到的视位置。发射瞬时的位置积分初值一般假设为零,即

$$\dot{\boldsymbol{W}}_{\mathrm{yao}}(0) = \boldsymbol{R}(0) = 0 \tag{5.2}$$

视速度初值有两种计算方法,一种假设为零:

$$\boldsymbol{W}_{\mathrm{yao}}(0) = \boldsymbol{V}(0) = 0 \tag{5.3}$$

另一种根据发射瞬时地球自转速度矢量计算:

$$\boldsymbol{W}_{\mathrm{yao}}(0) = \boldsymbol{V}(0) = \boldsymbol{\omega}_e^a \times \boldsymbol{R}_{0a} \tag{5.4}$$

选择式(5.3)、式(5.4)中不同的积分初值会影响后面速度遥外差、位置遥外差的计算。

5.1.2　捷联式惯性系统发射惯性系中遥测视速度、视位置计算

由于捷联式惯性系统测量的是体坐标系中的视加速度与角速度,需要先对姿态进行解算,然后将视加速度转换至发射惯性坐标系,再进行导航计算。飞行力学中描述飞行器体坐标系相对于发射惯性系的姿态一般用俯仰角、偏航角、滚动角,惯性测量系统测量得到的角速度是体坐标系中的角速度,其与俯仰角速度、偏航角速度、滚动角速度并不一致,两者关系可用下列公式描述:

$$\boldsymbol{\omega}_a = \dot{\boldsymbol{\varphi}}_T + \dot{\boldsymbol{\psi}}_T + \dot{\boldsymbol{\gamma}}_T \tag{5.5}$$

其中,φ_T、ψ_T、γ_T 分别为相对于发射惯性坐标系的姿态角,写成分量形式为

$$\begin{cases} \omega_{ax} = \dot{\gamma}_T - \dot{\varphi}_T \sin \psi_T \\ \omega_{ay} = \dot{\psi}_T \cos \gamma_T + \dot{\varphi}_T \cos \psi_T \sin \gamma_T \\ \omega_{az} = -\dot{\psi}_T \sin \gamma_T + \dot{\varphi}_T \cos \psi_T \cos \gamma_T \end{cases} \tag{5.6}$$

惯性测量系统三个正交陀螺仪测量的角速度实际上是 ω_{ax}、ω_{ay}、ω_{az},理论上可根据式(5.7)得到 $\dot{\varphi}_T$、$\dot{\psi}_T$、$\dot{\gamma}_T$:

$$\begin{cases} \dot{\varphi}_T = (\sin \gamma_T \omega_{ay} + \cos \gamma_T \omega_{az})/\cos \psi_T \\ \dot{\psi}_T = \cos \gamma_T \omega_{ay} + \sin \gamma_T \omega_{az} \\ \dot{\gamma}_T = \omega_{ax} - \tan \psi_T (\sin \gamma_T \omega_{ay} + \cos \gamma_T \omega_{az}) \end{cases} \tag{5.7}$$

可以看到,当滚动角达到 90° 时上述方程会出现奇异。为避免这个情况,捷

联惯性系统姿态更新一般使用四元数计算。

获得体坐标系相对于发射惯性坐标系的坐标转换矩阵后,将加速度计测量得到的体坐标系中的视加速度转换至发射惯性系中,然后再进行积分即可得到发射惯性系下的视速度与视位置:

$$\dot{W}_a = C_b^a \dot{W}_b \tag{5.8}$$

其中,$\dot{W}_b$ 为捷联惯性系统三个正交加速度计测量得到的体坐标系视加速度;C_b^a 为根据四元数计算得到的体坐标系至发射惯性坐标系的坐标转换矩阵。此时,发射惯性系中的积分计算与平台式惯性系统相同,使用式(5.1)~式(5.4)进行计算。

5.1.3 发射惯性坐标系中外测视速度、视位置计算

为获得足够精度的弹道外测数据,通常使用多站联合测量,采用滤波方法得到飞行速度、位置信息,测量站地平坐标系准确已知,它们与地心坐标系的相互关系可以精确描述。为简便起见,直接定义地心坐标系中的外测速度为 v_e,地心到导弹质心的矢径为 r_e,显然如果不考虑外测设备的随机误差,那么 v_e 与 r_e 都是精确的。r_e 可以分为两部分,一部分是地心至发射坐标系原点的矢径 R_{0e},另一部分是导弹相对地面移动的位置矢量 ρ_e:

$$r_e = \rho_e + R_{0e} \tag{5.9}$$

前面已经指出,需要将外测信息转换至发射惯性坐标系,同时扣除重力加速度的影响。如图 5.1 所示,$O_a X_a Y_a Z_a$ 为发射惯性坐标系,$O_g X_g Y_g Z_g$ 为发射坐标系,O_e 为地心。

则发射惯性坐标系中的外测视速度矢量可表示为

$$W_{out}(t) = C_e^a(t) \cdot v_e(t) + \omega_e^a(t) \times \left[C_e^a(t) \cdot (R_{0e} + \rho_e) \right] - V_{0a} - \int_0^t g_a(\tau)\mathrm{d}\tau \tag{5.10}$$

式(5.10)右边的第一部分 $C_e^a(t) \cdot v_e(t)$ 是将地心坐标系速度矢量转换至发射惯性坐标系,$C_e^a(t)$ 为坐标转换矩阵,与飞行时间有关,时间零点为发射瞬时,此时发射坐标系与发射惯性坐标系重合。$C_e^a(t)$ 根据式(5.11)计算:

$$C_e^a(t) = C_e^g(t) C_g^a(t) \tag{5.11}$$

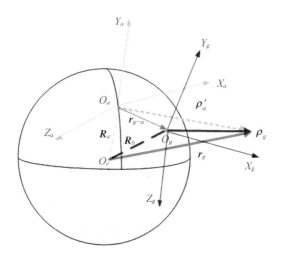

图 5.1 外测信息转换关系图

其中,$\boldsymbol{C}_e^g$ 为地心坐标系至发射坐标系的转换矩阵,可表示为

$$\boldsymbol{C}_e^g = \boldsymbol{M}_2\big[-(90° + A_T)\big]\boldsymbol{M}_1\big[B_T\big]\boldsymbol{M}_3\big[-(90° - \lambda_T)\big]$$

$$= \begin{bmatrix} -\sin A_T\sin\lambda_T - \cos A_T\sin B_T\cos\lambda_T & \sin A_T\cos\lambda_T - \cos A_T\sin B_T\sin\lambda_T & \cos A_T\cos B_T \\ \cos B_T\cos\lambda_T & \cos B_T\sin\lambda_T & \sin B_T \\ -\cos A_0\sin\lambda_T + \sin A_T\sin B_T\cos\lambda_T & \cos A_T\cos\lambda_T + \sin A_T\sin B_T\sin\lambda_T & -\sin A_T\cos B_T \end{bmatrix}$$

$$(5.12)$$

$$\boldsymbol{C}_g^a(t) = \boldsymbol{A}^\mathrm{T}\boldsymbol{B}^\mathrm{T}\boldsymbol{A} \tag{5.13}$$

其中,$\boldsymbol{A} = \begin{bmatrix} \cos A_T\cos B_T & \sin B_T & -\sin A_T\cos B_T \\ -\cos A_T\sin B_T & \cos B_T & \sin A_T\sin B_T \\ \sin A_T & 0 & \cos A_T \end{bmatrix}$,$\boldsymbol{B} = \begin{bmatrix} 1 & 0 & 0 \\ 0 & \cos\omega_e t & \sin\omega_e t \\ 0 & -\sin\omega_e t & \cos\omega_e t \end{bmatrix}$,

A_T 为天文方位角,B_T 发射点天文纬度,λ_T 发射点天文经度,ω_e 为地球自转角速度,t 为飞行时间。工程应用中,一般不区分天文纬度与大地纬度、天文经度与大地经度,天文方位角使用发射方位角代替,即

$$B_T = B_0$$
$$\lambda_T = \lambda_0 \tag{5.14}$$
$$A_T = A_0$$

其中，B_0 为发射点大地纬度；λ_0 为发射点大地经度；A_0 为发射方位角。

式(5.10)右边的第二部分 $\boldsymbol{\omega}_e^a(t) \times [\boldsymbol{C}_e^a(t) \cdot (\boldsymbol{R}_{0e} + \boldsymbol{\rho}_e)]$ 是地球自转造成的牵连速度，与飞行时间有关，$\boldsymbol{\omega}_e^a(t)$ 为发射惯性系下的地球自转角速度矢量：

$$\boldsymbol{\omega}_e^a(t) = \boldsymbol{C}_g^a(t) \cdot \boldsymbol{\omega}_e^g = \boldsymbol{C}_g^a(t) \cdot \boldsymbol{C}_e^g \cdot \boldsymbol{\omega}_{e0} = \boldsymbol{C}_g^a(t) \begin{bmatrix} \cos B_T \cos A_T \\ \sin B_T \\ -\cos B_T \sin A_T \end{bmatrix} \cdot \omega_e \tag{5.15}$$

计算地心到发射点的矢径 $\boldsymbol{R}_{0e}$ 在地心坐标系中的表示：

$$\boldsymbol{R}_{0e} = \begin{bmatrix} X_0 \\ Y_0 \\ Z_0 \end{bmatrix} = \begin{bmatrix} (N_0 + H_0)\cos B_0 \cos \lambda_0 \\ (N_0 + H_0)\cos B_0 \sin \lambda_0 \\ [N_0(1 - e^2) + H_0]\sin B_0 \end{bmatrix} \tag{5.16}$$

矢量 $\boldsymbol{R}_0$ 为地心到发射点矢径在发射坐标系中的表示，与飞行时间无关，$\boldsymbol{R}_0$ 可表示为

$$\boldsymbol{R}_0 = \boldsymbol{C}_e^g \cdot \boldsymbol{R}_{0e} \tag{5.17}$$

式(5.10)右边的第三部分 $\boldsymbol{V}_{0a}$ 是发射瞬时地球自转造成的牵连速度。一般情况下，根据遥测信息中的加速度与角速度信息计算发射惯性坐标系中的速度时，其速度积分初值一般为零，即采用式(5.3)计算，因此需要扣除发射初始时刻的牵连速度，初始时刻的牵连速度实际上就是式(5.10)等号右边第二部分发射瞬时 $t = 0$ 时的牵连速度：

$$\boldsymbol{V}_{0a} = \boldsymbol{\omega}_e^a(0) \times [\boldsymbol{C}_e^a(0) \cdot (\boldsymbol{R}_{0e} + \boldsymbol{\rho}_e)] = \boldsymbol{\omega}_e^a(0) \times \boldsymbol{R}_0 \tag{5.18}$$

式(5.10)右边的第四部分是扣除重力加速度导致的速度增量。发射坐标系下的重力加速度可表示为

$$\boldsymbol{g}_g = g_r \cdot \frac{\boldsymbol{r}_g}{r_g} + g_\omega \cdot \frac{\boldsymbol{\omega}_e^g}{\omega_{e0}} \tag{5.19}$$

其中，

$$\begin{aligned} g_r &= -\frac{\mu}{r_g^2} \cdot \left[1 + \frac{3}{2}J_2 \left(\frac{a_e}{r_g}\right)^2 (1 - 5\sin^2\phi) \right] \\ g_\omega &= -\frac{\mu}{r_g^2} \frac{3}{2}J_2 \left(\frac{a_e}{r_g}\right)^2 \cdot \sin\phi \end{aligned} \tag{5.20}$$

$$\boldsymbol{r}_g = \boldsymbol{C}_e^g \cdot (\boldsymbol{R}_{0e} + \boldsymbol{\rho}_e) \qquad (5.21)$$

其中，μ 为地球常数，$\mu = 3.986\,004 \times 10^{14}\ \mathrm{m^2/s^3}$；$a_e$ 为地球长半轴，$a_e = 6\,378\,145\ \mathrm{m}$；$J_2 = 1.00 \times 10^{-3}$。发射惯性系中的重力加速度可表示为

$$\boldsymbol{g}_a(t) = \boldsymbol{C}_g^a(t) \cdot \boldsymbol{g}_g \qquad (5.22)$$

发射惯性坐标系中的外测视位置矢量可表示为

$$\boldsymbol{W}_{\mathrm{out}}(t) = \boldsymbol{C}_e^a(t)(\boldsymbol{R}_{0e} + \boldsymbol{\rho}_e) - \boldsymbol{R}_{0a} - \boldsymbol{V}_{0a} \cdot t - \int_0^t \int_0^u \boldsymbol{g}_a(\tau)\,\mathrm{d}\tau\,\mathrm{d}u \qquad (5.23)$$

式(5.23)右边的第一部分是将发射坐标系中地心至飞行器的位置矢量转换至发射惯性坐标系中，$\boldsymbol{R}_{0e}$ 由式(5.16)计算。

式(5.23)右边的第二部分 $\boldsymbol{R}_{0a}$ 则是地心至发射点矢径在发射惯性坐标系中的表示，由于第一部分是从地心开始计算的矢量，所以需要扣除发射点地心矢径，在发射瞬时：

$$\boldsymbol{R}_{0a} = \boldsymbol{R}_0 \qquad (5.24)$$

式(5.23)右边的第三部分是由于地球自转造成的牵连速度引起的位置增量，同样，根据遥测信息中的加速度与角速度信息计算发射惯性坐标系中的位置时，其位置积分初值一般也假设为零，因此需要扣除该牵连速度导致的位置增量，$\boldsymbol{V}_{0a}$ 根据式(5.18)计算，时间 t 为飞行时间。

式(5.23)右边第四部分则是重力导致的位置增量，对其进行二次积分即可，其计算方法如前相同。

5.1.4　发射惯性坐标系中遥外差计算

5.1.1 节与 5.1.2 节获得了发射惯性系中的遥测视速度与视位置信息，5.1.3 节获得了发射惯性坐标系中的外测视速度与视位置，由于已经完成了坐标转换与重力加速度补偿，将遥测信息与外测时间对齐，两者直接作差，即可得到遥外差：

$$\begin{aligned}
\boldsymbol{\delta X}_V(t) &= \boldsymbol{\dot{W}}_{\mathrm{yao}}(t) - \boldsymbol{\dot{W}}_{\mathrm{out}}(t) \\
\boldsymbol{\delta X}_P(t) &= \boldsymbol{W}_{\mathrm{yao}}(t) - \boldsymbol{W}_{\mathrm{out}}(t)
\end{aligned} \qquad (5.25)$$

其中，$\boldsymbol{\delta X}_V(t)$ 为速度遥外差；$\boldsymbol{\delta X}_P(t)$ 为位置遥外差。注意式(5.25)在每一个时刻点都满足。

5.1.5 惯性导航系统工具误差系数辨识

5.1.4 节给出了遥外差计算方法,3.3 节分别给出了平台式与捷联式惯性导航系统工具误差的传播模型,定义了环境函数矩阵的计算方法。实际上,如果将外测信息看作是弹道参数的真实值,则惯导工具误差造成的速度误差与位置误差在每一个时刻点都满足式(5.25)。因此工具误差分离模型可以写成线性模型:

$$\delta X_V = S_V \cdot D \tag{5.26}$$

$$\delta X_P = S_P \cdot D \tag{5.27}$$

其中,式(5.26)为速度域遥外差方程,δX_V 为速度域遥外差,为 $3n$ 维列向量,S_V 为速度域环境函数矩阵,为 $3n \times m$ 维矩阵。式(5.27)为位置域遥外差方程,δX_P 为位置域遥外差,S_P 为位置域环境函数矩阵,为 $3n \times m$ 维矩阵,m 为工具误差系数个数,t_1, t_2, $\cdots$, t_n 为所选时刻点。

$$\delta X_{Vn} = \begin{bmatrix} \delta X_V(t_1) \\ \delta X_V(t_2) \\ \vdots \\ \delta X_V(t_n) \end{bmatrix}, \ S_{Vn} = \begin{bmatrix} S_V(t_1) \\ S_V(t_2) \\ \vdots \\ S_V(t_n) \end{bmatrix} \tag{5.28}$$

$$\delta X_{Pn} = \begin{bmatrix} \delta X_P(t_1) \\ \delta X_P(t_2) \\ \vdots \\ \delta X_P(t_n) \end{bmatrix}, \ S_{Pn} = \begin{bmatrix} S_P(t_1) \\ S_P(t_2) \\ \vdots \\ S_P(t_n) \end{bmatrix} \tag{5.29}$$

在获得了飞行试验数据后,利用 5.1 节方法计算遥外差,利用 3.3 节方法计算环境函数矩阵,构成了形如式(5.26)与式(5.27)的遥外差方程,该方程是一个线性方程,下一步就是如何估计工具误差系数了。

5.2 初始发射参数误差辨识

初始发射参数误差的辨识同样依赖于飞行试验中的遥测数据与外测数据,本节主要讨论初始误差的辨识问题。

5.2.1　初始发射参数误差的引入

5.1.3 节指出,如果不考虑外测设备的随机误差,那么地心坐标系中的外测速度 v_e 与位置 $\boldsymbol{\rho}_e$ 都是精确的。v_e 包含三个部分:

$$v_e = v_{ew} + v_{eg} + v_{es} \qquad (5.30)$$

其中,v_{eg} 是由重力加速度导致的速度增量;v_{es} 为机动载体的速度;v_{ew} 为除去重力和机动载体初速影响的外测视速度。同样,矢量 $\boldsymbol{\rho}_e$ 也可以分为三部分:

$$\boldsymbol{\rho}_e = \boldsymbol{\rho}_{ew} + \boldsymbol{\rho}_{eg} + \boldsymbol{\rho}_{es} \qquad (5.31)$$

其中,$\boldsymbol{\rho}_{eg}$ 是由重力加速度导致的位置增量;$\boldsymbol{\rho}_{es}$ 为机动载体速度导致的位置增量;$\boldsymbol{\rho}_{ew}$ 为除去重力和机动载体初速影响的外测视位置。

实际上,如果不考虑惯导工具误差的影响,惯导遥测信息应该是导弹真实视加速度的反映,如果不考虑外测设备的测量误差,外测速度、位置应该是导弹真实弹道参数的体现。在计算遥外差时,无论是在发射惯性系还是地心坐标系,都需要利用发射点定位定向参数进行坐标转换的计算。

发射惯性坐标系由初始定位、定向参数确定,当初始定位、定向参数存在偏差时,发射惯性坐标系即存在偏差。在计算遥外差时,需要将地心坐标系中的外测信息转换到该发射惯性系中。在转换过程中,初始速度与初始位置的计算需要使用定位参数,见式(5.16)、式(5.18),而地心坐标系至发射惯性系转换矩阵的欧拉角由定向参数给出,见式(5.11)、式(5.12),这样在将地心坐标系外测信息转换至发射惯性坐标系时引入了初始定位、定向参数误差。在发射瞬时,机动载体速度 v_{es} 的测量存在误差,导致初始导弹飞行初始速度存在偏差,从而引入了初始速度偏差。

5.2.2　惯组对准误差与初始定向误差的关系

惯性导航系统在工作之前,需要进行调平与对准,存在调平与对准误差。同时惯性系统安装在弹体上也存在安装误差,这类误差的物理及数学作用与调平及对准误差是完全相同的。实际对准误差描述了初始时刻惯性系统体坐标系与实际发射惯性坐标系(含有初始误差)之间的误差关系(为误差分离方便,这里分析与发射惯性坐标系之间的关系),而地心坐标系中的外测数据转换至发射惯性坐标系时,使用了含误差的初始发射参数。

在利用遥测、外测数据分离捷联惯性系统中的定向参数误差时,如果综合考虑惯性系统在弹体上的安装误差、惯性系统调平与对准误差、初始定向参数误差,实际上可以认为将地心坐标系的外测数据转换至发射惯性坐标系中(发射瞬时),这样就可以用一个统一的误差来描述惯性系统在弹体上的安装误差、惯性系统调平与对准误差、初始定向参数误差对于遥测、外测数据关系的影响,这里统一称为惯性系统对准误差。

定义理想(真实无误差)发射惯性坐标系用 $x_a y_a z_a$ 表示,下标为 a;含有误差的发射惯性坐标系为 $x_{a'} y_{a'} z_{a'}$,根据给出的经度、纬度、方位角和高程确定,下标为 a'。在将外测数据从地心坐标系转换至发射惯性坐标系时,使用的是实际给出的发射惯性系参数,即 a' 坐标系的参数。导弹发射在进行瞄准时,根据给定的方位角进行瞄准,因此是相对于 a' 坐标系的发射方位角进行瞄准的。惯性系统调平对准误差与惯性系统安装误差对弹道影响是类似的,这里不单独考虑,统一考虑为惯性系统调平误差,但是初始定向误差与惯性系统调平对准误差定义方式不一样,需要表示成相同的形式。

对于外测信息,从地心坐标系转换至发射惯性坐标系的转换矩阵为

$$\boldsymbol{C}_e^{a'} = \boldsymbol{C}_g^{a'} \cdot \boldsymbol{C}_e^g = \boldsymbol{M}_2(-A'_T)\boldsymbol{M}_3(-B'_T)\boldsymbol{M}_2\left(-\frac{\pi}{2}\right)\boldsymbol{M}_3\left(-\frac{\pi}{2}+\lambda'_T-\omega_{0e}t\right)$$

$$(5.32)$$

由于实际中给出的定向参数测量不准确,含有误差的,即定向误差 $\Delta\lambda'_T$、$\Delta B'_T$、$\Delta A'_T$,外测数据在转换过程中引入了误差。在用定向误差描述发射瞬时发射惯性坐标系误差时,可根据当地东北天坐标系定义天文经度与天文纬度,然后绕 Y 轴旋转方位角至发射坐标系(发射瞬时发射坐标系与发射惯性系重合):

$$\boldsymbol{C}_a^{a'} = \boldsymbol{C}_a^n \boldsymbol{C}_n^{a'}$$

$$= \boldsymbol{M}_1\left(-\frac{\pi}{2}\right)\boldsymbol{M}_2\left(A'_T-\frac{\pi}{2}\right)\boldsymbol{M}_3(\Delta\lambda'_T)\boldsymbol{M}_2\left(-A'_T+\Delta A'_T+\frac{\pi}{2}\right)\boldsymbol{M}_1\left(\frac{\pi}{2}+\Delta B'_T\right)$$

$$(5.33)$$

其中,$\boldsymbol{C}_a^n = \boldsymbol{M}_1\left(-\frac{\pi}{2}\right)\boldsymbol{M}_2\left(A'_T-\frac{\pi}{2}\right)$ 为发射瞬时发射坐标系转换至当地东北天坐标系的转换矩阵,$\boldsymbol{C}_n^{a'} = \boldsymbol{M}_3(\Delta\lambda'_T)\boldsymbol{M}_2\left(-A'_T+\Delta A'_T+\frac{\pi}{2}\right)\boldsymbol{M}_1\left(\frac{\pi}{2}+\Delta B'_T\right)$ 为发

射瞬时当地东北天坐标系转换至实际发射坐标系时的转换矩阵。可得到

$$M_2\left(-A'_T + \Delta A'_T + \frac{\pi}{2}\right) = \begin{bmatrix} 1 & 0 & -\Delta A'_T \\ 0 & 1 & 0 \\ \Delta A'_T & 0 & 1 \end{bmatrix} \begin{bmatrix} \sin A'_T & 0 & -\cos A'_T \\ 0 & 1 & 0 \\ \cos A'_T & 0 & \sin A'_T \end{bmatrix}$$

则

$$\boldsymbol{C}_a^{a'} = \begin{bmatrix} 1 & \cos A'_T \Delta B'_T + \sin A'_T \Delta \lambda'_T & \Delta A'_T \\ -\cos A'_T \Delta B'_T - \sin A'_T \Delta \lambda'_T & 1 & -\sin A'_T \Delta B'_T + \cos A'_T \Delta \lambda'_T \\ -\Delta A'_T & \sin A'_T \Delta B'_T - \cos A'_T \Delta \lambda'_T & 1 \end{bmatrix}$$

当使用调平误差和对准误差描述理想发射惯性系与实际发射惯性坐标系之间的差异时,其误差反对称矩阵为

$$\boldsymbol{C}_a^{a'} = \begin{bmatrix} 1 & -\phi_z & \phi_y \\ \phi_z & 1 & -\phi_x \\ -\phi_y & \phi_x & 1 \end{bmatrix} \tag{5.34}$$

根据一一对应关系可得到

$$\begin{cases} \phi_x = \sin A'_T \Delta B'_T - \cos A'_T \Delta \lambda'_T \\ \phi_y = \Delta A'_T \\ \phi_z = -\cos A'_T \Delta B'_T - \sin A'_T \Delta \lambda'_T \end{cases} \tag{5.35}$$

$$\begin{cases} \Delta \lambda'_T = -\cos A'_T \phi_x - \sin A'_T \phi_z \\ \Delta B'_T = \sin A'_T \phi_x - \cos A'_T \phi_z \\ \Delta A'_T = \phi_y \end{cases} \tag{5.36}$$

如果将惯性系统安装误差、调平对准误差、定向参数误差等都看作是惯性系统对准误差的一部分,其对应的环境函数矩阵需要有所调整。如式(5.37)所示,对应定向参数误差的相关列进行下列变换即可。

$$\begin{bmatrix} \phi_x \\ \phi_y \\ \phi_z \end{bmatrix} = \begin{bmatrix} -\cos A'_T & \sin A'_T & 0 \\ 0 & 0 & 1 \\ -\sin A'_T & -\cos A'_T & 0 \end{bmatrix} \begin{bmatrix} \Delta \lambda'_T \\ \Delta B'_T \\ \Delta A'_T \end{bmatrix} \tag{5.37}$$

5.2.3　初始误差分离模型

由前面的分析可知,在发射惯性系中计算遥外差时,制导工具误差包含于导弹遥测信息中,而初始误差是在处理外测数据时引入的,所以两者之间的分离可以独立进行。遥外差可以表示成下列形式:

$$\delta X = \begin{bmatrix} \boldsymbol{W}_{\text{tele}}^a(t) - \boldsymbol{W}_{\text{out}}^a(t) \\ \dot{\boldsymbol{W}}_{\text{tele}}^a(t) - \dot{\boldsymbol{W}}_{\text{out}}^a(t) \end{bmatrix} = \begin{bmatrix} (\boldsymbol{W}_{\text{tele}}^a(t) - \boldsymbol{W}_{\text{out0}}^a(t)) - (\boldsymbol{W}_{\text{out}}^a(t) - \boldsymbol{W}_{\text{out0}}^a(t)) \\ (\dot{\boldsymbol{W}}_{\text{tele}}^a(t) - \dot{\boldsymbol{W}}_{\text{out0}}^a(t)) - (\dot{\boldsymbol{W}}_{\text{out}}^a(t) - \dot{\boldsymbol{W}}_{\text{out0}}^a(t)) \end{bmatrix}$$

$$(5.38)$$

其中, $\boldsymbol{W}$ 表示视速度; $\dot{\boldsymbol{W}}$ 表示视位置。

$\boldsymbol{W}_{\text{out0}}^a(t)$ 、 $\dot{\boldsymbol{W}}_{\text{out0}}^a(t)$ 为不包含初始误差的外测信息。式(5.38)右端的遥外差信息中包含两部分:第一部分是惯导工具误差的影响,第二部分是初始误差的影响。将遥外差写成下面的形式:

$$\boldsymbol{\delta X} = \begin{bmatrix} \boldsymbol{W}_{\text{tele}}^a(t) - \boldsymbol{W}_{\text{out0}}^a(t) \\ \dot{\boldsymbol{W}}_{\text{tele}}^a(t) - \dot{\boldsymbol{W}}_{\text{out0}}^a(t) \end{bmatrix} - \begin{bmatrix} \boldsymbol{W}_{\text{out}}^a(t) - \boldsymbol{W}_{\text{out0}}^a(t) \\ \dot{\boldsymbol{W}}_{\text{out}}^a(t) - \dot{\boldsymbol{W}}_{\text{out0}}^a(t) \end{bmatrix} = \boldsymbol{\delta X}_I - \boldsymbol{\delta X}_P \quad (5.39)$$

其中, $\boldsymbol{\delta X}_I$ 为惯导工具误差导致的遥外差; $\boldsymbol{\delta X}_P$ 为初始误差导致的遥外差。

$$\boldsymbol{\delta X}_I = \begin{bmatrix} \boldsymbol{W}_{\text{tele}}^a(t) - \boldsymbol{W}_{\text{out0}}^a(t) \\ \dot{\boldsymbol{W}}_{\text{tele}}^a(t) - \dot{\boldsymbol{W}}_{\text{out0}}^a(t) \end{bmatrix}, \boldsymbol{\delta X}_P = \begin{bmatrix} \boldsymbol{W}_{\text{out}}^a(t) - \boldsymbol{W}_{\text{out0}}^a(t) \\ \dot{\boldsymbol{W}}_{\text{out}}^a(t) - \dot{\boldsymbol{W}}_{\text{out0}}^a(t) \end{bmatrix} \quad (5.40)$$

定义初始误差:

$$\boldsymbol{P}_a = \boldsymbol{P}' - \boldsymbol{P} \quad (5.41)$$

其中, $\boldsymbol{P}'$ 表示初始误差的装订值,为已知值,包括天文经度、天文纬度、方位角、大地经度、大地纬度、大地高程、机动载体速度等九项; $\boldsymbol{P}$ 表示初始参数的真值,为未知值; $\boldsymbol{P}_a$ 为初始误差。

发射惯性系中外测视速度表达式可以写为

$$\boldsymbol{W}_{\text{out}}^a(t) = \boldsymbol{C}_g^a(t) \cdot \boldsymbol{V}_g(t) + \boldsymbol{\omega}_e^a \times [\boldsymbol{C}_g^a(t) \cdot (\boldsymbol{R}_0 + \boldsymbol{\rho}_g)] - \boldsymbol{V}_{0a} - \int_0^t \boldsymbol{g}_a(\tau)\,\mathrm{d}\tau$$

$$(5.42)$$

其中, $\boldsymbol{\omega}_e^a$ 为发射惯性系中的地球自转角速度。

视位置可以写为

$$W_{\text{out}}^a(t) = C_g^a(t) \cdot (R_0 + \rho_g) - R_{0a} - V_{0a} \cdot t - \int_0^t \int_0^u g_a(\tau) \, d\tau \, du \quad (5.43)$$

其中，$V_g(t)$、$\rho_g(t)$ 为发射坐标系中的外测信息。

发射惯性系中外测位置信息可表示为

$$\rho_a = C_g^a(t) \cdot (R_0 + \rho_g) - R_{0a} = C_g^a(t) \cdot r_g - R_{0a} \quad (5.44)$$

速度可以表示为

$$V_a = C_g^a(t) \cdot V_g = C_g^a(t) \cdot C_e^g \cdot V_e \quad (5.45)$$

其中，r_g 是发射坐标系中的外测弹道位置参数；V_e 是无误差的地心坐标系中的外测弹道速度参数。

$$C_g^a \cdot C_e^g = \left[M_3(B_T') M_2(A_T') \right]^{\mathrm{T}} M_1(-\omega_{0e}t) M_3(B_T') M_2\left(-\frac{\pi}{2}\right) M_1(B_T') M_3\left(-\frac{\pi}{2} + \lambda_T'\right)$$

简化上式可得

$$C_e^a = C_g^a \cdot C_e^g = M_2(-A_T') M_3(-B_T') M_2\left(-\frac{\pi}{2}\right) M_3\left(-\frac{\pi}{2} + \lambda_T' - \omega_{0e}t\right)$$

$$(5.46)$$

将式(5.46)代入式(5.42)、式(5.43)，外测视速度可以写为

$$W_{\text{out}}^a(t) = C_e^a(t) \cdot V_e + \omega_e^a \times \left[C_e^a(t) \cdot r_e \right] - V_{0a} - \int_0^t g_a(\tau) \, d\tau \quad (5.47)$$

其中，r_e 是无误差的地心坐标系中的外测弹道位置参数。外测视位置可以写为

$$W_{\text{out}}^a(t) = C_e^a(t) \cdot r_e - R_{0a} - V_{0a} \cdot t - \int_0^t \int_0^u g_a(\tau) \, d\tau \, du \quad (5.48)$$

对式(5.47)取全微分，则视速度偏差可以写为

$$\delta X_{Pv} = \Delta \{ C_e^a(t) \cdot V_e(t) + \omega_e^a \times \left[C_e^a(t) \cdot r_e \right] - V_{0a} - \int_0^t g_a(\tau) \, d\tau \}$$

$$= \Delta \left[C_e^a(t) \cdot V_e(t) \right] + \Delta \{ \omega_e^a \times \left[C_e^a(t) \cdot r_e \right] \} - \Delta V_{0a} - \Delta \int_0^t g_a(\tau) \, d\tau$$

$$(5.49)$$

同样,视位置偏差可以写为

$$\delta X_{Pr} = \Delta\left[\boldsymbol{C}_e^a(t)\cdot\boldsymbol{r}_e - \boldsymbol{R}_{0a} - \boldsymbol{V}_{0a}\cdot t - \int_0^t\int_0^u\boldsymbol{g}_a(\tau)\,\mathrm{d}\tau\mathrm{d}u\right]$$

$$= \Delta\left[\boldsymbol{C}_e^a(t)\cdot\boldsymbol{r}_e\right] - \Delta\boldsymbol{R}_{0a} - \Delta\boldsymbol{V}_{0a}\cdot t - \Delta\int_0^t\int_0^u\boldsymbol{g}_a(\tau)\,\mathrm{d}\tau\mathrm{d}u \quad (5.50)$$

5.2.3.1 视速度误差分析

从式(5.49)可看出,发射惯性系中的外测视速度与初始定位参数、定向参数、初始速度以及引力计算都有关,令 $\boldsymbol{P}_t = \begin{bmatrix}\Delta\lambda_T' & \Delta B_T' & \Delta A_T'\end{bmatrix}^\mathrm{T}$,$\boldsymbol{P}_s = \begin{bmatrix}\Delta\lambda_0' & \Delta B_0' & \Delta H_0'\end{bmatrix}^\mathrm{T}$,$\boldsymbol{P}_v = \begin{bmatrix}\Delta V_{sx} & \Delta V_{sy} & \Delta V_{sz}\end{bmatrix}^\mathrm{T}$ 要分离初始误差与工具误差,必须仔细分析外测视速度、视位置与初始定位、定向参数、初始速度以及引力计算的关系。式(5.49)中包含四项,下面逐一分析。

1) 第一项

$$\delta X_{pv1} = \Delta\boldsymbol{C}_e^a(t)\cdot\boldsymbol{V}_e(t) = \left(\frac{\partial\boldsymbol{C}_e^a}{\partial\lambda_T'}\Delta\lambda_T' + \frac{\partial\boldsymbol{C}_e^a}{\partial B_T'}\Delta B_T' + \frac{\partial\boldsymbol{C}_e^a}{\partial A_T'}\Delta A_T'\right)\cdot\boldsymbol{V}_e(t) \quad (5.51)$$

其中,

$$\frac{\partial\boldsymbol{C}_e^a}{\partial\lambda_T'} = \begin{pmatrix} \begin{array}{l}-\cos(\lambda_T'-\omega_e t)\sin A_T' \\ +\sin(\lambda_T'-\omega_e t)\sin B_T'\cos A_T'\end{array} & -\cos(\lambda_T'-\omega_e t)\sin B_T'\cos A_T' & 0 \\ & -\sin(\lambda_T'-\omega_e t)\sin A_T' & 0 \\ -\sin(\lambda_T'-\omega_e t)\cos B_T' & \cos(\lambda_T'-\omega_e t)\cos B_T' & 0 \\ \begin{array}{l}-\cos(\lambda_T'-\omega_e t)\cos A_T' \\ -\sin(\lambda_T'-\omega_e t)\sin B_T'\sin A_T'\end{array} & \cos(\lambda_T'-\omega_e t)\sin B_T'\sin A_T' & 0 \\ & -\sin(\lambda_T'-\omega_e t)\cos A_T' & 0 \end{pmatrix}$$

$$\frac{\partial\boldsymbol{C}_e^a}{\partial B_T'} = \begin{pmatrix} -\cos(\lambda_T'-\omega_e t)\cos B_T'\cos A_T' & -\sin(\lambda_T'-\omega_e t)\cos B_T'\cos A_T' & -\sin B_T'\cos A_T' \\ -\cos(\lambda_T'-\omega_e t)\sin B_T' & -\sin(\lambda_T'-\omega_e t)\sin B_T' & \cos B_T' \\ \cos(\lambda_T'-\omega_e t)\cos B_T'\sin A_T' & \sin(\lambda_T'-\omega_e t)\cos B_T'\sin A_T' & \sin B_T'\sin A_T' \end{pmatrix}$$

$$\frac{\partial\boldsymbol{C}_e^a}{\partial A_T'} = \begin{pmatrix} \begin{array}{l}-\sin(\lambda_T'-\omega_e t)\cos A_T' \\ +\cos(\lambda_T'-\omega_e t)\sin B_T'\sin A_T'\end{array} & \begin{array}{l}\sin(\lambda_T'-\omega_e t)\sin B_T'\sin A_T' \\ +\cos(\lambda_T'-\omega_e t)\cos A_T'\end{array} & -\cos B_T'\sin A_T' \\ 0 & 0 & 0 \\ \begin{array}{l}\sin(\lambda_T'-\omega_e t)\sin A_T' \\ +\cos(\lambda_T'-\omega_e t)\sin B_T'\cos A_T'\end{array} & \begin{array}{l}\sin(\lambda_T'-\omega_e t)\sin B_T'\cos A_T' \\ -\cos(\lambda_T'-\omega_e t)\sin A_T'\end{array} & -\cos B_T'\cos A_T' \end{pmatrix}$$

则

$$\delta X_{pv1} = \left[\begin{array}{ccc} \dfrac{\partial C_e^a}{\partial \lambda'_T} \cdot V_e & \dfrac{\partial C_e^a}{\partial B'_T} \cdot V_e & \dfrac{\partial C_e^a}{\partial A'_T} \cdot V_e \end{array}\right] \cdot P_t \tag{5.52}$$

2）第二项

$$\delta X_{pv2} = \Delta\{\boldsymbol{\omega}_e^a \times [\boldsymbol{C}_e^a(t)\boldsymbol{r}_e]\} = \Delta\boldsymbol{\omega}_e^a \times [\boldsymbol{C}_e^a(t)\boldsymbol{r}_e] + \boldsymbol{\omega}_e^a \times \Delta[\boldsymbol{C}_e^a(t)\boldsymbol{r}_e]$$

$$= \left(\dfrac{\partial \boldsymbol{\omega}_e^a}{\partial \lambda'_T}\Delta\lambda'_T + \dfrac{\partial \boldsymbol{\omega}_e^a}{\partial B'_T}\Delta B'_T + \dfrac{\partial \boldsymbol{\omega}_e^a}{\partial A'_T}\Delta A'_T\right) \times [\boldsymbol{C}_e^a(t)\boldsymbol{r}_e]$$

$$+ \boldsymbol{\omega}_e^a \times \left(\dfrac{\partial \boldsymbol{C}_e^a}{\partial \lambda'_T}\Delta\lambda' + \dfrac{\partial \boldsymbol{C}_e^a}{\partial B'_T}\Delta B'_T + \dfrac{\partial \boldsymbol{C}_e^a}{\partial A'_T}\Delta A'_T\right)\boldsymbol{r}_e \tag{5.53}$$

其中，

$$\dfrac{\partial \boldsymbol{\omega}_e^a}{\partial \lambda'_T} = 0, \quad \dfrac{\partial \boldsymbol{\omega}_e^a}{\partial B'_T} = \omega_e\begin{pmatrix} -\sin B'_T\cos A'_T \\ \cos B'_T \\ \sin B'_T\sin A'_T \end{pmatrix}, \quad \dfrac{\partial \boldsymbol{\omega}_e^a}{\partial A'_T} = \omega_e\begin{pmatrix} -\cos B'_T\sin A'_T \\ 0 \\ -\cos B'_T\cos A'_T \end{pmatrix}$$

则式（5.53）可以写为

$$\delta X_{pv2} = \left\{\boldsymbol{\omega}_e^a \times \dfrac{\partial \boldsymbol{C}_e^a}{\partial \lambda'_T}\boldsymbol{r}_e \quad \dfrac{\partial \boldsymbol{\omega}_e^a}{\partial B'_T}\times[\boldsymbol{C}_e^a(t)\boldsymbol{r}_e] + \boldsymbol{\omega}_e^a\times\dfrac{\partial \boldsymbol{C}_e^a}{\partial B'_T}\boldsymbol{r}_e \quad \dfrac{\partial \boldsymbol{\omega}_e^a}{\partial A'_T}\times[\boldsymbol{C}_e^a(t)\boldsymbol{r}_e] + \boldsymbol{\omega}_e^a\times\dfrac{\partial \boldsymbol{C}_e^a}{\partial A'_T}\boldsymbol{r}_e\right\}P_t \tag{5.54}$$

3）第三项

在发射瞬时，发射坐标系与发射惯性坐标系完全重合，所以发射惯性中的初始速度可以用发射坐标系中的初始速度表示。

$$\delta X_{Pv3} = -\Delta V_{0a} = -\Delta[\boldsymbol{\omega}_e^a(0)\times\boldsymbol{R}_{0a}] - \Delta[\boldsymbol{C}_n^a(0)\cdot\boldsymbol{V}_s^n]$$

$$= -\left(\dfrac{\partial \boldsymbol{\omega}_e^a}{\partial \lambda'_T}\Delta\lambda'_T + \dfrac{\partial \boldsymbol{\omega}_e^a}{\partial B'_T}\Delta B'_T + \dfrac{\partial \boldsymbol{\omega}_e^a}{\partial A'_T}\Delta A'_T\right)\times\boldsymbol{R}_{0a}$$

$$- \boldsymbol{\omega}_e^a\times\left(\dfrac{\partial \boldsymbol{R}_{0a}}{\partial \lambda'_T}\Delta\lambda'_T + \dfrac{\partial \boldsymbol{R}_{0a}}{\partial B'_T}\Delta B'_T + \dfrac{\partial \boldsymbol{R}_{0a}}{\partial A'_T}\Delta A'_T + \dfrac{\partial \boldsymbol{R}_{0a}}{\partial \lambda'_0}\Delta\lambda'_0 + \dfrac{\partial \boldsymbol{R}_{0a}}{\partial B'_0}\Delta B'_0 + \dfrac{\partial \boldsymbol{R}_{0a}}{\partial H'_0}\Delta H'_0\right)$$

$$- \left[\dfrac{\partial \boldsymbol{C}_n^a(0)}{\partial \lambda'_T}\Delta\lambda'_T + \dfrac{\partial \boldsymbol{C}_n^a(0)}{\partial B'_T}\Delta B'_T + \dfrac{\partial \boldsymbol{C}_n^a(0)}{\partial A'_T}\Delta A'_T\right]\boldsymbol{V}_s^n - \boldsymbol{C}_n^a(0)\cdot\Delta\boldsymbol{V}_s^n \tag{5.55}$$

其中，$\boldsymbol{C}_n^a(0) = (\boldsymbol{C}_a^n)^{\mathrm{T}}$，具体形式见 5.2.2 节中的 $\boldsymbol{C}_a^n$，$\boldsymbol{C}_a^n$ 与变量 λ'_T、B'_T 无关，所以有 $\dfrac{\partial \boldsymbol{C}_n^a(0)}{\partial \lambda'_T} = \boldsymbol{0}_{3\times3}$，$\dfrac{\partial \boldsymbol{C}_n^a(0)}{\partial B'_T} = \boldsymbol{0}_{3\times3}$。则式(5.55)可以写为

$$\delta \boldsymbol{X}_{Pv3} = -\left[\boldsymbol{\omega}_e^a \times \frac{\partial \boldsymbol{R}_{0a}}{\partial \lambda'_0} \quad \boldsymbol{\omega}_e^a \times \frac{\partial \boldsymbol{R}_{0a}}{\partial B'_0} \quad \boldsymbol{\omega}_e^a \times \frac{\partial \boldsymbol{R}_{0a}}{\partial H'_0}\right] \cdot \boldsymbol{P}_s$$

$$- \left[\frac{\partial \boldsymbol{\omega}_e^a}{\partial \lambda'_T} \times \boldsymbol{R}_{0a} + \boldsymbol{\omega}_e^a \times \frac{\partial \boldsymbol{R}_{0a}}{\partial \lambda'_T} \quad \frac{\partial \boldsymbol{\omega}_e^a}{\partial B'_T} \times \boldsymbol{R}_{0a} + \boldsymbol{\omega}_e^a \times \frac{\partial \boldsymbol{R}_{0a}}{\partial B'_T} \quad \frac{\partial \boldsymbol{\omega}_e^a}{\partial A'_T} \times \boldsymbol{R}_{0a} + \boldsymbol{\omega}_e^a \times \frac{\partial \boldsymbol{R}_{0a}}{\partial A'_T}\right] \boldsymbol{P}_t$$

$$- \left[\frac{\partial \boldsymbol{C}_n^a(0)}{\partial \lambda'_T} \boldsymbol{V}_s^n \quad \frac{\partial \boldsymbol{C}_n^a(0)}{\partial B'_T} \boldsymbol{V}_s^n \quad \frac{\partial \boldsymbol{C}_n^a(0)}{\partial A'_T} \boldsymbol{V}_s^n\right] \boldsymbol{P}_t - \boldsymbol{C}_n^a(0) \cdot \boldsymbol{P}_v \tag{5.56}$$

4) 第四项

由于遥测数据不包含重力加速度的影响，所以在计算遥外差时需要将外测信息中重力加速度的影响扣除。对重力加速度积分，获得速度，再积分获得位置。重力加速度一般使用外测位置数据进行计算。在发射坐标系中，重力加速度一般用下面的形式表示：

$$\boldsymbol{g} = g_r \frac{\boldsymbol{\rho}_g + \boldsymbol{R}_0}{r} + g_\omega \frac{\boldsymbol{\omega}_e}{\omega_e} \tag{5.57}$$

其中，

$$g_r = -\frac{\mu}{r^2}\left[1 + J\left(\frac{a_e}{r}\right)^2 (1 - 5\sin^2\varphi_e)\right]$$

$$g_\omega = -2J\frac{\mu}{r^2}\left(\frac{a_e}{r}\right)^2 \sin\varphi_e$$

$$\sin\varphi_e = \frac{(x + R_{0x})\omega_{ex} + (y + R_{0y})\omega_{ey} + (z + R_{0z})\omega_{ez}}{r\omega_e}$$

$$r = \sqrt{(x + R_{0x})^2 + (y + R_{0y})^2 + (z + R_{0z})^2}$$

由于遥外差是在发射惯性系中计算的，重力加速度也需要在发射惯性系中计算。发射惯性系中的重力为

$$\boldsymbol{g}_a = \boldsymbol{C}_g^a(t) \cdot \boldsymbol{g} = g_r \frac{\boldsymbol{\rho}_a + \boldsymbol{R}_{0a}}{r} + g_\omega \frac{\boldsymbol{\omega}_e^a}{\omega_e}$$

根据式(5.43)可得

$$\boldsymbol{\rho}_a = \boldsymbol{C}_g^a \boldsymbol{C}_e^g \cdot \boldsymbol{r}_e - \boldsymbol{R}_{0a} = \boldsymbol{C}_e^a \cdot \boldsymbol{r}_e - \boldsymbol{R}_{0a}$$

则

$$\boldsymbol{\rho}_a + \boldsymbol{R}_{0a} = \boldsymbol{C}_e^a(t) \cdot \boldsymbol{r}_e$$

又

$$\boldsymbol{\omega}_e^a = \boldsymbol{C}_g^a \cdot \boldsymbol{C}_e^g \cdot \boldsymbol{\omega}_{e0} = \boldsymbol{C}_e^a \cdot \boldsymbol{\omega}_{e0}$$

其中, $\boldsymbol{\omega}_{e0} = \begin{bmatrix} 0 & 0 & \omega_e \end{bmatrix}$。

所以发射惯性系中的重力加速度可表示为

$$\boldsymbol{g}_a = g_r \frac{\boldsymbol{C}_e^a \cdot \boldsymbol{r}_e}{r} + g_\omega \frac{\boldsymbol{C}_e^a \cdot \boldsymbol{\omega}_{e0}}{\omega_e} = \boldsymbol{C}_e^a \cdot \left(g_r \frac{\boldsymbol{r}_e}{r} + g_\omega \frac{\boldsymbol{\omega}_{e0}}{\omega_e} \right) \tag{5.58}$$

仔细分析式(5.58)可以发现,重力加速度误差主要原因在于转换矩阵 $\boldsymbol{C}_e^a$ 中的欧拉角存在误差,而括号内的项实际上是无误差的。实际上, g_r 与 g_ω 主要与 r 及 ω_e 有关,而 r 是地心到导弹质心矢径的模,可由 $\boldsymbol{r}_e$ 得到, ω_e 为地球自转角速度,都可以精确得到。另外,

$$\sin\varphi_e = \frac{\boldsymbol{r}_a \cdot \boldsymbol{\omega}_e^a}{r\omega_e} = \frac{(\boldsymbol{C}_e^a \boldsymbol{r}_e) \cdot (\boldsymbol{C}_e^a \boldsymbol{\omega}_{e0})}{r\omega_e} = \frac{(\boldsymbol{C}_e^a \boldsymbol{r}_e)^{\mathrm{T}}(\boldsymbol{C}_e^a \boldsymbol{\omega}_{e0})}{r\omega_e} = \frac{\boldsymbol{r}_e \cdot \boldsymbol{\omega}_{e0}}{r\omega_e}$$

也可以精确计算得到。则重力加速度误差为

$$\Delta\boldsymbol{g}_a = \Delta\boldsymbol{C}_e^a \cdot \left(g_r \frac{\boldsymbol{r}_e}{r} + g_\omega \frac{\boldsymbol{\omega}_{e0}}{\omega_e} \right) = \begin{bmatrix} \dfrac{\partial\boldsymbol{C}_e^a}{\partial\lambda_T'}\boldsymbol{g}_e & \dfrac{\partial\boldsymbol{C}_e^a}{\partial B_T'}\boldsymbol{g}_e & \dfrac{\partial\boldsymbol{C}_e^a}{\partial A_T'}\boldsymbol{g}_e \end{bmatrix} \boldsymbol{P}_t = \boldsymbol{G}_g \cdot \boldsymbol{P}_t$$

其中, $\boldsymbol{g}_e = \left(g_r \dfrac{\boldsymbol{r}_e}{r} + g_\omega \dfrac{\boldsymbol{\omega}_{e0}}{\omega_e} \right)$。

由此造成的外测视速度误差为

$$\delta\boldsymbol{X}_{Pv4} = -\int_0^t \Delta\boldsymbol{g}_a(\tau)\,\mathrm{d}\tau \cdot \boldsymbol{P}_t = -\int_0^t \boldsymbol{G}_g(\tau)\,\mathrm{d}\tau \cdot \boldsymbol{P}_t \tag{5.59}$$

5.2.3.2　视位置误差分析

视位置偏差可以写为

$$\delta\boldsymbol{X}_{Pr} = \Delta\left[\boldsymbol{C}_e^a(t) \cdot \boldsymbol{r}_e - \boldsymbol{R}_{0a} - \boldsymbol{V}_{0a} \cdot t - \int_0^t\int_0^u \boldsymbol{g}_a(\tau)\,\mathrm{d}\tau\,\mathrm{d}u \right]$$

$$= \Delta\left[\boldsymbol{C}_e^a(t) \cdot \boldsymbol{r}_e \right] - \Delta\boldsymbol{R}_{0a} - \Delta\boldsymbol{V}_{0a} \cdot t - \Delta\int_0^t\int_0^u \boldsymbol{g}_a(\tau)\,\mathrm{d}\tau\,\mathrm{d}u \tag{5.60}$$

视位置中共有四项,下面逐一分析。

1) 第一项

$$\delta \boldsymbol{X}_{Pr1} = \Delta \boldsymbol{C}_e^a \cdot \boldsymbol{r}_e = \left(\frac{\partial \boldsymbol{C}_e^a}{\partial \lambda_T'} \Delta \lambda' + \frac{\partial \boldsymbol{C}_e^a}{\partial B_T'} \Delta B_T' + \frac{\partial \boldsymbol{C}_e^a}{\partial A_T'} \Delta A_T' \right) \cdot \boldsymbol{r}_e \qquad (5.61)$$

则

$$\delta \boldsymbol{X}_{Pr1} = \left[\frac{\partial \boldsymbol{C}_e^a}{\partial \lambda_T'} \cdot \boldsymbol{r}_e \quad \frac{\partial \boldsymbol{C}_e^a}{\partial B_T'} \cdot \boldsymbol{r}_e \quad \frac{\partial \boldsymbol{C}_e^a}{\partial A_T'} \cdot \boldsymbol{r}_e \right] \cdot \boldsymbol{P}_t \qquad (5.62)$$

2) 第二项

$$\begin{aligned} \delta \boldsymbol{X}_{Pr2} &= - \Delta \boldsymbol{C}_e^a \cdot \boldsymbol{R}_{0e} - \boldsymbol{C}_e^a \cdot \Delta \boldsymbol{R}_{0e} \\ &= - \left(\frac{\partial \boldsymbol{C}_e^a}{\partial \lambda_T'} \Delta \lambda' + \frac{\partial \boldsymbol{C}_e^a}{\partial B_T'} \Delta B_T' + \frac{\partial \boldsymbol{C}_e^a}{\partial A_T'} \Delta A_T' \right) \cdot \boldsymbol{R}_{0e} \\ &\quad - \boldsymbol{C}_e^a \cdot \left(\frac{\partial \boldsymbol{R}_{0e}}{\partial \lambda_0'} \Delta \lambda_0' + \frac{\partial \boldsymbol{R}_{0e}}{\partial B_0'} \Delta B_0' + \frac{\partial \boldsymbol{R}_{0e}}{\partial H_0'} \Delta H_0' \right) \end{aligned} \qquad (5.63)$$

前面已经得到

$$\boldsymbol{R}_{0e} = \begin{cases} X_0 = (N_0 + H_0') \cos B_0' \cos \lambda_0' \\ Y_0 = (N_0 + H_0') \cos B_0' \sin \lambda_0' \\ Z_0 = [N_0(1 - e^2) + H_0'] \sin B_0' \end{cases}$$

其中,

$$\frac{\partial \boldsymbol{R}_{0e}}{\partial \lambda_0'} = \begin{pmatrix} - \cos B_0' \sin \lambda_0' [H_0' + a_e(1 + \alpha_e \sin^2 B_0')] \\ \cos B_0' \cos \lambda_0' [H_0' + a_e(1 + \alpha_e \sin^2 B_0')] \\ 0 \end{pmatrix}$$

$$\frac{\partial \boldsymbol{R}_{0e}}{\partial B_0'} = \begin{pmatrix} - \cos \lambda_0' \sin B_0' \left[a_e + H_0' - \frac{1}{2} a_e \alpha_e (1 + 3\cos 2B_0') \right] \\ - \sin \lambda_0' \sin B_0' \left[a_e + H_0' - \frac{1}{2} a_e \alpha_e (1 + 3\cos 2B_0') \right] \\ \cos B_0' \left[a_e + H_0' - 2a_e \alpha_e - \frac{3}{2} a_e \alpha_e (-1 + 2\alpha_e)(1 - \cos 2B_0') \right] \end{pmatrix}$$

$$\frac{\partial \boldsymbol{R}_{0e}}{\partial H_0'} = \begin{pmatrix} \cos B_0' \cos \lambda_0' \\ \cos B_0' \sin \lambda_0' \\ \sin B_0' \end{pmatrix}$$

则

$$\delta \boldsymbol{X}_{Pr2} = -\left[\frac{\partial \boldsymbol{C}_e^a}{\partial \lambda_T'} \boldsymbol{R}_{0e} \quad \frac{\partial \boldsymbol{C}_e^a}{\partial B_T'} \boldsymbol{R}_{0e} \quad \frac{\partial \boldsymbol{C}_e^a}{\partial A_T'} \boldsymbol{R}_{0e} \right] \cdot \boldsymbol{P}_t - \left[\boldsymbol{C}_e^a \frac{\partial \boldsymbol{R}_{0e}}{\partial \lambda_0'} \quad \boldsymbol{C}_e^a \frac{\partial \boldsymbol{R}_{0e}}{\partial B_0'} \quad \boldsymbol{C}_e^a \frac{\partial \boldsymbol{R}_{0e}}{\partial H_0'} \right] \cdot \boldsymbol{P}_s$$

$$(5.64)$$

3）第三项

同样,在发射瞬时,发射坐标系与发射惯性坐标系完全重合,所以发射惯性系中的地心矢径可以用发射坐标系中的地心矢径表示:

$$\delta \boldsymbol{X}_{Pr3} = -\Delta(\boldsymbol{\omega}_e^a \times \boldsymbol{R}_{0a})t - \Delta[\boldsymbol{C}_n^a(0) \cdot \boldsymbol{V}_s^n] \cdot t \qquad (5.65)$$

参考视速度的分析结果,可得

$$\delta \boldsymbol{X}_{Pr3} = \delta \boldsymbol{X}_{Pr3} \cdot t \qquad (5.66)$$

4）第四项

第四项是重力加速度项,参考视速度的分析,可得

$$\delta \boldsymbol{X}_{Pr4} = -\int_0^t \delta \boldsymbol{X}_{Pr4} \mathrm{d}\tau = -\int_0^t \int_0^u \boldsymbol{G}_g(\tau) \mathrm{d}\tau \mathrm{d}u \qquad (5.67)$$

5.2.3.3 遥外差与初始误差的关系

综合上述讨论,发射惯性坐标系中的遥外视速度差与初始误差的关系如下:

$$\delta \boldsymbol{X}_{Pv} = \delta \boldsymbol{X}_{Pv1} + \delta \boldsymbol{X}_{Pr2} + \delta \boldsymbol{X}_{Pr3} + \delta \boldsymbol{X}_{Pr4}$$
$$= \boldsymbol{G}_{vt} \cdot \boldsymbol{P}_t + \boldsymbol{G}_{vs} \cdot \boldsymbol{P}_s + \boldsymbol{G}_{vv} \cdot \boldsymbol{P}_v + \Delta \boldsymbol{v}_g \qquad (5.68)$$

其中,

$$\boldsymbol{G}_{vt1} = \frac{\partial \boldsymbol{C}_e^a}{\partial \lambda_T'} \cdot \boldsymbol{V}_e + \boldsymbol{\omega}_e^a \times \frac{\partial \boldsymbol{C}_e^a}{\partial \lambda_T'} \boldsymbol{r}_e - \left(\frac{\partial \boldsymbol{\omega}_e^a}{\partial \lambda_T'} \times \boldsymbol{R}_{0a} + \boldsymbol{\omega}_e^a \times \frac{\partial \boldsymbol{R}_{0a}}{\partial \lambda_T'} \right) - \frac{\partial \boldsymbol{C}_n^a(0)}{\partial \lambda_T'} \boldsymbol{V}_s^n$$

$$\boldsymbol{G}_{vt2} = \frac{\partial \boldsymbol{C}_e^a}{\partial B_T'} \cdot \boldsymbol{V}_e + \frac{\partial \boldsymbol{\omega}_e^a}{\partial B_T'} \times (\boldsymbol{C}_e^a \boldsymbol{r}_e) + \boldsymbol{\omega}_e^a \times \frac{\partial \boldsymbol{C}_e^a}{\partial B_T'} \boldsymbol{r}_e - \left(\frac{\partial \boldsymbol{\omega}_e^a}{\partial B_T'} \times \boldsymbol{R}_{0a} + \boldsymbol{\omega}_e^a \times \frac{\partial \boldsymbol{R}_{0a}}{\partial B_T'} \right) - \frac{\partial \boldsymbol{C}_n^a(0)}{\partial B_T'} \boldsymbol{V}_s^n$$

$$G_{vt3} = \frac{\partial C_e^a}{\partial A_T'} \cdot V_e + \frac{\partial \boldsymbol{\omega}_e^a}{\partial A_T'} \times (C_e^a r_e) + \boldsymbol{\omega}_e^a \times \frac{\partial C_e^a}{\partial A_T'} r_e - \left(\frac{\partial \boldsymbol{\omega}_e^a}{\partial A_T'} \times R_{0a} + \boldsymbol{\omega}_e^a \times \frac{\partial R_{0a}}{\partial A_T'} \right) - \frac{\partial C_n^a(0)}{\partial A_T'} V_s^n$$

$$G_{vs} = \left[-\boldsymbol{\omega}_e^a \times \frac{\partial R_{0a}}{\partial \lambda_0'} \quad -\boldsymbol{\omega}_e^a \times \frac{\partial R_{0a}}{\partial B_0'} \quad -\boldsymbol{\omega}_e^a \times \frac{\partial R_{0a}}{\partial H_0'} \right]$$

$$G_{vv} = -C_n^a(0)$$

$$\Delta \dot{\boldsymbol{v}}_g = -\Delta \boldsymbol{g}_a = -\left[\frac{\partial C_e^a}{\partial \lambda_T'} \boldsymbol{g}_e \quad \frac{\partial C_e^a}{\partial B_T'} \boldsymbol{g}_e \quad \frac{\partial C_e^a}{\partial A_T'} \boldsymbol{g}_e \right] \boldsymbol{P}_t$$

遥外视位置差与初始误差的关系如下:

$$\delta \boldsymbol{X}_{Pr} = \delta \boldsymbol{X}_{Pr1} + \delta \boldsymbol{X}_{Pr2} + \delta \boldsymbol{X}_{Pr3} + \delta \boldsymbol{X}_{Pr4}$$
$$= \boldsymbol{G}_{st} \cdot \boldsymbol{P}_t + \boldsymbol{G}_{ss} \cdot \boldsymbol{P}_s + \boldsymbol{G}_{sv} \cdot \boldsymbol{P}_v + \Delta \boldsymbol{s}_g \qquad (5.69)$$

$$G_{st1} = \frac{\partial C_e^a}{\partial \lambda_T'} \cdot r_e - \frac{\partial C_e^a}{\partial \lambda_T'} R_{e0} - \left(\frac{\partial \boldsymbol{\omega}_e^a}{\partial \lambda_T'} \times R_{0a} + \boldsymbol{\omega}_e^a \times \frac{\partial R_{0a}}{\partial \lambda_T'} \right) \cdot t - \frac{\partial C_n^a(0)}{\partial \lambda_T'} V_s^n \cdot t$$

$$G_{st2} = \frac{\partial C_e^a}{\partial B_T'} \cdot r_e - \frac{\partial C_e^a}{\partial B_T'} R_{e0} - \left(\frac{\partial \boldsymbol{\omega}_e^a}{\partial B_T'} \times R_{0a} + \boldsymbol{\omega}_e^a \times \frac{\partial R_{0a}}{\partial B_T'} \right) \cdot t - \frac{\partial C_n^a(0)}{\partial B_T'} V_s^n \cdot t$$

$$G_{st3} = \frac{\partial C_e^a}{\partial A_T'} \cdot r_e - \frac{\partial C_e^a}{\partial A_T'} R_{e0} - \left(\frac{\partial \boldsymbol{\omega}_e^a}{\partial A_T'} \times R_{0a} + \boldsymbol{\omega}_e^a \times \frac{\partial R_{0a}}{\partial A_T'} \right) \cdot t - \frac{\partial C_n^a(0)}{\partial A_T'} V_s^n \cdot t$$

$$G_{ss} = \left[-C_e^a \frac{\partial R_{0e}}{\partial \lambda_0'} - \boldsymbol{\omega}_e^a \times \frac{\partial R_{0a}}{\partial \lambda_0'} t \quad -C_e^a \frac{\partial R_{0e}}{\partial B_0'} - \boldsymbol{\omega}_e^a \times \frac{\partial R_{0a}}{\partial B_0'} t \quad -C_e^a \frac{\partial R_{0e}}{\partial H_0'} - \boldsymbol{\omega}_e^a \times \frac{\partial R_{0a}}{\partial H_0'} t \right]$$

$$G_{sv} = -C_n^a(0) \cdot t, \ \Delta \dot{\boldsymbol{s}}_g = \Delta \boldsymbol{v}_g$$

令 $\delta \boldsymbol{X}_P = \begin{bmatrix} \delta \boldsymbol{X}_{Pv} \\ \delta \boldsymbol{X}_{Pr} \end{bmatrix}$, $\boldsymbol{P}_a = \begin{bmatrix} \boldsymbol{P}_t & \boldsymbol{P}_s & \boldsymbol{P}_v \end{bmatrix}^T$, 则遥外差可以写为

$$\delta \boldsymbol{X}_P = \begin{bmatrix} \boldsymbol{G}_{vt} - \int_0^t \boldsymbol{G}_g \mathrm{d}t & \boldsymbol{G}_{vs} & \boldsymbol{G}_{vv} \\ \boldsymbol{G}_{st} - \int_0^t \int_0^u \boldsymbol{G}_g \mathrm{d}\tau \mathrm{d}u & \boldsymbol{G}_{ss} & \boldsymbol{G}_{sv} \end{bmatrix} \cdot \boldsymbol{P}_a = \begin{bmatrix} \boldsymbol{G}_v \\ \boldsymbol{G}_s \end{bmatrix} \cdot \boldsymbol{P}_a \qquad (5.70)$$

仔细分析上述模型,在速度域中,大地纬度与大地高程对应的环境函数矩

阵列,也就是 $\boldsymbol{G}_{vs}$ 中的 $-\boldsymbol{\omega}_e^a \times \dfrac{\partial \boldsymbol{R}_{0a}}{\partial B_0'}$ 与 $-\boldsymbol{\omega}_e^a \times \dfrac{\partial \boldsymbol{R}_{0a}}{\partial H_0'}$ 项相关性较强,不利于两者的分离。而在位置域中,初始误差环境函数矩阵性质较好,所以,初始误差分离需要在位置域或速度-位置域中进行。

5.2.4 仿真验证

5.2.3 节详细推导了初始误差分离模型,可以看出,在计算遥外差时需要将不同坐标系中的遥测数据与外测数据转换至同一坐标系,并统一积分计算初值,这个过程中需要用到发射坐标系的原点坐标及坐标轴指向(经度、纬度、高程、方位角等),以及发射瞬时的导弹初始速度,从而引入了初始误差。同样,初始误差也可以简化为线性模型。

根据某六自由度弹道仿真程序,仿真得到弹道遥测数据与外测数据,仿真过程中惯导工具误差设置为零,仅考虑初始误差影响。分别根据上述公式计算遥外差与初始误差环境函数矩阵。利用最小二乘方法,可得

$$\hat{\boldsymbol{P}}_a = (\boldsymbol{G}_s^{\mathrm{T}} \cdot \boldsymbol{G}_s)^{-1} \boldsymbol{G}_s^{\mathrm{T}} \boldsymbol{\delta} \boldsymbol{X}_p \tag{5.71}$$

表 5.1 给出了仿真过程中初始误差的真值与估计结果。

表 5.1 初始误差估计值

项目	真值	估计值	项目	真值	估计值	项目	真值	估计值
天文经度/(")	20	20.018	大地经度/(")	−40	−39.961	初速 V_x/(m/s)	−0.2	−0.198 2
天文纬度/(")	20	20.026	大地纬度/(")	−40	−40.015	初速 V_y/(m/s)	−0.1	−0.100 8
方位角/(")	60	59.922	大地高程/m	−5	−5.287	初速 V_z/(m/s)	0.1	0.100 2

由表 5.1 可以看出,初始误差的估计精度非常高,特别是对落点影响较大的天文经度、天文纬度、方位角、大地经度、大地纬度五项参数误差,估计相对误差小于 0.2%,载体初速误差估计相对误差小于 1%,估计精度非常高。大地高程误差的估计相对误差约为 5.7%。大地高程影响重力加速度、大气密度、压强等的计算,主要影响导弹飞行过程中的受力,耦合严重,所以其估计精度较差。

第 3 章已经指出,理论上惯性制导系统可以完全消除视加速度误差的影响,而初始误差除会导致几何项、初值项的弹道参数偏差外,还会导致受力变化,包括重力加速度变化与视加速度变化(推力、气动力),惯性制导系统可以消

除视加速度部分的影响,但无法消除重力加速度的影响。即使视加速度影响部分无法完全消除,但是弹上加速度计可以直接测量,在遥测数据与外测数据中都有反映。所以初始误差分离建模过程中,考虑了几何项、初值项及重力加速度部分的影响,没有考虑视加速度部分的影响,这在理论上是正确的。

工程实际中,通常是初始误差与惯导工具误差同时存在,由前面的分析可知,惯导工具误差主要包含于遥测信息中,而初始误差是在计算遥外差时引入的,在遥测信息中没有反映,从误差传播机理上看,两者是相互独立的,如果将惯导工具误差与初始误差看作是一阶小量的话,其耦合影响可以看成是二阶小量。所以除惯导系统对准、调平误差与初始定向参数误差存在线性相关外,其余的各种误差是线性可分离的。由式(5.39)与式(5.70),惯导工具误差、初始误差与遥外差之间的关系可表示为

$$\delta X = S \cdot D - G \cdot P_a + \varepsilon \tag{5.72}$$

其中,G 为初始误差环境函数矩阵;ε 为模型中的随机误差,可以认为是外测数据测量过程中的随机误差,速度域、位置域中均满足上述关系。初始误差部分前面的负号与误差的定义有关,在计算过程中用到的已知量是初始发射参数的装订值,该装订值根据测量得到,含有误差,而惯导工具误差计算中用到的是误差系数的真值(均为零),所以式(5.72)中两者前面的符号不同。

5.3 推力线误差、弹体与高空风辨识

第3章分析了风干扰、推力线偏斜、推力线横移与质心横移等误差产生的干扰力及干扰力矩,一方面,这些干扰力及力矩产生的加速度与角速度干扰是可以被惯性导航系统中的加速度计与陀螺仪测量到的,理论上讲,其造成的弹道参数偏差可以被弹上制导控制系统完全消除。另一方面,这些干扰是弹上控制执行机构需要消除的主要干扰量,对于弹上控制执行机构的设计选型非常重要。因此通过飞行试验数据辨识这类误差,同样具有重要意义。

5.3.1 风干扰辨识

风干扰辨识主要辨识高空风的风速与风向。风干扰主要影响导弹飞行过程中的气动力及气动力矩,而气动力与力矩与动压 q 密切相关:

$$q = \frac{1}{2}\rho v^2 \tag{5.73}$$

其中, ρ 为大气密度; v 为飞行器速度标量。大气密度 ρ 则与飞行高度密切相关,因此,对于导弹/火箭而言,一般飞行高度在 $5\sim35$ km 动压最大,此时高空风产生的干扰力与力矩也最为显著。分析表明,在这个飞行高度内,风造成的干扰力与力矩显著大于推力线偏斜与横移、质心横移,也远大于惯性系统工具误差导致的视加速度误差,因此风干扰辨识主要基于这段高度内的飞行试验数据。

为简便起见,假设惯性测量系统安装中保证 X、Y、Z 加速度计与陀螺仪敏感轴分别与弹体坐标系的 X 轴、Y 轴、Z 轴一一对应。实际中如果不满足这种关系,只需要进行固定的坐标转换即可。弹体轴向的干扰力与干扰力矩要显著小于弹体侧向与法向,风干扰辨识中主要考虑弹体侧向与法向的力/力矩平衡方程。忽略惯性系统工具误差,以及其他干扰误差影响,弹体系中 Y、Z 加速度计输出应满足方程:

$$\begin{cases} m_t a_y = F_{Ky} - C_N^\alpha q S(\alpha + \alpha_W) \\ m_t a_z = F_{Kz} - C_N^\alpha q S(\beta + \beta_W) \end{cases} \tag{5.74}$$

注意上述方程是在视加速度域内满足的方程。其中, a_y、a_z 分别为惯性系统 Y、Z 加速度计输出; m_t 为导弹/火箭实时质量; q 为动压; S 为特征面积; C_N^α 为气动系数; α、β 分别为无风干扰时的攻角与侧滑角; F_{Ky}、F_{Kz} 分别为飞行过程中 Y、Z 方向的控制力。

仔细分析式(5.74),要得到由于高空风导致的附加攻角 α_W、侧滑角 β_W,需要得到式(5.74)中的所有其他变量。其中 a_y、a_z 分别由 Y、Z 加速度计输出值,导弹/火箭实时质量 m_t 根据质量流量计算:

$$m_t = m_0 - \dot{m}t \tag{5.75}$$

由于导弹/火箭实际控制系统作用,理论上高空风产生的干扰力与力矩会被实时消除,实际飞行过程中的攻角和侧滑角根据式(5.76)计算:

$$\begin{cases} \alpha = \varphi - \arctan\dfrac{v_y}{v_x} \\ \beta = \psi + \arcsin\dfrac{v_z}{v} \end{cases} \tag{5.76}$$

其中, φ、ψ 相对发射坐标系的俯仰角、偏航角; v_x、v_y、v_z 分别为发射坐标系速度分量。上述参数可根据飞行器导航计算得到。

动压 q 根据式（5.73）计算，特征面积 S、气动系数 C_N^α 为给定值。控制力 F_{Ky}、F_{Kz} 的计算与导弹/火箭的控制执行机构有关，可以根据控制执行机构特性计算得到。例如，对于以发动机偏转作为控制力的液体运载火箭而言，控制力可表示为

$$\begin{cases} F_{Ky} = P\sin\delta_\varphi \\ F_{Kz} = P\sin\delta_\psi \end{cases} \tag{5.77}$$

其中，δ_φ、δ_ψ 分别为发动机俯仰、偏航控制偏转角；P 为发动机推力，可通过其他遥测量计算得到，也可以根据 X 方向的加速度计测量值计算得到。在 X 方向有力平衡方程：

$$m_t a_x = P\cos\delta_\varphi\cos\delta_\psi - m_t g - C_N qS \tag{5.78}$$

其中，g 为重力加速度，根据导航位置计算得到。则

$$P = \frac{m_t a_x + m_t g + C_N qS}{\cos\delta_\varphi\cos\delta_\psi} \tag{5.79}$$

由于在起飞阶段推力远大于气动力，式（5.79）的计算精度可以满足要求。根据上述分析，可以计算出火箭飞行过程中的附加攻角和附加侧滑角：

$$\begin{cases} \alpha_W = \dfrac{F_{Ky} - m_t a_y}{C_N^\alpha qS} - \alpha \\[3mm] \beta_W = \dfrac{F_{Kz} - m_t a_z}{C_N^\alpha qS} - \beta \end{cases} \tag{5.80}$$

则

$$\begin{cases} K_1 = V_W\sin(A_0 - A_W) = -\dfrac{\tan\beta_w}{\sin\theta}V \\[3mm] K_2 = V_W\cos(A_0 - A_W) = \dfrac{\tan\alpha_w V}{\cos\theta\tan\alpha_w - \sin\theta} \end{cases} \tag{5.81}$$

式（5.81）平方和后开根号即可得到风速大小。风向可由下述方法确定：

$$\begin{cases} A_W = A_0 - \arccos\left(\dfrac{K_2}{V_W}\right), & K_1 \geqslant 0 \\[3mm] A_W = A_0 - \arccos\left(\dfrac{K_2}{V_W}\right) - \pi, & K_1 < 0 \end{cases} \tag{5.82}$$

5.3.2 推力线偏斜辨识

由第 3 章分析可知,推力线偏斜、推力线横移(质心横移)导致的干扰力与力矩与发动机推力大小有直接关系,而且基本上是定值。5.3.1 节已经说明,当动压较大时,高空风导致的干扰力与力矩要远大于推力线偏斜与推力线横移(质心横移),因此要辨识推力线干扰,需要选择动压比较小的飞行高度。分析表明,当高度大于 50 km 时,大气密度小于 10^{-3} kg/m³,一般情况下,飞行动压足够小,高空风造成的干扰力与力矩远小于上述偏差造成的干扰量,此时可忽略高空风干扰。

推力线偏斜既会产生干扰力,也会产生干扰力矩,而推力线横移(质心横移)仅造成干扰力矩。基于这一区别,在高空,推力线偏斜采用力平衡模型辨识,而推力线横移(质心横移)则采用力矩平衡模型辨识。当高度大于 50 km 时,可建立力平衡方程:

$$\begin{cases} m_t a_y = F_{Ky} - C_N^\alpha q S \alpha + P \sin \beta_P \cos \tau_\beta \\ m_t a_z = F_{Kz} - C_N^\alpha q S \beta + P \sin \beta_P \sin \tau_\beta \end{cases} \tag{5.83}$$

变量定义与 5.3.1 节相同,β_P、τ_β 的定义见 3.5 节。可得到推力线偏斜量为

$$\begin{cases} \beta_P \cos \tau_\beta = \dfrac{m_t a_y - F_{Ky} + C_N^\alpha q S \alpha}{P} \\ \beta_P \sin \tau_\beta = \dfrac{m_t a_z - F_{Kz} + C_N^\alpha q S \beta}{P} \end{cases} \tag{5.84}$$

根据式(5.84)可计算出推力线偏斜量以及方向的估计值 $\hat{\beta}_P$ 与 $\hat{\tau}_\beta$,方向的估计方法参见式(5.82)。

5.3.3 推力线横移(质心横移)辨识

推力线横移(质心横移)需要利用飞行过程中的力矩平衡方程,当高度大于 50 km 时,可建立如下的力矩平衡方程:

$$\begin{cases} M_{Ky} + P \cdot L_{sm} \beta_P \sin \tau_\beta + P \cdot l_h \sin \tau_h - C_N^\alpha q S \beta (X_p - X_c) = J_y \dot{\omega}_y \\ M_{Kz} - P \cdot L_{sm} \beta_P \cos \tau_\beta - P \cdot l_h \cos \tau_h - C_N^\alpha q S \alpha (X_p - X_c) = J_y \dot{\omega}_z \end{cases} \tag{5.85}$$

其中,M_{Ky}、M_{Kz} 为飞行过程中的控制力矩;L_{sm} 为发动机推力作用点至质心距

离；J_y、J_z 为导弹/火箭转动惯量；$\dot{\omega}_y$、$\dot{\omega}_z$ 为导弹/火箭角加速度，可根据遥测信息中的飞行器角速度差分得到；X_p 为弹体/箭体压心至头部尖端距离；X_c 为弹体/箭体质心至头部尖端距离。上述参数根据总体设计参数或者飞行试验遥测参数获得。l_h 为推力线横移与质心横移的综合横移量，τ_h 为偏移所在象限，具体定义见 3.5 节。式(5.85)变形后可得到

$$
\begin{cases}
P \cdot l_h \sin \tau_h = J_y \dot{\omega}_y - M_{Ky} - P \cdot L_{sm} \beta_P \sin \tau_\beta + C_N^\alpha q S \beta (X_p - X_c) \\
- P \cdot l_h \cos \tau_h = J_y \dot{\omega}_z - M_{Kz} + P \cdot L_{sm} \beta_P \cos \tau_\beta + C_N^\alpha q S \alpha (X_p - X_c)
\end{cases}
\tag{5.86}
$$

式(5.86)中包含推力线偏斜产生的干扰力矩，由于推力线偏斜与推力线横移（质心横移）产生的干扰力矩大小基本相当，且基本同时产生。需要利用 5.3.2 节的辨识结果对推力线偏斜进行补偿：

$$
\begin{cases}
l_h \sin \tau_h = \dfrac{J_y \dot{\omega}_y - M_{Ky} - P \cdot L_{sm} \hat{\beta}_P \sin \hat{\tau}_\beta + C_N^\alpha q S \beta (X_p - X_c)}{P} \\
l_h \cos \tau_h = - \dfrac{J_y \dot{\omega}_z - M_{Kz} + P \cdot L_{sm} \hat{\beta}_P \cos \hat{\tau}_\beta + C_N^\alpha q S \alpha (X_p - X_c)}{P}
\end{cases}
\tag{5.87}
$$

综合式(5.87)中的两个方程，可以解得推力线横移（质心横移）大小 $\hat{l}_h$ 与方向 $\hat{\tau}_h$，方向的估计方法参见式(5.82)。

5.3.4 仿真分析

根据某运载火箭六自由度弹道仿真程序，得到各种弹道数据及模拟遥测数据，在干扰误差中加入推力线偏斜、推力线横移、惯性导航系统工具误差等，以及高空风。仿真过程中采用性能较好的光纤捷联惯性系统，其加速度计零偏稳定性小于 10^{-5} m/s，陀螺仪零偏稳定性小于 $0.01°/h$。推力线偏斜与推力线横移的仿真真值见表 5.2。

表 5.2 推力线偏差仿真真值

推力线偏斜		推力线横移	
偏斜量/(′)	角度/(°)	横移量/cm	角度/(°)
4.5	270	4	60

高空风风向为西风(风向 270°),风速采用表 5.3 所示数据。

表 5.3　高空风风速插值表

高度/km	风速/(m/s)	高度/km	风速/(m/s)
5	15	40	40
10	50	50	50
15	50	60	55
20	25	70	80
30	30		

　　根据前述关于风干扰、推力线偏斜与推力线横移(质心横移)的分析,在 5~30 km 高度,不考虑推力线偏差与质心横移的影响,主要辨识高空风风速与风向。而在 50~70 km 高度不考虑高空风的影响,主要辨识推力线横移与推力线偏斜。

　　图 5.2 为根据上述辨识模型得到高空风高度-速度变化图,图 5.3 为辨识得到高空风高度-风向变化图。

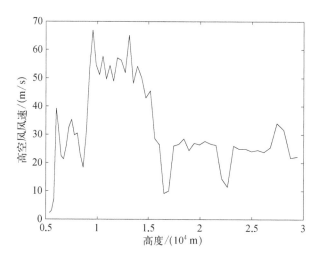

图 5.2　辨识得到的高空风高度-速度变化图

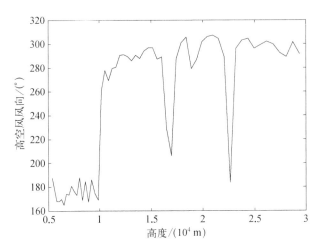

图 5.3 辨识得到的高空风高度-风向变化图

从图 5.3 中可以看出,在 10～30 km 高度,高空风风速辨识结果符合给定的风速插值表,风向为西风偏北 20°左右,比较准确。上述辨识中认为高空风产生的视加速度影响远大于推力线偏斜的影响,也大于惯性导航系统加速度计漂移误差,这两项误差在辨识中都忽略了。

图 5.4 为根据上述辨识模型得到的推力线偏斜值,图 5.5 为辨识得到的推力线偏斜具体指向,主要使用了 55～70 km 高度的数据。

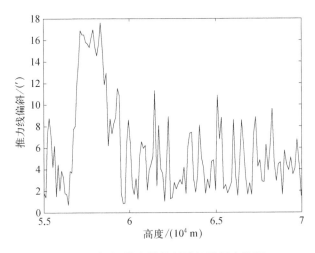

图 5.4 高度-推力线偏斜辨识结果变化图

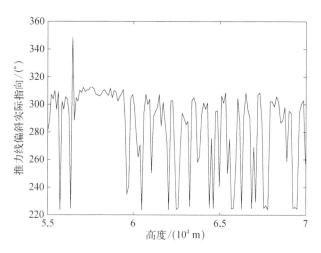

图 5.5　高度-推力线偏斜指向角辨识结果变化图

由于发动机工作后推力线偏斜量不会发生大的变化,实际中取 60~70 km 高度的数据计算推力线偏斜和推力线偏斜指向的平均值,上述辨识中没有扣除高空风与惯导工具误差的影响。

图 5.6 为根据辨识模型得到的推力线横移值,图 5.7 为辨识得到的推力线横移指向角,主要使用了 60~70 km 高度的数据。

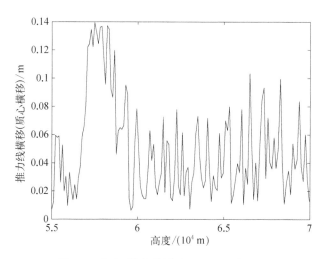

图 5.6　高度-推力线横移辨识结果变化图

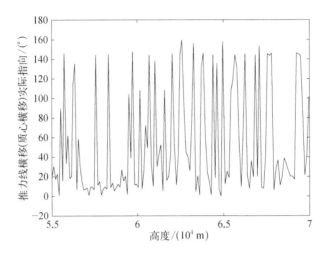

图 5.7　高度-推力线横移指向角辨识结果变化图

由于发动机工作后推力线横移量不会发生大的变化,实际中取 60~70 km 高度的数据计算推力线横移(质心横移)和推力线横移指向角的平均值,上述辨识中扣除了推力线偏斜的影响,但是没有扣除高空风与惯导工具误差的影响。表 5.4 是推力线偏差辨识结果的统计值。

表 5.4　推力线偏差辨识结果的统计值

	推力线偏斜		推力线横移	
	偏斜量/(′)	方向/(°)	横移量/cm	方向/(°)
均　值	4.31	276.4	3.65	70.7
均方差	2.37	29.4	2.11	54.3

对比表 5.4 辨识结果与表 5.2 的真值,估计均值与真值比较接近,均方差偏大。实际上,辨识过程中除了高空风、推力线偏斜、推力线横移、加速度计偏差之间的相互影响外,还需要实时计算质量、推力、转动惯量等参数,利用惯性导航系统测量值计算角加速度,这些参数的计算都会引入误差,影响了辨识精度,如果飞行试验中能够获得更多、精度更高的测量数据(如准确的推力、质量流

量、气动力等),辨识精度会更高。

上述辨识中主要利用了高空风、推力线偏斜、推力线横移在不同飞行高度上造成的力与力矩之间的差异,主要利用了惯性导航系统测量得到的视加速度与角速度,以及飞行过程中的弹道数据(实际飞行过程中会以遥测数据形式得到)。其中的高度区间主要是根据惯性导航系统偏差误差、火箭速度、加速度、干扰误差大小做出的综合判断,实际上高度的区分阈值并不是一成不变的,需要根据实际火箭弹道参数进行调整,达到提高误差辨识结果的目的。

实际中为进一步提高辨识精度,可以采用迭代的思想,例如,在辨识推力线偏斜时利用高空风辨识结果补偿风干扰的影响,在辨识风干扰时补偿推力线偏斜、推力线横移(质心横移)的影响,有兴趣的读者可进行深入分析。

5.4　再入飞行器弹道系数辨识

3.7 节分析了飞行器再入大气层时的各种再入误差,由于飞行过程中的不确定因素,飞行器再入时所受的气动力、外形、质量等都与设计状态存在差异,这些误差的综合影响可以用再入弹道系数描述。弹道系数(或称为质阻比)是影响再入目标运动特征的重要参数之一,也是非合作再入目标识别的重要参量。对于非合作目标跟踪而言,目标质量、目标总体参数与气动外形等均未知,需要在估计目标速度、位置的同时,估计出弹道系数。弹道系数与再入大气环境条件、再入目标质量、飞行姿态、飞行速度等相关,特别是与大气密度、温度的计算模型密切相关,而且飞行过程中通常是变化的,这进一步增加了弹道系数估计的难度。

5.4.1　再入飞行器弹道计算模型

对于无控的高速再入飞行器,在多种再入干扰因素的共同作用下,其俯仰、滚动、偏航运动复杂,姿态角难以计算,同时弹头再入时间比较短,一般情况下,弹头再入在地心惯性坐标系中描述,仅考虑地球引力与大气阻力。令地心惯性坐标系中的状态变量为 $X = \begin{bmatrix} x & y & z & v_x & v_y & v_z \end{bmatrix}^T$,$x$、$y$、$z$ 为飞行器的位置,v_x、v_y、v_z 为飞行器的速度,则再入动力学微分方程可表示为

$$
\begin{cases}
\dot{x} = v_x \\
\dot{y} = v_y \\
\dot{z} = v_z \\
\dot{v}_x = \dfrac{\mu x}{r^3}\left[-1 + \dfrac{3}{2}J_2\left(\dfrac{a_e}{r}\right)^2\left(\dfrac{5z^2}{r^2} - 1\right)\right] - \dfrac{C_D \rho S_k}{2m_k}Vv_x + w_x \\
\dot{v}_y = \dfrac{\mu y}{r^3}\left[-1 + \dfrac{3}{2}J_2\left(\dfrac{a_e}{r}\right)^2\left(\dfrac{5z^2}{r^2} - 1\right)\right] - \dfrac{C_D \rho S_k}{2m_k}Vv_y + w_y \\
\dot{v}_z = -\dfrac{\mu z}{r^3}\left[1 + \dfrac{3}{2}J_2\left(\dfrac{a_e}{r}\right)^2\left(3 - \dfrac{5z^2}{r^2}\right)\right] - \dfrac{C_D \rho S_k}{2m_k}Vv_z + w_z
\end{cases}
\tag{5.88}
$$

其中,μ 为地球常数;ρ 为大气密度;a_e 为地球长半轴;C_D 为气动阻力系数;S_k 为再入飞行器特征面积;$J_2 = 0.00108263$ 为地球二阶带谐系数;m_k 为再入飞行器质量;w_x、w_y、w_z 分别为 x、y、z 方向的动力学噪声,一般假设为零均值高斯白噪声;V 为飞行器速度模量:

$$
V = \sqrt{v_x^2 + v_y^2 + v_z^2} \tag{5.89}
$$

r 为飞行器质心至地心的地心距:

$$
r = \sqrt{x^2 + y^2 + z^2} \tag{5.90}
$$

弹道系数 β 定义为

$$
\beta = \frac{m_k g_0}{C_D S_k} \tag{5.91}
$$

其中,g_0 为标准重力加速度值,$g_0 = 9.80665 \text{ m/s}^2$。为后续方便计算,定义变量 γ 为

$$
\gamma = \frac{g_0}{2\beta} = \frac{C_D S_k}{2m_k} \tag{5.92}
$$

仔细分析式(5.91),弹道系数中的分子是飞行器重量,而分母则与气动系数有关,气动系数与飞行器飞行高度、速度及外形有关,同时在式(5.88)中作为分母出现,不利于后续建模。因此后续中以变量 γ 作为分析对象。再入弹道系数辨识实际上是根据各种测量设备(如雷达等)给出的目标观测信息,利用参数估计方法辨识弹道系数。

5.4.2　动力学方程及偏导数

根据式(5.88)，再入动力学方程是在地心惯性坐标系中描述的，式(5.88)可改写为

$$\frac{\mathrm{d}\boldsymbol{X}}{\mathrm{d}t} = \boldsymbol{f}(\boldsymbol{X}) + \boldsymbol{w} \tag{5.93}$$

其中，

$$\begin{cases} f_1 = v_x \\ f_2 = v_y \\ f_3 = v_z \\ f_4 = \dfrac{\mu x}{r^3}\left[-1 + \dfrac{3}{2}J_2\left(\dfrac{a_e}{r}\right)^2\left(\dfrac{5z^2}{r^2} - 1\right)\right] - \gamma\rho V v_x \\ f_5 = \dfrac{\mu y}{r^3}\left[-1 + \dfrac{3}{2}J_2\left(\dfrac{a_e}{r}\right)^2\left(\dfrac{5z^2}{r^2} - 1\right)\right] - \gamma\rho V v_y \\ f_6 = -\dfrac{\mu z}{r^3}\left[1 + \dfrac{3}{2}J_2\left(\dfrac{a_e}{r}\right)^2\left(3 - \dfrac{5z^2}{r^2}\right)\right] - \gamma\rho V v_z \end{cases} \tag{5.94}$$

其中，$\boldsymbol{w} = \begin{bmatrix} w_x & w_y & w_z \end{bmatrix}^{\mathrm{T}}$，对于位置矢量而言，其微分等于速度，不会产生模型噪声，所以动力学模型噪声主要在加速度上。令其方差为 $\boldsymbol{Q}$，可表示为

$$\boldsymbol{Q} = \sigma_w^2 \begin{bmatrix} \boldsymbol{0}_{3\times 3} & \boldsymbol{0}_{3\times 3} \\ \boldsymbol{0}_{3\times 3} & \boldsymbol{I}_{3\times 3} \end{bmatrix} \tag{5.95}$$

在应用 Kalman 滤波时，需要计算动力学模型偏导数与测量模型偏导数，令 $\boldsymbol{F}(\boldsymbol{X})$ 为动力学模型偏导数，可表示为

$$\boldsymbol{F}(\boldsymbol{X}) = \frac{\partial \boldsymbol{f}(\boldsymbol{X})}{\partial \boldsymbol{X}} = \begin{bmatrix} 0 & 0 & 0 & 1 & 0 & 0 \\ 0 & 0 & 0 & 0 & 1 & 0 \\ 0 & 0 & 0 & 0 & 0 & 1 \\ a_{41} & a_{42} & a_{43} & a_{44} & a_{45} & a_{46} \\ a_{51} & a_{52} & a_{53} & a_{54} & a_{55} & a_{56} \\ a_{61} & a_{62} & a_{63} & a_{64} & a_{65} & a_{66} \end{bmatrix} \tag{5.96}$$

其中，

$$a_{41} = \frac{\partial f_4}{\partial x} = \frac{\mu}{r^3}\left\{-1 + \frac{1}{r^2}\left[3x^2 + \frac{3}{2}J_2a_e^2\left(-1 + \frac{5x^2 + 5z^2}{r^2} - \frac{35x^2z^2}{r^4}\right)\right]\right\}$$

$$(5.97)$$

$$a_{42} = \frac{\partial f_4}{\partial y} = \frac{3\mu xy}{r^5}\left[1 - \frac{5}{2}J_2\left(\frac{a_e}{r}\right)^2\left(\frac{7z^2}{r^2} - 1\right)\right] \qquad (5.98)$$

$$a_{43} = \frac{\partial f_4}{\partial z} = \frac{3\mu xz}{r^5}\left[1 - \frac{5}{2}J_2\left(\frac{a_e}{r}\right)^2\left(\frac{7z^2}{r^2} - 3\right)\right] \qquad (5.99)$$

$$a_{44} = \frac{\partial f_4}{\partial \dot{x}} = -\gamma\rho\frac{V^2 + v_x^2}{V}, \ a_{45} = \frac{\partial f_4}{\partial \dot{y}} = -\gamma\rho\frac{v_xv_y}{V}, \ a_{46} = \frac{\partial f_4}{\partial \dot{z}} = -\gamma\rho\frac{v_xv_z}{V}$$

$$(5.100)$$

$$a_{51} = \frac{\partial f_5}{\partial x} = \frac{3\mu xy}{r^5}\left[1 - \frac{5}{2}J_2\left(\frac{a_e}{r}\right)^2\left(7\frac{z^2}{r^2} - 1\right)\right] \qquad (5.101)$$

$$a_{52} = \frac{\partial f_5}{\partial y} = \frac{\mu}{r^3}\left\{-1 + \frac{1}{r^2}\left[3y^2 + \frac{3}{2}J_2a_e^2\left(-1 + \frac{5y^2 + 5z^2}{r^2} - \frac{35y^2z^2}{r^4}\right)\right]\right\}$$

$$(5.102)$$

$$a_{53} = \frac{\partial f_5}{\partial z} = \frac{3\mu yz}{r^5}\left[1 - \frac{5}{2}J_2\left(\frac{a_e}{r}\right)^2\left(\frac{7z^2}{r^2} - 3\right)\right] \qquad (5.103)$$

$$a_{54} = \frac{\partial f_5}{\partial \dot{x}} = -\gamma\rho\frac{v_xv_y}{V}, \ a_{55} = \frac{\partial f_5}{\partial \dot{y}} = -\gamma\rho\frac{V^2 + v_y^2}{V}, \ a_{56} = \frac{\partial f_5}{\partial \dot{z}} = -\gamma\rho\frac{v_yv_z}{V}$$

$$(5.104)$$

$$a_{61} = \frac{\partial f_6}{\partial x} = \frac{3\mu xz}{r^5}\left[1 + \frac{5}{2}J_2\left(\frac{a_e^2}{r^2}\right)\left(3 - \frac{7z^2}{r^2}\right)\right] \qquad (5.105)$$

$$a_{62} = \frac{\partial f_6}{\partial y} = \frac{3\mu yz}{r^5}\left[1 + \frac{5}{2}J_2\left(\frac{a_e^2}{r^2}\right)\left(3 - \frac{7z^2}{r^2}\right)\right] \qquad (5.106)$$

$$a_{63} = \frac{\partial f_6}{\partial z} = -\frac{\mu}{r^3}\left\{1 - \frac{1}{r^2}\left[3z^2 - \frac{3}{2}J_2a_e^2\left(3 - \frac{30z^2}{r^2} + \frac{35z^4}{r^4}\right)\right]\right\} \quad (5.107)$$

$$a_{64} = \frac{\partial f_6}{\partial \dot{x}} = -\gamma\rho\frac{v_x v_z}{V}, \ a_{65} = \frac{\partial f_6}{\partial \dot{y}} = -\gamma\rho\frac{v_z v_y}{V}, \ a_{66} = \frac{\partial f_6}{\partial \dot{z}} = -\gamma\rho\frac{V^2 + v_z^2}{V}$$

$$(5.108)$$

5.4.3　测量方程及偏导数

对高速再入目标的观测手段主要依赖各类雷达、光电经纬仪等,下面主要以雷达为观测设备讨论再入弹道系数的辨识问题。雷达的测量方程一般是在测量站地平坐标系下建立的,测量站地平坐标系 $O_n - X_n Y_n Z_n$ 定义如下:以测量站所在位置 O_n 为坐标原点, X_n 轴指向正东, Y_n 轴指向正北, $O_n X_n$、 $O_n Y_n$ 形成的平面为原点所在的大地水准面, Z_n 轴指向与地表面垂直向上的方向,并与 X_n、 Y_n 轴构成右手法则,此坐标系又称为东北天坐标系,测量方程就是建立在该坐标系中。

记 $\boldsymbol{s}_n = [\begin{matrix} x_n & y_n & z_n \end{matrix}]^T$ 为飞行器在测量站地平坐标系中的位置,它与飞行器在地心惯性坐标系中的位置 $\boldsymbol{s}_i$ 有如下关系:

$$\boldsymbol{s}_n = \boldsymbol{C}_i^n (\boldsymbol{s}_i - \boldsymbol{R}_{0e}) \tag{5.109}$$

其中, $\boldsymbol{R}_{0e}$ 是测量站所在位置在地心惯性坐标系中的矢量,测量站所在位置经度、纬度一般是已知的,在零时刻地心系与地心惯性系重合,所以 $\boldsymbol{R}_{0e}$ 可使用式(5.16)计算, $\boldsymbol{C}_i^n$ 是地心惯性系到测量站地平坐标系的坐标转换矩阵:

$$\boldsymbol{C}_i^n = \begin{bmatrix} -\sin\lambda_t & \cos\lambda_t & 0 \\ -\sin B_0 \cos\lambda_t & -\sin B_0 \sin\lambda_t & \cos B_0 \\ \cos B_0 \cos\lambda_t & \cos B_0 \sin\lambda_t & \sin B_0 \end{bmatrix} \tag{5.110}$$

其中, B_0 为测量站大地纬度。

考虑到地球的旋转,不同时刻测量站在地心惯性系中的大地经度不同,其随时间变化规律为

$$\lambda_t = \lambda_0 + \omega_e(t - t_0) \tag{5.111}$$

其中, λ_0 为 t_0 时刻测量站在地心惯性系中的大地经度; λ_t 为 t 时刻测量站在地心惯性系中的大地经度; ω_e 为地球自转角速度。

测量站地平坐标系转换到地心惯性坐标系的位置矢量转换方法为

$$\boldsymbol{s}_i = \boldsymbol{C}_n^i \boldsymbol{s}_n + \boldsymbol{R}_{0e} \tag{5.112}$$

测量设备的观测量一般包括斜距 D_R、方位角 A_R、高低角 E_R。斜距为雷达至目标距离，可表示为

$$D_R = h_1(\boldsymbol{s}_n) = \sqrt{x_n^2 + y_n^2 + z_n^2} \tag{5.113}$$

方位角可表示为

$$A_R = h_2(\boldsymbol{s}_n) = \arctan\left(\frac{y_n}{x_n}\right) \tag{5.114}$$

高低角可表示为

$$E_R = h_3(\boldsymbol{s}_n) = \arctan\left(\frac{z_n}{\sqrt{x_n^2 + y_n^2}}\right) \tag{5.115}$$

则观测量综合为

$$\boldsymbol{Z} = \begin{bmatrix} D_R & A_R & E_R \end{bmatrix}^{\mathrm{T}} = \begin{bmatrix} h_1(\boldsymbol{s}_n) & h_2(\boldsymbol{s}_n) & h_3(\boldsymbol{s}_n) \end{bmatrix}^{\mathrm{T}} + \begin{bmatrix} v_D & v_A & v_E \end{bmatrix}^{\mathrm{T}} \tag{5.116}$$

其中，$\begin{bmatrix} v_D & v_A & v_E \end{bmatrix}^{\mathrm{T}}$ 分别表示斜距、方位角、高低角的测量随机误差，假设为高斯白噪声，均值为零，协方差 $\boldsymbol{R}_k = \mathrm{diag}(\sigma_D^2 \quad \sigma_A^2 \quad \sigma_E^2)$，$\sigma_D$、$\sigma_A$、$\sigma_E$ 分别为斜距、方位角和高低角的测量精度。

式(5.88)描述的再入动力学方程是在地心惯性系中描述的，测量方程是在测量站地平坐标系中描述的，则滤波过程中测量方程的偏导数矩阵为

$$\boldsymbol{H}(\boldsymbol{X}) = \frac{\partial \boldsymbol{h}}{\partial \boldsymbol{X}} = \begin{bmatrix} c_{11} & c_{12} & c_{13} & 0 & 0 & 0 \\ c_{21} & c_{22} & c_{23} & 0 & 0 & 0 \\ c_{31} & c_{32} & c_{33} & 0 & 0 & 0 \end{bmatrix} \tag{5.117}$$

由前面的转换方程，$\dfrac{\partial \boldsymbol{h}}{\partial \boldsymbol{X}}$ 可由下面各式求得：

$$c_{11} = \frac{\partial h_1}{\partial x} = \frac{\partial h_1}{\partial x_n}\frac{\partial x_n}{\partial x} + \frac{\partial h_1}{\partial y_n}\frac{\partial y_n}{\partial x} + \frac{\partial h_1}{\partial z_n}\frac{\partial z_n}{\partial x} \tag{5.118}$$

$$c_{12} = \frac{\partial h_1}{\partial y} = \frac{\partial h_1}{\partial x_n}\frac{\partial x_n}{\partial y} + \frac{\partial h_1}{\partial y_n}\frac{\partial y_n}{\partial y} + \frac{\partial h_1}{\partial z_n}\frac{\partial z_n}{\partial y} \tag{5.119}$$

$$c_{13} = \frac{\partial h_1}{\partial z} = \frac{\partial h_1}{\partial x_n}\frac{\partial x_n}{\partial z} + \frac{\partial h_1}{\partial y_n}\frac{\partial y_n}{\partial z} + \frac{\partial h_1}{\partial z_n}\frac{\partial z_n}{\partial z} \tag{5.120}$$

$$c_{21} = \frac{\partial h_2}{\partial x} = \frac{\partial h_2}{\partial x_n} \frac{\partial x_n}{\partial x} + \frac{\partial h_2}{\partial y_n} \frac{\partial y_n}{\partial x} + \frac{\partial h_2}{\partial z_n} \frac{\partial z_n}{\partial x} \tag{5.121}$$

$$c_{22} = \frac{\partial h_2}{\partial y} = \frac{\partial h_2}{\partial x_n} \frac{\partial x_n}{\partial y} + \frac{\partial h_2}{\partial y_n} \frac{\partial y_n}{\partial y} + \frac{\partial h_2}{\partial z_n} \frac{\partial z_n}{\partial y} \tag{5.122}$$

$$c_{23} = \frac{\partial h_2}{\partial z} = \frac{\partial h_2}{\partial x_n} \frac{\partial x_n}{\partial z} + \frac{\partial h_2}{\partial y_n} \frac{\partial y_n}{\partial z} + \frac{\partial h_2}{\partial z_n} \frac{\partial z_n}{\partial z} \tag{5.123}$$

$$c_{31} = \frac{\partial h_3}{\partial x} = \frac{\partial h_3}{\partial x_n} \frac{\partial x_n}{\partial x} + \frac{\partial h_3}{\partial y_n} \frac{\partial y_n}{\partial x} + \frac{\partial h_3}{\partial z_n} \frac{\partial z_n}{\partial x} \tag{5.124}$$

$$c_{32} = \frac{\partial h_3}{\partial y} = \frac{\partial h_3}{\partial x_n} \frac{\partial x_n}{\partial y} + \frac{\partial h_3}{\partial y_n} \frac{\partial y_n}{\partial y} + \frac{\partial h_3}{\partial z_n} \frac{\partial z_n}{\partial y} \tag{5.125}$$

$$c_{33} = \frac{\partial h_3}{\partial z} = \frac{\partial h_3}{\partial x_n} \frac{\partial x_n}{\partial z} + \frac{\partial h_3}{\partial y_n} \frac{\partial y_n}{\partial z} + \frac{\partial h_3}{\partial z_n} \frac{\partial z_n}{\partial z} \tag{5.126}$$

具体结果为

$$\frac{\partial h_1}{\partial x_n} = \frac{x_n}{\sqrt{x_n^2 + y_n^2 + z_n^2}}, \quad \frac{\partial h_1}{\partial y_n} = \frac{y_n}{\sqrt{x_n^2 + y_n^2 + z_n^2}}, \quad \frac{\partial h_1}{\partial z_n} = \frac{z_n}{\sqrt{x_n^2 + y_n^2 + z_n^2}};$$

$$\frac{\partial h_2}{\partial x_n} = \frac{-y_n}{x_n^2 + y_n^2}, \quad \frac{\partial h_2}{\partial y_n} = \frac{x_n}{x_n^2 + y_n^2}, \quad \frac{\partial h_2}{\partial z_n} = 0;$$

$$\frac{\partial h_3}{\partial x_n} = \frac{-z_n x_n}{\sqrt{x_n^2 + y_n^2}(x_n^2 + y_n^2 + z_n^2)}, \quad \frac{\partial h_3}{\partial y_n} = \frac{-z_n y_n}{\sqrt{x_n^2 + y_n^2}(x_n^2 + y_n^2 + z_n^2)}, \quad \frac{\partial h_3}{\partial z_n} = \frac{\sqrt{x_n^2 + y_n^2}}{(x_n^2 + y_n^2 + z_n^2)};$$

$$\frac{\partial x_n}{\partial x} = -\sin \lambda_t, \quad \frac{\partial y_n}{\partial x} = -\sin B_0 \cos \lambda_t, \quad \frac{\partial z_n}{\partial x} = \cos B_0 \cos \lambda_t;$$

$$\frac{\partial x_n}{\partial y} = \cos \lambda_t, \quad \frac{\partial y_n}{\partial y} = -\sin B_0 \sin \lambda_t, \quad \frac{\partial z_n}{\partial y} = \cos B_0 \sin \lambda_t;$$

$$\frac{\partial x_n}{\partial z} = 0, \quad \frac{\partial y_n}{\partial z} = \cos B_0, \quad \frac{\partial z_n}{\partial z} = \sin B_0$$

将上面各式代入 $\boldsymbol{H}(\boldsymbol{X}_i)$ 中,可得到

$$c_{11} = \frac{1}{\sqrt{x_n^2 + y_n^2 + z_n^2}}(-x_n \sin \lambda_t - y_n \sin B_0 \cos \lambda_t + z_n \cos B_0 \cos \lambda_t) \quad (5.127)$$

$$c_{12} = \frac{1}{\sqrt{x_n^2 + y_n^2 + z_n^2}}(x_n \cos \lambda_t - y_n \sin B_0 \sin \lambda_t + z_g \cos B_0 \sin \lambda_t) \quad (5.128)$$

$$c_{13} = \frac{1}{\sqrt{x_n^2 + y_n^2 + z_n^2}}(y_n \cos B_0 + z_n \sin B_0) \quad (5.129)$$

$$c_{21} = \frac{1}{x_n^2 + y_n^2}(y_n \sin \lambda_t - x_n \sin B_0 \cos \lambda_t) \quad (5.130)$$

$$c_{22} = \frac{1}{x_n^2 + y_n^2}(-y_n \cos \lambda_t - x_n \sin B_0 \sin \lambda_t) \quad (5.131)$$

$$c_{23} = \frac{1}{x_n^2 + y_n^2}x_n \cos B_0 \quad (5.132)$$

$$c_{31} = \frac{x_n z_n \sin \lambda_t + y_n z_n \sin B_0 \cos \lambda_t + (x_n^2 + y_n^2)\cos B_0 \cos \lambda_t}{(x_n^2 + y_n^2 + z_n^2)\sqrt{x_n^2 + y_n^2}} \quad (5.133)$$

$$c_{32} = \frac{-x_n z_n \cos \lambda_t + y_n z_n \sin B_0 \sin \lambda_t + (x_n^2 + y_n^2)\cos B_0 \sin \lambda_t}{(x_n^2 + y_n^2 + z_n^2)\sqrt{x_n^2 + y_n^2}} \quad (5.134)$$

$$c_{33} = \frac{-y_n z_n \cos B_0 + (x_n^2 + y_n^2)\sin B_0}{(x_n^2 + y_n^2 + z_n^2)\sqrt{x_n^2 + y_n^2}} \quad (5.135)$$

5.4.4　大气密度计算

辨识弹道系数时,大气密度的计算非常重要,大气密度计算准确与否直接关系弹道系数的估计精度。一般而言,先根据滤波过程中得到的飞行器位置参数计算飞行高度,再根据标准大气参数模型计算大气密度,但是由于在估计飞行器速度、位置的同时要估计参数 γ,滤波收敛过程较慢,飞行高度计算不准确,导致大气密度计算不准确,容易造成滤波发散。在同时得到目标斜距、高低角、方位角等观测量情况下,大气密度计算可使用观测量进行计算。测量站地平坐标系中的目标位置矢量为可表示为

$$\boldsymbol{\rho}_n = \begin{cases} x_n = D_R \cos E_R \cos A_R \\ y_n = D_R \cos E_R \sin A_R \\ z_n = D_R \sin E_R \end{cases} \tag{5.136}$$

则地心至目标点矢径 $\boldsymbol{R}_{0e}$ 在测量站地平坐标系中的表示为

$$\boldsymbol{R}_{0n} = \boldsymbol{C}_e^n \boldsymbol{R}_{0e} \tag{5.137}$$

其中, $\boldsymbol{C}_e^n$ 为地心坐标系至测量站地平坐标系的转换矩阵, 可根据式(5.110)与式(5.111)计算, 其中 λ_t 选择 $t = t_0$ 时刻时的值。

地球自转角速度在测量站地平坐标系中的表示为

$$\boldsymbol{\omega}_{en} = \omega_e \begin{bmatrix} 0 \\ \cos B_0 \\ \sin B_0 \end{bmatrix} \tag{5.138}$$

则目标至地心矢径在测量站地平坐标系中的表示为

$$\boldsymbol{r}_n = \boldsymbol{\rho}_n + \boldsymbol{R}_{0n} \tag{5.139}$$

对应的弹下点地心纬度为

$$\phi_t = \arcsin\left(\frac{\boldsymbol{r}_n \cdot \boldsymbol{\omega}_{en}}{|\boldsymbol{r}_n| \, \omega_{e0}} \right) \tag{5.140}$$

相应的地理纬度为

$$B_t = \arctan\left(\frac{a_e^2}{b_e^2} \tan \phi_t \right) \tag{5.141}$$

其中, a_e 为标准椭球长半轴, b_e 为标准椭球短半轴, 相应的弹下点卯酉圈半径为

$$N_t = \frac{a_e}{\sqrt{1 - e_e^2 \sin^2 \varphi_t}} \tag{5.142}$$

则目标高度为

$$h_d = |\boldsymbol{r}_n| - N_t \tag{5.143}$$

飞行器所处高度的大气密度使用标准大气参数公式计算, 见参考文献[2]。

5.4.5　滤波初值计算

在应用广义 Kalman 滤波的过程中,动力学方程 $f(X)$ 需在估值 $X_{K/K}$ 附近作 Taylor 级数展开,而 $h(X)$ 需在预估值 $X_{K+1/K}$ 附近作 Taylor 级数展开。如果滤波初值 $X_{0/0}$ 和 $P_{0/0}$ 的选取误差较大,将引入大的非线性偏差,导致滤波器容易发散。

在弹道系数估计中,考虑使用观测开始的一部分数据平滑产生滤波初值。在获得目标斜距 D_R、方位角 A_R 和高低角 E_R 后,将测量数据转换成目标位置后再作平滑,目标在测量站地平坐标系中的位置矢量可根据式(5.136)计算,则目标位置矢量 $[x_n \quad y_n \quad z_n]^T$ 的测量误差可以通过分别对 D_R、A_R、E_R 求偏导数求得,在测量站坐标系下,有

$$
\begin{aligned}
\mathrm{d}x_n &= \frac{\partial x_n}{\partial D_R}\mathrm{d}D_R + \frac{\partial x_n}{\partial A_R}\mathrm{d}A_R + \frac{\partial x_n}{\partial E_R}\mathrm{d}E_R \\
&= \cos E_R\cos A_R\mathrm{d}D_R - D_R\cos E_R\sin A_R\mathrm{d}A_R - D_R\sin E_R\cos A_R\mathrm{d}E_R
\end{aligned}
\tag{5.144}
$$

$$
\begin{aligned}
\mathrm{d}y_n &= \frac{\partial y_n}{\partial D_R}\mathrm{d}D_R + \frac{\partial y_n}{\partial A_R}\mathrm{d}A_R + \frac{\partial y_n}{\partial E_R}\mathrm{d}E_R \\
&= \cos E_R\sin A_R\mathrm{d}D_R + D_R\cos E_R\cos A_R\mathrm{d}A_R - D_R\sin E_R\sin A_R\mathrm{d}E_R
\end{aligned}
\tag{5.145}
$$

$$
\mathrm{d}z_n = \frac{\partial z_n}{\partial D_R}\mathrm{d}D_R + \frac{\partial z_n}{\partial A_R}\mathrm{d}A_R + \frac{\partial z_n}{\partial E_R}\mathrm{d}E_R = \sin E_R\mathrm{d}D_R + D_R\cos E_R\mathrm{d}E_R
\tag{5.146}
$$

可写成

$$
\mathrm{d}s_n = P\mathrm{d}Z
\tag{5.147}
$$

其中, $\mathrm{d}Z = [\mathrm{d}D_R \quad \mathrm{d}A_R \quad \mathrm{d}E_R]^T$,分别表示斜距、方位角和高低角的测量偏差;

$$
P = \begin{bmatrix}
\cos E_R\cos A_R & -D_R\cos E_R\sin A_R & -D_R\sin E_R\cos A_R \\
\cos E_R\sin A_R & D_R\cos E_R\cos A_R & -D_R\sin E_R\sin A_R \\
\sin E_R & 0 & D_R\cos E_R
\end{bmatrix}
\tag{5.148}
$$

将测量量转换到地心惯性系下,根据式(5.112)计算,对式(5.112)取微分后可得

$$
\mathrm{d}s_i = C_n^i\mathrm{d}s_n = C_n^iP\mathrm{d}Z
\tag{5.149}
$$

式(5.149)表示了地心惯性系下位置误差和测量误差之间的变换关系。由于 $\mathrm{d}D_R$、$\mathrm{d}A_R$、$\mathrm{d}E_R$ 是统计独立的,对式(5.149)求方差,可得到

$$\mathrm{var}(\mathrm{d}\boldsymbol{s}_i) = (\boldsymbol{C}_n^i \boldsymbol{P})\,\mathrm{var}(\mathrm{d}\boldsymbol{Z})\,(\boldsymbol{C}_n^i \boldsymbol{P})^{\mathrm{T}} = \boldsymbol{C}_n^i \boldsymbol{P}\,\mathrm{var}(\mathrm{d}\boldsymbol{Z})\boldsymbol{P}^{\mathrm{T}} \boldsymbol{C}_i^n \tag{5.150}$$

其中, $\mathrm{var}(\mathrm{d}\boldsymbol{s}_i)$ 是状态 x、y、z 的协方差阵; $\mathrm{var}(\mathrm{d}\boldsymbol{Z})$ 是雷达测量值的协方差,可以写成

$$\mathrm{var}(\mathrm{d}\boldsymbol{Z}) = \begin{bmatrix} \sigma_D^2 & 0 & 0 \\ 0 & \sigma_A^2 & 0 \\ 0 & 0 & \sigma_E^2 \end{bmatrix} \tag{5.151}$$

这样就得到了转换后的位置误差测量量以及对应的方差。下面取雷达测量值的前 N 个数据进行多项式平滑,以便确定滤波初值。平滑在 X、Y、Z 三个方向上分别进行,下面以 X 方向为例说明。

设 X 方向状态变量位置、速度、加速度组成的矢量 $\boldsymbol{p} = [x \quad \dot{x} \quad \ddot{x}]^{\mathrm{T}}$,此时动力学方程可表示为

$$\boldsymbol{p}(K + 1) = \boldsymbol{\Phi}(K + 1, K)\boldsymbol{p}(K) \tag{5.152}$$

其中, $\boldsymbol{\Phi}(K + 1, K)$ 是一步状态转移矩阵, K 表示第 K 个离散时刻,且有

$$\boldsymbol{p}(K) = \boldsymbol{\Phi}(K, 0)\boldsymbol{p}(0) \tag{5.153}$$

$\boldsymbol{\Phi}(K, 0)$ 表示从 0 时刻到 t_K 时刻的状态转移矩阵:

$$\boldsymbol{\Phi}(K, 0) = \begin{bmatrix} 1 & t_K & t_K^2/2 \\ 0 & 1 & t_K \\ 0 & 0 & 1 \end{bmatrix} \tag{5.154}$$

观测量使用转换至地心坐标系中的位置变量,所以测量方程为

$$z(K) = \boldsymbol{C}_1 \boldsymbol{p}(K) + \varepsilon(K) \tag{5.155}$$

其中, $\boldsymbol{C}_1 = [1 \quad 0 \quad 0]^{\mathrm{T}}$; $\varepsilon(K)$ 是测量噪声,方差根据式(5.150)计算。基于式(5.153)与式(5.155)平滑状态初值。将根据观测值得到地心惯性坐标系下 X 方向位置的前 N 个量组合成观测量:

$$\boldsymbol{Z}_N = [z(1) \quad z(2) \quad \cdots \quad z(N)] \tag{5.156}$$

则

$$H_N = \begin{bmatrix} C_1 \boldsymbol{\Phi}(1, 0) \\ C_1 \boldsymbol{\Phi}(2, 0) \\ \vdots \\ C_1 \boldsymbol{\Phi}(N, 0) \end{bmatrix} = \begin{bmatrix} 1 & t_1 & t_1^2/2 \\ 1 & t_2 & t_2^2/2 \\ \vdots & \vdots & \vdots \\ 1 & t_N & t_N^2/2 \end{bmatrix} \tag{5.157}$$

则有

$$Z_N = H_N \cdot p(0) + \varepsilon(K) \tag{5.158}$$

该方程包含 N 个测量方程,待估参数为 X 方向位置、速度、加速度等三个状态初始值。由最小二乘法可得

$$\hat{p}(0) = (H_N^{\mathrm{T}} R_Z^{-1} H_N)^{-1} H_N^{\mathrm{T}} R_Z^{-1} Z_N \tag{5.159}$$

估计方差为

$$P(0/0) = (H_N^{\mathrm{T}} R_Z^{-1} H_N)^{-1} \tag{5.160}$$

其中,

$$R_Z = \mathrm{diag}\begin{bmatrix} \sigma_x^2(1) & \cdots & \sigma_x^2(N) \end{bmatrix} \tag{5.161}$$

$\sigma_x^2(i)$ 为根据式(5.150)基于第 i 次雷达观测量计算得到的 X 方向位置方差。

在滤波初值平滑计算中,由于地球自转,测量站坐标系到地心惯性系的转换矩阵不是恒定值,而是随时间变化的。一般情况下初态识别问题所需要的时间并不是很长,此时转换矩阵的变化不大。在实际应用中,使用 $t_N/2$ 时所对应的转移矩阵作为初态识别问题中的转换矩阵。

根据式(5.159)可以得到 X 方向位置、速度及加速度的初值,取其中的位置与速度初值作为滤波 X 方向位置、速度的滤波初值。根据(5.160)可以得到 X 方向位置、速度及加速度的方差,取其中的位置与速度的方差作为滤波 X 方向位置、速度的滤波初始方差。

对于 Y、Z 方向照此方法进行,即可得到 Y、Z 方向的滤波初值与初始方差值。

5.4.6 弹道系数估计

为深入分析再入弹道参数与弹道系数估计问题,本节给出三种目标速度、位置及弹道系数的估计方法。第一种方法根据滤波新息序列特征采用自适应估计算法;第二种方法为一种增广状态方法,将参数 γ 构建为目标飞行高度、速

度的线性模型,滤波状态增广为 9 维;第三种方法直接利用雷达测量数据(距离、高低角、方位角)平滑得到目标位置、速度及加速度,然后计算弹道系数。

5.4.6.1　自适应滤波方法

前面给出了滤波初始化与大气密度计算方法,下面讨论弹道系数的具体估计方法。实际上再入飞行器位置矢量、速度矢量与弹道系数均是未知参数,需要根据观测量(目标斜距、高低角、方位角)同时估计再入飞行器位置、速度矢量及弹道系数。

将再入动力学方程式(5.88)离散化,可得

$$
\begin{cases}
x_{K+1} = x_K + v_{xK}\Delta T + \dfrac{1}{2}a_{xK}\Delta T^2 \\[2mm]
y_{K+1} = y_K + v_{yK}\Delta T + \dfrac{1}{2}a_{yK}\Delta T^2 \\[2mm]
z_{K+1} = z_K + v_{zK}\Delta T + \dfrac{1}{2}a_{zK}\Delta T^2 \\[2mm]
v_{xK+1} = v_{xK} + a_{xK}\Delta T \\[2mm]
v_{yK+1} = v_{yK} + a_{yK}\Delta T \\[2mm]
v_{zK+1} = v_{yK} + a_{zK}\Delta T
\end{cases}
\tag{5.162}
$$

其中,

$$
\begin{cases}
a_x = \dfrac{\mu x}{r^3}\left[-1 + \dfrac{3}{2}J_2\left(\dfrac{a_e}{r}\right)^2\left(\dfrac{5z^2}{r^2}-1\right)\right] - \gamma\rho V v_x + w_x \\[3mm]
a_y = \dfrac{\mu y}{r^3}\left[-1 + \dfrac{3}{2}J_2\left(\dfrac{a_e}{r}\right)^2\left(\dfrac{5z^2}{r^2}-1\right)\right] - \gamma\rho V v_y + w_y \\[3mm]
a_z = -\dfrac{\mu z}{r^3}\left[1 + \dfrac{3}{2}J_2\left(\dfrac{a_e}{r}\right)^2\left(3-\dfrac{5z^2}{r^2}\right)\right] - \gamma\rho V v_z + w_z
\end{cases}
\tag{5.163}
$$

则式(5.162)可写成

$$
X_{K+1} = AX_K + B(U_K + g_K) + Bw_K
\tag{5.164}
$$

其中,

$$
A = \begin{bmatrix} I_3 & I_3\Delta t \\ 0 & I_3 \end{bmatrix}, \quad
B = \begin{bmatrix} I_3 \cdot \Delta t^2/2 \\ I_3 \cdot \Delta t \end{bmatrix}, \quad
w_K = \begin{bmatrix} w_{xK} \\ w_{yK} \\ w_{zK} \end{bmatrix}, \quad
U_K = \begin{bmatrix} -\gamma_K\rho_K V_K v_{xK} \\ -\gamma_K\rho_K V_K v_{yK} \\ -\gamma_K\rho_K V_K v_{zK} \end{bmatrix},
$$

$$g_K = \begin{bmatrix} \dfrac{\mu x_K}{r_K^3}\left[-1 + \dfrac{3}{2}J_2\left(\dfrac{a_e}{r_K}\right)^2\left(\dfrac{5z_K^2}{r_K^2} - 1\right)\right] \\[3mm] \dfrac{\mu y_K}{r_K^3}\left[-1 + \dfrac{3}{2}J_2\left(\dfrac{a_e}{r_K}\right)^2\left(\dfrac{5z_K^2}{r_K^2} - 1\right)\right] \\[3mm] -\dfrac{\mu z_K}{r_K^3}\left[1 + \dfrac{3}{2}J_2\left(\dfrac{a_e}{r_K}\right)^2\left(3 - \dfrac{5z_K^2}{r_K^2}\right)\right] \end{bmatrix}, \quad I_3 \text{ 为三维单位矩阵}, \Delta t \text{ 为时间周期。}$$

动力学方程偏导数矩阵 F 根据式(5.96)计算,测量方程偏导数矩阵 H 根据式(5.117)计算,则状态预报方程为

$$X_{K+1/K} = X_{K/K} + f(X_{K/K}, \gamma_K)\Delta t + 0.5F(X_{K/K})f(X_{K/K}, \gamma_K)\Delta t^2 \quad (5.165)$$

其中,$f(X_{K/K}, \gamma_K)$ 根据式(5.93)计算,γ_K 为系数 γ 的第 K 步自适应估计值。状态转移矩阵 Φ 为

$$\Phi = I + F(X_{K/K})\Delta t + \frac{1}{2}F(X_{K/K})^2\Delta t^2 \quad (5.166)$$

方差一步预报为

$$P_{K+1/K} = \Phi P_{K/K}\Phi' + Q \quad (5.167)$$

增益矩阵为

$$G_{K+1} = P_{K+1/K}H_{K+1}(H_{K+1}P_{K+1/K}H'_{K+1} + R)^{-1} \quad (5.168)$$

状态修正:

$$X_{K+1/K+1} = X_{K+1/K} + G_{K+1}[Z_{K+1} - h(X_{K+1}, \gamma_K)] \quad (5.169)$$

其中,测量预报值 $h(X_{K+1}, \gamma_K)$ 根据式(5.116)计算。方差估计值为

$$P_{K+1/K+1} = (I - G_{K+1}H_{K+1})P_{K+1/K} \quad (5.170)$$

式(5.165)~式(5.170)是扩展 Kalman 滤波的基本方程,并没有给出弹道系数的估计方法。根据式(5.164),定义估计残差:

$$\eta_K = (B^TB)^{-1}B^T(\hat{X}_{K+1/K+1} - A\hat{X}_{K/K}) - (U_K + g_K) \quad (5.171)$$

估计残差 $\{\eta_K\}$ 为零均值高斯白噪声,将式(5.171)两边在所有时刻点相加,得到

$$\sum_{j=1}^{K}(B^TB)^{-1}B^T(X_{j+1/j+1} - AX_{j/j}) - \sum_{j=1}^{K}(-\gamma\rho_jV_j\mathbf{v}_j + g_j) = 0 \quad (5.172)$$

式(5.172)表示在 X、Y、Z 三个方向都满足上述关系,是一个三维矢量方程。求和公式表示从第 $1 \sim K$ 步中的计算结果累加。其中,

$$\boldsymbol{v}_j = \begin{bmatrix} v_{x,j} & v_{y,j} & v_{z,j} \end{bmatrix}^{\mathrm{T}} \tag{5.173}$$

从而有

$$\sum_{j=1}^{K} \gamma \rho_j V_j \boldsymbol{v}_j = -\sum_{j=1}^{K} (\boldsymbol{B}^{\mathrm{T}}\boldsymbol{B})^{-1} \boldsymbol{B}^{\mathrm{T}} (X_{j+1/j+1} - A\hat{X}_{j/j}) + \sum_{j=1}^{K} \boldsymbol{g}_j \tag{5.174}$$

将三个方向计算得到的 γ 值取算术平均,可得到的第 $K+1$ 步 γ 的估计值为

$$\hat{\gamma}_{K+1} = \frac{1}{3} \sum_{i=1}^{3} \frac{-\left[\sum_{j=1}^{K}(\boldsymbol{B}^{\mathrm{T}}\boldsymbol{B})^{-1}\boldsymbol{B}^{\mathrm{T}}(X_{j+1/j+1} - AX_{j/j})\right]_i + \sum_{j=1}^{K} \boldsymbol{g}_{j,i}}{\sum_{j=1}^{K} \rho_j V_j \boldsymbol{v}_{j,i}} \tag{5.175}$$

其中,下标 $i=1$、2、3 表示 X、Y、Z 三个方向。写成递推形式可得到

$$\gamma_{K+1} = \frac{1}{3} M_K \gamma_K + \frac{1}{3} \sum_{i=1}^{3} \frac{-\left[(\boldsymbol{B}^{\mathrm{T}}\boldsymbol{B})^{-1}\boldsymbol{B}^{\mathrm{T}}(X_{K+1/K+1} - X_{K/K})\right]_i + \boldsymbol{g}_{K,i}}{\sum_{j=1}^{K} \rho_j V_j \boldsymbol{v}_{j,i}}$$

$$\tag{5.176}$$

式中,

$$M_K = \sum_{i=1}^{3} \frac{\sum_{j=1}^{K-1} \rho_i V_j \boldsymbol{v}_{j,i}}{\sum_{j=1}^{K} \rho_j V_j \boldsymbol{v}_{j,i}} \tag{5.177}$$

在上述滤波方程中,需要给定滤波状态初值 $X_{0/0}$、方差初值 $P_{0/0}$,可以根据 5.4.5 节滤波初值计算方法给出,γ 初值可以假设为零。

5.4.6.2　扩展建模估计

对于再入飞行器而言,气动阻力系数主要与飞行高度及马赫数有关,根据式(5.92),系数 γ 与飞行器特征面积、气动阻力系数成正比,与飞行器质量成反比,而飞行器特征面积、质量在再入过程中基本不变化,气动阻力系数会随着飞行高度、马赫数、飞行器外部烧蚀等再入误差发生变化。由于弹道系数 β 与气动阻力系数成反比关系,难以用线性模型进行近似,这里将系数 γ 假设为飞行高度与马赫数的函数,使用下面的一阶线性模型近似:

$$\gamma = k_0 + k_1 h_d + k_2 Ma \tag{5.178}$$

其中，h_d 表示飞行器海拔高度，根据式(5.143)计算：

$$h_d = \sqrt{x^2 + y^2 + z^2} - R \tag{5.179}$$

马赫数根据式(5.180)计算：

$$Ma = \frac{\sqrt{v_x^2 + v_y^2 + v_z^2}}{a_s} \tag{5.180}$$

其中，a_s 为声速，根据标准大气参数公式计算，见参考文献[2]。

将参数 k_0、k_1、k_2 扩展为状态参数，即

$$\begin{cases} \dot{k}_0 = \varepsilon_{k0} \\ \dot{k}_1 = \varepsilon_{k1} \\ \dot{k}_2 = \varepsilon_{k2} \end{cases} \tag{5.181}$$

其中，ε_{k0}、ε_{k1}、ε_{k2} 均为零均值高斯白噪声，其方差为 $Q_\gamma = \mathrm{diag}(\sigma_{\varepsilon_{k0}}^2, \sigma_{\varepsilon_{k1}}^2, \sigma_{\varepsilon_{k2}}^2)$。

令扩展状态 $\boldsymbol{X} = \begin{bmatrix} x & y & z & v_x & v_y & v_z & k_0 & k_1 & k_2 \end{bmatrix}^{\mathrm{T}}$，导弹再入动力学方程 $\dfrac{\mathrm{d}\boldsymbol{X}}{\mathrm{d}t} = \boldsymbol{f}(\boldsymbol{X}) + \boldsymbol{w}$ 可改写为

$$\begin{cases} f_1 = v_x \\ f_2 = v_y \\ f_3 = v_z \\ f_4 = \dfrac{\mu x}{r^3}\left[-1 + \dfrac{3}{2}J_2\left(\dfrac{a_e}{r}\right)^2\left(\dfrac{5z^2}{r^2} - 1\right) \right] - \rho V v_x(k_0 + k_1 h_d + k_2 Ma) \\ f_5 = \dfrac{\mu y}{r^3}\left[-1 + \dfrac{3}{2}J_2\left(\dfrac{a_e}{r}\right)^2\left(\dfrac{5z^2}{r^2} - 1\right) \right] - \rho V v_y(k_0 + k_1 h_d + k_2 Ma) \\ f_6 = -\dfrac{\mu z}{r^3}\left[1 + \dfrac{3}{2}J_2\left(\dfrac{a_e}{r}\right)^2\left(3 - \dfrac{5z^2}{r^2}\right) \right] - \rho V v_z(k_0 + k_1 h_d + k_2 Ma) \\ f_7 = 0 \\ f_8 = 0 \\ f_9 = 0 \end{cases} \tag{5.182}$$

则偏导数矩阵 $\boldsymbol{F}_2(\boldsymbol{X})$ 可更新为

$$\boldsymbol{F}_2(\boldsymbol{X}) = \frac{\partial \boldsymbol{f}(\boldsymbol{X})}{\partial \boldsymbol{X}} = \begin{bmatrix} \boldsymbol{0} & \boldsymbol{I} & \boldsymbol{0} \\ \boldsymbol{F}_{21} & \boldsymbol{F}_{22} & \boldsymbol{F}_{23} \\ \boldsymbol{0} & \boldsymbol{0} & \boldsymbol{0} \end{bmatrix} \tag{5.183}$$

其中,

$$\boldsymbol{F}_{21} = \begin{bmatrix} a_{41} & a_{42} & a_{43} \\ a_{51} & a_{52} & a_{53} \\ a_{61} & a_{62} & a_{63} \end{bmatrix} - \frac{\rho V k_1}{\sqrt{x^2 + y^2 + z^2}} \begin{bmatrix} v_x x & v_x y & v_x z \\ v_y x & v_y y & v_y z \\ v_z x & v_z y & v_z z \end{bmatrix} \tag{5.184}$$

$$\boldsymbol{F}_{22} = \begin{bmatrix} a_{44} & a_{45} & a_{46} \\ a_{54} & a_{55} & a_{56} \\ a_{64} & a_{65} & a_{66} \end{bmatrix} - \frac{\rho k_2}{a} \begin{bmatrix} V^2 + 2v_x^2 & 2v_x v_y & 2v_x v_z \\ 2v_x v_y & V^2 + 2v_y^2 & 2v_y v_z \\ 2v_x v_z & 2v_y v_z & V^2 + 2v_z^2 \end{bmatrix} \tag{5.185}$$

$$\boldsymbol{F}_{23} = -\rho V \begin{bmatrix} v_x & v_x h & v_x Ma \\ v_y & v_y h & v_y Ma \\ v_z & v_z h & v_z Ma \end{bmatrix} \tag{5.186}$$

测量量仍然使用雷达测量的距离、高低角与方位角,其偏导数不变。

5.4.6.3　平滑估计方法

5.4.5 节已经指出,根据目标斜距、方位角、高低角等观测量可以直接得到目标的位置、速度信息,该位置、速度信息不需要滤波得到,是比较稳定的,因此可以考虑使用上述平滑方法直接得到弹道系数。

根据式(5.112)可以得到地心惯性坐标系下的位置信息,基于式(5.159)可以得到弹道 X 方向的初始位置、速度、加速度。分别在 Y、Z 方向上进行上述计算,可以得到三个方向的位置、速度、加速度初值。考虑使用上述平滑技术计算弹道系数。根据式(5.156)～式(5.159),选择第 N_1 个测量量至第 N_2 个测量量($N_2 > N_1$)进行上述平滑处理。即

$$Z_{N_{1,2}} = \begin{bmatrix} z(N_1) & z(N_1 + 1) & \cdots & z(N_2) \end{bmatrix} \tag{5.187}$$

则

$$H_{N_{1,2}} = \begin{bmatrix} C\boldsymbol{\Phi}(1,0) \\ C\boldsymbol{\Phi}(2,0) \\ \vdots \\ C\boldsymbol{\Phi}(N_2 - N_1 + 1, 0) \end{bmatrix} = \begin{bmatrix} 1 & \Delta t & \Delta t^2/2 \\ 1 & 2\Delta t & 4\Delta t^2/2 \\ \vdots & \vdots & \vdots \\ 1 & (N_2 - N_1 + 1)\Delta t & \dfrac{(N_2 - N_1 + 1)\Delta t^2}{2} \end{bmatrix}$$

$$(5.188)$$

测量方程：

$$Z_{N_{1,2}} = H_{N_{1,2}} \cdot S(N_1) + \varepsilon(K) \tag{5.189}$$

使用最小二乘方法：

$$\hat{S}(N_1) = (H_{N_{1,2}}^{\mathrm{T}} R_Z^{-1} H_{N_{1,2}})^{-1} H_{N_{1,2}}^{\mathrm{T}} R_Z^{-1} Z_{N_{1,2}} \tag{5.190}$$

其中，$\hat{S}(N_1)$ 中包含 X 方向位置、速度、加速度估计值。根据上述方法可以得到 Y、Z 方向位置、速度、加速度估计值。则在第 N_1 时刻点，平滑得到的位置矢量为 $\hat{X}_{N_1} = \begin{bmatrix} \hat{x}(N_1) & \hat{y}(N_1) & \hat{z}(N_1) \end{bmatrix}^{\mathrm{T}}$；速度矢量 $\hat{v}_{N_1} = \begin{bmatrix} \hat{v}_x(N_1) & \hat{v}_y(N_1) & \hat{v}_z(N_1) \end{bmatrix}^{\mathrm{T}}$；加速度矢量 $\hat{a}_{N_1} = \begin{bmatrix} \hat{a}_x(N_1) & \hat{a}_y(N_1) & \hat{a}_z(N_1) \end{bmatrix}^{\mathrm{T}}$。将其代入动力学方程(5.164)，可得到加速度关系：

$$\hat{a}_{N_1} = g_{N_1}(\hat{X}_{N_1}) - \gamma_{N_1}\rho(\hat{X}_{N_1}) V_{N_1} \hat{v}_{N_1} \tag{5.191}$$

式(5.191)中密度计算使用前述平滑得到的位置矢量计算，动压则使用前述平滑得到的速度矢量计算。仔细分析式(5.91)与式(5.92)，弹道系数中的分子是飞行器重量，而分布则与气动系数有关，从式(5.191)也可以看出，大气密度、飞行器速度估计值(动压)一般不会出现正负交替变化的情况，从计算的角度来说，估计 γ 参数(与弹道系数成反比)更加稳定。则对于 X 方向：

$$\hat{\gamma}_{xN_1} = \frac{g_{xN_1}(\hat{X}_{N_1}) - \hat{a}_{xN_1}}{\rho(\hat{X}_{N_1}) V_{N_1} \hat{v}_{xN_1}} \tag{5.192}$$

Y、Z 方向的估计与此相同。将三个方向得到的参数进行平均，即可得到第 N_1 时刻 γ 的估计值：

$$\hat{\gamma}_{N_1} = \frac{1}{3}(\hat{\gamma}_{xN_1} + \hat{\gamma}_{yN_1} + \hat{\gamma}_{zN_1}) \tag{5.193}$$

然后根据式(5.91)可得到弹道系数的估计值。

5.4.6.4　仿真分析

以某型再入飞行器总体参数为例,说明弹道系数的辨识方法的合理性。假设再入飞行器总体参数如下:质量 1 550 kg,特征面积 4.5 m²。测量站位置经度 94.298°,纬度 9.461°,高程 417.886 m,测距精度 3 m,高低角与方位角测量精度 0.015°。飞行器真实再入弹道利用三自由度弹道模型计算得到。再入飞行器气动系数见表 5.5。

表 5.5　气动系数表

马赫数	高度/m				
	0	20 000	40 000	60 000	80 000
0.3	0.041 10	0.078 28	0.172 60	0.333 76	0.760 68
0.6	0.060 23	0.092 70	0.172 87	0.304 57	0.631 39
0.9	0.175 75	0.205 81	0.278 97	0.396 63	0.679 03
1.2	0.529 96	0.558 46	0.627 10	0.735 97	0.991 58
1.5	0.543 03	0.570 39	0.635 78	0.738 40	0.975 49
2	0.495 19	0.521 15	0.582 64	0.677 88	0.893 60
2.5	0.452 23	0.477 18	0.535 85	0.625 83	0.826 69
3	0.410 51	0.434 66	0.491 15	0.577 11	0.766 80
4	0.377 89	0.400 86	0.454 11	0.534 18	0.707 85
5	0.349 35	0.371 44	0.422 35	0.498 21	0.660 65
6	0.326 10	0.347 52	0.396 61	0.469 24	0.623 20
7	0.313 28	0.334 14	0.381 75	0.451 79	0.599 02

仿真过程如下:

(1) 设定飞行器再入弹道仿真位置、速度初值,以及飞行器特征参数、气动力系数等,利用三自由度弹道模型进行弹道计算,作为弹道参数真值;

(2) 将弹道参数转换至测量站地平坐标系中,设定雷达观测噪声,仿真雷达距离、高低角及方位角测量值;

(3) 分别采用扩展建模估计方法、平滑估计方法、自适应估计方法估计弹道系数 β 或系数 γ。

图 5.8、图 5.9 是利用自适应方法得到的再入飞行器位置误差与速度误差,滤波初始速度、位置根据 5.4.5 节平滑算法得到。

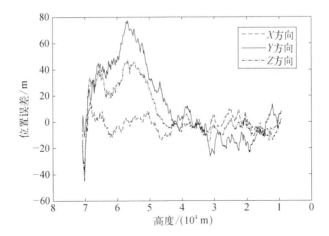

图 5.8　自适应方法得到的位置估计误差

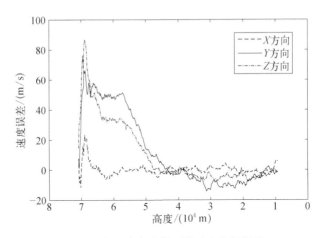

图 5.9　自适应方法得到的速度估计误差

图 5.10、图 5.11 是利用自适应方法得到的 γ 参数及弹道系数的估计值。

从图 5.8~图 5.11 可以看出，自适应滤波初值使用了多点平滑方法计算，滤波收敛很快，而 γ 参数能够比较准确地收敛至真值附近。弹道系数利用式 (5.91)计算，由于 γ 参数比较小(5×10^{-5} 左右)，其滤波估计值会在零附近震荡，造成图 5.11 中弹道系数的滤波变化值变化较大。

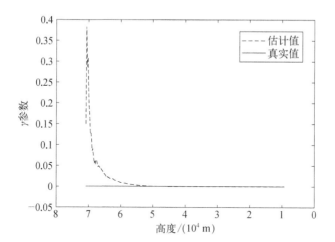

图 5.10　自适应方法得到的 γ 参数估计值

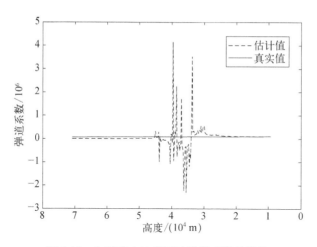

图 5.11　自适应方法得到的弹道系数估计值

　　图 5.12~图 5.16 是利用扩展建模方法得到再入飞行器位置误差、速度误差、扩展模型系数、γ 参数及弹道系数的滤波估计结果。

　　从图 5.12~图 5.16 可以看出，飞行器位置与速度估计值收敛比较好，由于在高度较大时，动压小，阻力比较小，扩展系数在高度到 30 km 后时收敛，收敛结果符合表 5.5 的变化趋势，而 γ 参数也能够比较准确地收敛至真值附近，图 5.16 所示的弹道系数在 30 km 后也收敛至真值，估计效果较好。

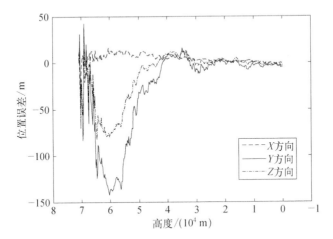

图 5.12　扩展建模方法得到的位置估计误差

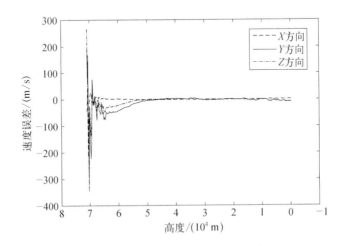

图 5.13　扩展建模方法得到的速度估计误差

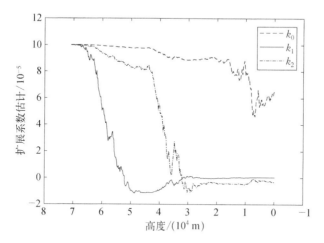

图 5.14 扩展建模方法得到的扩展系数估计值

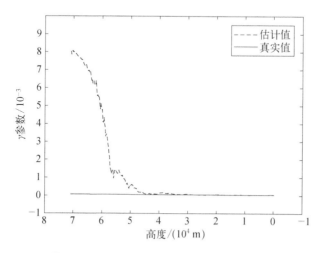

图 5.15 扩展建模方法得到的 γ 参数估计值

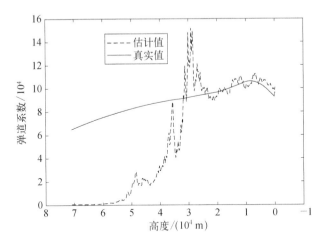

图 5.16　扩展建模方法得到的弹道系数估计值

　　图 5.17~图 5.20 是利用平滑估计方法得到的位置误差、速度误差、γ 参数、弹道系数的估计结果，平滑窗口长度为 30。

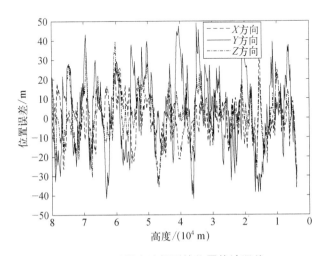

图 5.17　平滑方法得到的位置估计误差

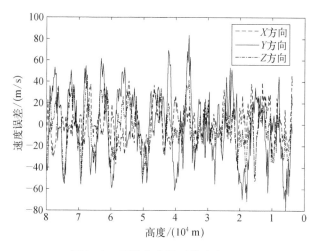

图 5.18　平滑方法得到的速度误差

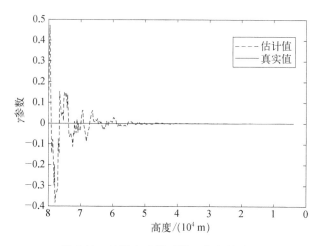

图 5.19　平滑方法得到的 γ 参数估计值

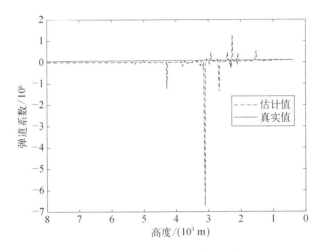

图 5.20　平滑方法得到的弹道系数估计值

　　进一步分析表明,平滑估计方法不需要给定滤波初值,但估计结果与滤波周期、平滑窗口长度密切相关。由于在给定平滑窗口时间内,加速度假定为恒定值,而实际当中加速度是变化的,所以平滑窗口时间长度不能太大,需要综合滤波周期与平滑窗口长度。

　　根据三种方法的估计结果,选择飞行高度在 $25\sim 10\ \mathrm{km}$ 的估计数据进行统计计算,在 $25\sim 10\ \mathrm{km}$ 高度范围, γ 参数的真实值在 $4.63\times 10^{-5}\sim 5.18\times 10^{-5}$,单调递减,相应弹道系数在 $9.45\times 10^{4}\sim 1.06\times 10^{5}$ 。三种方法的统计计算结果见表 5.6。

表 5.6　不同方法估计结果的统计分析

		自适应滤波方法	扩展建模方法	平滑估计方法
位置估计结果	X 方向均值	−2.236	−2.288	−1.411
	Y 方向均值	−19.579	8.388	−1.817
	Z 方向均值	−8.089	1.097	−0.137
	X 方向均方差	2.856	0.562	11.665
	Y 方向均方差	6.162	3.617	20.967
	Z 方向均方差	2.829	1.763	10.716

续　表

		自适应滤波方法	扩展建模方法	平滑估计方法
速度估计结果	X 方向均值	−0.259	0.009	3.893
	Y 方向均值	−11.417	0.091	−6.929
	Z 方向均值	−6.143	−0.579	−7.325
	X 方向均方差	1.151	0.376	19.570
	Y 方向均方差	3.066	1.591	32.535
	Z 方向均方差	1.479	1.345	17.216
γ 参数估计结果	均值	−7.203E − 06	5.272E − 07	1.600E − 05
	均方差	5.112E − 06	2.606E − 06	3.620E − 05
弹道系数估计结果	均值	17 788.4	−1 010.5	4 010.55
	均方差	14 377.0	4 603.6	179 076.82

从表 5.6 可看出，三种方法都能获得关于目标位置、速度及弹道系数的估计，相比较而言，扩展建模方法具有更好的估计效果，自适应滤波方法收敛过程相对较慢，平滑估计方法受滤波步长、平滑窗口长度等影响较大。

本节针对非合作再入目标弹道跟踪与弹道系数的辨识问题，建立了再入目标弹道参数的 Kalman 滤波模型，给出了大气密度与滤波初值的准确计算模型，根据雷达测量数据给出了自适应滤波方法、扩展建模方法、平滑估计方法等三种弹道参数与弹道系数的估计方法，仿真结果表明三种都能获得非合作再入目标位置、速度及弹道系数的估计，三种方法各有特点，具有较好的工程应用价值。

5.5　参数辨识方法

5.1 节、5.2 节建立的工具误差与初始误差的分离模型，从形式上看，它们都是线性回归模型。将上述模型统一写成如下形式：

$$Y = X \cdot \beta + \varepsilon \tag{5.194}$$

其中，Y 是 n 维向量；X 为 $n \times m$ 系数矩阵；β 为 m 维待估向量；ε 为随机误差，假设为高斯白噪声，均值为零，方差为 σ^2。对于工具误差分离问题，Y 就是遥外差；X 对应环境函数矩阵；β 对应工具误差系数。

5.5.1 最小二乘方法

线性回归模型最常用的方法是最小二乘方法（Least Square，LS），式（5.194）所表示模型的最小二乘估计为

$$\hat{\boldsymbol{\beta}}_{LS} = (\boldsymbol{X}^{\mathrm{T}}\boldsymbol{X})^{-1}\boldsymbol{X}^{\mathrm{T}} \cdot \boldsymbol{Y} \tag{5.195}$$

最小二乘估计方法具有很多优良的性质，例如，最小二乘估计结果是真值的无偏估计，最小二乘估计的残差平方和最小，还能得到随机噪声方差的无偏估计。但是在某些情况下，最小二乘方法并不是最好的估计方法，估计方差为

$$\mathrm{var}(\hat{\boldsymbol{\beta}}_{LS}) = \sigma^2 (\boldsymbol{X}^{\mathrm{T}}\boldsymbol{X})^{-1} \tag{5.196}$$

信息矩阵 $\boldsymbol{X}^{\mathrm{T}}\boldsymbol{X}$ 为实对称矩阵，存在正交矩阵 $\boldsymbol{P}$，使得

$$\boldsymbol{P}^{\mathrm{T}}(\boldsymbol{X}^{\mathrm{T}}\boldsymbol{X})\boldsymbol{P} = \boldsymbol{K} = \begin{bmatrix} \lambda_1 & 0 & \cdots & 0 \\ 0 & \lambda_2 & \cdots & 0 \\ \vdots & \vdots & \ddots & \vdots \\ 0 & 0 & \cdots & \lambda_m \end{bmatrix} \tag{5.197}$$

其中，λ_1，λ_2，$\cdots$，λ_m 为矩阵 $\boldsymbol{X}^{\mathrm{T}}\boldsymbol{X}$ 的特征值，且满足

$$\lambda_i \geq \lambda_{i+1} \geq 0, \ i = 1, 2, \cdots, m - 1 \tag{5.198}$$

即特征值从大到小排列，且均大于零。则方差矩阵的迹，即主对角线元素之和可表示为

$$\mathrm{tr}[\mathrm{var}(\hat{\boldsymbol{\beta}}_{LS})] = \sigma^2\mathrm{tr}(\boldsymbol{P}\boldsymbol{K}^{-1}\boldsymbol{P}^{\mathrm{T}}) = \sigma^2\mathrm{tr}(\boldsymbol{K}^{-1}\boldsymbol{P}^{\mathrm{T}}\boldsymbol{P}) = \sigma^2\sum_{i=1}^{m} 1/\lambda_i \tag{5.199}$$

另外，方差矩阵的迹为

$$\begin{aligned}
\mathrm{tr}[\mathrm{var}(\hat{\boldsymbol{\beta}}_{LS})] &= \mathrm{tr}\{E[(\hat{\boldsymbol{\beta}}_{LS} - \boldsymbol{\beta})(\hat{\boldsymbol{\beta}}_{LS} - \boldsymbol{\beta})^{\mathrm{T}}]\} \\
&= E[(\hat{\boldsymbol{\beta}}_{LS} - \boldsymbol{\beta})^{\mathrm{T}}(\hat{\boldsymbol{\beta}}_{LS} - \boldsymbol{\beta})] \\
&= E[\|\hat{\boldsymbol{\beta}}_{LS}\|^2] - \|\boldsymbol{\beta}\|^2
\end{aligned} \tag{5.200}$$

根据式(5.199)与式(5.200),有

$$E[\parallel \hat{\boldsymbol{\beta}}_{LS} \parallel^2] = \parallel \boldsymbol{\beta} \parallel^2 + \sigma^2 \sum_{i=1}^{m} 1/\lambda_i \tag{5.201}$$

式(5.201)表示矢量参数 $\boldsymbol{\beta}$ 最小二乘估计值的长度(模值)均值总是大于真实参数的长度,其差别与信息矩阵的特征值有关。特别是当 $\min \lambda_i$ 很小时,会导致这种差别非常大,此时的最小二乘估计会严重偏离真值。如果信息矩阵 $\boldsymbol{X}^T\boldsymbol{X}$ 是秩亏的,必存在至少一个特征值等于 0,这也表示方程(5.194)无最小二乘解。

算例1:对于线性模型:

$$\boldsymbol{Y} = \boldsymbol{X} \cdot \boldsymbol{\beta} + \boldsymbol{\varepsilon} \tag{5.202}$$

其中,$\boldsymbol{\beta}$ 为两维待估参数,其真值为 $[1 \quad 1]^T$;系数矩阵 $\boldsymbol{X} = \begin{bmatrix} 1 & 1 \\ 1 & 1.000\,01 \end{bmatrix}$。

当测量量 $\boldsymbol{Y} = [2 \quad 2.000\,01]^T$ 时,该测量量没有随机误差,根据最小二乘方法可得到 $\hat{\boldsymbol{\beta}} = [1 \quad 1]^T$。而实际测量中都存在误差,如果测量量受到干扰,例如当测量值 $\boldsymbol{Y} = [2 \quad 2.000\,02]^T$,此时最小二乘解为 $\hat{\boldsymbol{\beta}} = [0.000\,008 \quad 2]^T$,明显偏离真值。

进一步分析可以发现,信息矩阵 $\boldsymbol{X}^T\boldsymbol{X}$ 的两个特征值分别为 4、2.5×10^{-11},其最小特征非常小,导致最小二乘解出现非常大的偏差。

究其原因,最小二乘方法的优化准则是估值的残差平方和最小,对于算例 1 中的线性方差,残差为

$$R_{sse} = \parallel \boldsymbol{Y} - \boldsymbol{X}\hat{\boldsymbol{\beta}} \parallel^2 \tag{5.203}$$

残差平方和实际上是一种基于实际测量量的经验风险,并不能代替参数估计中的真实风险,在无限样本情况下,经验风险等价于真实风险,而实际问题都是有限样本,两者并不等价。理论上经验风险与实际风险之间的关系以至少 $1 - \eta$ 的概率满足式(5.204):

$$r \leqslant r_{emp} + \sqrt{\frac{h[\ln(2n/h) + 1] - \ln(\eta/4)}{n}} \tag{5.204}$$

其中,r 为实际风险;r_{emp} 为经验风险;n 为样本数量;h 表征模型复杂程度,可以看出,模型越复杂,实际风险与经验风险的差异越小,多项式模型复杂程度较小,而三角函数的模型复杂程度很大。

5.5.2 环境函数矩阵的相关性

在工程实际中,很多情况下制导工具误差分离模型中的环境函数矩阵具有很强的复共线性,即环境函数矩阵各列之间的相关性很强,信息矩阵的条件数很大,这种情况称为矩阵病态。矩阵条件数定义为

$$c_d = cond(\boldsymbol{X}^{\mathrm{T}}\boldsymbol{X}) = \frac{\lambda_{\max}}{\lambda_{\min}} = \frac{\lambda_1}{\lambda_m} \tag{5.205}$$

其中,$\lambda_{\max}$ 表示最大特征值;$\lambda_{\min}$ 表示最小特征值。对于某些飞行试验弹道,其工具误差环境函数矩阵条件数达 10^{12} 以上,病态严重。定义环境函数矩阵各列之间的相关性,计算公式如下:

$$\rho_{i,j} = \frac{\boldsymbol{s}_i \cdot \boldsymbol{s}_j}{\parallel \boldsymbol{s}_i \parallel \cdot \parallel \boldsymbol{s}_j \parallel} \tag{5.206}$$

其中,$\boldsymbol{s}_i$、$\boldsymbol{s}_j$ 分别表示环境函数矩阵 $\boldsymbol{S}$ 的第 i 列与第 j 列;$\rho_{i,j}$ 表示环境函数矩阵两列之间的相关性,有些情况下,$\rho_{i,j}$ 可以达到 0.99 以上,也就是说,两列之间的相关性非常严重。实际上,复共线性还包括三列、四列等多列之间的相关性。

造成环境函数矩阵病态主要有两个原因:一是工具误差模型中的部分误差系数本身不可分离,或者其对应的激励非常接近,例如加速度计的安装误差与非本轴一次项;二是部分误差系数对应的激励(视加速度、视速度或角速度)非常小,例如无侧向机动的弹道,其 Z 方向对应的视加速度与视速度相对很小,与 Z 方向视加速度相关的误差系数可观测性差,导致矩阵病态。当环境函数矩阵病态严重时,最小二乘方法的估计效果并不好。

5.5.3 岭估计方法

从第 3 章可以看出,环境函数矩阵计算与弹道参数密切相关,因此可以从两个方面改进工具误差系数的估计:一是增加误差系数的激励,即增大飞行器飞行过程中的视加速度、角速度,实际上就是增大飞行弹道的机动特性,这对弹道设计提出了要求;二是改进误差系数的估计方法。

矩阵病态产生的主要原因是矩阵接近秩亏,矩阵病态时其条件数非常大,根据式(5.205),如果能够有效增大最小特征值,可以有效减小条件数,从式(5.201)也可以看出,如果能够有效增大信息矩阵的最小特征值,也可以减小估计的模值。岭(Ridge)估计就是一种解决信息矩阵病态问题的常用方法。

对于式(5.202)表示的线性模型,岭估计可表示为

$$\hat{\boldsymbol{\beta}}_R = (\boldsymbol{X}^{\mathrm{T}}\boldsymbol{X} + \boldsymbol{k}_I)^{-1}\boldsymbol{X}^{\mathrm{T}}\boldsymbol{Y} \tag{5.207}$$

其中,$\boldsymbol{k}_I$ 为一种对角线矩阵:

$$\boldsymbol{k}_I = \begin{bmatrix} k_1 & 0 & \cdots & 0 \\ 0 & k_2 & \cdots & 0 \\ \vdots & \vdots & \ddots & \vdots \\ 0 & 0 & \cdots & k_m \end{bmatrix} \tag{5.208}$$

令矢量 $\boldsymbol{k} = \begin{bmatrix} k_1 & k_2 & \cdots & k_m \end{bmatrix}^{\mathrm{T}}$,均为正数,是岭估计中确定的待估参数。根据式(5.197),有

$$\boldsymbol{kI} + \boldsymbol{X}^{\mathrm{T}}\boldsymbol{X} = \boldsymbol{P}(\boldsymbol{kI} + \boldsymbol{K})\boldsymbol{P}^{\mathrm{T}} = \boldsymbol{P}\boldsymbol{K}_1\boldsymbol{P}^{\mathrm{T}} \tag{5.209}$$

此时信息矩阵对应的特征值矩阵为

$$\boldsymbol{K}_1 = \begin{bmatrix} \lambda_1 + k_1 & 0 & \cdots & 0 \\ 0 & \lambda_2 + k_2 & \cdots & 0 \\ \vdots & \vdots & \ddots & \vdots \\ 0 & 0 & \cdots & \lambda_m + k_m \end{bmatrix} \tag{5.210}$$

则岭估计中信息矩阵的条件数为

$$c_d = \frac{\lambda_1 + k_1}{\lambda_m + k_m} \tag{5.211}$$

可以看出,通过合理地选择系数向量 $\boldsymbol{k}$,可有效改善信息矩阵的条件数,从而改善最终估计结果。可以证明,岭估计有如下性质:

(1)岭估计是有偏的;

(2)岭估计的均方误差(MSE)小于最小二乘估计;

(3)岭估计的残差平方和大于最小二乘方法。

$$R_{\mathrm{sse}} = \parallel \boldsymbol{Y} - \boldsymbol{X}\hat{\boldsymbol{\beta}}_R \parallel^2 = (\boldsymbol{Y} - \boldsymbol{X}\hat{\boldsymbol{\beta}}_{LS})^{\mathrm{T}}(\boldsymbol{Y} - \boldsymbol{X}\hat{\boldsymbol{\beta}}_{LS}) + (\hat{\boldsymbol{\beta}}_{LS} - \hat{\boldsymbol{\beta}}_R)^{\mathrm{T}}\boldsymbol{X}^{\mathrm{T}}\boldsymbol{X}(\hat{\boldsymbol{\beta}}_{LS} - \hat{\boldsymbol{\beta}}_R)$$

$$= R_{LS} + (\hat{\boldsymbol{\beta}}_{LS} - \hat{\boldsymbol{\beta}}_R)^{\mathrm{T}}\boldsymbol{X}^{\mathrm{T}}\boldsymbol{X}(\hat{\boldsymbol{\beta}}_{LS} - \hat{\boldsymbol{\beta}}_R)$$

实际上,岭估计的思想是放弃估计中的无偏性要求,以及残差平方和最小的条件,压缩参数向量估计值的长度,提高估计的整体精度,所以岭估计也称为

压缩估计,它是一大类类似估计方法的统称。

5.5.4 主成分估计方法

在制导工具误差分离中,由于待估的误差系数较多,环境函数矩阵严重病态,这给最小二乘方法的应用带来了很大的困难。主成分方法是应用较多的一种估计方法,其基本思想通过对信息矩阵的正交变换,求得其特征值与特征向量,将原始待估变量通过线性变换,得到一组新变量,选择对应特征值较大的具有代表性的新变量进行分析,舍弃对应特征值较小的部分,此时新模型正则化矩阵的病态得到显著降低,然后对新模型进行回归估计,最后根据新模型与原模型的转换关系计算原模型中的全部待估参数。

对于形如式(5.194)的线性模型,对信息矩阵 $X^T X$ 进行秩分解,可得到相应的特征值与特征向量,而特征向量形成正交矩阵 P,如式(5.197)所示。使得

$$P = [p_1 \quad p_2 \quad \cdots \quad p_m] \tag{5.212}$$

对原始待估向量 $\boldsymbol{\beta}$ 进行线性变换:

$$\boldsymbol{\theta} = P^T \boldsymbol{\beta} \tag{5.213}$$

$\boldsymbol{\theta}$ 是正交变换后新的未知参数向量。在向量 $\boldsymbol{\theta}$ 中选择 r 个参数作为主要成分,对应最大的 r 个特征值。令

$$\boldsymbol{\theta} = \begin{bmatrix} \boldsymbol{\theta}_A \\ \boldsymbol{\theta}_B \end{bmatrix}, \quad P = [P_A \quad P_B] \tag{5.214}$$

$$K = \begin{bmatrix} K_A & 0 \\ 0 & K_B \end{bmatrix}, \quad K_A = \mathrm{diag}[\lambda_1 \quad \cdots \quad \lambda_r], \quad K_B = \mathrm{diag}[\lambda_{r+1} \quad \cdots \quad \lambda_m]$$

$$\tag{5.215}$$

其中,$\boldsymbol{\theta}_A$ 为 r 维列向量,称为主要成分;$\boldsymbol{\theta}_B$ 为 $m - r$ 维列向量;P_A 为 $m \times r$ 维矩阵;P_B 为 $m \times (m - r)$ 维矩阵。测量方程变为

$$Y = X(P_A \boldsymbol{\theta}_A + P_B \boldsymbol{\theta}_B) + \boldsymbol{\varepsilon} \tag{5.216}$$

只保留主要成分,式(5.216)可改写为

$$Y = X P_A \boldsymbol{\theta}_A + \boldsymbol{\varepsilon} \tag{5.217}$$

根据上述的正交变换,以及式(5.214),得

$$(XP_A)^T XP_A = P_A^T X^T XP_A = K_A \tag{5.218}$$

由于忽略了最小的 $m - r$ 个特征值,矩阵 K_A 的条件数会得到显著改善,使用最小二乘方法求解式(5.218),可得到

$$\hat{\boldsymbol{\theta}}_A = [(XP_A)^T XP_A]^{-1} (XP_A)^T Y = K_A^{-1} P_A^T X^T Y \tag{5.219}$$

根据式(5.213),可以得到原始参数的估计为

$$\hat{\boldsymbol{\beta}}_P = P_A \hat{\boldsymbol{\theta}}_A \tag{5.220}$$

估计方差为

$$\mathrm{var}(\hat{\boldsymbol{\beta}}_P) = \sigma^2 P_A K_A^{-1} P_A^T \tag{5.221}$$

主成分估计有如下性质。

（1）主成分估计是有偏估计。根据式(5.217)与式(5.220),主成分估计与最小二乘估计的关系为

$$\hat{\boldsymbol{\beta}}_P = \hat{\boldsymbol{\beta}}_{LS} - P_B \hat{\boldsymbol{\theta}}_B \tag{5.222}$$

由于最小二乘估计是无偏的,所以主成分估计是有偏的,偏差为

$$\mathrm{Bias}(\hat{\boldsymbol{\beta}}_P) = E[\hat{\boldsymbol{\beta}}_P] = P_B \boldsymbol{\theta}_B \tag{5.223}$$

（2）主成分估计的均方误差。

根据式(5.219),有

$$\mathrm{tr}[\mathrm{var}(\hat{\boldsymbol{\beta}}_P)] = \sigma^2 \mathrm{tr}(K_A^{-1}) = \sigma^2 \sum_{i=1}^{r} \frac{1}{\lambda_i} \tag{5.224}$$

于是

$$\mathrm{MSE}(\hat{\boldsymbol{\beta}}_P) = E \parallel \hat{\boldsymbol{\beta}}_P - \boldsymbol{\beta} \parallel^2 = \mathrm{tr}[\mathrm{var}(\hat{\boldsymbol{\beta}}_P)] + \parallel E(\hat{\boldsymbol{\beta}}_P) - \boldsymbol{\beta} \parallel^2 \tag{5.225}$$

将式(5.223)、式(5.224)代入式(5.225),可得到

$$\mathrm{MSE}(\hat{\boldsymbol{\beta}}_P) = \sigma^2 \sum_{i=1}^{r} \frac{1}{\lambda_i} + \parallel P_B \boldsymbol{\theta}_B \parallel^2 \tag{5.226}$$

由于最小二乘估计是无偏估计,最小二乘估计的 MSE 为

$$\mathrm{MSE}(\hat{\boldsymbol{\beta}}_{LS}) = \sigma^2 \sum_{i=1}^{m} \frac{1}{\lambda_i} \tag{5.227}$$

所以主成分估计的 MSE 可改写为

$$\text{MSE}(\hat{\pmb{\beta}}_P) = \text{MSE}(\hat{\pmb{\beta}}_{LS}) - \sigma^2 \sum_{i=r+1}^{m} \frac{1}{\lambda_i} + \parallel \pmb{P}_B \pmb{\theta}_B \parallel^2 \tag{5.228}$$

当信息矩阵病态时,非主成分对应的特征值(λ_{r+1}, $\cdots$, λ_m)都比较小,其倒数就显得比较大,而主成分分析中次要成分 $\pmb{P}_B \pmb{\theta}_B$ 是忽略不计的,所以当信息矩阵病态时,总有

$$\parallel \pmb{P}_B \pmb{\theta}_B \parallel^2 < \sigma^2 \sum_{i=r+1}^{m} \frac{1}{\lambda_i} \tag{5.229}$$

所以一般有

$$\text{MSE}(\hat{\pmb{\beta}}_P) < \text{MSE}(\hat{\pmb{\beta}}_{LS}) \tag{5.230}$$

(3)主成分估计可认为是线性约束下的最小二乘估计。

从主成分方法的计算过程可以看出,主成分估计可认为是下列约束优化问题:

$$\begin{cases} \parallel \pmb{Y} - \pmb{X}\pmb{\beta} \parallel^2 = \min \\ \pmb{P}_B^{\text{T}} \pmb{\beta} = 0 \end{cases} \tag{5.231}$$

在工程应用中如何选择主要成分个数显得更为重要,这里给出两种方法供参考。

(1)通过主要成分特征值之和占所有特征值之和的比例确定。

$$\varepsilon = 1 - \sum_{i=1}^{r} \lambda_i \Big/ \sum_{i=1}^{m} \lambda_i \leqslant \eta \tag{5.232}$$

其中,η 为给定值。通常情况下 η 取值比较小,为 0.1~0.15,但对于惯性制导工具误差分离问题,η 取值更小,为 0.01~0.05,有些情况下甚至更小。

(2)赤池信息准则。

赤池信息准则(Akaike Information Criterion,AIC)是在权衡拟合精度和自变量个数的选择之后作出的一种折中方案。实际中选择 r 个主要成分,令

$$\text{AIC} = n\ln \frac{R_r}{n} + 2r \tag{5.233}$$

其中,n 为观测量个数;r 为主要成分个数;R_r 为选择 r 个主要成分时回归模型的残差平方和。使 AIC 值最小时的 r 即为主要成分个数。

最小二乘估计使得残差平方和最小,但是在信息矩阵病态的情况下,使用最小二乘方法得到的模型的预测能力比较差;而采用主成分估计方法,残差平方和会有所增加,但模型预测能力明显增强。因此主成分估计方法在病态线性模型参数估计问题中有优势。

算例 2: 假设某线性模型为

$$y = a_0 + a_1 x_1 + a_2 x_2 + a_3 x_3 + a_4 x_4 \tag{5.234}$$

共 12 次测量数据如表 5.7 所示,试确定模型系数。

表 5.7　测量数据表

y	x_1	x_2	x_3	x_4
17.6	8.8	2 589	83.1	158.2
10.9	8.5	1 186	24.2	96.2
9.2	7.7	291	4.5	31.8
16.2	4.9	1 276	9.1	95.0
10.1	9.6	6 633	158.2	407.2
11.7	10.0	12 125	132.2	404.6
17.9	11.5	36 717	501.5	1 180.6
21.1	11.6	43 319	904.0	1 807.5
14.7	11.2	10 530	227.6	470.0
7.7	10.7	3 931	66.6	151.4
8.4	10.0	1 536	43.4	93.8
32.8	6.8	61 400	1 253.0	3 293.4

利用最小二乘方法确定回归方程为

$$\hat{y} = 21.971 - 1.277\,5 x_1 + 0.000\,150 x_2 + 0.015\,53 x_3 - 0.002\,85 x_4 \tag{5.235}$$

计算得到该模型拟合的残差平方和为 $R_{\text{sse}} = 63.173$,而预测的残差平方和达到 $R_{\text{PR}} = 670.303$,预测能力比较差。

作为对比,利用主成分方法做回归估计,去掉信息矩阵中最小的特征值,保留 4 个主要成分,得到的回归模型为

$$\hat{y} = 19.849 - 1.041 x_1 + 0.000\,132 x_2 + 0.004\,36 x_3 + 0.002\,09 x_4 \tag{5.236}$$

计算得到该模型拟合的残差平方和为 $R'_{sse} = 66.4176$，而预测的残差平方和为 $R_{PR} = 116.007$。可见虽然拟合的残差平方和稍有增大，但是模型预测误差显著减小，预测能力明显提高，这也表示该模型有更好的工程应用意义。

5.5.5 约束主成分方法

弹上惯导系统在使用过程中会对误差系数进行多次标定，标定结果也在给定的包络范围之内，从参数估计的角度来说，这些标定结果可看作是飞行试验中惯导系统误差系数真实值的验前信息，在基于飞行试验数据分离误差系数时，可以合理使用这些信息。

假设惯导系统误差系数地面多次标定结果的均值为 $\boldsymbol{D}_0$，统计方差为 $\boldsymbol{V}_0$，则利用验前信息情况下的遥外差方程可以表示为

$$\begin{cases} \boldsymbol{\delta X} = \boldsymbol{S} \cdot \boldsymbol{D} + \boldsymbol{\varepsilon} \\ \boldsymbol{D} = \boldsymbol{D}_0 + \boldsymbol{\varepsilon}_D \end{cases} \tag{5.237}$$

进一步写成线性形式：

$$\begin{bmatrix} \boldsymbol{\delta X} \\ \boldsymbol{D}_0 \end{bmatrix} = \begin{bmatrix} \boldsymbol{S} \\ \boldsymbol{I} \end{bmatrix} \boldsymbol{D} + \begin{bmatrix} \boldsymbol{\varepsilon} \\ -\boldsymbol{\varepsilon}_D \end{bmatrix} \tag{5.238}$$

则最小二乘解可以表示为

$$\hat{\boldsymbol{D}} = (\boldsymbol{S}^\mathrm{T}\boldsymbol{S} + \boldsymbol{I})^{-1}(\boldsymbol{S}^\mathrm{T}\boldsymbol{\delta X} + \boldsymbol{D}_0) \tag{5.239}$$

对比式(5.207)的岭估计可以看出，当 $\boldsymbol{k}$ 中的所有值均为 1 时，信息矩阵与式(5.239)相同，可以有效改善信息矩阵的条件数。式(5.238)也可使用主成分方法求解，只是信息矩阵变为 $\boldsymbol{S}^\mathrm{T}\boldsymbol{S} + \boldsymbol{I}$，其计算完全相同。

惯导工具误差分离模型是一个高维线性模型，很多情况下信息矩阵病态严重，最小二乘结果严重失真。工程实际中更常用的是主成分方法、约束主成分方法等，上述方法各有特点，工程实际中需要根据实际情况进行选择，给出合理估计结果。

5.6 小结

本章主要研究了基于导弹飞行试验遥测、外测数据的各类误差辨识建模与

辨识方法,包括惯性导航系统工具误差、初始发射参数误差、发动机推力线误差、高空风干扰、再入弹道系数等。根据各类误差的传播规律与特点,建立了相应的辨识模型,并进行了仿真验证。最后讨论了部分误差辨识模型的特点以及改进的误差辨识方法。

第6章 精度评估与假设检验

导弹武器精度分析与评估是导弹武器综合试验与评估的核心问题之一,同时也是导弹武器系统前期论证、立项研制、定型试验的重要组成部分。导弹武器系统精度分析与评估是指通过一系列的仿真试验和工程试验,获取足够多的有价值的数据信息,并对其进行融合处理、逻辑组合和综合分析,将结果与导弹论证及研制要求中规定的战技指标进行分析比较,对导弹武器装备的技术性能进行全面的分析与评估,其目的在于考核导弹武器装备满足设计指标的程度,为导弹的定型工作、部队使用、研制单位验证设计思想和检验生产工艺提供科学依据。

6.1 CEP 评估方法

公式(2.58)是计算 CEP 的基本公式,但在实际使用中并不方便,一是计算困难,需要使用二重数值积分计算;二是该公式对落点偏差的纵、横向散布作了正态分布的假设;三是该方法是基于大样本得出的结论,在小样本情况下,结果并不一定准确。下面介绍几种基于经典统计学理论给出 CEP 估计方法,供读者参考。

设获得了 n 个独立的落点偏差样本 $\{x_i, z_i\}$, $i = 1, 2, \cdots, n$,其中 x_i 表示落点纵向偏差,z_i 表示落点横向偏差,纵、横向偏差样本均服从正态分布。$\bar{x}$、$\bar{z}$ 分别为纵、横向偏差样本均值,S_x^2、S_z^2 是样本方差,则

$$\bar{x} = \frac{1}{n} \sum_{i=1}^{n} x_i, \ \bar{z} = \frac{1}{n} \sum_{i=1}^{n} z_i \tag{6.1}$$

$$S_x^2 = \frac{1}{n-1} \sum_{i=1}^{n} (x_i - \bar{x})^2, \ S_z^2 = \frac{1}{n-1} \sum_{i=1}^{n} (z_i - \bar{z})^2 \tag{6.2}$$

定义变量 r_i 为

$$r_i = \sqrt{x_i^2 + z_i^2} \tag{6.3}$$

其中, $i = 1, 2, \cdots, n$, 表示落点距目标点的距离。下面给出 CEP 的估计方法。

1. 直接数值积分 CEP

该方法直接基于 CEP 的定义,利用二元正态分布计算 CEP 值,计算过程中考虑纵向、横向偏差之间的相关性。

$$\int_{-R_{cep}}^{R_{cep}} \int_{-\sqrt{R_{cep}^2 - z^2}}^{\sqrt{R_{cep}^2 - z^2}} \frac{1}{2\pi S_x S_z \sqrt{1 - \rho^2}} \exp\left\{ -\left(\frac{1}{2(1 - \rho^2)} \right) \right.$$

$$\left. \left[\left(\frac{x - \bar{x}}{S_x} \right)^2 - 2\rho\left(\frac{(x - \bar{x})(z - \bar{z})}{S_x S_z} \right) + \left(\frac{z - \bar{z}}{S_z} \right)^2 \right] \right\} \mathrm{d}x\mathrm{d}z$$

$$= 0.5 \tag{6.4}$$

利用数值计算方法得到 R_{cep} 即为 CEP 的数值估计。

2. 样本中值作为 CEP 估计

该方法对落点偏差的总体分布不作任何假定,利用样本中值作为 CEP 的非参数估计。将样本集 $\{r_i\}$ 从小到大排序,得到新的序列 $\{r_i'\}$, $i = 1, 2, \cdots, n$, 满足 $r_1' \leqslant r_2' \leqslant \cdots \leqslant r_n'$, 此时 CEP 估计可以表示为

$$R_{Smed} = \begin{cases} r_{\left[\frac{n+1}{2} \right]}', & n \text{ 为奇数} \\ \dfrac{1}{2}\left[r_{\left[\frac{n}{2} \right]}' + r_{\left[\frac{n}{2}+1 \right]}' \right], & n \text{ 为偶数} \end{cases} \tag{6.5}$$

注意,该方法不适用于小样本情况。

3. Ethridge 估计方法

该方法对落点偏差不作正态分布假设,记

$$t_i = \ln(r_i) = \ln\left(\sqrt{x_i^2 + z_i^2}\right) \tag{6.6}$$

对于新样本 t_i, 样本均值为

$$\bar{t} = \frac{1}{n} \sum_{i=1}^{n} t_i \tag{6.7}$$

样本峭度为

$$k_t = \frac{\sum_{i=1}^{n} (t_i - \bar{t})^4}{\left[\sum_{i=1}^{n} (t_i - \bar{t})^2\right]^2} \tag{6.8}$$

样本方差为

$$S_t^2 = \frac{1}{n-1} \sum_{i=1}^{n} (t_i - \bar{t})^2 \tag{6.9}$$

分别计算

$$d_i = \max\left\{1 - \left[\frac{0.03 (k_t - 3)^3 (t_i - R_{\text{Smed}})^2}{S_t^2}\right], 0.01\right\} \tag{6.10}$$

$$w_i = \frac{1}{d_i} \bigg/ \sum_{j=1}^{n} \frac{1}{d_j} \tag{6.11}$$

则 CEP 的估计为

$$R_E = \exp\left(\sum_{i=1}^{n} w_i t_i\right) \tag{6.12}$$

4. 改进的 R-234 CEP 估计

该方法源于 CEP 的三次多项式回归分析,假定落点纵向、横向偏差服从二元正态分布。对纵向、横向偏差进行去相关分析,令 σ_S 为去相关后小的标准差,而 σ_L 为去相关后大的标准差:

$$\sigma_S = \sqrt{\frac{S_x^2 + S_z^2 - \sqrt{(S_x^2 - S_z^2)^2 + 4\rho S_x^2 S_z^2}}{2}} \tag{6.13}$$

$$\sigma_L = \sqrt{\frac{S_x^2 + S_z^2 + \sqrt{(S_x^2 - S_z^2)^2 + 4\rho S_x^2 S_z^2}}{2}} \tag{6.14}$$

其中,ρ 为相关系数:

$$\rho = \frac{\sum_{i=1}^{n} (x_i - \bar{x})(z_i - \bar{z})}{(n-1) S_x S_z} \tag{6.15}$$

记 $c = \dfrac{\sigma_S}{\sigma_L}$ 为偏心率,则相对于散布的估计值为

$$R_M = 0.563\sigma_L + 0.614\sigma_S, \ c > 0.25 \tag{6.16}$$

记

$$v = \frac{\sqrt{\bar{x}^2 + \bar{z}^2}}{R_M} \tag{6.17}$$

当 $c > 0.25$ 且 $v \leqslant 2.2$ 时,CEP 估计值为

$$R_{\mathrm{MRand}} = R_M(1.003\,9 - 0.052\,8v + 0.478\,6v^2 - 0.079\,3v^3) \tag{6.18}$$

5. Valstar 的 CEP 估计

该方法同样是源于 CEP 的拟合分析,

$$R_{\mathrm{Var}} = \begin{cases} 0.562\sigma_L + 0.615\sigma_S, \ 0.369 \leqslant c \leqslant 1 \\ 0.675\sigma_L + \dfrac{\sigma_S^2}{1.2\sigma_L}, \ 0 \leqslant c < 0.369 \end{cases} \tag{6.19}$$

则考虑到纵向、横向落点均值的影响,CEP 估计值为

$$R_{\mathrm{Val}} = \sqrt{R_{\mathrm{Var}}^2 + \bar{x}^2 + \bar{z}^2} \tag{6.20}$$

6. Grubbs 估计方法

该方法利用卡方分布分位数计算 CEP 估计:

$$R_{\mathrm{Gru}} = \sqrt{\frac{v \cdot \mathcal{X}^2(0.5, \ d)}{2m}} \tag{6.21}$$

其中,

$$m = \bar{x}^2 + \bar{z}^2 + S_x^2 + S_z^2 \tag{6.22}$$

$$v = 2(S_x^4 + 2\rho^2 S_x^2 S_z^2 + S_z^4) + 4(\bar{x}^2 S_x^2 + 2\bar{x}\bar{z}\rho S_x S_z + \bar{z}^2 S_z^2) \tag{6.23}$$

$$d = \frac{2m^2}{v} \tag{6.24}$$

7. 瑞利分布的 CEP 估计

该方法源自落点偏差距离(脱靶量)近似服从瑞利分布的假设,CEP 估计

值为

$$R_{\text{Rayl}} = 0.939\,4\bar{r} \tag{6.25}$$

其中，$\bar{r}$ 根据式（6.26）计算：

$$\bar{r} = \sum_{i=1}^{n} r_i \tag{6.26}$$

算例 1：假设有 6 个落点数据：（165，−140），（37，−60），（217，−207），（81，−223），（113，−119），（257，−155），此时样本统计量为 $\bar{x} = 209.11$，$\bar{z} = -150.67$，$S_x = 83.56$，$S_z = 59.60$，$\rho = -0.42$，$\bar{r} = 214.71$。

七种 CEP 估计方法的结果分别为 $R_{\text{cep}} = 216.02$，$R_{\text{Smed}} = 226.82$，$R_E = 194.52$，$R_{\text{MRand}} = 218.30$，$R_{\text{Val}} = 224.35$，$R_{\text{Gru}} = 214.11$，$R_{\text{Rayl}} = 201.70$。

上述几种 CEP 估计方法各有特点，理论与仿真分析表明，样本中值方法不适用于小样本情况，具体方法读者可根据实际情况选择。

6.2　Bootstrap 方法

Bootstrap 方法也称为自助方法，20 世纪 70 年代末由美国斯坦福大学的 Efron 教授提出，其实质是利用重抽样技术来评估不确定性，通过计算机模拟来替代对偏差、方差和其他统计量的近似。这种方法不必需要知道样本的分布形式，通过计算机对原始数据进行再抽样，来模仿未知分布，主要应用于未知参数的概率模型过于复杂而导致理论上的推导困难，或统计模型不准确的情况，也可以用来验证参数模型近似的有效性。Bootstrap 方法是一种对中等规模样本进行统计推断，并能在统计信息不充分的条件下提高推断的较优方法。

Bootstrap 方法是基于大子样条件下的渐进收敛性质的，在小子样下极大似然估计存在偏倚。相当多的文献对应用 Bootstrap 方法时必要的样本容量作了探讨，但基本上都没有给出完整的理论说明，相当一部分研究学者认为在样本个数小于 10 的情况下，传统的 Bootstrap 方法不再适用。

6.2.1　Bootstrap 方法的基本原理

Bootstrap 方法的基本出发点是对由真实样本得到的参数估计进行偏差修正，但该方法往往更多地应用于参数的标准差估计、置信区间估计和假设检验问题。

设 $x_1, \cdots, x_n$ 为独立同分布样本,其概率密度函数为 $f(x)$,$F(x)$ 表示概率分布函数,$\theta = \theta(f)$ 表示概率密度函数 $f(x)$ 中未知的分布参数。由 $x_1, \cdots, x_n$ 作抽样分布函数 F_n,$\hat{\theta} = \hat{\theta}(F_n)$ 为 θ 的估计。记

$$T_n = \hat{\theta}(F_n) - \theta(F) \tag{6.27}$$

从 F_n 中重新抽样,获得再生子样 $X^* = \{x_1^*, \cdots, x_n^*\}$,由 X^* 可得到抽样分布,记作 F_n^*,于是由 X^* 又可作出 θ 的估计 $\hat{\theta}(F_n^*)$。记

$$R_n^* = \hat{\theta}(F_n^*) - \hat{\theta}(F_n) \tag{6.28}$$

R_n^* 为 T_n 的自助统计量,以 R_n^* 的分布去近似 T_n 的分布,这就是自助方法的中心思想。由于再生子样可以根据 F_n 重复产生,定义

$$X^{*(j)} \overset{\triangle}{=} \{x_1^{*(j)}, x_2^{*(j)}, \cdots, x_n^{*(j)}\}, \quad j = 1, \cdots, N \tag{6.29}$$

$X^{*(j)}$ 表示第 j 次再生子样。由每个 $X^{*(j)}$ 均可得到 R_n^*,记其为 $R_n^{*(j)}$,

$$R_n^{*(j)} = \hat{\theta}(F_n^{*(j)}) - \hat{\theta}(F_n), \quad j = 1, \cdots, N \tag{6.30}$$

于是,对每个 $R_n^{*(j)}$,可以计算出 $\theta(F)$ 的近似取值,记为 $\theta^{(j)}(F)$,即

$$\theta^{(j)}(F) = \hat{\theta}(F_n) - T_n \cong \hat{\theta}(F_n) - R_n^{*(j)}, \, j = 1, \cdots, N \tag{6.31}$$

由此可得到未知参数 $\theta(F)$ 的 N 个估计值,将其作为 $\theta(F)$ 的子样,由此可作出 $\theta(F)$ 的分布函数,同样作出关于 θ 的统计推断。

下面以工程实践中最常见的数学期望 μ 和方差 σ^2 的估计为例作说明。设 $X \sim F(x)$,$F(x)$ 可以为未知的任意分布,记 $X = \{x_1, \cdots, x_n\}$ 为已知样本,考虑下列估计偏差:

$$T_n^{(1)} = \bar{x} - \mu \tag{6.32}$$

$$T_n^{(2)} = S^2 - \sigma^2 \tag{6.33}$$

其中,$\bar{x} = \dfrac{1}{n} \sum_{i=1}^{n} x_i$,$S^2 = \dfrac{1}{n-1} \sum_{i=1}^{n} (x_i - \bar{x})^2$。此外,记

$$R_n^{*(1)} = \bar{x}^* - \bar{x} \tag{6.34}$$

$$R_n^{*(2)} = S^{2*} - S^2 \tag{6.35}$$

其中,$\bar{x}^*$ 和 S^{2*} 分别是由再生子样 x^* 得到的 μ 和 σ^2 的估计,易知:

$$E[R_n^{*(1)}] = 0, \quad E[R_n^{*(2)}] = 0 \tag{6.36}$$

$$E[T_n^{(1)}] = 0, \quad E[T_n^{(2)}] = 0 \tag{6.37}$$

于是

$$E[R_n^{*(1)}] = E[T_n^{(1)}], \quad E[R_n^{*(2)}] = E[T_n^{(2)}] \tag{6.38}$$

因此,从数学期望的观点看,可以用 $R_n^{*(1)}$、$R_n^{*(2)}$ 来模拟 $T_n^{(1)}$、$T_n^{(2)}$ 的分布。由此,记第 j 个再生子样为

$$X^{*(j)} = (x_1^{*(j)}, x_2^{*(j)}, \cdots, x_n^{*(j)}), \quad j = 1, \cdots, N \tag{6.39}$$

于是可计算 $R_n^{*(1)(j)}$、$R_n^{*(2)(j)}$。这样,分别用 $\hat{\mu}$、$\hat{\sigma}^2$ 作为 μ 和 σ^2 的自助估计,从而实现估值偏差修正:

$$\hat{\mu} = \frac{1}{N} \sum_{j=1}^{N} [\bar{x} - R_n^{*(1)(j)}] \tag{6.40}$$

$$\hat{\sigma}^2 = \frac{1}{N} \sum_{j=1}^{N} [S^2 - R_n^{*(2)(j)}] \tag{6.41}$$

由于 Bootstrap 方法在大子样条件下具有渐进收敛性质,因此自助估计相比于经典统计方法,精度将有一定程度的提高。

1. Bootstrap 标准差估计

已知原始样本为 $X = \{x_1, \cdots, x_n\}$,根据原始样本可以得到参数的估计值 $\hat{\theta}$,利用 Bootstrap 方法可以用来估计 $\hat{\theta}$ 的标准差。其基本思想如下:

(1) 根据经验分布函数抽取 N 组再生样本 $X^{*(1)}$、$X^{*(2)}$、$\cdots$、$X^{*(N)}$;

(2) 由每组再生样本获得相应的参数估计 $\hat{\theta}^{*(1)}$、$\hat{\theta}^{*(2)}$、$\cdots$、$\hat{\theta}^{*(N)}$;

(3) 则 $\hat{\theta}$ 的估计标准差 $\hat{\sigma}_{\hat{\theta}}$ 可由式(6.42)近似得到

$$\hat{\sigma}_{\hat{\theta}} \approx \hat{\sigma}_{\hat{\theta}^*} = \sqrt{\frac{1}{N-1} \sum_{j=1}^{N} (\hat{\theta}^{*(j)} - \hat{\theta}_{\text{mean}}^*)^2} \tag{6.42}$$

其中,

$$\hat{\theta}_{\text{mean}}^* = \frac{1}{N} \sum_{j=1}^{N} \hat{\theta}^{*(j)} \tag{6.43}$$

很多文献指出,式(6.43)中的 $\hat{\theta}_{\text{mean}}^*$ 可由 $\hat{\theta}$ 来代替。

2. Bootstrap 区间估计

给定一组样本 X，经典统计理论在对未知参数进行区间估计时需要事先知道 X 的总体分布；而 Bootstrap 方法完全根据子样信息进行统计推断，不必对未知总体分布作任何假设（对于非参数 Bootstrap 方法而言），因此在总体分布未知的情况下，可利用 Bootstrap 方法进行区间估计。

对于某一未知参数 θ，根据 Bootstrap 抽样可以获得 N 组再生样本对应的参数估计 $\hat{\theta}^{*(j)}$，将 $\hat{\theta}^{*(j)}$ 依大小顺序排列，从而有 $\hat{\theta}_1^* \leqslant \hat{\theta}_2^* \leqslant \cdots \leqslant \hat{\theta}_N^*$。若给定某一显著性水平 α，则可以通过区间截取获得置信度为 $1 - \alpha$ 的 Bootstrap 区间估计：

$$\left[\hat{\theta}_{[N \cdot \alpha/2]}^*, \hat{\theta}_{[N \cdot (1-\alpha/2)]}^*\right] \tag{6.44}$$

根据上述方法还可进行分位数估计，以上分位数为例，$\hat{\theta}_{[N \cdot (1-\alpha)]}^*$ 即为显著性水平为 α 对应的上 α 分位数。

算例 2：设有一组样本包含 20 个偏差数据［根据真实分布 $N(0, 5^2)$ 随机生成］：｛3.462 3，0.765 68，3.177 4，6.670 3，−6.201 8，1.336 7，−6.107 1，−1.436，0.526 73，−7.006 7，−6.550 8，1.169 5，0.439 08，4.542 2，−9.320 8，2.815 6，2.398 7，7.270 4，−0.202 09，0.895 55｝。

由以上数据分别计算偏差参数的均值与标准差的点估计和 95% 置信区间。利用 Bootstrap 方法进行重抽样 200 次。作为对比，假设样本服从正态分布，利用经典统计方法进行区间估计，估计结果见表 6.1。

表 6.1 Bootstrap 方法与经典统计方法的估计结果

待估参数	真值	Bootstrap 方法		经典统计方法	
		点估计	区 间 估 计	点估计	区 间 估 计
μ	0	−0.095 3	[−2.217 9, 1.997 1]	−0.067 8	[−2.256 1, 2.120 6]
σ	5	4.457 5	[3.191 5, 5.910 0]	4.675 9	[3.556 0, 6.829 5]

Bootstrap 方法是基于大子样条件的渐进收敛，显然，在样本数量并不充足的情况下 Bootstrap 点估计不一定优于经典估计。这也是 Bootstrap 方法一般不用作参数点估计的重要原因。从区间估计结果来看，Bootstrap 方法不仅不需要了解总体分布的任何信息，而且在同等置信度下其区间估计长度要小于经典统计法的区间估计长度。

6.2.2 Bootstrap 非参数抽样方法

Bootstrap 方法借助于再生子样对未知参数进行统计推断,其关键在于如何获取再生子样。Bootstrap 抽样方法主要包括非参数 Bootstrap 抽样和参数 Bootstrap 抽样。非参数 Bootstrap 方法对抽样分布函数不作任何假设,它直接由观测数据构成的经验分布函数进行抽样。在无任何参数假设的情况下,经验分布函数是观测数据分布的极大似然估计。

1. 均匀放回抽样

假设已获得一组独立同分布子样 $X = (x_1, \cdots, x_n)$,把 x_i 按自小至大的顺序排列,可得到样本的次序统计量 $X = (x_{(1)}, x_{(2)}, \cdots, x_{(n)})$,满足 $x_{(1)} \leqslant x_{(2)} \leqslant \cdots \leqslant x_{(n)}$。由此可构造原始样本的经验分布函数为

$$F_n(x) = \begin{cases} 0 & x < X_{(1)} \\ i/n & X_{(i)} \leqslant x < X_{(i+1)} \quad i = 1, 2, \cdots, n-1 \\ 1 & x \geqslant X_{(n)} \end{cases} \quad (6.45)$$

由式(6.45)可知,每个样本点都具有相同的点概率 $1/n$。需要注意的是经验分布函数并不唯一,此处仅为其中一种。利用构建好的经验分布函数即可获得再生子样,抽样过程描述如下:每次产生一个在 $[1, n]$ 均匀分布的随机整数 ξ,则新样本点为 $X_{(\xi)}$;重复此过程 n 次,即得到一组新子样 X^*。

很明显,新子样 X^* 的元素都是原子样 X 中的样本点。这可能导致某些样本点 x_i 会在 X^* 中出现不止一次,而有些样本点则一次也不出现。然而,当抽样次数很大时,各样本点 x_i 在总体子样中的出现频率都趋于 $1/n$。该抽样方法是工程实践中运用得最广的一种抽样方法。

假设样本集为 $X = \{2.3, 3.4, 5.2, 4.0, 1.6, 7.1, 3.5, 2.7, 4.8, 3.7, 3.9, 4.7\}$,其样本均值与均方差分别为 $\bar{x} = 3.9083$、$S = 1.4501$。则第一次重抽样可能得到新样本:

$$X^{*(1)} = \{2.3, 4.7, 5.2, 4.8, 1.6, 7.1, 2.3, 2.7, 4.0, 3.7, 3.9, 3.4\}$$

其样本均值与均方差分别为 $\bar{x}^{*(1)} = 3.8083$、$S^{*(1)} = 1.5204$。继续第二次抽样,可得到

$$X^{*(2)} = \{1.6, 3.9, 7.1, 4.7, 5.2, 3.7, 4.8, 7.1, 2.3, 2.7, 4.0, 3.4\}$$

其样本均值与均方差分别为 $\bar{x}^{*(2)} = 4.2083$、$S^{*(2)} = 1.7074$。如此继续抽样 N 次可得到 N 组样本及相应统计结果,据此可对参数进行统计推断。

2. 可产生新样本的均匀抽样

与均匀放回抽样不同,此方法可能产生原样本中没有的新样本数据。抽样方法如下:

(1) 产生在 $[0, 1]$ 均匀分布的随机数 η;

(2) 令 $\beta = (n - 1) \cdot \eta$,$i = [\beta] + 1$;

(3) 令 $x_F = x_{(i)} + (\beta - i + 1) \cdot (x_{(i+1)} - x_{(i)})$,$i < n$,$x_{(i)}$ 为进行排序后的样本。

x_F 即为新产生的随机样本,显然,x_F 可能不在 X 中。重复以上步骤 n 次,便可获得一组新子样 X^*。

3. 重要度抽样

根据实际样本中数据产生的来源,认为部分数据更能反映产品的实际性能,例如飞行试验数据与地面测试数据,一般认为飞行试验数据更能反映产品性能,所以在抽样过程中设定这类样本被抽中的概率更大一些。即赋予每个样本被抽中的概率为 p_i,满足

$$p_i \geqslant 0, \quad \sum_{i=1}^{n} p_i = 1 \tag{6.46}$$

4. 对偶抽样

设 $\hat{\theta}_1$ 和 $\hat{\theta}_2$ 分别是参数 θ 的两个无偏估计量,令 $\hat{\theta}_3 = \dfrac{1}{2}(\hat{\theta}_1 + \hat{\theta}_2)$,则估计量方差可表示为

$$\mathrm{var}(\hat{\theta}_3) = \frac{1}{4}\left[\mathrm{var}(\hat{\theta}_1) + 2\mathrm{cov}(\hat{\theta}_1, \hat{\theta}_2) + \mathrm{var}(\hat{\theta}_2)\right] \tag{6.47}$$

其中,$\mathrm{var}(\hat{\theta})$ 表示估计量方差;$\mathrm{cov}(\hat{\theta}_1, \hat{\theta}_2)$ 表示协方差。若 $\mathrm{cov}(\hat{\theta}_1, \hat{\theta}_2) < 0$,显然有

$$\mathrm{var}(\hat{\theta}_3) < \min\left[\mathrm{var}(\hat{\theta}_1), \mathrm{var}(\hat{\theta}_2)\right] \tag{6.48}$$

由式(6.48)可知,估计量之间的负相关性越强,平均估计量的估计方差越小。

对偶抽样就是基于以上思想的一种方差缩减方法。抽样过程描述如下:

(1) 获得已有子样的次序统计量 $X = (x_{(1)}, x_{(2)}, \cdots, x_{(n)})$;

（2）第奇数组子样按照均匀放回抽样获得，第偶数组子样则将前一次奇数组抽样获得的所有样本点"取反"，即将 $X_{(i)}$ 换作 $X_{(n-i+1)}$，$i = 1, 2, \cdots, n$；

（3）分别利用所有奇数组子样与偶数组子样得到参数估计 $\hat{\theta}_1$、$\hat{\theta}_2$；

（4）$\hat{\theta}_3 = \dfrac{1}{2}(\hat{\theta}_1 + \hat{\theta}_2)$ 即为参数 θ 的对偶抽样估计。

6.2.3 Bootstrap 参数抽样方法

Bootstrap 参数抽样方法的基本思想是用概率分布 f 代替经验分布去逼近真实的总体分布。选取某一合适的连续分布 f，利用观测数据估计的概率密度函数 $\hat{f}$，再根据该概率密度函数进行重抽样，即为 Bootstrap 参数抽样方法。

假定独立同分布样本 $X = (x_1, \cdots, x_n)$ 服从概率密度函数 $f(x; \boldsymbol{\theta})$，其中 $\boldsymbol{\theta}$ 为分布中所含的未知参数向量。利用观测数据可获得 $\boldsymbol{\theta}$ 的极大似然估计 $\hat{\boldsymbol{\theta}}$，从而将 $f(x; \hat{\boldsymbol{\theta}})$ 作为 $f(x; \boldsymbol{\theta})$ 的极大似然估计去逼近真实总体分布。这样，利用 $f(x; \hat{\boldsymbol{\theta}})$ 抽样获得 N 组再生子样，对参数进行 Bootstrap 统计推断。

算例3：正态分布样本 $X = \{2.3, 3.4, 5.2, 4.0, 1.6, 7.1, 3.5, 2.7, 4.8, 3.7, 3.9, 4.7\}$，均为独立样本。可以计算样本均值与均方差分别为 $\bar{x} = 3.9083$、$S = 1.4501$。则估计的概率密度函数为

$$f(x) = \frac{1}{\sqrt{2\pi}\hat{\sigma}} \exp\left[-\frac{(x - \hat{\mu})^2}{2\hat{\sigma}^2} \right] \tag{6.49}$$

其中，$\hat{\mu} = \bar{x} = 3.9083$，$\hat{\sigma} = S = 1.4501$。根据式（6.49）进行 N 次重抽样，每次抽样样本个数为 $n = 12$，例如，第一次、第二次抽样得到的样本为

$$X^{*(1)} = \{3.2, 4.6, 4.2, 3.4, 5.9, 6.0, 2.1, 5.9, 4.7, 2.2, 4.1, 4.7\}$$

$$X^{*(2)} = \{7.2, 4.0, 0.9, 1.9, 5.4, 4.4, 3.9, 6.8, 1.5, 5.7, 2.8, 3.3\}$$

可基于上述再生样本对待估参数进行统计分析。显然，参数化抽样方法会产生新样本。

6.2.4 抽样方法的比较

很明显，非参数 Bootstrap 抽样与参数 Bootstrap 抽样的主要区别就在于是否要对总体分布作假定，前者无须对总体作任何假设，直接利用依据原始样本构建的经验分布进行抽样；后者则根据假定分布的极大似然估计分布抽取再生样本。

基于原样本的均匀放回抽样不产生新样本点,所有的再生样本信息均包含于原样本中。若原样本中无重复的样本点,由于新样本均由原样本中的观测数据构成,因此可知不同的新样本个数总计为 C_{2n-1}^{n},其中 n 为样本容量。当 $n = 20$ 时,即可产生约 6.89×10^{10} 组不同的新样本;此时若有 2 000 组再生样本,则含有重复样本的概率还不到 0.05。然而,在特小样本情况下(如 $n \leqslant 5$),Bootstrap 重抽样会产生退化现象,即可能多次出现两组样本相同的情况,而在连续分布中,这种情况出现的概率是很小的,这种样本完全相同的情况实际上减少了样本的总数量,需要尽量避免。

可产生新样本的均匀抽样也是一种非参数 Bootstrap 方法,它通过随机生成的新样本来减小再生样本完全相同的概率。这种方法的缺陷是产生的随机样本其取值区间仅限于 $[X_{(1)}, X_{(n)}]$,仿真随机样本相对比较集中,特别是随机样本的小值和大值均受到限制,样本随机性不能很好地满足统计学的要求。此外,新产生的样本点在区间 $[X_{(1)}, X_{(n)}]$ 上近似服从分段均匀分布,新样本的产生是否与真实情况相符,以此为基础获得的 Bootstrap 统计推断结果是否可信,都是需要进一步讨论的问题。

参数 Bootstrap 方法也是一种可生成新样本的抽样方法,与非参数 Bootstrap 方法的均匀抽样相比,其优点在于可以通过事先假定的连续光滑分布来扩展新样本的取值区间。但是,假定分布是否与真实总体相符,即使假定分布合理,那么小样本下的分布参数似然估计又是否较为准确地反映了真实统计特征,这都值得商榷。

以上几种抽样方法在大样本条件下都具有良好的性质,但是在小样本甚至特小样本情况下,具体应该采用哪种抽样方法都必须结合问题的实际背景来决定。在一般的工程实践中,由于无须作任何分布假设,非参数 Bootstrap 方法的应用更为广泛。

6.3　假设检验基本原理

6.3.1　基本概念

在总体分布函数完全未知或只知其形式、不知其参数的情况下,为了推断总体的某些未知特性,提出关于总体的假设。例如,提出总体服从正态分布的假设,或者对于正态总体提出数学期望等于 μ_0 的假设等,需要根据所得样本对所提出的假设做出是接受,还是拒绝的决策,假设检验就是做出这一决策的过程。下面结合例子说明假设检验的基本思想。

算例 4: 假设某批产品纵向落点偏差分别为 {159,280,101,212,224,379,179,264,222,362,168,250,149,260,485,170},判断落点纵向偏差的均值是否小于 225? 显著性水平取 0.05。

以 μ、σ 分别表示该产品落点纵向偏差总体 X 的均值与标准差,纵向落点偏差为正态分布,但正态分布的均值与方差均未知,需要依据上述样本判断纵向落点偏差均值 $\mu \leqslant 225$,还是 $\mu > 225$。对此提出两个相互对立的假设:

$$H_0: \mu \leqslant 225 \tag{6.50}$$

以及

$$H_1: \mu > 225 \tag{6.51}$$

下面要给出一个合理的法则,根据该法则,利用已知样本作出决策是接受 H_0(即拒绝 H_1),还是拒绝 H_0(即接受 H_1)。如果决策是接受假设 H_0,则认为 $\mu \leqslant 225$,如果决策是拒绝假设 H_0,则认为 $\mu > 225$。

上述检验中主要针对总体均值,同时总体方差未知,因此需要借助样本均值与样本方差来进行判断,因为样本均值 $\bar{X}$ 是总体均值 μ 的无偏估计,$\bar{X}$ 的观测值 $\bar{x}$ 的大小在一定程度上反映 μ 的大小,如果 H_0 为真,则观测值不应该大于 225 太多,否则,就怀疑假设 H_0 的正确性而拒绝 H_0。考虑到正态分布中样本均值与样本方差的关系,定义检验统计量为

$$Z = \frac{\bar{x} - \mu_0}{S/\sqrt{n}} = \frac{\bar{x} - 225}{S/\sqrt{n}} \tag{6.52}$$

其中,n 为样本个数,$n = 16$;$\bar{x}$ 为样本均值,$\bar{x} = \sum_{i=1}^{n} x_i = 241.5$;$S$ 为样本标准差,

$$S = \sqrt{\frac{1}{n-1} \sum_{i=1}^{n} (x_i - \bar{x})^2} = 98.725\,9。$$

选定实数 K(称为阈值),当统计量 $Z \geqslant K$ 时,说明观测值 $\bar{x}$ 比较大,此时拒绝假设 H_0,反之,若 $Z < K$,说明观测值 $\bar{x}$ 比较小,此时接受假设 H_0。

实际上,由于作出决策的依据是观测样本,而观测样本个数是有限的,实际中 H_0 为真时仍可能做出拒绝 H_0 的决策(这种可能性是无法消除的),这是一种错误,犯这种错误的概率记为 $P\{H_0$ 为真时拒绝 $H_0\}$、$P_{\mu \in H_0}\{$拒绝 $H_0\}$ 或者

$P\{$拒绝 $H_0 \mid H_0\}$。既然实际中无法避免这种错误,则希望将犯这种错误的概率控制在一定的限度内,即给定一个较小的数 α($0 < \alpha < 1$),使犯错误的概率不大于 α:

$$P\{H_0 \text{ 为真时拒绝 } H_0\} \leqslant \alpha \tag{6.53}$$

由于只允许犯这类错误的概率最大值为 α,令式(6.53)右端取等号,即

$$P\{H_0 \text{ 为真时拒绝 } H_0\} = P_{\mu \in H_0}\left\{\frac{\bar{x} - 225}{S/\sqrt{n}} \leqslant K\right\} = \alpha \tag{6.54}$$

当 H_0 为真时,统计量 $Z = \dfrac{\bar{x} - 225}{S/\sqrt{n}} \sim t(n - 1)$,即统计量 Z 服从自由度为 $n - 1$ 的 t(学生氏)分布。根据 t 分布分位数定义(图 6.1)有

$$K = t_{1-\alpha}(n - 1) \tag{6.55}$$

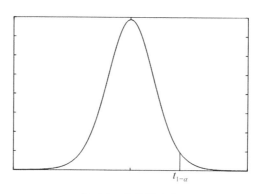

图 6.1　分位数定义

如果统计量 Z 的观测值满足 $Z = \dfrac{\bar{x} - 225}{S/\sqrt{n}} \geqslant K$,则拒绝假设 H_0,而如果 $Z = \dfrac{\bar{x} - 225}{S/\sqrt{n}} < K$,则接受假设 H_0。

在上述例子中,取 $\alpha = 0.05$,则阈值 K 为

$$K = t_{1-0.05}(n - 1) = t_{1-0.05}(15) = 1.753\,1 \tag{6.56}$$

同时根据样本可以计算 $\bar{x} = 241.5$,$S = 98.73$,$n = 16$,则统计量 $Z = \dfrac{\bar{x} - 225}{S/\sqrt{n}} =$

0.668 5，显然有

$$Z = \frac{\bar{x} - 225}{S/\sqrt{n}} = 0.668\ 5\ < 1.753\ 1 \tag{6.57}$$

即接受假设 H_0，即认为纵向落点偏差的均值在显著性水平为 0.05 时小于 225。

上述例子中，可以看到，当样本容量固定时，选定 α 后，阈值 K 即可以确定，然后根据样本计算观测样本形成的统计量，根据与阈值 K 的比较结果做出决策。α 称为显著性水平，Z 称为检验统计量。

前面的假设检验问题可以描述为：在显著性水平 α 下，检验假设

$$H_0: \mu \leqslant 225,\ H_1: \mu > 225 \tag{6.58}$$

其中，H_0 称为原假设或零假设；H_1 称为备择假设。注意，原假设与备择假设为二选一，两者交集为空。

当检验统计量取某个区域 C 中的值时，拒绝原假设 H_0，则称区域 C 为拒绝域，拒绝域的边界点称为临界点或阈值。

由于检验法则是根据样本作出的，总有可能作出错误的决策。如前面提到的，在假设 H_0 为真时，可能犯拒绝 H_0 的错误，称这类"弃真"错误为第 I 类错误，犯这类错误的概率称为弃真概率，或犯第 I 类错误的概率。而这类错误是对产品研制方不利的，因此弃真概率也称为研制方风险。

实际中也有可能当假设 H_0 为不真时，接受 H_0，称这类为"采伪"错误为第 II 类错误，犯这类错误的概率称为采伪概率，或犯第 II 类错误的概率。采伪概率记为 $P\{$当 H_1 为真时接受 $H_0\}$ 或者 $P_{\mu \in H_1}\{$接受 $H_0\}$，这类错误是对产品使用方不利的，因此采伪概率也称为使用方风险。

在确定检验法则时，应尽可能使犯两类错误的概率小，但是进一步讨论可知，一般来说，当样本容量固定时，若减少犯一类错误的概率，则犯另一类错误的概率会增大。若要使犯两类错误的概率都减小，必须增大样本容量。在给定样本容量情况下，一般来说，总是控制犯第 I 类错误的概率，这种只对犯第 I 类错误的概率加以控制，而不考虑犯第 II 类错误的概率的检验，称为显著性检验。

6.3.2 检验功效函数

在许多实际问题中，除了希望控制犯第 I 类错误的概率外，往往还希望控制犯第 II 类错误的概率，而要同时控制这两类错误的概率，需要对样本容量提出要求。为此定义施行特征函数：如果 C 是参数 θ 的某个检验问题的一个检验

法,定义

$$\beta(\theta) = P_\theta(\text{接受 } H_0) \tag{6.59}$$

称为检验法 C 的施行特征函数或 OC 函数。

由定义可知,若此检验法的显著性水平为 α,那么当真值 $\theta \in H_0$ 时,$\beta(\theta)$ 就是作出正确判断(即 H_0 为真时接受 H_0)的概率,所以 $\beta(\theta) \geq 1 - \alpha$;当真值 $\theta \in H_1$ 时,$\beta(\theta)$ 就是犯第 II 类错误的概率(即 H_0 为不真时接受 H_0)的概率,而 $1 - \beta(\theta)$ 为作出正确判断(即 H_0 为不真时拒绝 H_0)的概率。函数 $1 - \beta(\theta)$ 称为检验法 C 的功效函数。当 $\theta^* \in H_1$ 时,值 $1 - \beta(\theta^*)$ 称为检验法 C 在点 θ^* 的功效,它表示当参数 θ 的真值为 θ^* 时,检验法 C 作出正确判断的概率。

下面以正态总体均值为例说明检验法的功效函数,定义均值检验问题

$$H_0: \mu < \mu_0, \ H_1: \mu \geq \mu_0 \tag{6.60}$$

其中,正态总体标准差已知为 σ,样本容量为 n。则其功效函数为

$$\beta(\mu) = P_\mu(\text{接受 } H_0) = P_\mu\left\{ \frac{\bar{X} - \mu_0}{\sigma / \sqrt{n}} < z_{1-\alpha} \right\}$$

$$= P_\mu\left\{ \frac{\bar{X} - \mu}{\sigma / \sqrt{n}} < z_{1-\alpha} - \frac{\mu - \mu_0}{\sigma / \sqrt{n}} \right\} = \Phi(z_{1-\alpha} - \lambda) \tag{6.61}$$

其中,$z_{1-\alpha}$ 为正态分布 $1 - \alpha$ 分位数;$\lambda = \dfrac{\mu - \mu_0}{\sigma / \sqrt{n}}$;$\Phi(\cdot)$ 为正态分布累积分布函数。此 OC 函数有如下性质:

(1) 它是 $\lambda = \dfrac{\mu - \mu_0}{\sigma / \sqrt{n}}$ 的单调递减连续函数;

(2) $\lim\limits_{\mu \to \mu_0^+} \beta(\mu) = 1 - \alpha$, $\lim\limits_{\mu \to \infty} \beta(\mu) = 0$。

由 $\beta(\mu)$ 的连续性可知,当参数的真值 μ ($\mu > \mu_0$) 在 μ_0 附近时,检验法的功效很低,即 $\beta(\mu)$ 的值很大,也就是犯第 II 类错误的概率很大,因为 α 通常取得比较小,而不管 σ 多么小,n 多么大,只要 n 给定,总存在 μ_0 附近的点 μ ($\mu > \mu_0$) 使得 $\beta(\mu)$ 几乎等于 $1 - \alpha$。这说明,对于上述假设检验,无论样本容量 n 多么大,要想对所有 $\theta \in H_1$,即真值为 H_1 所确定的任一点时,控制犯第 II 类错误的概率都很小是不可能的。但是可以使用 OC 函数 $\beta(\mu)$ 以确定样本容量 n,使当真值 $\mu \geq \mu_0 + \delta$ ($\delta > 0$ 为给定值)时,犯第 II 类错误的概率不超过给定的 β。

因为 $\beta(\mu)$ 为单调减函数,故当 $\mu \geqslant \mu_0 + \delta$ 时,有

$$\beta(\mu_0 + \delta) \geqslant \beta(\mu) \tag{6.62}$$

于是只要满足

$$\beta(\mu_0 + \delta) = \Phi(z_{1-\alpha} - \sqrt{n}\delta/\sigma) \leqslant \beta \tag{6.63}$$

即只要满足

$$\sqrt{n} \geqslant \frac{(z_{1-\alpha} - z_\beta)\sigma}{\delta} \tag{6.64}$$

就能使当 $\mu \in H_1$ 且 $\mu \geqslant \mu_0 + \delta$ 时(即真值 $\mu \geqslant \mu_0 + \delta$)犯第 II 类错误的概率不超过 β。

工程实际中,犯第 I 类错误的概率(弃真概率)又称为研制方风险(产品满足要求而拒收,对研制方不利),犯第 II 类错误的概率(采伪概率)又称为使用方风险(产品不满足要求而接收,对使用方不利)。

公式(6.64)给出了在给定的弃真概率与采伪上限情况下所需要的最小样本容量。反过来,当样本容量一定的情况下,可计算相应的采伪概率(使用方风险),上述检验法可改写为下列假设检验:

$$H_0: \mu < \mu_0, \quad H_1: \mu \geqslant \mu_0 + \delta \tag{6.65}$$

公式(6.65)所示的假设检验又称为简单假设,而式(6.60)所示的假设检验称为复杂假设。对于复杂假设而言,如果不给定 δ 值的话,无法计算采伪概率(使用方风险)。对于式(6.65)所示的假设检验,计算采伪概率的前提条件是 $\mu \in H_1$,即当样本容量为 n 时,有

$$\frac{\bar{x} - (\mu_0 + \delta)}{s/\sqrt{n}} \sim t(n-1) \tag{6.66}$$

则采伪概率根据式(6.67)计算:

$$\begin{aligned}
\beta &= P\left\{\frac{\bar{x} - \mu_0}{s/\sqrt{n}} < t_{1-\alpha}(n-1) \mid H_1\right\} \\
&= P\left\{\frac{\bar{x} - (\mu_0 + \delta)}{s/\sqrt{n}} < t_{1-\alpha}(n-1) - \frac{\delta}{s/\sqrt{n}} \mid H_1\right\} \\
&= \int_{-\infty}^{t_{1-\alpha}(n-1) - \frac{\delta}{s/\sqrt{n}}} t(n-1)\,\mathrm{d}t
\end{aligned} \tag{6.67}$$

6.3.3　对于正态分布方差的假设检验

6.3.1 节给出了研制方风险(弃真概率)、使用方风险(采伪概率)的概念,下面结合例子说明双方风险的计算方法。

算例 5：运用算例 4 相同的数据：$\{159,\ 280,\ 101,\ 212,\ 224,\ 379,\ 179,$ $264,\ 222,\ 362,\ 168,\ 250,\ 149,\ 260,\ 485,\ 170\}$,检验样本均方差是否大于 85？检出比取 1.3,显著性水平取 0.1。

根据上述检验要求,首先提出两个相互对立的假设：

$$H_0: \sigma = \sigma_0 = 85 \quad \leftrightarrow \quad H_1: \sigma = \sigma_1 = \lambda\sigma_0 = 110.5 \tag{6.68}$$

其中,λ 为检出比,描述原假设 H_0 与备择假设 H_1 之间的差异,此处定义为

$$\lambda = \frac{\sigma_1}{\sigma_0} \tag{6.69}$$

有些文献中将原假设与备择假设写为

$$H_0: \sigma \leqslant \sigma_0 = 85 \quad \leftrightarrow \quad H_1: \sigma \geqslant \sigma_1 = \lambda\sigma_0 = 110.5 \tag{6.70}$$

其含义与式(6.68)是一样的,只是不同的写法。构造检验统计量,当均值未知时,方差检验统计量为

$$Z = (n-1)S^2/\sigma_0^2 \tag{6.71}$$

根据试验样本计算得到统计量 $Z = \dfrac{15 \times 98.725\,9^2}{85 \times 85} = 20.235\,6$。根据统计学知识,当 H_0 为真时,统计量 Z 服从自由度为 $n-1$ 的卡方分布：

$$(n-1)S^2/\sigma_0^2 \sim \chi^2(n-1) \tag{6.72}$$

当 H_1 为真时,$Z' = (n-1)S^2/\sigma_1^2$ 服从自由度为 $n-1$ 的卡方分布：

$$(n-1)S^2/\sigma_1^2 \sim \chi^2(n-1) \tag{6.73}$$

则拒绝域(拒绝 H_0 的区域)为

$$Z = (n-1)S^2/\sigma_0^2 > K \tag{6.74}$$

其中,阈值

$$K = \chi_{1-\alpha}^2(n-1) = \chi_{0.95}^2(15) = 24.995\,8 \tag{6.75}$$

显然统计量 $Z < K$，即不满足拒绝域要求，所以接受 H_0。则研制方风险（或弃真概率、犯第 I 类错误概率）为

$$\alpha = P_{\mu \in H_0}\{拒绝\ H_0\} = P\left\{\frac{(n-1)S^2}{\sigma_0^2} > \chi_{1-\alpha}^2 \mid H_0\right\} = \alpha = 0.05 \quad (6.76)$$

前面已经指出，当统计量 $Z < K$ 时，接受 H_0。所以使用方风险（或采伪概率、犯第 II 类错误概率）可表示为

$$\beta = P_{\mu \in H_1}\{接受\ H_0\} = P_{\mu \in H_1}\{Z < K\} = P_{\mu \in H_1}\left\{\frac{(n-1)S^2}{\sigma_0^2} < K\right\} \quad (6.77)$$

根据式（6.73），有

$$\beta = P\left\{\frac{(n-1)S^2}{\lambda^2\sigma_0^2} < \frac{\chi_{0.95}^2(n-1)}{\lambda^2} \mid H_1\right\} \quad (6.78)$$

计算得到

$$\beta = \int_0^{\frac{\chi_{0.95}^2(15)}{\lambda^2}} k_{n-1}(\chi^2)\,\mathrm{d}\chi^2 = 0.533\,4 \quad (6.79)$$

即研制方风险为 0.05，而使用方风险达到 0.533 4，远大于研制方风险，显然这种检验结果对使用方是不利的。上述例子中当取 $\alpha = 0.15$，可以计算得到使用方风险 $\beta = 0.335\,5$。如果继续增大 α，使用方风险 β 相应变小，读者可以自己进行计算。

值得注意的是，研制方风险与使用方风险的计算与检验结果并没有关系，双方风险是针对检验方案而言的，与样本的具体数值没有关系，在上述问题中，只与检出比及样本个数有关。

经典检验方法在进行显著性检验时，不考虑使用方风险。如果同时对研制方风险与使用方风险进行约束，例如要求 $\alpha \leqslant 0.15$，$\beta \leqslant 0.15$，由于风险计算与样本容量有密切关系［见式（6.61）、式（6.78）］，这对样本容量提出了要求。例如，对于假设检验 $H_0: \sigma = \sigma_0 = 85 \leftrightarrow H_1: \sigma = \sigma_1 = 110.5$，当取 $\lambda = 1.3$，且 $\alpha \leqslant 0.15$、$\beta \leqslant 0.15$ 时，样本容量（试验次数）最小值为 $n = 32$。如果对于 α、β 的要求更严格，试验次数将会更大。通过理论分析和数值计算，关于检出比有如下结论。

（1）对于固定的 λ，当取定 α 时，试验次数随 β 的减小而增加；当取定 α 时，减少试验次数将导致 β 的增加。

（2）如果 λ 的取值增大，在同样的 α、β 之下，试验次数可减少。

(3) 如果要求 α、$\beta \leqslant 5\%$，而 λ 取值 1.5,那么要想设计一种小子样试验方案,例如要求发射数小于等于 5,这是不可能的。也就是说,如果在小子样(甚至是特小子样)下运用经典的 χ^2 -检验,那么应用的后果就是冒较大的风险。

式(6.68)描述的检验方案给出了原假设与备择假设的具体界限,这种检验可以依据功效函数计算使用方风险,称为简单假设。对于形如下面的假设检验:

$$H_0: \mu \leqslant \mu_0 \quad \leftrightarrow \quad H_1: \mu > \mu_0 \tag{6.80}$$

根据前述功效函数的分析,很难计算使用方风险,称为复杂假设。复杂假设一般使用显著性检验完成。

由上述几个例子可以看出,一般假设检验主要包括以下几个因素。

(1) 数据样本:指给定的样本数据,以及样本个数。

(2) 原假设:根据参数检验需要定义原假设。

(3) 备择假设:根据参数检验需要定义备择假设,原假设与备择假设是相互对立的,交集为空。

(4) 研制方风险:指检验过程中实际上满足原假设要求而拒绝原假设的概率,也称为弃真概率,或犯第 Ⅰ 类错误的概率,这种风险是不可避免的。

(5) 使用方风险:指检验过程中实际上不满足原假设要求而接受原假设的概率,也称为采伪概率,或犯第 Ⅱ 类错误的概率,同样这种风险是不可避免的。

实际上,在面对武器装备的检验时,通常需要设计研制方与使用方均认可的检验方案。一般而言,检验方案主要涉及样本个数(实际上并不关注样本具体是什么)、原假设与备择假设(有些情况可用检出比描述,例如本小节中的算例 5)、研制方风险与使用方风险。这几个参数是相互影响的,设计满足多方要求的检验方案并不是件容易的事情,需要根据多方需求具体讨论

依据试验样本对参数进行假设检验一般包括以下几个步骤:

a. 根据要求确定原假设与备择假设;

b. 根据统计学理论确定检验统计量,根据试验数据计算统计量的值;

c. 根据原假设与备择假设确定拒绝域门限值;

d. 比较检验统计量与拒绝域门限值,给出判断结果;

e. 计算研制方与使用方风险。

6.3.4 对于正态分布均值的假设检验

下面进一步分析正态分布均值的假设检验。使用与 6.3.3 节相同的数据:

$\{159, 280, 101, 212, 224, 379, 179, 264, 222, 362, 168, 250, 149, 260,$ $485, 170\}$,设计如下的关于均值的检验:

$$H_0: \mu \leqslant \mu_0 = 225 \quad \leftrightarrow \quad H_1: \mu \geqslant \mu_1 = \mu_0 + m = 240 \tag{6.81}$$

其中, $m = 15$,显著性水平 $\alpha = 0.2$ 。由于方差未知,定义如下检验统计量:

$$t = \frac{\bar{x} - \mu}{S/\sqrt{n}} \tag{6.82}$$

当 H_0 为真时,该统计量服从自由度为 $n - 1$ 的 t (学生氏)分布:

$$(\bar{x} - \mu_0)\sqrt{n}/S \sim t(n - 1) \tag{6.83}$$

根据样本可以计算得到 $t = \dfrac{\bar{x} - \mu_0}{S/\sqrt{n}} = 0.6685$,根据显著性水平可得到决策阈值:

$$K = t_{1-0.2}(n - 1) = 0.8662 \tag{6.84}$$

可以看出, $t < K$,即根据试验样本计算得到的均值比较小,所以接受原假设,即在给定显著性水平下均值不大于225。研制方风险可表示为

$$\alpha = P\{拒绝\ H_0 \mid H_0\} = P\left\{\frac{\bar{x} - \mu_0}{S/\sqrt{n}} > t_{1-\alpha}(n - 1) \mid H_0\right\} \tag{6.85}$$

使用方风险可表示为

$$\beta = P\{接受\ H_0 \mid H_1\} = P\left\{\frac{\bar{x} - \mu_0}{S/\sqrt{n}} < t_{1-\alpha}(n - 1) \mid H_1\right\} \tag{6.86}$$

根据定义,有

$$\beta = P\left\{\frac{\bar{x} - (\mu_0 \mid m)}{S/\sqrt{n}} < t_{1-\alpha}(n - 1) - \frac{m}{S/\sqrt{n}} \mid H_1\right\}$$

$$= \int_{-\infty}^{t_{1-\alpha}(n-1) - \frac{m}{S/\sqrt{n}}} t(n - 1)\,\mathrm{d}t = 0.3659 \tag{6.87}$$

即该检验方案中的使用方风险为0.3659。需要着重理解的是,研制方风险与使用方风险实际上与具体的试验样本无关,但是与样本数量 n 有关,从式(6.76)

与式(6.77)也可以看出这一点,但是检验结果(接受 H_0 还是接受 H_1)是与试验样本密切相关的,从式(6.71)、式(6.83)可以看出这一点。

这个问题涉及试验鉴定领域中另一个重要问题:关于性能参数的鉴定试验方案设计,即在武器装备进行性能鉴定之前,针对某性能指标,在给定的双方风险上限、检出比、原假设等约束要求下,确定需要的最小试验子样数,为后续鉴定试验安排提供基础。这个问题涉及内容较多,这里不作详细讨论,感兴趣的读者可参考相关资料。

6.3.5　命中概率的假设检验

对于打击移动目标的导弹而言,其精度指标往往用命中概率描述。试验数据描述为:试验 n 次,命中 s 次,检验命中概率 p 在给定条件下是否满足要求。

6.3.5.1　显著性检验方法

对于命中概率指标的检验,工程中常用的一种描述方法为:要求命中概率 $1 - \alpha$ 置信度的下限不小于 p_L。令总试验次数 n,成功次数为 s,失败次数为 $f = n - s$,按照下列规则判断命中概率是否满足要求。

(1)当失败次数 $f = 0$ 时,计算:

$$p = \exp\left(\frac{\ln \alpha}{n}\right) \tag{6.88}$$

当 $p \geqslant p_L$ 时,认为命中概率满足要求,否则认为不满足要求。

(2)当失败次数 $f > 0$ 时,计算:

$$K(f) = \sum_{i=0}^{f} C_n^i p_L^{n-i} (1 - p_L)^i \tag{6.89}$$

当 $K(f) \geqslant 1 - \alpha$ 时,认为命中概率满足要求,否则认为不满足要求。

算例6:某型导弹共进行 11 次试验,命中 9 次,判断在 80% 置信度下命中概率置信下限是否大于 0.85?

上述例子中,试验次数 $n = 11$,成功次数 $s = 9$,失败次数 $f = 2$,则根据二项分布,在概率为 $p_L = 0.85$ 的情况下,有

$$K(f) = \sum_{i=0}^{f} C_n^i p_L^{n-i} (1 - p_L)^i = 0.778\,8 \tag{6.90}$$

可见 $K(f) < 1 - \alpha = 0.8$,所以命中概率不满足指标要求。

6.3.5.2 假设检验方法

对于命中概率,定义原假设与备择假设如下:

$$H_0 : p = p_0 \quad \leftrightarrow \quad H_1 : p = p_1 \tag{6.91}$$

其中,$\lambda > 1$ 为检出比,定义为

$$\lambda = \frac{1 - p_1}{1 - p_0} \tag{6.92}$$

分别计算 H_0 成立与 H_1 成立下的似然函数比值:

$$\kappa = \frac{p_0^s (1 - p_0)^{n-s}}{p_1^s (1 - p_1)^{n-s}} = \frac{p_0^s}{p_1^s} \lambda^{-(n-s)} \tag{6.93}$$

当 $\kappa > 1$ 时,认为命中概率满足要求;当 $\kappa < 1$ 时,认为不满足要求。

根据研制方风险与使用方风险的定义,以及式(6.93),令成功次数拒绝域阈值为 s_k,则

$$\frac{p_0^{s_k}}{p_1^{s_k}} \lambda^{-(n-s_k)} > 1 \tag{6.94}$$

可得

$$s_k = \ln(\lambda^n) / \ln(d\lambda) \tag{6.95}$$

其中,$d = \dfrac{p_0}{p_1}$。同样可根据成功次数给出判定规则:当实际成功次数 $s \geqslant s_k$,认为命中概率满足要求,当实际成功次数 $s < s_k$,认为命中概率不满足要求。阈值 s_k 不一定为整数。则根据研制方风险与使用方风险定义,可得研制方风险为

$$\alpha = P\{拒绝 H_0 \mid H_0\} = \sum_{i=0}^{[s_k]} C_n^i p_0^i (1 - p_0)^{n-i} \tag{6.96}$$

使用方风险按照式(6.97)计算:

$$\beta = P\{接受 H_0 \mid H_1\} = 1 - \sum_{i=0}^{[s_k]} C_n^i p_1^i (1 - p_1)^{n-i} \tag{6.97}$$

算例7: 某型导弹共进行 11 次试验,命中 9 次,定义命中概率最低可接受值为 0.85,不可接受值为 0.7,判断是否满足要求?

（1）建立原假设与备择假设：

$$H_0: p = p_0 = 0.85 \quad \leftrightarrow \quad H_1: p = p_1 = 0.7 \tag{6.98}$$

给定检出比 $\lambda = 2$。

（2）根据式（6.95）计算成功试验次数阈值 s_k：

$$s_k = \frac{\ln(\lambda^n)}{\ln(d\lambda)} = \frac{11 \times \ln 2}{\ln\left(\dfrac{2}{0.823\,5}\right)} = 8.59 \tag{6.99}$$

显然，$s > s_k$，接受原假设。

（3）双方风险计算。

根据式（6.96），研制方风险为

$$\alpha = \sum_{i=0}^{\lfloor s_k \rfloor} C_n^i \, p_0^i \, (1 - p_0)^{n-i} = 0.221\,2 \tag{6.100}$$

根据式（6.97），使用方风险为

$$\beta = 1 - \sum_{i=0}^{\lfloor s_k \rfloor} C_n^i \, p_1^i \, (1 - p_1)^{n-i} = 0.312\,7 \tag{6.101}$$

需要注意的是，两种方法给出的检验结果是相反的，实际上 6.3.5.1 节显著性检验的要求更高，即对命中概率置信下限的要求要大于假设检验方法，所以不容易通过。

6.4　SPRT 检验方法

对于导弹这类昂贵产品的飞行鉴定试验不可能做很多，通常希望在能够通过鉴定的情况下试验越少越好，在每次试验完成后，需要对结果进行统计判断，看是否能够采取某种行为（通过或拒绝），如果不能做出判断，则继续下次试验，这就是序贯检验方法。

经典序贯检验方法一般指由 A. Wald 提出的序贯概率比检验（sequential probability ratio test，SPRT），这种方法的平均试验数与古典的检验方法相比要小，特别是截尾 SPRT，易于组织实施，所以对于成本昂贵的试验经常被采用。

记检验中研制方风险(弃真概率或犯第 I 类错误概率)上限为 α_m,使用方风险(采伪概率或犯第 II 类错误概率)上限为 β_m,试验样本集为 D,检验对象为变量 θ,分别计算原假设成立时的似然函数 $L(D \mid H_0)$ 与备择假设成立时的似然函数 $L(D \mid H_1)$,然后计算该似然函数的比值:

$$\kappa(D) = \frac{L(D \mid H_1)}{L(D \mid H_0)} \tag{6.102}$$

根据如下的规则确定检验结果:

(1) 当 $\kappa(D) < \eta_0$ 时,接受原假设 H_0;

(2) 当 $\eta_0 < \kappa(D) < \eta_1$ 时,继续进行试验;

(3) 当 $\kappa(D) > \eta_1$ 时,接受备择假设 H_1。

其中,η_0、η_1 为门限值。

例如,假设数据集 $D = \{x_1, x_2, \cdots, x_n\}$,服从正态分布,方差已知为 σ^2,关于其均值的假设检验为

$$H_0: \mu = \mu_0 \quad \leftrightarrow \quad H_1: \mu = \mu_1 \tag{6.103}$$

则似然函数为

$$L(D \mid H_1) = \prod_{i=1}^{n} \frac{1}{\sqrt{2\pi}\,\sigma} \exp\left[-\frac{1}{2\sigma^2}(x_i - \mu_1)^2 \right]$$

$$= \left(\frac{1}{\sqrt{2\pi}\,\sigma} \right)^n \exp\left[-\frac{1}{2\sigma^2} \sum_{i=1}^{n} (x_i - \mu_1)^2 \right] \tag{6.104}$$

$$L(D \mid H_0) = \prod_{i=1}^{n} \frac{1}{\sqrt{2\pi}\,\sigma} \exp\left[-\frac{1}{2\sigma^2}(x_i - \mu_0) \right]$$

$$= \left(\frac{1}{\sqrt{2\pi}\,\sigma} \right)^n \exp\left[-\frac{1}{2\sigma^2} \sum_{i=1}^{n} (x_i - \mu_0)^2 \right] \tag{6.105}$$

对于命中概率指标,共进行 n 次试验,成功 s 次,假设检验可表示为

$$H_0: p = p_0 \quad \leftrightarrow \quad H_1: p = p_1 \tag{6.106}$$

则似然函数为

$$L(D \mid H_1) = p_1^s (1 - p_1)^{n-s} \tag{6.107}$$

$$L(D \mid H_0) = p_0^s (1 - p_0)^{n-s} \tag{6.108}$$

如何确定门限值 η_0、η_1 是 SPRT 检验中的关键问题，实际中确定门限值需根据具体情况分析。下面给出一种根据双方风险上限确定门限值的方法：

$$\eta_0 = \frac{\beta_m}{1 - \alpha_m} \tag{6.109}$$

$$\eta_1 = \frac{1 - \beta_m}{\alpha_m} \tag{6.110}$$

采用上述等式近似必然会造成真正的双方风险 $\bar{\alpha}$、$\bar{\beta}$ 和预定的双方风险上限 α_m、β_m 不一致，但是注意下面不等式：

$$\frac{\beta_m}{1 - \alpha_m} \geqslant \frac{\bar{\beta}}{1 - \bar{\alpha}} \tag{6.111}$$

$$\frac{1 - \beta_m}{\alpha_m} \leqslant \frac{1 - \bar{\beta}}{\bar{\alpha}} \tag{6.112}$$

可以得到

$$\bar{\alpha} + \bar{\beta} \leqslant \alpha_m + \beta_m \tag{6.113}$$

式（6.113）保证了在式（6.109）、式（6.110）给定的门限值下，检验中双方实际风险之和小于给定的双方风险之和。

算例 8： 假设数据集 $D = \{x_1, x_2, \cdots, x_n\}$，服从正态分布，方差已知为 σ^2，关于其均值的假设检验为

$$H_0 : \mu = 0 \quad \leftrightarrow \quad H_1 : \mu = m \tag{6.114}$$

根据式（6.104）、式（6.105），似然函数比为

$$r(D) = \frac{L(D \mid H_1)}{L(D \mid H_0)} = \exp\left[\frac{1}{2\sigma^2} \sum_{i=1}^{n} x_i^2 - \frac{1}{2\sigma^2} \sum_{i=1}^{n} (x_i - m)^2\right]$$

$$= \exp\left[\frac{1}{2\sigma^2}\left(2m \sum_{i=1}^{n} x_i - nm^2\right)\right]$$

则根据规则：

（1）当 $r(D) = \exp\left[\dfrac{1}{2\sigma^2}\left(2m \displaystyle\sum_{i=1}^{n} x_i - nm^2\right)\right] \leqslant \eta_0$ 时，即 $\displaystyle\sum_{i=1}^{n} x_i \leqslant \dfrac{\sigma^2 \ln \eta_0}{m} + \dfrac{nm}{2}$ 时，接受 H_0；

（2）当 $r(D) = \exp\left[\dfrac{1}{2\sigma^2}\left(2m\sum\limits_{i=1}^{n} x_i - nm^2\right)\right] \geqslant \eta_1$ 时，即 $\sum\limits_{i=1}^{n} x_i \geqslant \dfrac{\sigma^2\ln\eta_1}{m} + \dfrac{nm}{2}$ 时，接受 H_1；

（3）当 $\eta_0 < r(D) < \eta_1$ 时，即 $\dfrac{\sigma^2\ln\eta_0}{m} + \dfrac{nm}{2} < \sum\limits_{i=1}^{n} x_i < \dfrac{\sigma^2\ln\eta_1}{m} + \dfrac{nm}{2}$ 时，继续进行试验。

算例 9： 试验数据集 $\{159, 280, 101, 212, 224, 379, 179, 264, 222, 362,$ $168, 250, 149, 260, 485, 170\}$ 服从正态分布，均值已知为 $\mu_0 = 241.5$，对上述数据方差进行 SPRT 方差检验，双方风险均不大于 0.3。

关于方差的假设检验为

$$H_0: \sigma_0^2 = 85 \quad \leftrightarrow \quad H_1: \sigma_1^2 = 110.5 \tag{6.115}$$

似然比：

$$r(D) = \frac{L(D \mid H_1)}{L(D \mid H_0)} = \frac{\sigma_0^n}{\sigma_1^n}\exp\left[\frac{1}{2}\sum_{i=1}^{n}(x_i - \mu_0)^2\left(\frac{1}{\sigma_0^2} - \frac{1}{\sigma_1^2}\right)\right] \tag{6.116}$$

代入各项数据可得 $r(D) = 0.864$。

门限值为

$$\eta_0 = \frac{\beta}{1-\alpha} = 0.429, \quad \eta_1 = \frac{1-\beta}{\alpha} = 2.33 \tag{6.117}$$

显然有

$$\eta_0 < r(D) = 0.864 < \eta_1 \tag{6.118}$$

所以，继续试验。

工程实际中发现，根据式（6.109）、式（6.110）选定的门限值 η_0 偏小，而 η_1 偏大，不利于做出接受或拒绝原假设的决策。例如，当 $\alpha_m = 0.2$，$\beta_m = 0.2$ 时，$\eta_0 = 0.25$，$\eta_1 = 4$，工程实际中双方风险上限一般不会超过 0.3。

6.5 CEP 概率圆检验方法

作为描述导弹命中精度的一种重要指标，圆概率误差（CEP）定义为以目标点为圆心，弹头落入概率为 50% 的圆域半径。通常情况下在武器交付使用之前,需要对命中精度 CEP 指标进行检验,以判断其命中精度是否达到了给定的技术要求。由于 CEP 参数服从何种分布目前没有定论,对于 CEP 的评估与检验难以直接基于概率分布的方法进行。同时由于导弹武器昂贵,且飞行试验通常是破坏性的,尽可能减少试验次数是必须遵循的原则,本节主要介绍 CEP 检验方法。

6.5.1　CEP 概率圆检验方案

根据第 2 章分析,落点纵、横向偏差 (x, z) 服从正态分布,且纵横向独立,CEP 由式(2.58)给出。针对 CEP 的检验往往采用下列简单假设:

$$H_0: R_{cep} = R_{cep0} \quad \leftrightarrow \quad H_1: R_{cep} = R_{cep1} = \lambda R_{cep0} \tag{6.119}$$

其中,λ 为检出比,$\lambda > 1$,为研制方和使用方共同协商确定。

根据式(2.58)可以计算 CEP,但是根据 CEP 值无法同时得到落点偏差分布中的均值与方差参数。因为落点纵、横向偏差分布形式中包含四个参数 μ_x、μ_z、σ_x 与 σ_z,无法根据式(6.119)给出的检验参数 R_{cep0} 确定上述四个参数,所以在制定 CEP 检验方案时,通常需要对落点纵、横向偏差分布进行简化。为方便检验中的计算,假定落点纵、横向偏差均值都为零,且方差相等,即

$$\mu_x = \mu_z = 0, \ \sigma_x = \sigma_z = \sigma \tag{6.120}$$

此时导弹落点偏差散布为圆散布,其联合概率密度函数简化为

$$f(x, z) = \frac{1}{2\pi\sigma^2} \exp\left(-\frac{x^2 + z^2}{2\sigma^2}\right) \tag{6.121}$$

在上述假设下,根据 CEP 参数定义可以得到 R_{cep} 的解析解,$R_{cep} = 1.1774\sigma$。假设共进行了 n 次试验,令 m 为落入以 r 为半径的圆内的数量。定义归一化圆半径为

$$r_k = \frac{r}{R_{cep0}} \tag{6.122}$$

则当 H_0 为真时,根据式(6.121),进行一次试验落入半径为 r 的圆内的概率为

$$P_0 = \iint\limits_{x^2+z^2 \leqslant r^2} f(x, z)\mathrm{d}x\mathrm{d}z = 1 - \exp\left(-\frac{r^2}{2\sigma_0^2}\right) = 1 - \exp(-0.693r_k^2) \tag{6.123}$$

同理,当 H_1 为真时,进行一次试验落入半径为 r 的圆内的概率为

$$P_1 = \frac{1}{2\pi\lambda^2\sigma_0^2} \iint\limits_{x^2+z^2\leqslant r^2} \exp\left(-\frac{x^2+z^2}{2\lambda^2\sigma_0^2}\right) \mathrm{d}x\mathrm{d}z = 1 - \exp\left(-0.693\frac{r_k^2}{\lambda^2}\right) \quad (6.124)$$

定义变量 m^*,考虑如下检验方案:

(1)当 $m \geqslant m^*$ 时,接受原假设,即认为此导弹 CEP 符合要求;

(2)当 $m < m^*$ 时,拒绝原假设,即认为此导弹 CEP 不满足要求。

根据定义,研制方风险为

$$\alpha = P(m < m^* \mid H_0) = 1 - \sum_{m=m^*}^{n} C_n^m P_0^m (1-P_0)^{n-m} \quad (6.125)$$

使用方风险为

$$\beta = P(m \geqslant m^* \mid H_1) = \sum_{m=m^*}^{n} C_n^m P_1^m (1-P_1)^{n-m} \quad (6.126)$$

上述检验方案中变量 m^* 与半径 R 均未确定。由式(6.125)、式(6.126)可以看出,变量 m^* 的改变会引起研制方风险与使用方风险的变化,因此可以通过分析双方风险来确定变量 m^*。 在装备鉴定过程中,一般会对双方风险提出约束,例如要求

$$\alpha < \alpha_m, \beta < \beta_m \quad (6.127)$$

或者

$$\alpha \approx \beta \quad (6.128)$$

因此通过调整 m^* 可使得双方实际风险满足式(6.127)或式(6.128),但是在实际应用过程中,由于 m^* 是整数,且 $0 \leqslant m^* \leqslant n$,调整 m^* 时,会使得 α 和 β 变化剧烈,很难找到适当的 m^* 满足要求,同时也无法确定半径 R。 实际中可以固定 m^*,通过调整圆半径 R 的大小,使得双方实际风险满足要求。计算流程如图 6.2 所示。

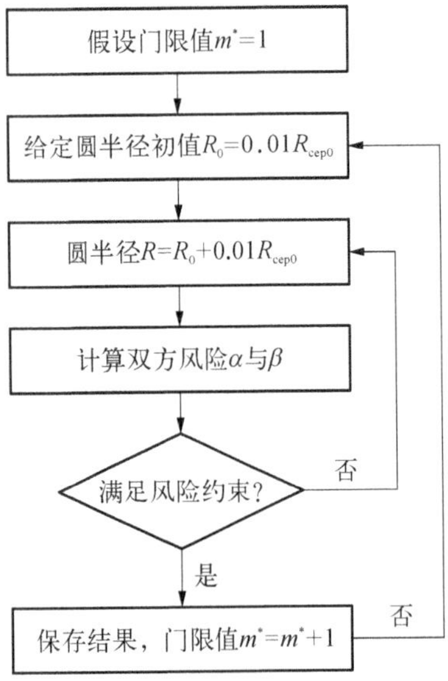

根据上述流程,可以分别计算当 $m^* = 1$,2,$\cdots$,n 时,对应的决策半径 r_k 以及相应的研

图 6.2 概率圆检验流程图

制方风险与使用方风险。

算例 10: 针对某型导弹 CEP 检验, 采用式(6.119)的检验方法:

$$H_0: R_{cep} = R_{cep0} = 600 \quad \leftrightarrow \quad H_1: R_{cep} = R_{cep1} = \lambda R_{cep0} = 900 \quad (6.129)$$

检出比 $\lambda = 1.5$, 共进行 $n = 8$ 次试验, 风险约束采用式(6.128), 则根据图 6.2 所述计算流程, 可得到表 6.2。

表 6.2　概率圆检验表格

m^*	r_k	r	α	β
1	0.406	243.359 4	0.362 8	0.362 7
2	0.647	388.076 8	0.297 3	0.297 5
3	0.845	506.811 5	0.253 4	0.252 6
4	1.028	616.784 7	0.220 3	0.219 4
5	1.211	726.757 8	0.193 6	0.194 5
6	1.407	843.981 9	0.174 3	0.174 8
7	1.630	978.125 0	0.160 8	0.161 3
8	1.916	1 149.731 4	0.156 8	0.156 2

针对表 6.2 解释如下。

(1) 当变量 $m^* = 1$ 时, 可以得到当 $r_k = 0.400$ 时, 双方风险满足式(6.128), 即 $\alpha \approx \beta$, 此时 $\alpha = 0.368\,0$, $\beta = 0.358\,7$。即如果 8 次试验中有 1 次落入以目标为圆心、归一化半径为 $r_k = 0.400$ 的圆内时, 认为 CEP 满足要求, 接受 H_0, 但此时双方风险都偏大, 超过 0.3。

(2) 类似地, 当 $m^* = 2$ 时, 可以得到当 $r_k = 0.67$ 时, 双方风险满足 $\alpha \approx \beta$, 此时 $\alpha = 0.293\,0$, $\beta = 0.300\,9$。即如果 8 次试验中有 1 次落入以目标为圆心、归一化半径为 $r_k = 0.400$ 的圆内时, 认为 CEP 满足要求, 接受 H_0。

(3) 如果实际中同时要求双方风险满足式(6.127)、式(6.128), 例如要求双方风险均小于 0.2, 根据表 6.2, 当 $m^* \leqslant 4$, 无法满足要求, 只有当落入圆半径 $R_5 = 790$ m 内的数量超过 5 发, 或者只有当落入圆半径 $r_k = 1.3$ m 内的数量超过 6 发, $R_8 = 1390$, 才能满足要求。

可以看出, 依据表 6.2, 这种 CEP 检验方法的判断过程简单易行, 便于工程实施。

6.5.2　序贯截尾概率圆检验方法

经典概率圆方法实际上是非序贯的,而且没有拒绝原假设的决策条件,在实际应用中存在一定局限性。下面介绍一种序贯截尾概率圆检验方案,前面已经指出,对 CEP 参数进行假设检验的困难在于无法确定 CEP 的准确分布形式,需要转换为对落点纵、横向偏差的计算,这里采用式(6.120)的简化方式。

6.5.2.1　序贯截尾概率圆检验方案

设计如下的序贯截尾概率圆检验方案:以目标点为圆心画两个同心圆,半径分别为 r_1、r_2,其中 $r_2 > r_1$,如图6.3所示。采用标准化半径,令

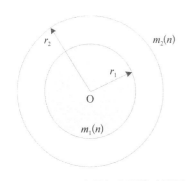

$$r_{k_1} = \frac{r_1}{R_{\text{cep0}}}, \ r_{k_2} = \frac{r_2}{R_{\text{cep0}}} \qquad (6.130)$$

当飞行试验进行到第 n 次时,定义变量:

$$m^*(n) = \left[\frac{n}{2}\right] + 1 \qquad (6.131)$$

其中,$[x]$ 表示对实数取整数部分,例如 $[1.4] = 1$,$[2.8] = 2$。由于导弹飞行试验次数只能是整数,这一定义方式可以确保不会出现决策区域重合的情况。

图 6.3　CEP 序贯概率圆检验图示

在进行 n 次试验后,根据如下规则进行决策。

(1) 如果落入小圆 $r_1 = r_{k_1} R_{\text{cep0}}$ 内的导弹发数 $m_1(n) \geqslant m^*(n)$,则接受原假设 H_0,认为导弹的命中精度 CEP 满足原假设要求。

(2) 如果落入大圆 $r_2 = r_{k_2} R_{\text{cep0}}$ 外的导弹发数 $m_2(n) \geqslant m^*(n)$,则拒绝原假设,接受备择假设 H_1,认为导弹的命中精度 CEP 不合格。

(3) 其他情况表示无法做出决策,继续进行下一次试验。

(4) 如果直到第 N 次飞行试验仍不能做出决策,则需要强制截尾。将双圆合并为单圆,半径为 $r_N = \dfrac{r_1 + r_2}{2} = \dfrac{(r_{k_1} + r_{k_2}) R_{\text{cep0}}}{2}$。若导弹落入该圆内的个数 $m_3(n) \geqslant m^*(n)$,则接受原假设 H_0,否则接受备择假设 H_1。

(5) 当截尾次数 N 为偶数时,有可能出现落在圆 r_N 内外的导弹发数恰好相等的情况,此时令 $m^*(N) = N/2$,若导弹落入该圆内的个数 $m_3(N) \geqslant m^*(N)$,

则接受原假设 H_0，否则接受备择假设 H_1。

6.5.2.2　双方风险与平均试验次数计算

上述检验方案是一种序贯截尾检验方法，其中的关键是研制方风险 α 与使用方风险 β 的计算。研制方风险也称为弃真概率，或者犯第 I 类错误概率，定义为

$$\alpha = P\{拒绝\ H_0 \mid H_0\ 成立\} \tag{6.132}$$

使用方风险也称为采伪概率，或者犯第 II 类错误概率，定义为

$$\beta = P\{接受\ H_0 \mid H_1\ 成立\} \tag{6.133}$$

根据研制方风险定义，序贯概率圆检验中研制方风险由式（6.134）计算：

$$\alpha = P_{m2H0}(1) + \left[1 - P_{m1H0}(1) - P_{m2H0}(1)\right]\{P_{m2H0}(2) + \left[1 - P_{m1H0}(2) - P_{m2H0}(2)\right]$$

$$\cdots$$

$$\{P_{m2H0}(N-1) + \left[1 - P_{m1H0}(N-1) - P_{m2H0}(N-1)\right]$$

$$\{P_{m2H0}(N) + \left[1 - P_{m1H0}(N) - P_{m2H0}(N)\right]P_{m3H0}(N)\}\}\}$$

$$\tag{6.134}$$

使用方风险根据式（6.135）计算：

$$\beta = P_{m1H1}(1) + \left[1 - P_{m1H1}(1) - P_{m2H1}(1)\right]\{P_{m1H1}(2) + \left[1 - P_{m1H1}(2) - P_{m2H1}(2)\right]$$

$$\cdots$$

$$\{P_{m1H1}(N-1) + \left[1 - P_{m1H1}(N-1) - P_{m2H1}(N)\right]$$

$$\{P_{m1H1}(N) + \left[1 - P_{m1H1}(N) - P_{m2H1}(N-1)\right]P_{m3H1}(N)\}\}\}$$

$$\tag{6.135}$$

其中，

$$P_{m1H0}(n) = P\left[m_1(n) \geqslant m^*(n) \mid H_0\right]$$

$$= \sum_{x=m^*(n)}^{n} C_n^x P_{10}^x \left(1 - P_{10}\right)^{n-x}, \ n = 1, \cdots, N-1 \tag{6.136}$$

$$P_{m2H0}(n) = P\left[m_2(n) \geqslant m^*(n) \mid H_0\right]$$

$$= \sum_{x=m^*(n)}^{n} C_n^x P_{20}^x \left(1 - P_{20}\right)^{n-x}, \ n = 1, \cdots, N-1 \tag{6.137}$$

$$P_{m3H0}(N) = P[m_3(N) < m^*(N) \mid H_0] = \sum_{x=0}^{m^*(N)-1} C_N^x P_{30}^x (1 - P_{30})^{N-x}$$

$$(6.138)$$

$$P_{m1H1}(n) = P[m_1(n) \geq m^*(n) \mid H_1]$$

$$= \sum_{x=m^*(n)}^{n} C_n^x P_{11}^x (1 - P_{11})^{n-x}, \; n = 1, \cdots, N-1 \quad (6.139)$$

$$P_{m2H1}(n) = P[m_2(n) \geq m^*(n) \mid H_1]$$

$$= \sum_{x=m^*(n)}^{n} C_n^x P_{21}^x (1 - P_{21})^{n-x}, \; n = 1, \cdots, N-1 \quad (6.140)$$

$$P_{m3H1}(N) = P[m_3(N) \geq m^*(N) \mid H_1] = \sum_{x=m^*(N)}^{N} C_N^x P_{31}^x (1 - P_{31})^{N-x}$$

$$(6.141)$$

其中,

$$P_{10} = \iint_{x^2+z^2 \leq r_1^2} f(x, z \mid H_0) \mathrm{d}x\mathrm{d}z = 1 - \exp\left(- \frac{r_1^2}{2\sigma_0^2}\right) = 1 - \exp(- 0.693 r_{k_1}^2)$$

$$(6.142)$$

式(6.142)表示原假设 H_0 为真时单次试验落点位于半径为 r_1 的小圆内的概率。

$$P_{20} = 1 - \iint_{x^2+z^2 \leq r_2^2} f(x, z \mid H_0) \mathrm{d}x\mathrm{d}z = \exp\left(- \frac{r_2^2}{2\sigma_0^2}\right) = \exp(- 0.693 r_{k_2}^2)$$

$$(6.143)$$

式(6.143)表示原假设 H_0 为真时单次试验落点位于半径为 r_2 的大圆外的概率。

$$P_{11} = \iint_{x^2+z^2 \leq r_1^2} f(x, z \mid H_1) \mathrm{d}x\mathrm{d}z = 1 - \exp\left(- 0.693 \frac{r_{k_1}^2}{\lambda^2}\right) \quad (6.144)$$

式(6.144)表示备择假设 H_1 为真时单次试验落点位于半径为 r_1 的小圆内的概率。

$$P_{21} = 1 - \iint_{x^2+z^2 \leq r_2^2} f(x, z \mid H_1) \mathrm{d}x\mathrm{d}z = \exp\left(- \frac{r_2^2}{2\lambda^2\sigma_0^2}\right) = \exp\left(- 0.693 \frac{r_{k_2}^2}{\lambda^2}\right)$$

$$(6.145)$$

式(6.145)表示备择假设 H_1 为真时单次试验落点位于半径为 r_2 的大圆外的概率。

$$P_{30} = \iint\limits_{x^2+z^2\leqslant\left(\frac{r_1+r_2}{2}\right)^2} f(x,z\mid H_0)\mathrm{d}x\mathrm{d}z = 1 - \exp[-0.173\,3\,(r_{k_1}+r_{k_2})^2]$$

(6.146)

式(6.146)表示原假设 H_0 为真时单次试验落点位于半径为 r_N 的圆内的概率。

$$P_{31} = \iint\limits_{x^2+z^2\leqslant\left(\frac{r_1+r_2}{2}\right)^2} f(x,z\mid H_1)\mathrm{d}x\mathrm{d}z = 1 - \exp\left[-0.173\,3\left(\frac{r_{k_1}+r_{k_2}}{\lambda}\right)^2\right]$$

(6.147)

式(6.147)表示备择假设 H_1 为真时单次试验落点位于半径为 r_N 的圆内的概率。

注意,公式(6.138)、公式(6.141)中的 $m^*(N)$ 在 N 为奇数与偶数时定义是不同的。

平均试验次数是衡量一个检验方案优劣的重要因素,Wald 早已证明,序贯检验方案平均试验次数比传统检验方案少。当 H_0 为真时,序贯概率圆检验方案的平均试验次数为

$$
\begin{aligned}
K_0 = {}&1 \cdot [P_{m1H0}(1) + P_{m2H0}(1)] + 2 \cdot [1 - P_{m1H0}(1) - P_{m2H0}(1)][P_{m1H0}(2) + P_{m2H0}(2)]\\
&+ \cdots\\
&+ (N-1) \cdot \prod_{i=1}^{N-2}[1 - P_{m1H0}(i) - P_{m2H0}(i)][P_{m1H0}(N-1) + P_{m2H0}(N-1)]\\
&+ N \cdot \prod_{i=1}^{N-1}[1 - P_{m1H0}(i) - P_{m2H0}(i)]
\end{aligned}
$$

(6.148)

当 H_1 为真时,序贯概率圆检验方案的平均试验次数为

$$
\begin{aligned}
K_1 = {}&1 \cdot [P_{m1H1}(1) + P_{m2H1}(1)] + 2 \cdot [1 - P_{m1H1}(1) - P_{m2H1}(1)][P_{m1H1}(2) + P_{m2H1}(2)]\\
&+ \cdots\\
&+ (N-1) \cdot \prod_{i=1}^{N-2}[1 - P_{m1H1}(i) - P_{m2H1}(i)][P_{m1H1}(N-1) + P_{m2H1}(N-1)]\\
&+ N \cdot \prod_{i=1}^{N-1}[1 - P_{m1H1}(i) - P_{m2H1}(i)]
\end{aligned}
$$

(6.149)

式(6.148)、式(6.149)均可以采用递推方式进行计算。

6.5.2.3 序贯截尾概率圆检验中阈值确定

在上述检验方案中,归一化决策阈值(大圆半径、小圆半径) r_{k_1}、r_{k_2}、检出比 λ、研制方风险 α、使用方风险 β、截尾次数 N 之间相互影响,给定 r_{k_1}、r_{k_2}、λ、N 等参数,可得到唯一的研制方风险与使用方风险。按照一般性能参数检验方案的制定流程,事先确定检出比 λ、截尾次数 N,以及研制方风险上限 α_m、使用方风险上限 β_m 等约束条件,然后优化计算归一化决策阈值 r_{k_1}、r_{k_2}。 双方风险满足式(6.150):

$$\alpha \leqslant \alpha_m, \beta \leqslant \beta_m \tag{6.150}$$

分析表明,在给定检出比 λ、截尾次数 N 以及双方风险约束上限 α_m、β_m 的情况下,有三种可能。

(1) 无法得到决策阈值 r_{k_1}、r_{k_2},原因是截尾次数 N 太小或者双方风险约束太严格(风险上限太小),无论决策阈值取何值,双方风险都不能满足约束要求,无法得到满足要求的检验方案。

(2) 具有唯一解,这种情况是一种由无解过渡至多解的临界情况,工程实际中极少发生。

(3) 有无穷多组解,即满足要求的决策阈值 r_{k_1}、r_{k_2} 有多种组合,这种情况下需要制定合适的规则确定 r_{k_1}、r_{k_2}。

工程实际中为尽快完成决策,减少继续试验的概率,要求试验次数尽可能少。本节选择以平均试验次数最小作为优化计算的目标函数,该优化问题可描述为在给定检出比 λ、截尾次数 N, 以及约束条件为式(6.150)的情况下,以平均试验次数最小为优化目标,求解决策阈值,即

$$J = \min\left[(K_0 + K_1)/2 \right]$$
$$\text{s.t.: } \alpha \leqslant \alpha_m, \beta \leqslant \beta_m \tag{6.151}$$

上述优化问题中的优化目标等价于 $J = \min(r_{k_2} - r_{k_1})$, 其实际意义是图 6.3 中的环状区域最小,也就是决策准则中继续下一次试验的可能性最小,这样可以在满足要求的情况下尽可能快地做出接受或拒绝的决策,所以其平均试验数也最少。但是该优化目标下双方实际风险并不是最小的。该优化问题的计算策略如下。

(1) 研制方与使用方协商确定检出比 λ、截尾次数 N、研制方风险上限 α_m、使用方风险上限 β_m 等参数。

(2) 根据经验分别给定标准化决策阈值 r_{k_1} 与 r_{k_2} 的搜索范围,其中 r_{k_1} 搜索

范围设定为 $r_{k_1} \in \begin{bmatrix} 0.1 & 1.1 \end{bmatrix}$，$r_{k_2}$ 的搜索范围设定为 $r_{k_2} \in \begin{bmatrix} 1 & 3\lambda \end{bmatrix}$。

（3）根据目标函数，可采用如下搜索策略：r_{k_1} 按照从大到小搜索，搜索步长设定为 0.01（或者 0.001），r_{k_2} 按照从小到大搜索，搜索步长设定为 0.01（或 0.001），搜索过程中始终保证 $r_{k_2} > r_{k_1}$。

（4）根据公式（6.134）、公式（6.135）计算实际研制方风险 α 与使用方风险 β，根据公式（6.148）、公式（6.149）计算平均试验次数 K_0 与 K_1。

（5）如果计算得到的双方实际风险满足约束条件，则保存相应的 r_{k_1} 与 r_{k_2}，作为可行解，直至 r_{k_1} 与 r_{k_2} 的搜索空间遍历完毕。

（6）在满足要求的 r_{k_1} 与 r_{k_2} 搜索结果中，求满足目标函数要求的 r_{k_1} 与 r_{k_2}，作为最终计算结果。

由于上述优化问题变量只有两个，且变量范围已知，求解相对简单。

下面给出几种不同参数组合下的序贯概率圆检验方案设计结果，检出比、截尾次数、研制方风险上限、使用方风险上限四个参数作为设计输入条件，采用公式（6.151）作为优化问题，除给出相应的优化目标参数与决策阈值（大小圆半径）外，同时也给出其他对应参数，具体计算结果见表 6.3。

表 6.3　以平均试验次数最小为优化目标的检验方案

方案号	检出比	截尾次数	研制方风险上限	使用方风险上限	优化目标：平均试验数	优化结果		计算的研制方风险	计算的使用方风险
						标准化大圆半径	标准化小圆半径		
1	1.4	10	0.2	0.2	5.83	1.82	0.56	0.198 9	0.196 1
2	1.4	10	0.25	0.25	3.63	1.61	0.75	0.249 2	0.246 8
3	1.4	15	0.2	0.2	6.40	1.77	0.64	0.197 2	0.196 6
4	1.4	15	0.25	0.25	4.08	1.61	0.76	0.243 7	0.246 3
5	1.5	10	0.2	0.2	4.32	1.71	0.72	0.197 6	0.195 6
6	1.5	10	0.25	0.25	2.77	1.56	0.85	0.249 8	0.247 5
7	1.5	15	0.2	0.2	5.03	1.70	0.74	0.195 1	0.199 1
8	1.5	15	0.25	0.25	2.98	1.56	0.85	0.248 3	0.246 6

从表 6.3 中可以看出，以平均试验次数最小作为优化目标时，平均试验次数受双方风险约束上限的影响最为明显，例如方案 1 与 2、方案 3 与 4、方案 5 与 6 等，而计算得到的双方实际风险基本等于双方风险上限（约束值）。当然，平均

试验次数也与检出比有关,在其他参数相同的情况下,检出比越大,平均试验次数越少,如方案 1 与 5、方案 2 与 6、方案 3 与 7 等,检出比大表示原假设与备择假设的差异性高,区分难度变小,所需的平均试验数也变小。

选择表 1 中方案 1 与方案 7 所对应的参数,分析可行解中平均试验次数与决策阈值之差 $r_{k_2} - r_{k_1}$ 的变化情况,如图 6.4 所示。

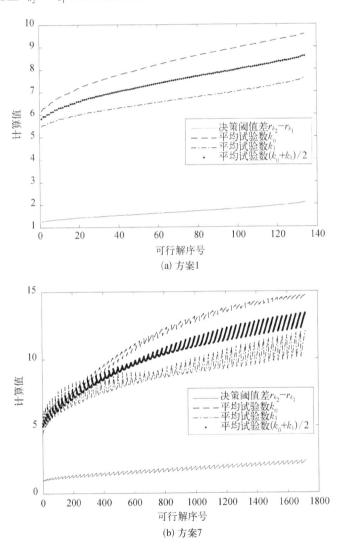

(a) 方案1

(b) 方案7

图 6.4 满足要求的所有可行解下的平均试验次数与决策阈值之差

从图中可以看出,平均试验次数最小对应着决策阈值之差$(r_{k_2} - r_{k_1})$最小,两者变化规律是相同的,平均试验次数K_0与K_1的变化规律也是相同的。图 6.4(b)中的锯齿状是由离散化的试验次数造成的,其整体变化趋势都是相同的。实际上,根据上述搜索方法给出的满足要求的第一个可行解即为最优解。

6.5.2.4　系统性偏差的影响

上述双方风险及平均试验数的计算是在公式(6.121)的基础上完成的,没有考虑落点偏差中系统性偏差(正态分布均值不为零的情况)的影响。假定落点纵向、横向偏差正态分布中$\mu_x = \mu_z$,$\sigma_x = \sigma_z$,对应于式(6.119)所示假设检验,不妨假定对应于原假设的射击准确度和射击密集度的原假设与备择假设分别为

$$H_0: \mu_{x0} = \mu_{z0} = \mu_0, \quad \sigma_{x0} = \sigma_{z0} = \sigma_0$$
$$H_1: \mu_{x1} = \mu_{z1} = \mu_1 = \lambda\mu_0, \quad \sigma_{x1} = \sigma_{z1} = \sigma_1 = \lambda\sigma_0 \tag{6.152}$$

上述假定并不能完全保证满足式(6.152)的均值与标准差和满足式(6.119)的 CEP 原假设与备择假设完全一致。

可以看到,考虑系统性偏差的情况下,上述检验方案中主要区别在于式(6.123)、式(6.124)中P_0、P_1的计算,以及式(6.142)~式(6.147)中P_{10}、P_{20}、P_{11}、P_{21}、P_{30}、P_{31}的计算,其积分没有解析解,需要使用数值积分,例如式(6.142)的数值积分为

$$P_{10} = \iint\limits_{x^2+z^2 \leqslant r_1^2} \frac{1}{2\pi\sigma_0^2}\exp\left\{-\frac{1}{2}\left[\frac{(x-\mu_0)^2 + (z-\mu_0)^2}{\sigma_0^2}\right]\right\}\mathrm{d}x\mathrm{d}z \tag{6.153}$$

式(6.144)的数值积分为

$$P_{11} = \iint\limits_{x^2+z^2 \leqslant r_1^2} \frac{1}{2\pi\lambda^2\sigma_0^2}\exp\left\{-\frac{1}{2}\left[\frac{(x-\lambda\mu_0)^2 + (z-\lambda\mu_0)^2}{\lambda^2\sigma_0^2}\right]\right\}\mathrm{d}x\mathrm{d}z \tag{6.154}$$

其他值的计算根据上述方法进行修改即可。

同样,均值与均方差采用标准化值,定义

$$\mu_{k_0} = \frac{\mu_0}{R_{\mathrm{cep0}}}, \quad \mu_{k_1} = \frac{\mu_1}{R_{\mathrm{cep0}}}, \quad \sigma_{k_0} = \frac{\sigma_0}{R_{\mathrm{cep0}}}, \quad \sigma_{k_1} = \frac{\sigma_1}{R_{\mathrm{cep0}}} \tag{6.155}$$

导弹精度检验主要针对 CEP,从 CEP 反推分布均值与方差存在多解问题,同时还需要保证假设检验(6.152)中对应的 CEP 原假设与备择假设与假设检验

（6.119）相同。以序贯截尾概率圆检验为例选择关于均值与均方差的两个组合来分析系统性偏差的影响，见表 6.4 中的标准化均值与标准化均方差。同时选择表 6.3 中方案 2 与方案 7 作为对比研究。

表 6.4　系统性偏差影响

方案号	标准化均值	标准化均方差	对应 CEP0	对应 CEP1	平均试验数	优化结果		计算的研制方风险	计算的使用方风险
						标准化大圆半径	标准化小圆半径		
2	0.28	0.8	1.00	1.40	3.64	1.61	0.75	0.247 4	0.246 4
	0.45	0.7	0.997	1.396	3.49	1.57	0.77	0.247 5	0.249 6
7	0.28	0.8	1.00	1.40	5.07	1.69	0.74	0.199 0	0.197 7
	0.45	0.7	0.997	1.495	5.07	1.65	0.75	0.199 4	0.197 4

对比表 6.4 与表 6.3 中相同方案号下的结果，当标准化均值 $\mu_{k_0} = 0.28$、标准化均方差 $\sigma_{k_0} = 0.8$ 时（与 CEP 的原假设及备择假设对应较好）的计算结果与不考虑系统性偏差时［对应式（6.121）］的结果基本相同，偏差很小，相对误差均在 1% 以内。当标准化均值 $\mu_{k_0} = 0.45$、标准化均方差 $\sigma_{k_0} = 0.7$ 时的计算结果与不考虑系统性偏差时的结果相对误差均在 5% 以内，这组参数与 CEP 原假设及备择假设对应的程度要差一些（在相同的检出比情况下），系统性偏差越大，这种对应程度越差，计算结果相差也越大。对于导弹武器而言，这种系统性偏差不会太大，否则会认为系统设计存在缺陷。

序贯截尾概率圆检验方法给出了命中精度 CEP 检验的决策规则，以平均试验次数最小作为优化目标的求解方法物理意义明确，计算方便，具有更好的工程应用性。在实际应用中，可以根据设计参数（检出比、截尾次数、研制方风险上限、使用方风险上限）的不同组合，计算出相应结果，制作成表格，供查询使用。

6.6　小结

本章以经典统计学为基础，主要研究了精度指标的评估与检验方法。首先介绍了几种 CEP 的计算方法，以及 Bootstrap 评估方法，然后介绍了假设检验理论的重要概念、基本思路、计算方法，以及 SPRT 检验方法，最后针对 CEP 参数讨论了序贯概率圆检验方法，并以算例的方式介绍了各种检验方法的计算过程。

第7章 Bayes 方法及在精度评估中的应用

导弹飞行试验是一种破坏性试验,而且导弹本身及试验组织成本高昂,但系统级飞行试验是一种全面反映性能指标的试验方式,在精度评估中必不可少。在工程实际中,人们希望尽可能减少系统级飞行试验,从其他成本较低的试验方式中获得样本,如分系统地面试验信息、专家经验、仿真试验信息等,利用 Bayes 理论融合各类试验信息,得到性能指标的最终估计。

7.1 Bayes 理论基本原理

与经典统计学理论不同,Bayes 理论认为任意未知参数都可看成是随机变量,例如某型产品的质量、某导弹的命中精度,甚至是正态分布概率密度函数中的均值与方差参数,都可看成是随机变量。同时在获得现场试验数据之前,该随机变量具有验前信息,并可以验前分布的形式给出。Bayes 理论提供了一个融合验前信息(验前分布)与现场试验数据的理论框架。

Bayes 方法的基本思路是利用现场信息对验前信息进行更新和修正,以获得对问题的最终认识。相对于经典统计方法而言,Bayes 方法可以充分利用多种验前信息,特别是在小子样情况下能够利用工程研制过程中积累的各类试验信息、专家意见以及继承型号的相关信息,例如对于昂贵武器系统的精度和可靠性评估而言,由于全系统的现场试验耗费过高及试验组织等方面的原因,系统级的评估试验极其有限,此时经典统计方法的有效性大为降低,而 Bayes 方法却可以充分考虑单元级、分系统级、特殊弹道或相关型号的信息作为验前信息,然后结合少量的现场验证性试验对武器系统进行评估。

7.1.1　离散 Bayes 公式

考察一个随机试验,在这个试验中,有 n 个相互排斥的事件 A_1, A_2, $\cdots$, A_n, 如果以 $P(A_i)$ 表示事件 A_i 发生的概率,那么 $\sum_{i=1}^{n} P(A_i) = 1$。记 B 为任一事件,则有

$$P(A_i \mid B) = \frac{P(B \mid A_i)P(A_i)}{\sum_{i=1}^{n} P(B \mid A_i)P(A_i)}, \ i = 1, 2, \cdots, n \tag{7.1}$$

这就是离散情况下的 Bayes 公式。其中, $P(A_i)$ 称为验前概率; B 为试验发生的事件; $P(B \mid A_i)$ 为 A_i 事件发生情况下 B 事件发生的概率; $P(A_i \mid B)$ 为验后概率; $i = 1, 2, \cdots, n$,它综合了验前信息和现场试验所提供的新信息。

算例 1: 对以往的数据分析表明,两种生产工艺导致的产品次品率不同,第一种工艺产品的合格率为 0.98,第二种工艺产品的合格率为 0.7,某工厂中第一种工艺占 80%,第二种工艺占 20%,当生产的第一件产品合格时,该产品由第一种工艺生产的概率是多大?

设 A 事件为“产品合格”,则 $\bar{A}$ 为“产品不合格”, B 事件为“第一种工艺生产”, $\bar{B}$ 为“第二种工艺生产”。已知 $P(A \mid B) = 0.98$, $P(A \mid \bar{B}) = 0.7$, $P(B) = 0.8$ 为“第一种工艺生产”的比例,为验前概率。“生产的第一件产品合格”即为现场试验数据,所求概率为 $P(B \mid A)$。由 Bayes 公式:

$$P(B \mid A) = \frac{P(A \mid B)P(B)}{P(A \mid B)P(B) + P(A \mid \bar{B})P(\bar{B})} = \frac{0.98 \times 0.8}{0.98 \times 0.8 + 0.7 \times 0.2} = 0.848\,5$$

$$\tag{7.2}$$

可见,当某天第一件产品为合格产品时,由第一种工艺生产的概率要大于工厂第一种工艺的比例[验前概率 $P(B)$]可以计算在获得现场试验信息后其他的条件概率,例如,① 当某天第一件产品为合格时,由第二种工艺生产的概率是多少? ② 当某天第一件产品为不合格产品时,由第一种工艺生产的概率是多少? 感兴趣的读者可以自行计算。

7.1.2　连续变量下的 Bayes 公式

参数 θ 为连续型随机变量,连续变量下的 Bayes 公式为

$$f(\theta \mid D) = \frac{f(D \mid \theta)\pi(\theta)}{\displaystyle\int_{\Theta} f(D \mid \theta)\pi(\theta)\,\mathrm{d}\theta} \tag{7.3}$$

其中，$\pi(\theta)$ 为参数 θ 的验前概率密度函数；$f(D \mid \theta)$ 表示给定参数 θ 之下的试验样本的似然函数；$f(\theta \mid D)$ 为获得试验样本 D 后关于变量 θ 的验后概率密度函数；Θ 为参数 θ 的取值范围，也称参数空间。$\pi(\theta)$ 反映了获得试验数据之前对 θ 的认识，而 $f(\theta \mid D)$ 则为获得试验样本之后对参数 θ 概率分布特性的新认识，它是验前概率密度函数与现场试验数据的综合。Bayes 统计推断以验后分布 $f(\theta \mid D)$ 作为出发点。

可以看出，式(7.3)的分母部分对参数 θ 在整个参数空间上进行了积分，积分结果已与参数 θ 无关，而数据样本 D 为已知测量数据，所以分母部分可以认为是常数，验后分布与 θ 有关的项都在分子部分。而 $f(\theta \mid D)$ 作为概率密度函数一定满足归一化条件：

$$\int_{\Theta} f(\theta \mid D)\,\mathrm{d}\theta = 1 \tag{7.4}$$

所以式(7.3)中的分母部分在实际中可以不计算，式(7.3)可以改写为

$$f(\theta \mid D) \propto f(D \mid \theta)\pi(\theta) \tag{7.5}$$

其中，$\propto$ 为正比符号，具体比例系数可以根据式(7.4)反推得到。

7.2 Bayes 无信息验前分布

无信息验前分布是 Bayes 统计中重要的理论问题，在实践中也有着极为重要的意义。对无信息验前分布进行深入研究主要有两方面的原因：一是运用 Bayes 方法的相继律研究多阶段试验信息时最终会涉及无信息验前分布；二是当没有明确的验前信息或没有相关试验信息可以利用时，一般需要使用无信息验前分布。

7.2.1 无信息验前分布

7.2.1.1 Bayes 假设

Bayes 假设遵循同等无知原则，即概率密度函数服从均匀分布：

$$\pi(\theta) = \begin{cases} c, & \theta \in \Theta \\ 0, & \theta \notin \Theta \end{cases} \tag{7.6}$$

其中，c 为常值。

使用 Bayes 假设也会遇到一些麻烦，主要有以下两个。

（1）当 θ 取值范围为无限区间时，在 Θ 上无法定义一个正常的均匀分布。此时可以定义广义验前分布 $\pi(\theta)$，满足下列条件：

a) $\pi(\theta) \geqslant 0$, $\theta \in \Theta$；

b) $\int_{\Theta} \pi(\theta) \mathrm{d}\theta = 1$；

c) $0 < \int_{\Theta} f(x \mid \theta) \pi(\theta) \mathrm{d}\theta < \infty$。

（2）Bayes 假设不满足变换下的不变性。

考虑正态分布的标准差 σ，它的参数空间是 $(0, \infty)$。若定义一个变换 $\eta = \sigma^2 \in (0, \infty)$，则 η 是方差。在 $(0, \infty)$ 上，η 和 σ 是一对一变换，不会损失信息。若 σ 是无验前信息参数，那么 η 也是无验前信息参数，且它们的参数区间都是 $(0, \infty)$，没有被压缩或放大。按 Bayes 假设，它们的无信息验前分布都应为常数，应该成比例。但按概率运算法则并非如此，记 $\pi(\sigma)$ 为 σ 的密度函数，则

$$\pi^*(\eta) = \left| \frac{\mathrm{d}\sigma}{\mathrm{d}\eta} \right| \pi(\sqrt{\eta}) = \frac{1}{2\sigma} \pi(\sigma) \tag{7.7}$$

由式（7.7）可以看出，如果 σ 的概率密度函数为常数，$\pi^*(\eta)$ 显然不是常数，因此，不能随意设定 Bayes 假设。

7.2.1.2　位置参数的无信息验前

若要考虑参数 θ 的无信息验前，首先要知道该参数在总体分布中的地位，例如 θ 是位置参数，还是尺度参数，根据参数在分布中的表达形式选用满足变换不变性的无信息验前分布。这种确定验前分布的方法没有用任何验前信息，但用到总体分布的信息，大多是广义验前。

设随机变量 X 的概率密度具有形式 $f(x - \theta)$，这类密度组成位置参数族，θ 称为位置参数，如方差已知时的正态分布。定义新随机变量 $Y = X + c$，c 为常数，定义变量 $\eta = \theta + c$，则随机变量 Y 的概率密度函数为 $f(y - c - \theta)$，即为 $f(y - \eta)$。也就是说，(X, θ) 问题和 (Y, η) 问题的统计结构完全相同。令位置参数 θ、变量 η 的验前分布概率密度函数分别为 $\pi(\theta)$、$\pi(\eta)$，则

$$\pi(\theta) = \left| \frac{\mathrm{d}\eta}{\mathrm{d}\theta} \right| \pi(\theta + c) = \pi(\theta + c) \tag{7.8}$$

可得到 $\pi(\theta) = \pi(\theta + c)$，前面假设中对 c 没有做任何约束，令 $\theta = -c$，则有

$$\pi(\theta) = \pi(0) \tag{7.9}$$

显然 $\pi(0)$ 为常数。即位置参数 θ 的无信息验前分布可用均匀分布表示：

$$\pi(\theta) \propto 1 \tag{7.10}$$

7.2.1.3 尺度参数的无信息验前

设随机变量 X 的概率密度函数具有形式 $\frac{1}{\sigma} f\left(\frac{x}{\sigma}\right)$，这类密度组成尺度参数族，$\sigma$ 称为尺度参数，参数空间为 $(0, +\infty)$，如均值已知的正态分布、形状参数已知的 Gamma 分布等。

定义新随机变量 $Y = cX$，$c > 0$，类似地定义变量 $\eta = c\sigma$，则随机变量 Y 的概率密度函数为

$$f^*(y) = \left| \frac{\mathrm{d}x}{\mathrm{d}y} \right| f\left(\frac{\eta}{c}\right) = \frac{1}{c\sigma} f\left(\frac{y}{c\sigma}\right) = \frac{1}{\eta} f\left(\frac{y}{\eta}\right) \tag{7.11}$$

可见其概率密度函数形式与 X 相同。令尺度参数 σ、变量 η 的验前分布概率密度函数分别为 $\pi(\sigma)$、$\pi(\eta)$，则

$$\pi(\sigma) = \left| \frac{\mathrm{d}\eta}{\mathrm{d}\sigma} \right| \pi(c\sigma) = c\pi(c\sigma) \tag{7.12}$$

前面假设中对 c 没有做任何约束，令 $c = 1/\sigma$，则有

$$\pi(\sigma) = \frac{1}{\sigma} \pi(1) \tag{7.13}$$

即尺度参数 σ 的无信息验前分布可表示为

$$\pi(\sigma) \propto \frac{1}{\sigma} \tag{7.14}$$

算例 2： Weibull 分布概率密度函数为 $f(x; \alpha, \beta) = \frac{\beta}{\alpha} \left(\frac{x}{\alpha}\right)^{\beta-1} \exp\left[-\left(\frac{x}{\alpha}\right)^{\beta}\right]$，

试求分布参数 α 和 β 的无信息验前。

令 $\sigma = \beta^{-1}$, $\mu = \ln \alpha$, 则有

$$f(x; \mu, \sigma) = \frac{1}{\sigma} \left(\frac{1}{e^{\mu}} \right)^{1/\sigma} x^{1/\sigma - 1} \exp \left[- \left(\frac{x}{e^{\mu}} \right)^{1/\sigma} \right] \tag{7.15}$$

再令随机变量 $x = e^{w}$, 则有

$$f(w; \mu, \sigma) = \left| \frac{dx}{dw} \right| f[e^{w}; \mu, \sigma] = \frac{1}{\sigma} e^{(w-\mu)/\sigma} \exp(- e^{(w-\mu)/\sigma}), \tag{7.16}$$

可以看出,参数 μ 和 σ 分别为位置参数和尺度参数,根据前述结论,μ 和 σ 的无信息验前分布分别为

$$\pi(\mu) \propto 1, \quad \pi(\sigma) \propto \frac{1}{\sigma} \tag{7.17}$$

则根据变换,可得到 (α, β) 的无信息验前分布分别为

$$\pi(\alpha) \propto \frac{1}{\alpha}$$

$$\pi(\beta) \propto \left| \frac{d\sigma}{d\beta} \right| \pi(1/\beta) = \frac{1}{\beta} \tag{7.18}$$

由于参数 α、β 是独立的,所有 (α, β) 的联合无信息验前分布为

$$\pi(\alpha, \beta) \propto (\alpha\beta)^{-1} \tag{7.19}$$

7.2.2　Jeffreys 无信息验前

设样本 $D = (x_1, \cdots, x_n)$ 是来自概率密度函数 $f(x; \boldsymbol{\theta})$ 的一组样本,$\boldsymbol{\theta}$ 为分布参数矢量,$\boldsymbol{\theta} = [\theta_1, \theta_2, \cdots, \theta_p]$。 在 $\boldsymbol{\theta}$ 无验前信息可用时,Jeffreys 用试验样本 Fisher 信息阵的平方根作为 $\boldsymbol{\theta}$ 的无信息验前分布,这样的无信息验前常称为 Jefferys 验前。具体计算步骤如下。

（1）计算样本的对数似然函数:

$$L(\theta \mid D) = \sum_{i=1}^{n} \ln f(x_i; \boldsymbol{\theta}) \tag{7.20}$$

（2）计算似然函数的 Fisher 信息阵：

$$I(\theta) = -E \begin{bmatrix} \dfrac{\partial^2 L}{\partial \theta_1^2} & \dfrac{\partial^2 L}{\partial \theta_1 \partial \theta_2} & \cdots & \dfrac{\partial^2 L}{\partial \theta_1 \partial \theta_p} \\ \dfrac{\partial^2 L}{\partial \theta_2 \partial \theta_1} & \dfrac{\partial^2 L}{\partial \theta_2^2} & \cdots & \dfrac{\partial^2 L}{\partial \theta_2 \partial \theta_p} \\ \vdots & \vdots & & \vdots \\ \dfrac{\partial^2 L}{\partial \theta_p \partial \theta_1} & \dfrac{\partial^2 L}{\partial \theta_p \partial \theta_2} & \cdots & \dfrac{\partial^2 L}{\partial \theta_p^2} \end{bmatrix} \tag{7.21}$$

其中，$E(\cdot)$ 表示求期望。对于只有一个参数的情况（$p = 1$）：

$$I(\theta) = E\left(-\frac{\partial^2 L}{\partial \theta^2}\right) \tag{7.22}$$

（3）则 θ 的 Jefferys 无信息验前密度为

$$\pi(\theta) \propto \left\{ \det[I(\theta)] \right\}^{1/2} \tag{7.23}$$

其中，$\det(\cdot)$ 表示求矩阵行列式。

算例3：设样本 $D = (x_1, \cdots, x_n)$ 是来自正态分布 $N(\mu, \sigma^2)$ 的一组样本，试求参数向量 (μ, σ) 的 Jeffreys 验前。

按照上述步骤，首先写出其对数似然函数为

$$L(\mu, \sigma \mid D) = \frac{1}{2}\ln(2\pi) - n\ln\sigma - \frac{1}{2\sigma^2}\sum_{i=1}^{n}(x_i - \mu)^2 \tag{7.24}$$

则其 Fisher 信息阵为

$$I(\mu, \sigma) = -\begin{bmatrix} E\left(\dfrac{\partial L^2}{\partial \mu^2}\right) & E\left(\dfrac{\partial^2 L}{\partial \mu \partial \sigma}\right) \\ E\left(\dfrac{\partial^2 L}{\partial \mu \partial \sigma}\right) & E\left(\dfrac{\partial^2 L}{\partial \sigma^2}\right) \end{bmatrix} = \begin{bmatrix} \dfrac{n}{\sigma^2} & 0 \\ 0 & \dfrac{2n}{\sigma^2} \end{bmatrix} \tag{7.25}$$

计算其行列式，可得到

$$\det[I(\mu, \sigma)] = 2n^2\sigma^{-4} \tag{7.26}$$

所以 (μ, σ) 的 Jeffreys 验前为

$$\pi(\mu,\ \sigma)\ \propto\ \sigma^{-2} \tag{7.27}$$

可以看出,对比式(7.27)给出的 Jeffreys 无信息验前与式(7.14)给出的无信息验前,两者并不相同,也就是说,不同方法给出的无信息验前分布存在差异,这也是使用无信息验前需要特别注意的地方。上述是在均值 μ 与方差 σ^2 均未知的情况下给出的结果。

（1）当 σ 已知时,Fisher 信息矩阵 $I(\mu)=1/\sigma^2$,所以无信息验前 $\pi(\mu)\propto 1$。

（2）当 μ 已知时,Fisher 信息矩阵 $I(\sigma)=2n/\sigma^2$,所以无信息验前 $\pi(\sigma)\propto 1/\sigma$。

7.2.3　无信息验前的选择

在工程实践中,人们为了更加客观地进行统计推断,往往应用无信息验前分布。但是在某些情况下应用无信息验前分布会产生一些问题,特别是试验子样比较少的情况下,无信息验前分布的应用必须慎重。例如,对于变量 X 服从二项分布:

$$f(\theta)=\frac{\theta^{a-1}\ (1-\theta)^{b-1}}{B(a,\ b)} \tag{7.28}$$

其中, a、b 为分布参数, $\theta\in[0,\ 1]$, $B(a,\ b)$ 为 Beta 函数, $B(a,\ b)=\int_0^1 t^{a-1}\ (1-t)^{b-1}dt$。关于参数 θ 的无信息验前分布有各种不同的假设,包括:

$$\pi_1(\theta)\ \propto\ 1 \tag{7.29}$$

$$\pi_2(\theta)\ \propto\ \theta^{-1}\ (1-\theta)^{-1} \tag{7.30}$$

$$\pi_3(\theta)\ \propto\ \theta^{-\frac{1}{2}}\ (1-\theta)^{-\frac{1}{2}} \tag{7.31}$$

其中式(7.29)表示参数 θ 的验前分布为均匀分布,而均匀分布对应于 Beta 分布中两个参数均等于 1 的情况,其代表的实际意义是进行了两次验前试验,1 次成功,1 次失败。式(7.30)表示参数 θ 的没有任何验前信息。式(7.31)表示验前分布为 Beta 分布,其中两个参数均等于 0.5,其意义是进行了 1 次验前试验,0.5次成功,0.5 次失败。

如果实际中进行了 n 次现场试验,其中成功了 s 次,则根据 Bayes 公式,不同验前分布下的验后分布为

$$f_{\pi_1}(\theta) \propto \theta^s (1 - \theta)^{n-s} \tag{7.32}$$

$$f_{\pi_2}(\theta) \propto \theta^{s-1} (1 - \theta)^{n-s-1} \tag{7.33}$$

$$f_{\pi_3}(\theta) \propto \theta^{s-0.5} (1 - \theta)^{n-s-0.5} \tag{7.34}$$

此时参数 θ 验后估计值分别为

$$\theta_{\pi_1} = \frac{s + 1}{n + 2} \tag{7.35}$$

$$\theta_{\pi_2} = \frac{s}{n} \tag{7.36}$$

$$\theta_{\pi_3} = \frac{s + 0.5}{n + 1} \tag{7.37}$$

分析式(7.35)~式(7.37)，当试验数 n 较大时，它们是近似的；但当 n 较小时，验后均值在不同的验前分布下具有较大的差异。如 $n = 3$，$s = 2$，验后均值分别为 $\theta_{\pi_1} = 0.6$、$\theta_{\pi_2} = 0.67$、$\theta_{\pi_3} = 0.625$。

对于高可靠性产品而言，例如要求产品可靠度 90% 置信度下置信下限大于 0.96，此时产品在试验中的失效数或失败数会很少，不同无信息验前假设下对产品可靠度影响很大，此时无信息验前选择更需慎重。在导弹武器领域，二项分布无信息验前一般选择式(7.31)。

7.3   验前信息获取

随着信息获取手段和计算机仿真技术的不断发展，信息获取手段变得愈加丰富，对产品性能进行统计推断时可利用的信息越来越多。同时，由于试验费用和组织等方面的原因，人们希望标准技术状态下系统级的试验尽可能少，综合大量的验前信息与少量现场试验数据对产品性能进行评估已成为各方共识。因此，在产品的设计、研制阶段就要考虑到最终的评估和鉴定，并通过加强质量管理，在产品的整个寿命周期，建立起规范化的关于产品相关信息的记录体制，只有这样才能保证小子样试验数据情况下产品的 Bayes 分析的准确性和可信性。Bayes 方法在利用验前信息时要求信息以分布的形式表示，但工程实践中的信息往往是历史数据、经验或主观信息等，这就迫切需要建立一整套规范的验前分布表示理论。

Bayes 理论在利用验前信息时并不是对所有验前信息不加区别地利用,大量可信的验前信息是对 Bayes 统计方法优良性的保证,但是不可信,或者不完全可信的验前信息并不能保证 Bayes 验后统计推的优良性,即在使用中需要考虑验前信息的一致性问题。从 Bayes 公式可以看出,验前信息需要表示为概率分布的形式,才能在 Bayes 公式中使用,因此如何将验前信息构造为概率分布形式也是需要研究讨论的问题。之后才能使用 Bayes 方法进行融合,最后给出性能参数的统计推断结果。Bayes 理论应用的一般流程如图 7.1 所示。

图 7.1　Bayes 方法分析流程

工程实际中如何获取验前信息呢? 最重要的一点就是要严密组织、加强管理,制定规章制度,以实现对信息的客观、科学的收集。工程技术人员要严格执行,以保证收集信息的完整性、可信性。

对于武器系统(如导弹)的精度评估而言,获取验前信息的方法多种多样,可以概括为以下六类。

(1)仿真信息:这是验前信息的重要来源,通过对仿真模型进行仿真试验,可以直接得到武器系统性能的信息,只要仿真模型是可信的,这些信息就可以作为验前信息用于评估。

(2)特殊弹道试验信息:例如,对于远程导弹的精度评估,特高弹道、低弹道以及不含昂贵设备的试验弹道等试验信息可以作为验前信息。由于这些信息和定型时的标准状态是不一致的,所以这些信息作为武器系统评估的验前信息需要进行弹道折合。

(3)阶段性试验信息:按照武器系统研制大纲,一般都需要进行阶段性试验,如战术导弹的自控弹、自导弹以及不同环境下进行的各种阶段试验。

(4)地面试验信息:包括各种检测的物理参数、静态参数、研制信息、地面热试车信息等。

(5)相似或相关武器系统的试验信息:武器系统的研制具有一定的继承性,改型后的武器系统评估可以利用原武器系统的试验信息,只需考虑系统改进的信息即可。

（6）专家意见及工程经验：领域专家和工程师在长期从事系统研制过程中积累的经验也可以作为一种验前信息来使用，但是在量化这些经验信息时又会或多或少地引入了人的主观信息，因此这种获取验前信息的方式是有争议的，但在特定情况下也不失为一种获取验前信息的方法。

7.4　信息一致性检验方法

信息的一致性检验，也称为相容性检验，目的是判断两组不同来源的数据是否服从同一总体分布，如飞行试验数据与相似型号数据、飞行试验数据与仿真试验数据等，在对这些数据进行统计分析时，首先需要判断两组数据样本是否服从同一分布（分布类型与分布参数都相同）。两类信息是否服从同一总体，或者在多大程度上服从同一总体，这是充分利用两类信息必须关注的一个问题。

信息的一致性检验是一个复杂的问题，信息来源众多，表现形式也多种多样，这里主要讨论离散数据的一致性检验方法。

7.4.1　秩和检验

当两组试验数据为静态数据（数据与工作时间无关，如纵横向落点偏差、最大射程、飞行可靠性等）时，可使用秩和检验方法检验两组数据是否服从同一分布。设 $\{x_1, \cdots, x_n\}$ 是第一组样本，样本个数为 n，$\{y_1, \cdots, y_m\}$ 是第二组样本，样本个数为 m，将两组样本混合在一起，并从小到大重新排序，得到混合样本，并满足

$$z_1 \leqslant z_2 \leqslant \cdots \leqslant z_{n+m} \tag{7.38}$$

如果 $x_k = z_j(k = 1, 2, \cdots n, j = 1, 2, \cdots, n + m)$，即 x_k 在混合样本排序中的名次为 j，则称 j 为样本值 x_k 的秩，记作 $r_k(x_k)$。Wilcoxon 指出，可用样本 $(x_1, x_2, \cdots, x_n)$ 的秩和作为检验两个子样是否来自同一总体的统计量：

$$T = \sum_{k=1}^{n} r_k(x_k) \tag{7.39}$$

当给定检验显著性水平 γ（表中常取 0.025 或 0.05），秩和检验表给出了满

足 $P(T_1 < T < T_2) = 1 - \gamma$ 的下限值 T_1 与上限值 T_2。当统计量 $T = \sum\limits_{k=1}^{n} r_k(x)$ 满足 $T_1 < T < T_2$ 时,则认为两组样本服从同一总体的置信度为 $1 - \gamma$。秩和检验表根据两个样本的子样数 n 与 m 及显著性水平 γ 查找,可参考文献[46]。秩和检验方法简单易行,缺点是在小样本情况下检验不严格,容易通过。

7.4.2 正态分布数据经典经验方法

对两组服从正态分布的数据样本进行一致性检验,以判断两组数据是否服从同一个正态分布。这里使用 F 检验方法与 t 检验方法实施。其一般计算流程是先对两组数据的方差进行检验,如果通过检验,再对其均值进行检验,如果通过,则认为两组数据在给定置信度下服从同一个正态分布,如果方差、均值任意一个参数没有通过检验,则认为两组数据不一致,在给定置信度下不服从同一个正态分布。

假设有两组正态分布数据集 $X = \{x_1, x_2, \cdots, x_n\}$、$Y = \{y_1, y_2, \cdots, y_m\}$,样本个数分别为 n、m,其均值、方差均未知。给定置信度为 $1 - \gamma$,其中 γ 又称为显著性水平,检验两组数据是否服从同一个正态分布。计算过程如下所示。

(1)计算两组数据的样本均值与样本方差:

$$\bar{x} = \frac{1}{n} \sum_{i=1}^{n} x_i, \ \bar{y} = \frac{1}{m} \sum_{i=1}^{m} y_i \tag{7.40}$$

$$S_x^2 = \frac{1}{n-1} \sum_{i=1}^{n} (x_i - \bar{x})^2, \ S_y^2 = \frac{1}{m-1} \sum_{i=1}^{m} (y_i - \bar{y})^2 \tag{7.41}$$

(2)计算检验统计量:

$$T_1 = \frac{S_x^2}{S_y^2} \tag{7.42}$$

其中,统计量 T_1 服从自由度为 $(n-1, m-1)$ 的 F 分布。

(3)根据给定的置信度判断方差是否符合一致性要求。

给定检验置信度为 $1 - \gamma$,当统计量 T_1 满足式(7.43)时:

$$F_{\gamma/2}(n-1, m-1) \leqslant T_1 \leqslant F_{1-\gamma/2}(n-1, m-1) \tag{7.43}$$

认为两组样本的方差在置信度 $1 - \gamma$ 下是一致的。$F_{1-\gamma/2}(n-1, m-1)$ 为 F 分

布分位数,定义为 $\int_0^{F_{1-\gamma/2}(n-1,\,m-1)} f(y)\mathrm{d}y = 1 - \dfrac{\gamma}{2}$,$f(y)$ 为 F 分布概率密度函数。

当统计量 T_1 满足式(7.44)时:

$$T_1 > F_{1-\gamma/2}(n-1,\,m-1) \text{ 或者 } T_1 < F_{\gamma/2}(n-1,\,m-1) \tag{7.44}$$

认为两组样本方差在置信度 $1-\gamma$ 下不相同。两组样本在置信度 $1-\gamma$ 下不服从同一个正态分布,无须再进行均值的一致性检验。

(4)检验均值一致性。

如果前面的方差检验在置信度 $1-\gamma$ 下通过检验,可认为两个样本方差一致。构造统计量 T_2:

$$T_2 = \frac{\bar{x} - \bar{y}}{S_w\sqrt{\dfrac{1}{n} + \dfrac{1}{m}}} \tag{7.45}$$

其中,$S_w = \dfrac{(n-1)S_x^2 + (m-1)S_y^2}{m+n-2}$。检验统计量 T_2 服从自由度为 $m+n-2$ 的 t 分布。

(5)根据给定的置信度判断均值检验结果。

给定置信度 $1-\gamma$,则当统计量 T_2 满足式(7.46)时:

$$|T_2| \leqslant t_{1-\gamma/2}(m+n-2) \tag{7.46}$$

认为两组样本的均值在置信度 $1-\gamma$ 下相同。其中 $t_{1-\gamma/2}(m+n-2)$ 为自由度为 $m+n-2$、概率为 $1-\gamma/2$ 的 t 分布分位数,$\int_{-\infty}^{t_{1-\gamma/2}(m+n-2)} f(z)\mathrm{d}z = 1 - \dfrac{\gamma}{2}$,$f(z)$ 为 t 分布概率密度函数。

当统计量 T_2 满足式(7.47)时:

$$T_2 > |t_{1-\gamma/2}(m+n-2)| \tag{7.47}$$

认为两组样本的均值在置信度 $1-\gamma$ 下不一致。两组样本在置信度 $1-\gamma$ 下不服从同一个正态分布。

(6)判定检验结果。

如果方差、均值都通过检验,则认为两组样本在置信度 $1-\gamma$ 下服从同一个正态分布。方差、均值中任何一个参数没有通过检验,则认为两组样本在置信度 $1-\gamma$ 下不服从同一个分布。计算流程如图 7.2 所示。

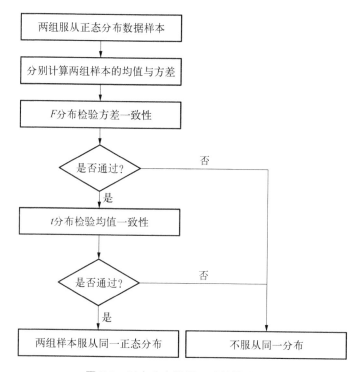

图 7.2　正态分布数据一致性检验方法

这种一致性检验方法与数据的样本个数有密切关系,无论是 F 分布还是 t 分布,分位数大小不仅与置信度相关,还与自由度密切相关,因此即使分布参数相同,样本个数不同时,可能得到不同的检验结论。

算例 4:基于两个不同的正态分布进行分析,第一个正态分布均值 $\mu_1 = 2.1$,均方差 $\sigma_1 = 1.6$,第二个正态分布均值 $\mu_2 = 2.3$,均方差 $\sigma_2 = 1.4$。每次计算中分布参数均相同,样本个数不同,显著性水平 $\gamma = 0.2$,计算结果见表 7.1。

表 7.1　不同样本个数下的检验结果

序号	分布 1 样本个数	分布 2 样本个数	方差检验结果	均值检验结果	一致性检验结果
1	15	10	通过	通过	通过
2	100	10	通过	通过	通过
3	15	100	通过	不通过	不通过

序号	分布 1 样本个数	分布 2 样本个数	方差检验结果	均值检验结果	一致性检验结果
4	1 000	10	通过	通过	通过
5	15	1 000	通过	不通过	不通过
6	1 000	1 000	通过	不通过	不通过

可以看出对于同样参数的两个正态分布,当样本个数不同时,基于 F 检验与 t 检验的方法出现了完全不同的一致性检验结果,主要原因就在于样本个数(自由度)的不同,导致样本统计量与分位数变化,使得结果不一致。

7.4.3　两组二项分布样本的一致性检验

假设某导弹命中概率为 p,在 n 次试验中命中目标次数为 k,则随机变量 k 服从参数为 n、p 的二项分布。其概率为

$$P\{X = k\} = C_n^k p^k (1 - p)^{n-k}, \quad k = 0, 1, 2, \cdots, n \tag{7.48}$$

其中,C_n^k 表示 n 中取 k 的排列组合。

二项分布与 0-1 分布是描述同一类问题的两个不同方面,0-1 分布主要描述一次飞行试验的两种不同结果,随机变量只能取 0 与 1 两个值,其分布律为

$$P\{X = k\} = p^k (1 - p)^{1-k}, \quad k = 0, 1 \tag{7.49}$$

本节主要讨论二项分布样本的一致性。

7.4.3.1　近似方法

对于二项分布 $B(n, p)$ 而言,研究表明当 $np > 5$ 时,有如下近似结论:

$$P = \frac{\sum x}{n} \sim N\left(p, \frac{p(1 - p)}{n}\right) \tag{7.50}$$

二项分布的一致性检验可以根据上述结果进行。假设获得了两组二项分布试验数据,分别为 (n_1, s_1)、(n_2, s_2),分别服从二项分布 $B(n_1, p_1)$ 和 $B(n_2, p_2)$,则

$$\frac{s_1}{n_1} \sim N\left(p_1, \frac{p_1(1 - p_1)}{n_1}\right) \tag{7.51}$$

$$\frac{s_2}{n_2} \sim N\left(p_2, \frac{p_2(1-p_2)}{n_2}\right) \tag{7.52}$$

定义假设检验如下：

$$H_0: p_1 = p_2 \quad H_1: p_1 \neq p_2 \tag{7.53}$$

构造统计量：

$$Z = \frac{p_1 - p_2}{\sqrt{p_0(1-p_0)\left(\frac{1}{n_1} + \frac{1}{n_2}\right)}} \sim N(0, 1) \tag{7.54}$$

其中，$p_0 = (p_1 + p_2)/2$。

给定显著性水平为 α，则当 $|Z| > N_{\alpha/2}$ 时，拒绝原假设，即两个样本不一致，当 $|Z| < N_{\alpha/2}$ 时，接受原假设，即两个样本一致，置信度为 $1 - \alpha$。

实际上，上述检验方法没有考虑方差的因素，在样本量差异较大的情况下，即使点估计相同，样本方差差异性会比较大，从而影响一致性检验效果。计算发现，上述对于均值的显著性检验方法很容易通过。

因此一种 $0-1$ 分布的显著性检验方法可采用方差-均值显著性检验进行判断，步骤如下：

（1）将两组 $0-1$ 分布数据转换成正态分布形式，计算正态分布均值、方差及等效样本数量；

（2）根据正态分布显著性检验模式，先对方差进行检验，判断方差是否通过显著性检验；

（3）如果方差通过一致性检验，再对均值进行显著性检验，如果通过，则认为通过一致性检验。

同时，将二项分布转换成正态分布后，也可以使用基于概率密度函数的一致性判断方法对两个二项分布进行一致性检验。

7.4.3.2　OOD 方法

假设两组 $0-1$ 分布（成败型）数据分别为 (n_1, s_1)、(n_2, s_2)，即试验总次数分别为 n_1、n_2，成功次数分别为 s_1、s_2。给定置信度为 $1 - \gamma$，检验两组数据是否服从同一个 $0-1$ 分布。计算成功概率估计值：

$$\hat{p}_1 = \frac{s_1}{n_1}, \hat{p}_2 = \frac{s_2}{n_2} \tag{7.55}$$

估计值方差为

$$\text{var}_1 = \frac{s_1}{n_1}\left(1 - \frac{s_1}{n_1}\right) , \ \text{var}_2 = \frac{s_2}{n_2}\left(1 - \frac{s_2}{n_2}\right) \tag{7.56}$$

当概率值满足公式时,认为两组数据服从同一个 $0 - 1$ 分布。

$$P\{|\ \hat{p}_1 - \hat{p}_2\ | > \lambda\} \leqslant \gamma \tag{7.57}$$

其中,

$$P\{|\ \hat{p}_1 - \hat{p}_2\ | > \lambda\} = \sum_{k_1 = 0}^{n_1} \sum_{k_2 = 0}^{n_2} C_{n_1}^{k_1}\hat{p}_1^{k_1}\ (1 - \hat{p}_1)^{n_1 - k_1} C_{n_2}^{k_2}\hat{p}_2^{k_2}\ (1 - \hat{p}_2)^{n_2 - k_2} \tag{7.58}$$

k_1、k_2 需满足

$$\left|\frac{k_1}{n_1} - \frac{k_2}{n_2}\right| > \lambda \tag{7.59}$$

阈值 λ 根据成功概率估值方差确定:

$$\lambda = c\sqrt{\text{var}_1 + \text{var}_2} \tag{7.60}$$

其中,c 为比例系数,可取 $0.4 \sim 0.9$。

7.4.4 基于两组数据经验概率密度函数的一致性检验方法

对于正态分布,可以基于样本获得多种统计量,而且这些统计量的概率分布形式也比较清楚,许多统计推断可以基于这些统计量进行分析。但是对于许多其他的分布形式,如二项分布、指数分布、瑞利分布、均匀分布等类型,并不能找到合适的统计量进行一致性分析。本节提出一种基于两组数据经验概率密度函数的一致性检验方法。其基本计算流程如下所示。

(1) 在给定的分布形式下,分别计算两组数据样本分布参数的极大似然估计,分别得到基于样本数据的经验概率密度函数;

(2) 计算两个经验概率密度函数曲线的交点;

(3) 计算两个经验概率密度函数曲线与 X 轴围成的重叠部分的面积 c_r,作为数据一致性的度量;

(4) 比较上述一致性结果与给定的置信度的关系,给出一致性判定结果。假设检验置信度为 $1 - \gamma$,当 $c_r \geqslant 1 - \gamma$ 时,认为两组数据在置信度 $1 - \gamma$ 之下具有一致性,否则认为两组数据不具有一致性。

7.4.4.1　均匀分布情况

上述问题可以构造如下的假设检验：

$$H_0：两组数据具有一致性 \quad \leftrightarrow \quad H_1：两组数据不具有一致性 \qquad (7.61)$$

由于一致性度量参数是基于经验概率密度函数计算得到的，而经验概率密度函数的分布参数基于样本数据统计得到，具有随机性（参数的点估计与估计方差），因此一致性参数本身也具有随机性。而根据实际两组样本计算得到的一致性度量参数 c_r 可以看作是检验统计量，通过判断检验统计量与显著性水平的关系，即可得到检验结果。检验的弃真概率为

$$\alpha_r = P\{c < 1 - \gamma \mid H_0\} \qquad (7.62)$$

例如，对于两个均匀分布的概率密度函数：

$$f_1(x) = \frac{1}{b_2 - b_1}, \ x \in \begin{bmatrix} b_1 & b_2 \end{bmatrix} \qquad (7.63)$$

$$f_2(x) = \frac{1}{b_4 - b_3}, \ x \in \begin{bmatrix} b_3 & b_4 \end{bmatrix} \qquad (7.64)$$

则两者相互之间的重合关系有以下几种情况。

（1）当 $b_3 \geqslant b_2$ 或者 $b_1 \geqslant b_4$ 时，两个概率密度函数没有重合部分，即 $c_r = 0$，两组数据不服从同一分布。如图 7.3 所示。

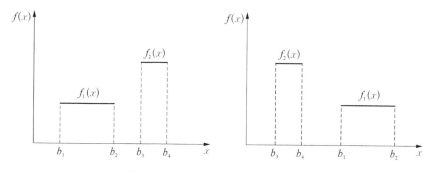

图 7.3　两个均匀分布 PDF 关系一

（2）当 $b_4 \geqslant b_2 \geqslant b_3 \geqslant b_1$ 或者 $b_2 \geqslant b_4 \geqslant b_1 \geqslant b_3$ 时，两个概率密度函数部分重合，所得结果记为 c_r，如图 7.4 所示。

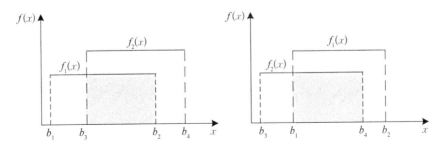

图 7.4　两个均匀分布 PDF 关系二

$$\begin{cases} c_r = \dfrac{b_2 - b_3}{b_2 - b_1}, & b_4 \geqslant b_2 \geqslant b_3 \geqslant b_1 \\[4mm] c_r = \dfrac{b_4 - b_1}{b_4 - b_3}, & b_2 \geqslant b_4 \geqslant b_1 \geqslant b_3 \end{cases} \tag{7.65}$$

（3）当 $b_2 \geqslant b_4 \geqslant b_3 \geqslant b_1$ 或者 $b_4 \geqslant b_2 \geqslant b_1 \geqslant b_3$ 时，两个概率密度函数部分重合，所得结果记为 c_r，如图 7.5 所示。

$$\begin{cases} c_r = \dfrac{b_4 - b_3}{b_2 - b_1}, & b_2 \geqslant b_4 \geqslant b_3 \geqslant b_1 \\[4mm] c_r = \dfrac{b_2 - b_1}{b_4 - b_3}, & b_4 \geqslant b_2 \geqslant b_1 \geqslant b_3 \end{cases} \tag{7.66}$$

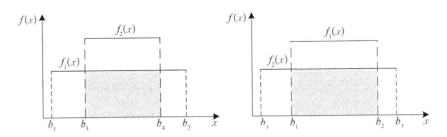

图 7.5　两个均匀分布 PDF 关系三

7.4.4.2　正态分布情况

下面对两组服从正态分布的数据样本进行一致性检验。对于两组正态分布数据集 $X = \{x_1, x_2, \cdots, x_n\}$、$Y = \{y_1, y_2, \cdots, y_m\}$，样本个数分别为 n、m，其均值、方差均未知。给定置信度为 $1 - \gamma$，检验两组数据是否服从同一个正态分布。步骤如下。

（1）计算两组数据的样本均值与样本方差：

$$\bar{x} = \frac{1}{n} \sum_{i=1}^{n} x_i, \ \bar{y} = \frac{1}{m} \sum_{i=1}^{m} y_i \tag{7.67}$$

$$S_x^2 = \frac{1}{n-1} \sum_{i=1}^{n} (x_i - \bar{x})^2, \ S_y^2 = \frac{1}{m-1} \sum_{i=1}^{m} (y_i - \bar{y})^2 \tag{7.68}$$

其中，n 为第一组样本个数；m 为第二组样本个数。

（2）计算两组数据的样本均值与样本方差：

$$\hat{\mu}_1 = \bar{x}, \ \hat{\sigma}_1^2 = S_x^2 \tag{7.69}$$

$$\hat{\mu}_2 = \bar{y}, \ \hat{\sigma}_2^2 = S_y^2 \tag{7.70}$$

则两组数据的经验概率密度函数分别为

$$f_x(r) = \frac{1}{\sqrt{2\pi} \hat{\sigma}_1} \exp\left[-\frac{(r - \hat{\mu}_1)}{2\hat{\sigma}_1^2} \right] \tag{7.71}$$

$$f_y(r) = \frac{1}{\sqrt{2\pi} \hat{\sigma}_2} \exp\left[-\frac{(r - \hat{\mu}_2)}{2\hat{\sigma}_2^2} \right] \tag{7.72}$$

（3）计算两个经验概率密度函数曲线的交点。令两个概率密度函数相等，即

$$f_x(r) = f_y(r) \tag{7.73}$$

两个正态分布概率密度函数相互关系如图 7.6 所示，曲线交点为 r_1、r_2。
进一步可得到方程：

$$(\hat{\sigma}_1^2 - \hat{\sigma}_2^2) r^2 - 2(\hat{\sigma}_1^2 \hat{\mu}_2 - \hat{\sigma}_2^2 \hat{\mu}_1) r + \hat{\sigma}_1^2 \hat{\mu}_2^2 - \hat{\sigma}_2^2 \hat{\mu}_1^2 - 2\hat{\sigma}_2^2 \hat{\sigma}_1^2 \ln\left(\frac{\hat{\sigma}_1}{\hat{\sigma}_2} \right) = 0 \tag{7.74}$$

（4）计算方程（7.74）的解。
分为两种情况计算。
a）当 $\hat{\sigma}_1^2 = \hat{\sigma}_2^2$ 时，有一个交点：

$$\hat{r}_k = \frac{\hat{\mu}_1 + \hat{\mu}_2}{2} \tag{7.75}$$

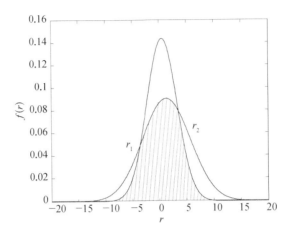

图 7.6 两组正态分布数据经验 PDF 曲线

b) 当 $\hat{\sigma}_1^2 \neq \hat{\sigma}_2^2$ 时,有两个交点,分别为

$$\hat{r}_1 = \frac{-b - \sqrt{b^2 - 4ac}}{2a}, \quad \hat{r}_2 = \frac{-b + \sqrt{b^2 - 4ac}}{2a} \tag{7.76}$$

其中, $a = \hat{\sigma}_1^2 - \hat{\sigma}_2^2$; $b = -2(\hat{\sigma}_1^2 \hat{\mu}_2 - \hat{\sigma}_2^2 \hat{\mu}_1)$; $c = \hat{\sigma}_1^2 \hat{\mu}_2^2 - \hat{\sigma}_2^2 \hat{\mu}_1^2 - 2\hat{\sigma}_2^2 \hat{\sigma}_1^2 \ln\left(\dfrac{\hat{\sigma}_1}{\hat{\sigma}_2}\right)$。

(5) 计算两个经验概率密度函数曲线重叠部分的面积。

a. 当 $\hat{\sigma}_1^2 = \hat{\sigma}_2^2$ 时,有一个交点 $\hat{r}_k = \dfrac{\hat{\mu}_1 + \hat{\mu}_2}{2}$,又可分为三种情况。

a) 如果 $\hat{\mu}_1 < \hat{\mu}_2$,重合部分面积计算公式为

$$c_r = \int_{-\infty}^{\hat{r}_k} f_y(r)\, \mathrm{d}r + \int_{\hat{r}_k}^{\infty} f_x(r)\, \mathrm{d}r \tag{7.77}$$

b) 如果 $\hat{\mu}_1 > \hat{\mu}_2$,重合部分面积计算公式为

$$c_r = \int_{-\infty}^{\hat{r}_k} f_x(r)\, \mathrm{d}r + \int_{\hat{r}_k}^{\infty} f_y(r)\, \mathrm{d}r \tag{7.78}$$

c) 如果 $\hat{\mu}_1 = \hat{\mu}_2$,两个概率密度函数曲线完全重合:

$$c_r = 1 \tag{7.79}$$

其中, c_r 表示一致性大小。

b. 当 $\hat{\sigma}_1^2 \neq \hat{\sigma}_2^2$ 时, 有两个交点, 见公式(7.76), 令

$$\hat{r}_1' = \min(\hat{r}_1, \hat{r}_2), \ \hat{r}_2' = \max(\hat{r}_1, \hat{r}_2) \tag{7.80}$$

重合部分面积计算可分为三部分。

a) 当 $r < \hat{r}_1'$ 时, 令 $f_1(r) = \min[f_x(r), f_y(r)]$, 得到

$$c_1 = \int_{-\infty}^{\hat{r}_1'} f_1(r) \,\mathrm{d}r \tag{7.81}$$

b) 当 $\hat{r}_1' \leqslant r \leqslant \hat{r}_2'$ 时, 令 $f_2(r) = \min[f_x(r), f_y(r)]$, 得到

$$c_2 = \int_{\hat{r}_1'}^{\hat{r}_2'} f_2(r) \,\mathrm{d}r \tag{7.82}$$

c) 当 $r > \hat{r}_2'$ 时, 令 $f_3(r) = \min[f_x(r), f_y(r)]$, 得到

$$c_3 = \int_{\hat{r}_2'}^{\infty} f_3(r) \,\mathrm{d}r \tag{7.83}$$

则一致性参数计算值为

$$c_r = c_3 + c_2 + c_1 \tag{7.84}$$

(6) 给定置信度为 $1 - \gamma$, 则两组样本是否一致的判断规则如下。

a. 如果 $c_r \geqslant 1 - \gamma$, 则认为两组样本在置信度为 $1 - \gamma$ 下具有一致性, 即两者在置信度 $1 - \gamma$ 下服从同一个正态分布。

b. 如果 $c_r < 1 - \gamma$, 则认为两组样本在置信度为 $1 - \gamma$ 下不一致, 即两者在置信度 $1 - \gamma$ 下不服从同一个正态分布。

利用 7.4.2 节中的例子, 两个正态分布均值及均方差参数分别为 $(2.1, 1.6)$、$(2.3, 1.4)$, 则利用上述方法计算得到 $c_r = 0.920\,1 > 0.8$, 所以两个正态分布在 0.8 置信度下具有一致性, 结论与样本个数无关。

这种检验方法直接根据数据的经验概率密度函数计算一致性度量, 无须单独构造检验统计量, 适合于工程应用, 但是参数 c_r 的具体分布未知, 难以做进一步的统计分析。

7.4.4.3　瑞利分布情况

瑞利分布概率密度函数见式(2.2), 对两组服从瑞利分布的数据样本进行一致性检验, 两个概率密度函数的交点如图 7.7 所示。

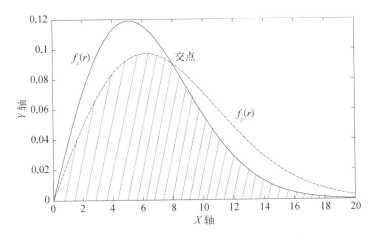

图 7.7　两个瑞利分布概率密度函数曲线交点

对于两组瑞利分布数据集 $X = \{x_1, x_2, \cdots, x_n\}$、$Y = \{y_1, y_2, \cdots, y_m\}$，样本个数分别为 n、m，其均值、方差均未知。给定置信度为 $1 - \gamma$，检验两组数据是否服从同一个瑞利分布。两组数据样本所服从的瑞利分布概率密度函数分别为

$$f_x(r) = \frac{r}{\hat{b}_1^2}\exp\left(\frac{-r^2}{2\hat{b}_1^2}\right) \tag{7.85}$$

$$f_y(r) = \frac{r}{\hat{b}_2^2}\exp\left(\frac{-r^2}{2\hat{b}_2^2}\right) \tag{7.86}$$

其中，$\hat{b}_1$ 为第一组数据样本的瑞利分布参数；$\hat{b}_2$ 为第二组数据样本的瑞利分布参数。获得瑞利分布参数后，令

$$\frac{r}{\hat{b}_1^2}\exp\left(\frac{-r^2}{2\hat{b}_1^2}\right) = \frac{r}{\hat{b}_2^2}\exp\left(\frac{-r^2}{2\hat{b}_2^2}\right) \tag{7.87}$$

则两组测量数据样本的瑞利分布概率密度函数曲线的交点为

$$\hat{r} = \sqrt{4\ln\left(\frac{\hat{b}_1}{\hat{b}_2} \frac{\hat{b}_1^2\hat{b}_2^2}{\hat{b}_1^2 - \hat{b}_2^2}\right)} \tag{7.88}$$

分别计算从 0 至两组样本的概率密度函数曲线交点的累积分布函数：

$$F_x(\hat{r}) = \int_0^{\hat{r}} f_x(r)\,\mathrm{d}r, \quad F_y(\hat{r}) = \int_0^{\hat{r}} f_y(r)\,\mathrm{d}r \tag{7.89}$$

其中，$F_x(\hat{r})$ 为第一组数据样本的累积分布函数；$F_y(\hat{r})$ 为第二组数据样本的累积分布函数。则两组数据样本的概率密度函数与横坐标轴所围区域重叠部分的面积为

$$c_r = \begin{cases} F_y(\hat{r}) + 1 - F_x(\hat{r}), & F_x(\hat{r}) \geqslant F_y(\hat{r}) \\ F_x(\hat{r}) + 1 - F_y(\hat{r}), & F_y(\hat{r}) \geqslant F_x(\hat{r}) \end{cases} \tag{7.90}$$

则两组样本是否一致的判断规则如下。

（1）如果 $c_r \geqslant 1 - \gamma$，则认为两组样本在置信度为 $1 - \gamma$ 下具有一致性，即两者在置信度 $1 - \gamma$ 下服从同一个瑞利分布。

（2）如果 $c_r < 1 - \gamma$，则认为两组样本在置信度为 $1 - \gamma$ 下不一致，即两者在置信度 $1 - \gamma$ 下不服从同一个瑞利分布。

7.5　验前分布构造方法

验前分布构造是 Bayes 理论中的一个核心问题。第 2 章已经指出，打击移动目标时，一般使用命中概率描述导弹精度，由于试验结果只有命中或未命中两类，该类数据也称为成败型数据。打击固定目标时，一般使用命中精度描述导弹精度，涉及纵、横向落点偏差，主要以正态分布描述。所以本节主要讨论成败型数据与正态型数据的验前分布构造问题。

7.5.1　共轭验前分布

共轭验前是实际中使用较多的一种验前分布确定方法。采用共轭验前分布时，参数的验前分布形式与验后分布形式相同，只是分布参数不同，而且共轭验前分布参数通常具有明确的物理意义，这给 Bayes 验后计算带来了很大方便。但并不是所有的随机变量都有共轭分布，表 7.2 给出了几种常见随机变量的共轭分布。

表 7.2　常用的共轭分布族

序号	总体分布	概率密度函数	兴趣参数	共轭分布族
1	正态分布	$N(\mu, V)$	均值 μ	正态分布
2	正态分布	$N(\mu, V)$	方差 V	逆 Gamma 分布

序号	总体分布	概率密度函数	兴趣参数	共轭分布族
3	泊松分布	Poisson (λ)	强度 λ	Gamma 分布
4	指数分布	$f(\lambda)$	失效率 λ	Gamma 分布
5	二项分布	B (p)	成功概率 p	Beta 分布

7.5.2 成败型数据(0-1 分布)验前分布构造

某型设备实际中获得的可信验前数据描述为:验前试验次数 n_0、验前成功次数 s_0,则其似然函数为

$$L = p^{s_0-1} (1 - p)^{n_0-s_0-1} \tag{7.91}$$

对于命中概率、可靠性等随机变量而言,其共轭分布为 Beta 分布,可以将式(7.91)构造成 Beta 分布的形式,根据归一化条件,可得变量 p 的验前分布为

$$\pi(p) = \frac{p^{s_0-1} (1 - p)^{n_0-s_0-1}}{B(s_0, n_0 - s_0)} \tag{7.92}$$

其中,B$(s_0, n_0 - s_0)$ 为 Beta 函数,可表示为

$$B(s_0, n_0 - s_0) = \int_0^1 x^{s_0-1} (1 - x)^{n_0-s_0-1} dx = \frac{\Gamma(s_0)\Gamma(n_0 - s_0)}{\Gamma(n_0)} \tag{7.93}$$

其中,$\Gamma(\cdot)$ 为 Gamma 函数。

7.5.3 正态型数据验前分布的似然函数构造方法

导弹落点纵向偏差与横向偏差均服从正态分布,在讨论导弹落点 CEP 时,正态分布是基础,本节主要讨论正态型数据验前分布的构造问题。随着计算机仿真技术的快速发展,信息获取手段变得愈加丰富,基于仿真技术(包括数字仿真、半实物仿真、LVC 仿真等)得到的关于产品性能的数据可信度越来越高,由于仿真试验成本低、易于实现,数据获取相对容易,可以获得大量的相关数据,已成为考核产品性能的重要手段。综合大量的验前仿真试验数据与少量现场试验数据对产品性能进行评估已成为各方共识。但是实际中仿真试验数据可以大量产生,而现场试验数据往往很少,试验样本量或试验时间差别很大,在产

品性能综合评估中希望现场试验数据占据较大的权重,在构造验前分布时考虑这方面的问题。

7.5.3.1　均值参数的验前分布构造

正态分布有两个变量均值 μ 与方差 V,根据 Bayes 理论中共轭分布的思想,正态分布均值 μ 的共轭分布为正态分布,而方差的共轭分布为逆 Gamma 分布,下面分别讨论均值 μ 与方差 V 的验前分布构造方法。

假设实际中获得的正态分布验前数据样本集为 $D_0 = \{y_1, y_2, \cdots, y_m\}$,$m$ 为样本数量,其方差已知为 σ_k^2。 其似然函数为

$$L(D_0; \mu) = \prod_{i=1}^{m} \frac{1}{\sqrt{2\pi}\,\sigma_k} \exp\left[-\frac{(y_i - \mu)^2}{2\sigma_k^2} \right] \tag{7.94}$$

由于方差已知,分布参数仅有均值 μ 未知,根据式(7.94)可以得到

$$L(D_0; \mu) = \left(\frac{1}{\sqrt{2\pi}} \right)^m \sigma_k^{-m} \exp\left[-\frac{1}{2\sigma_k^2}\left(m\mu^2 - 2m\mu\bar{y} + \sum_{i=1}^{m} y_i^2 \right) \right] \tag{7.95}$$

其中,$\bar{y} = \frac{1}{m}\sum_{i=1}^{m} y_i$,将式(7.95)中包含兴趣参数 μ 的项构造成正态分布的形式:

$$L(D_0; \mu) = \left(\frac{1}{\sqrt{2\pi}} \right)^m \sigma_k^{-m} \exp\left[-\frac{m(\mu - \bar{y})^2}{2\sigma_k^2} \right] \exp\left[-\frac{1}{2\sigma_k^2}\left(\sum_{i=1}^{m} y_i^2 - m\bar{y}^2 \right) \right]$$

$$\tag{7.96}$$

可以看出,式(7.96)中 $\left(\dfrac{1}{\sqrt{2\pi}} \right)^m \sigma_k^{-m}$、$\exp\left[-\dfrac{1}{2\sigma_k^2}\left(\sum_{i=1}^{m} y_i^2 - m\bar{y}^2 \right) \right]$ 等部分都是常数,与兴趣参数 μ 无关,因此根据概率密度函数归一化条件,式(7.96)实际上是一个正态分布的概率密度函数,则兴趣参数 μ 的验前概率密度函数为

$$\pi(\mu) = \frac{\sqrt{m}}{\sqrt{2\pi}\,\sigma_k} \exp\left[-\frac{(\mu - \bar{y})^2}{2\sigma_k^2/m} \right] \tag{7.97}$$

即在方差已知的情况下,均值参数 μ 的验前概率密度函数为正态分布,均值为样本均值,方差为 σ_k^2/m。

7.5.3.2　方差参数的验前分布构造

在均值已知、方差未知情况下,方差的共轭分布为逆 Gamma 分布。同样验

前数据集为 $D_0 = \{y_1, y_2, \cdots, y_m\}$，$m$ 为样本数量，验前数据均值已知为 μ_k，则其似然函数为

$$L(D_0; V) = \prod_{i=1}^{m} \frac{1}{\sqrt{2\pi}} V^{-0.5} \exp\left[-\frac{(y_i - \mu_k)^2}{2V} \right] \tag{7.98}$$

由于均值 μ_k 已知，分布参数仅有方差 V 未知，根据式（7.98）可以得到

$$L(D_0; V) = \left(\frac{1}{\sqrt{2\pi}} \right)^m V^{-m/2} \exp\left[-\frac{\alpha_0}{V} \right] \tag{7.99}$$

其中，$\alpha_0 = \frac{1}{2}(y_i - \mu_k)^2$。观察式（7.99），其形式与逆 Gamma 分布形式完全相同，根据共轭分布原则，方差参数的验前分布为

$$\pi(V) = \frac{\alpha_0^{\beta_0}}{\Gamma(\beta_0)} V^{-(\beta_0+1)} \exp\left(-\frac{\alpha_0}{V} \right) \tag{7.100}$$

其中，

$$\alpha_0 = \frac{1}{2} \sum_{i=1}^{m} (y_i - \mu_k)^2, \quad \beta_0 = \frac{m}{2} - 1 \tag{7.101}$$

7.5.3.3 均值与方差的联合验前分布

工程实际中正态分布均值 μ 与方差 V 可能都是未知的。同样获得了上述验前数据 D_0，均值参数 μ 与方差参数 V 都是随机变量，均值与方差的联合共轭验前分布为正态-逆 Gamma 分布。

$$\pi_0(\mu, V) = \frac{1}{\sqrt{2\pi\eta_0 V}} \exp\left[-\frac{(\mu - \mu_0)^2}{2\eta_0 V} \right] \cdot \frac{\alpha_0^{\beta_0}}{\Gamma(\beta_0)} V^{-(\beta_0+1)} \exp\left(-\frac{\alpha_0}{V} \right)$$

$$\tag{7.102}$$

其中，μ_0、η_0、α_0、β_0 为验前分布参数。

在均值、方差均未知情况下，验前数据的似然函数为

$$L(D_0; \mu, V) = \prod_{i=1}^{m} \frac{1}{\sqrt{2\pi}} V^{-0.5} \exp\left(-\frac{(y_i - \mu)^2}{2V} \right) \tag{7.103}$$

根据共轭验前分布思想，由于均值 μ 与方差 V 相互独立，式（7.103）变形为

$$L(D_0; \mu, V) = \left(\frac{1}{\sqrt{2\pi}}\right)^m \left(\frac{V}{m}\right)^{-\frac{1}{2}} \exp\left[-\frac{(\mu - \bar{y})^2}{2V/m}\right] \times V^{\frac{-m+1}{2}} \exp\left[-\frac{1}{2V}\left(\sum_{i=1}^m y_i^2 - m\bar{y}^2\right)\right]$$

$$(7.104)$$

其中，$\bar{y}$ 为验前数据样本均值：

$$\bar{y} = \frac{1}{m}\sum_{i=1}^m y_i, \quad \sigma_{0c} = \sqrt{\frac{1}{m-1}\sum_{i=1}^m (y_i - \bar{y})^2} \qquad (7.105)$$

式(7.104)等号右侧包括两部分，"×"号左侧部分是关于均值参数 μ 的分布，为正态分布，无论变量 V 是否已知，在整个定义域 $\mu \in [-\infty, +\infty]$ 上积分为 1。而"×"右侧部分是关于方差参数 V 的分布，为逆 Gamma 分布。可以看出，式(7.104)中 $\left(\frac{1}{\sqrt{2\pi}}\right)^m$ 是常数，与兴趣参数 μ 及 V 无关，考虑到概率密度函数归一化条件，正态分布均值 μ 与方差 V 的联合验前概率密度函数为

$$\pi_c(\mu, V \mid D_0) = \frac{1}{\sqrt{2\pi\eta_{0c}V}}exp\left[-\frac{(\mu - \mu_{0c})^2}{2\eta_{0c}V}\right] \cdot \frac{\alpha_{0c}^{\beta_{0c}}}{\Gamma(\beta_{0c})}V^{-(\beta_{0c}+1)}\exp\left(-\frac{\alpha_{0c}}{V}\right)$$

$$(7.106)$$

其中，

$$\mu_{0c} = \bar{y} = \frac{1}{m}\sum_{i=1}^m y_i, \quad \eta_{0c} = \frac{1}{m}, \quad \alpha_{0c} = \frac{1}{2}\sum_{i=1}^m (y_i - \bar{y})^2, \quad \beta_{0c} = \frac{m-3}{2} \quad (7.107)$$

式(7.106)中的前一部分是正态分布的形式，而第二部分为逆 Gamma 分布形式，即使用似然函数与共轭验前分布思想，正态分布均值 μ 与方差 V 的联合验前概率密度函数可表示为式(7.106)所示的正态-逆 Gamma 分布。

7.5.4 大容量正态型数据验前分布的分组构造方法

当正态型数据中验前子样个数比较大时，例如通过仿真手段获得了比较多的验前数据(样本个数在飞行试验子样数的 30 倍以上)，可使用下面的分组构造方法，使验前分布中的等效样本容量不至于远远大于飞行试验子样，有效避免"淹没"问题。

7.5.4.1 构造方法

将前述的 m 个验前样本任意分为 N 组，每组均包含 k 个数据(N、k 为自然

数),即

$$m = N \cdot k \tag{7.108}$$

针对第 j 组 $(j = 1, 2, \cdots, N)$ 数据集 $\{y_i^{(j)}\}$, $i = 1, 2, \cdots, k$, 可以统计得到相应的样本均值 $\hat{\mu}^{(j)}$ 与样本方差 $\hat{V}^{(j)}$:

$$\hat{\mu}^{(j)} = \frac{1}{k} \sum_{i=1}^{k} y_i^{(j)}, \hat{V}^{(j)} = \frac{1}{k-1} \sum_{i=1}^{k} (y_i^{(j)} - \hat{\mu}^{(j)})^2 \tag{7.109}$$

显然共有 N 组这样的均值与方差。

对数据 $(\hat{\mu}^{(1)}, \cdots, \hat{\mu}^{(N)})$、$(\hat{V}^{(1)}, \cdots, \hat{V}^{(N)})$ 进一步分析,可将其作为新的集合 $\{\hat{\mu}^{(j)}\}$、$\{\hat{V}^{(j)}\}$, $j = 1, 2, \cdots, N$, 分别计算其样本均值与方差,可得到

$$\bar{\mu}_0 = \frac{1}{N} \sum_{j=1}^{N} \hat{\mu}^{(j)}, \quad \hat{\sigma}_\mu^2 = \frac{1}{N-1} \sum_{j=1}^{N} (\hat{\mu}^{(j)} - \bar{\mu}_0)^2 \tag{7.110}$$

$$\bar{V}^N = \frac{1}{N} \sum_{j=1}^{N} \hat{V}^{(j)}, \quad \hat{\sigma}_V^2 = \frac{1}{N-1} \sum_{j=1}^{N} (\hat{V}^{(j)} - \bar{V}^N)^2 \tag{7.111}$$

根据共轭分布原则,将数据拟合为正态-逆 Gamma 分布 $\pi_g(\mu, V \mid D_0)$。

$$\pi_g(\mu, V \mid D_{0g}) = \frac{1}{\sqrt{2\pi\eta_{0g}V}} \exp\left[-\frac{(\mu - \mu_{0g})^2}{2\eta_{0g}V}\right] \cdot \frac{\alpha_{0g}^{\beta_{0g}}}{\Gamma(\beta_{0g})} V^{-(\beta_{0g}+1)} \exp\left(-\frac{\alpha_{0g}}{V}\right) \tag{7.112}$$

其中,μ_{0g}、η_{0g}、α_{0g}、β_{0g} 为分布参数,由式(7.113)~式(7.116)给出:

$$\mu_{0g} = \sum_{j=1}^{N} \hat{\mu}^{(j)}/N \tag{7.113}$$

$$\eta_{0g} = \frac{\hat{\sigma}_\mu^2}{\bar{V}^N} \tag{7.114}$$

$$\alpha_{0g} = \left[(\bar{V}^N)^2/\hat{\sigma}_V^2 + 1\right] \cdot \bar{V}^N \tag{7.115}$$

$$\beta_{0g} = \frac{(\bar{V}^N)^2}{\hat{\sigma}_V^2} + 2 \tag{7.116}$$

根据上述关系即可得到超参数 μ_{0g}、η_{0g}、α_{0g}、β_{0g} 的估计,从而得到关于均值、方差的联合验前分布。

7.5.4.2　相关结论的证明

对于上述的分组构造方法,有如下几个结论。

结论 1:上述构造方法中,均值的点估计是无偏估计。

证明:对于上述构造方法,均值的点估计为

$$\hat{\mu} = \mu_{0g} = \sum_{j=1}^{N} \hat{\mu}^{(j)} / N \qquad (7.117)$$

则

$$\hat{\mu} = \mu_{0g} = \frac{1}{N} \sum_{j=1}^{N} \hat{\mu}^{(j)} = \frac{1}{N \cdot k} \sum_{i=1}^{N*k} y_i = \frac{1}{m} \sum_{i=1}^{m} y_i \qquad (7.118)$$

即均值点估计等于所有样本均值,这与似然函数方法是相同的。根据经典统计学理论,样本均值为均值的无偏估计。

结论 2:上述构造方法中,方差的点估计是无偏估计。

证明:根据正态–逆 Gamma 分布中方差的点估计公式:

$$\hat{V} = \frac{\alpha_{0g}}{\beta_{0g} - 1} \qquad (7.119)$$

将式(7.115)、式(7.116)代入式(7.119),可得到

$$\hat{V} = \bar{V}^N \qquad (7.120)$$

分组方法中,令变量 $Y_j = \dfrac{(k-1)}{V} \hat{V}^{(j)}$,根据经典统计学,变量 Y_j 服从自由度为 $k-1$ 的卡方分布:

$$Y_j = \frac{(k-1)}{V} \hat{V}^{(j)} \sim \chi^2(k-1) \qquad (7.121)$$

令变量 $Y = \sum_{j=1}^{N} Y_j$,根据卡方分布性质,卡方分布的和仍为卡方分布,其自由度相加即可,同时根据式(7.111),即

$$Y = \frac{(k-1)}{V} \sum_{j=1}^{N} \hat{V}^{(j)} = \frac{N \cdot (k-1)}{V} \bar{V}^N \sim \chi^2 [N(k-1)] \qquad (7.122)$$

卡方分布的均值等于其自由度,即

$$E\left[\frac{N \cdot (k-1)}{V}\bar{V}^N\right] = \frac{N \cdot (k-1)}{V}E(\bar{V}^N) = N \cdot (k-1) \qquad (7.123)$$

即

$$E(\hat{V}) = E(\bar{V}^N) = V \qquad (7.124)$$

也就是说，上述分组构造方法中方差的点估计值也是无偏估计，同样与经典似然函数方法是相同的。

结论 3：验前分布参数 β_{0g} 满足

$$\lim_{m \to \infty}\beta_{0g} = \frac{k+3}{2} + \frac{k}{m} \qquad (7.125)$$

证明：式（7.116）可改写为

$$(\beta_{0g} - 2)\hat{\sigma}_V^2 = (\bar{V}^N)^2 \qquad (7.126)$$

两边取期望：

$$E(\beta_{0g} - 2)E(\hat{\sigma}_V^2) = E[(\bar{V}^N)^2] \qquad (7.127)$$

根据经典统计学，$E(\hat{\sigma}_V^2)$ 是变量 $\hat{V}^{(j)}$ 方差的无偏估计，有 $E(\hat{\sigma}_V^2) = D(\hat{V}^{(j)})$。根据式（7.121），变量 Y_j 服从自由度为 $k-1$ 的卡方分布，根据卡方分布特性：

$$D(Y_j) = 2(k-1) \qquad (7.128)$$

则有

$$D(Y_j) = D\left[\frac{(k-1)}{V}\hat{V}^{(j)}\right] = \frac{(k-1)^2}{V^2}D(\hat{V}^{(j)}) \qquad (7.129)$$

所以

$$D(\hat{V}^{(j)}) = \frac{V^2}{(k-1)^2}D(Y_j) = \frac{2}{(k-1)}V^2 \qquad (7.130)$$

式（7.127）中 $E[(\bar{V}^N)^2]$ 是二阶原点矩：

$$E[(\bar{V}^N)^2] = [E(\bar{V}^N)]^2 + D(\bar{V}^N) \qquad (7.131)$$

由于 $\hat{V}^{(j)}(j = 1, 2, \cdots, N)$ 之间是相互独立的，有

$$D(\bar{V}^N) = D\left(\frac{1}{N}\sum_{j=1}^{N}\hat{V}^{(j)}\right) = \frac{1}{N}D(\hat{V}^{(j)}) \qquad (7.132)$$

将式(7.124)、式(7.132)代入式(7.131),可得

$$E\left[\left(\bar{V}^N\right)^2\right] = V^2 + \frac{1}{N}D\left(\hat{V}^{(j)}\right) \tag{7.133}$$

再将式(7.130)代入式(7.133)、式(7.127),可得

$$\lim_{m\to\infty}\beta_{0g} = \frac{k+3}{2} + \frac{1}{N} = \frac{k+3}{2} + \frac{k}{m} \tag{7.134}$$

实际中分组中每组子样个数 k 可以选择与现场试验子样个数相当,当验前数据子样个数 m 很大时, $1/m \approx 0$,式(7.134)可简化为

$$\lim_{m\to\infty}\beta_{0g} \approx \frac{k+3}{2} \tag{7.135}$$

结论 4: 验前分布参数 η_{0g} 满足

$$\lim_{m\to\infty}\eta_{0g} = \frac{1}{k} \tag{7.136}$$

证明: 式(7.114)改写为

$$\eta_{0g}\bar{V}^N = \hat{\sigma}_\mu^2 \tag{7.137}$$

两边取期望,可得

$$E\left[\eta_{0g}\right] = E\left[\hat{\sigma}_\mu^2\right]/E\left[\bar{V}^N\right] \tag{7.138}$$

根据式(7.110), $\hat{\sigma}_\mu^2$ 为变量 $\hat{\mu}^{(j)}$ 方差的无偏估计,即

$$E\left[\hat{\sigma}_\mu^2\right] = D\left[\hat{\mu}^{(j)}\right] \tag{7.139}$$

根据分组情况,有 $D\left[\hat{\mu}^{(j)}\right] = \dfrac{V}{k}$,同时根据式(7.124),式(7.138)可变为

$$E\left[\eta_{0g}\right] = \frac{V}{k \cdot V} = \frac{1}{k} \tag{7.140}$$

即 $\lim\limits_{m\to\infty}\eta_{0g} = \dfrac{1}{k}$。

在正态-逆 Gamma 分布中,参数 $1/\eta_{0g}$ 描述了样本容量对概率密度函数的影响,称为"等效样本容量"。

可以看出,该分组构造方法具有一些比较好的性质,验前分布中正态分布均值、方差均是无偏估计,但是其等效样本容量与验前数据子样数 m 无关,只与分组中每组的子样数 k 有关。当根据仿真方法获得的验前数据子样数 m 远远大于现场试验数据子样数 n 时,可以在设计分组时令每一组样本的数量 k 与现场试验数据样本子样数 n 相当,从而避免大容量验前信息"淹没"小样本现场试验信息的情况。

7.5.5 幂验前分布

在工程实际中,验前信息与现场试验信息一般不会完全一致,在进行一致性检验时,也是在给定的置信度下满足一致性检验结果。通常认为,现场试验数据是产品性能参数最真实、最直接的反映,特别是对于导弹飞行试验而言,成本高昂,所以在融合验前信息与现场试验信息时,现场试验数据应该具有更高的权重。由此人们引入了各种基于折合因子概念的验前信息转换方法。幂验前分布的基本思想是利用幂参数 $\delta(0 \leqslant \delta \leqslant 1)$ 来控制验前信息对验后统计推断的影响程度。设参数 θ 为待估参数(或兴趣参数),则 θ 的幂验前概率密度函数为

$$\pi_p(\theta \mid D_0) \propto \frac{\left[L(D_0; \theta)\right]^{\delta} \pi(\theta)}{\int_{\Theta} \left[L(D_0; \theta)\right]^{\delta} \pi(\theta) \mathrm{d}\theta} \tag{7.141}$$

其中,$\pi(\theta)$ 为参数 θ 的初始验前,需要时可取无信息验前分布,或者省略该部分,$L(D_0; \theta)$ 为基于验前数据集 D_0 的似然函数。从式(7.141)可以看出,如果 $\delta = 0$,则 $\pi_p(\theta \mid D_0) \propto \pi(\theta)$,表明验前数据集 D_0 对 θ 的验后统计推断没有任何影响;当 $\delta = 1$,表明将验前信息 D_0 和现场试验信息具有相同的权重。

式(7.141)中幂参数 δ 可以根据验前信息与现场试验信息的一致性确定,或者工程经验确定,也可以根据 Bayes 理论思想,将 δ 视为随机变量。例如,幂参数 δ 可假设为 Beta 分布:

$$\pi(\delta) = \frac{\delta^{\alpha_\delta - 1} (1 - \delta)^{\beta_\delta - 1}}{\mathrm{B}(\alpha_\delta, \beta_\delta)} \tag{7.142}$$

其中,α_δ、β_δ 为分布参数。

式(7.141)适用于任意分布形式的兴趣参数,不同兴趣参数的幂验前分布形式也不相同。例如,对于式(7.91)所示的成败型数据,其幂验前分布可表示为

$$\pi_p(p) = \frac{p^{\delta s_0 - 1}(1 - p)^{\delta n_0 - \delta s_0 - 1}}{\mathrm{B}[\delta s_0, \delta(n_0 - s_0)]} \tag{7.143}$$

为简单起见,此处幂参数定为一确定值。

对于式(7.103)所示的正态分布,兴趣参数 $\theta = \{\mu, V\}$,将式(7.103)代入式(7.141),可得

$$\pi_p(\mu, V \mid D_0) = \frac{1}{\sqrt{2\pi\eta_{0p}V}}\exp\left[-\frac{(\mu - \mu_{0p})^2}{2\eta_{0p}V}\right] \cdot \frac{\alpha_{0p}^{\beta_{0p}}}{\Gamma(\beta_{0p})}V^{-(\beta_{0p}+1)}\exp\left(-\frac{\alpha_{0p}}{V}\right) \tag{7.144}$$

其中,

$$\mu_{0p} = \bar{y} = \frac{1}{m}\sum_{i=1}^{m}y_i, \quad \eta_{0p} = \frac{1}{\delta m}, \quad \alpha_{0p} = \frac{\delta}{2}\sum_{i=1}^{m}(y_i - \bar{y})^2, \quad \beta_{0p} = \frac{m\delta - 3}{2} \tag{7.145}$$

即考虑幂参数时,正态分布均值 μ 与方差 V 的联合验前概率密度函数可表示为式(7.144)所示的正态-逆 Gamma 分布。对比式(7.145)与式(7.107),幂验前方法的等效样本容量($1/\eta_{0p} = \delta m$)要小于经典似然函数方法($1/\eta_{0c} = m$)。

算例 5:假设某型产品根据仿真技术得到了 5 000 个独立同分布样本,均服从正态分布,样本均值为 0.629 4,样本方差为 4.038 6。分别根据前述三种验前分布构造方法,其中幂验前方法中幂参数分别取 0.9 与 0.5,分组构造方法中每组样本个数分别取 10 与 6。则得到的正态-逆 Gamma 验前分布参数如表 7.3 所示。

表 7.3 验前分布参数

不同构造方法	验前分布参数计算值			
	μ_0	η_0	α_0	β_0
似然函数方法	0.629 3	0.000 2	10 094.4	2 498.5
幂验前方法($\delta = 0.9$)	0.629 3	0.000 22	9 084.9	2 248.6
幂验前方法($\delta = 0.5$)	0.629 3	0.000 4	5 047.2	1 248.5
分组构造方法($k = 10$)	0.629 3	0.102 2	21.618 7	6.364 6
分组构造方法($k = 6$)	0.629 3	0.168 2	13.942 5	4.456 4

从表7.3中可以看出,不同验前分布构造方法中等效样本容量($1/\eta_0$)差异较大,似然函数方法与幂验前方法主要由验前样本个数决定,而分组构造方法中两种不同分组情况下等效样本容量分别等于9.785(对应 $k = 10$)、5.945(对应 $k = 6$),远小于似然函数方法与幂验前方法。

幂验前方法非常巧妙地引入幂参数控制验前信息的权重,具有一些良好的性质,感兴趣的读者可以写出其他分布形式的幂验前分布,继续开展研究。

7.5.6 混合验前分布

与幂验前分布不同,混合验前分布使用两种不同验前分布的加权和作为最终的验前分布,一般形式如下:

$$\pi_h(\theta \mid D_0) = c \cdot \pi(\theta \mid D_0) + (1 - c) \cdot \pi_0(\theta) \qquad (7.146)$$

其中,c 表示权重,$c \in [0, 1]$。$\pi(\theta \mid D_0)$ 表示由验前数据样本获得的关于参数 θ 的验前分布,$\pi_0(\theta)$ 表示根据其他方法得到的验前概率密度函数,当无信息可用时,可取无信息验前分布。显然:

(1) 如果 $c = 1$,$\pi_h(\theta \mid D_0) = \pi(\theta \mid D_0)$,表示验前数据完全可信;

(2) 如果 $c = 0$,$\pi_h(\theta \mid D_0) = \pi_0(\theta)$,表示验前数据完全不可信,不能使用该验前数据;

(3) 如果 $0 < c < 1$,$\pi_h(\theta \mid D_0)$ 为两部分的加权和。

同样,式(7.146)适用于任意分布形式的兴趣参数,例如,对于式(7.91)所示的成败型数据,混合验前分布可表示为

$$\pi_h(p \mid D_0) = c \cdot \pi(p) + (1 - c) \cdot \pi_0(p) \qquad (7.147)$$

其中,$\pi(p)$ 根据式(7.92)确定,$\pi_0(p)$ 可使用无信息验前分布,例如式(7.31)。

对于式(7.103)所示的正态分布,兴趣参数 $\theta = \{\mu, V\}$,则混合验前分布可表示为

$$\pi_h(\mu, V \mid D_0) = c \cdot \pi_c(\mu, V \mid D_0) + (1 - c) \cdot \pi_0(\mu, V) \qquad (7.148)$$

其中,$\pi_c(\mu, V \mid D_0)$ 由式(7.106)确定,$\pi_0(\mu, V)$ 可采用无信息验前,根据前面式(7.10)位置参数与式(7.14)尺度参数的分析,正态分布均值与方差的无信息验前可采用式(7.149)描述:

$$\pi_0(\mu, V) \propto \frac{1}{\sqrt{V}} \qquad (7.149)$$

对于命中概率 p，同样可以使用混合验前分布：

$$\pi_h(p \mid D_0) = c \cdot \pi_c(p \mid D_0) + (1 - c) \cdot \pi_0(p) \tag{7.150}$$

其中，$\pi_c(p \mid D_0)$ 可根据验前试验数据得到，例如式（7.92），$\pi_0(p)$ 使用无信息验前分布，例如式（7.31）。

7.6　精度评估的 Bayes 方法

导弹制导精度的评定，特别是小样本情况下的制导精度评定，充分利用各类验前信息，有助于缩短研制周期，减少研制经费。获得了验前分布后，结合现场试验数据，采用 Bayes 方法，得到随机变量的验后概率密度函数，在此基础上可开展各种统计计算。

7.6.1　正态分布均值参数 Bayes 统计推断

导弹落点纵向、横向偏差均服从正态分布，首先讨论均值参数的 Bayes 估计。假设方差参数已知为 V_k，待估参数（兴趣参数）为均值 μ，使用共轭分布假设，其验前分布为 $\pi(\mu)$：

$$\pi(\mu) = \frac{1}{\sqrt{2\pi}\,\nu_0}\exp\left[-\frac{(\mu - \mu_0)^2}{2\nu_0^2}\right] \tag{7.151}$$

其中，μ_0、ν_0 为验前分布参数，可根据式（7.97）得到。

设现场试验数据为 $D = \{x_j\}$，$j = 1, 2, \cdots, n$，则现场试验数据的似然函数为

$$L(D; \mu) = \left(\frac{1}{\sqrt{2\pi}}\right)^n V_k^{-n/2}\exp\left[-\frac{1}{2V_k}\sum_{i=1}^{n}(x_i - \mu)^2\right] \tag{7.152}$$

根据 Bayes 公式，验后概率密度函数为

$$f(\mu \mid D) = \frac{L(D; \mu)\pi(\mu)}{\displaystyle\int_{\Theta_\mu} L(D; \mu)\pi(\mu)\,\mathrm{d}\mu} \tag{7.153}$$

其中，Θ_μ 为均值参数的积分域。对于式（7.153）中的分母，由于对均值 μ 进行了积分，结果中并不会包含均值变量 μ，而且试验数据与方差参数 V_k 均是已知

量,所以分母是一个常数。在实际计算中,利用概率密度函数归一化条件,通常并不计算分母(有时候这种积分非常复杂),而是对整个验后概率密度函数进行归一化处理,这样可有效简化计算。式(7.153)可改写为

$$f(\mu \mid D) \propto L(D; \mu)\pi(\mu) \tag{7.154}$$

其中,$\propto$ 为正比符号。将式(7.151)、式(7.152)代入式(7.154),可得

$$f(\mu \mid D) \propto V_k^{-n/2}\exp\left[-\frac{1}{2V_k}\sum_{i=1}^{n}(x_i-\mu)^2\right]\cdot\frac{1}{\sqrt{2\pi}\nu_0}\exp\left[-\frac{(\mu-\mu_0)^2}{2\nu_0^2}\right] \tag{7.155}$$

式(7.155)中省略了部分常数项,其兴趣参数(随机变量)为 μ,整理后可得

$$f(\mu \mid D) \propto \exp\left[-\left(\frac{n}{2V_k}+\frac{1}{2\nu_0^2}\right)\mu^2+\left(\frac{n\bar{y}}{V_k}+\frac{\mu_0}{\nu_0^2}\right)\mu-\left(\frac{\sum_{i=1}^{n}y_i^2}{2V_k}+\frac{\mu_0^2}{2\nu_0^2}\right)\right] \tag{7.156}$$

式(7.156)进一步省略了常数项 $V_k^{-n/2}$、$\frac{1}{\sqrt{2\pi}\nu_0}$,可以看出式(7.156)是一个正态分布的形式,进一步省略常数项可得

$$f(\mu \mid D) \propto \exp\left[-\left(\frac{n\nu_0^2+V_k}{2V_k\nu_0^2}\right)\left(\mu-\frac{n\nu_0^2\bar{x}+V_k\mu_0}{n\nu_0^2+V_k}\right)^2\right] \tag{7.157}$$

可以看出式(7.157)为正态分布形式,利用归一化条件,可得到验后概率密度函数为

$$f(\mu \mid D) = \frac{1}{\sqrt{2\pi}\nu_1}\exp\left[-\frac{(\mu-\mu_1)^2}{2\nu_1^2}\right] \tag{7.158}$$

其中,验后参数为

$$\mu_1 = \frac{n\nu_0^2\bar{x}+V_k\mu_0}{n\nu_0^2+V_k},\ \nu_1 = \sqrt{\frac{V_k\nu_0^2}{n\nu_0^2+V_k}} \tag{7.159}$$

采用共轭验前分布,在方差已知的情况下,正态分布均值的验后概率密度函数仍为正态分布,验后均值是验前均值与现场试验数据的加权和,权系数是与方差有关,这个结论与经典统计学是相同的。后续关于均值的区间估计等统

计计算可以根据经典统计学相关理论进行,本节不再赘述。

上述推导过程中没有计算 Bayes 公式中的分母,在推导过程也多次省略了常数项。在 Bayes 推导过程中,需要抓住两个关键点:一是确定待分析的随机变量,也称为兴趣参数,所有与兴趣参数有关的部分都需保留,而与兴趣参数无关的项都可省略。二是将验后概率密度函数尽可能表示成与已知分布相似的形式,最后根据归一化条件得到概率密度函数的常数项。这些处理方法可有效减少 Bayes 验后概率密度函数计算难度。

7.6.2　正态分布方差参数的统计推断

本小节讨论正态分布方差参数的 Bayes 统计推断,假设方差参数已知为 μ_k,待估参数(兴趣参数)为均值 V,使用共轭分布假设,其验前分布为 $\pi(V)$,可参考式(7.100)。设现场试验数据为 $D = \{x_j\}$,$j = 1, 2, \cdots, n$,则现场试验数据的似然函数为

$$L(D; V) = \left(\frac{1}{\sqrt{2\pi}} \right)^n V^{-n/2} \exp\left[-\frac{1}{2V} \sum_{i=1}^n (x_i - \mu_k)^2 \right] \tag{7.160}$$

根据 Bayes 公式,验后概率密度函数为

$$f(V \mid D) = \frac{L(D; V)\pi(V)}{\int_{\Theta_V} L(D; V)\pi(V)\,\mathrm{d}V} \tag{7.161}$$

其中,Θ_V 为方差参数的积分域。同样,式(7.161)中的分母是对于方差的积分,结果中不包含随机变量 V,可以认为是已知量,后续计算中不具体计算该积分值。将式(7.160)代入式(7.161),得

$$f(V \mid D) \propto \frac{\alpha_0^{\beta_0}}{\Gamma(\beta_0)} \cdot V^{-(\beta_0 + n/2 + 1)} \exp\left\{ -\frac{1}{V} \left[\alpha_0 + \frac{1}{2} \sum_{i=1}^n (x_i - \mu_k)^2 \right] \right\} \tag{7.162}$$

可见,方差参数 V 的验后分布同样为逆 Gamma 分布,验后分布参数分别为

$$\beta_1 = \beta_0 + n/2, \quad \alpha_1 = \alpha_0 + \frac{1}{2} \sum_{i=1}^n (x_i - \mu_k)^2 \tag{7.163}$$

同样,后续关于方差的区间估计等统计计算可以根据经典统计学相关理论

进行,本节不再赘述。

7.6.3 正态分布均值方差均未知时的验后概率密度函数

工程实际中,更多的情况是正态分布均值、方差两个参数均未知的情况,需要同时给出正态分布均值、方差参数的验后概率密度函数。结合前面讨论的情况,使用共轭验前分布,此时正态分布均值、方差的联合概率密度函数为正态-逆 Gamma 函数,见式(7.102)。同样设现场试验数据为 $D = \{x_j\}$,$j = 1, 2, \cdots, n$,则现场试验数据的似然函数为

$$L(D; \mu, V) = \left(\frac{1}{\sqrt{2\pi}}\right)^n V^{-n/2} \exp\left[-\frac{1}{2V}\sum_{i=1}^{n}(x_i - \mu)^2\right] \tag{7.164}$$

根据 Bayes 公式,结合前面均值、方差参数的推导过程,验后概率密度函数为

$$f(\mu, V \mid D) \propto V^{-n/2}\exp\left[-\frac{n(\mu - \bar{x})^2}{2V}\right] \cdot \exp\left[-\frac{1}{2V}\sum_{i=1}^{n}(x_i - \bar{x})^2\right]$$

$$\times (\eta_0 V)^{-0.5}\exp\left[-\frac{(\mu - \mu_0)^2}{2\eta_0 V}\right] V^{-(\beta_0+1)} e^{-\frac{\alpha_0}{V}} \tag{7.165}$$

推导过程的基本原则是确定推导过程中的兴趣参数 (μ, V),根据共轭分布原则将其写成正态-逆 Gamma 分布的形式,验后概率密度函数为

$$f(\mu, V \mid D) \propto \left(\frac{V}{1/\eta_0 + n}\right)^{-0.5}\exp\left[-\frac{(n + 1/\eta_0)}{2V}\left(\mu - \frac{\mu_0 + \eta_0 n\bar{y}}{1 + \eta_0 n}\right)^2\right]$$

$$V^{-\left(\beta_0+\frac{n}{2}+1\right)}\exp\left[-\frac{1}{2V}\sum_{i=1}^{n}(y_i - \bar{y})^2 - \frac{1}{2V}\frac{n(\mu_0 - \bar{y})^2}{n\eta_0 + 1} - \frac{\alpha_0}{V}\right]$$

$$\tag{7.166}$$

令

$$\mu_1 = \frac{\mu_0 + \eta_0 n\bar{x}}{1 + \eta_0 n} \quad \eta_1 = \frac{\eta_0}{n\eta_0 + 1}$$

$$\beta_1 = \beta_0 + \frac{n}{2} \quad \alpha_1 = \alpha_0 + \frac{1}{2}\sum_{i=1}^{n}(x_i - \bar{x})^2 + \frac{1}{2}\frac{n(\mu_0 - \bar{x})^2}{1 + n\eta_0} \tag{7.167}$$

验后概率密度函数仍然为正态-逆 Gamma 分布:

$$f(\mu, V \mid D) = \frac{1}{\sqrt{2\pi\eta_1 V}} \exp\left[-\frac{(\mu - \mu_1)^2}{2\eta_1 V}\right] \frac{\alpha_1^{\beta_1}}{\Gamma(\beta_1)} V^{-(\beta_1+1)} \exp\left(-\frac{\alpha_1}{V}\right)$$

$$(7.168)$$

式(7.168)给出了关于正态分布均值、方差的联合验后概率密度函数,在分别对均值、方差进行统计分析时,还需要计算关于均值、方差参数的边缘概率密度函数。方差 V 的边缘概率密度函数为

$$f_V(V \mid D) = \int_{\Theta_\mu} f(\mu, V \mid D)\,\mathrm{d}\mu \tag{7.169}$$

只需要将式(7.168)中的变量 μ 积分掉即可,即

$$f_V(V \mid D) = \frac{\alpha_1^{\beta_1}}{\Gamma(\beta_1)} V^{-(\beta_1+1)} \exp\left(-\frac{\alpha_1}{V}\right) \tag{7.170}$$

关于方差的验后边缘概率密度函数为逆 Gamma 分布。所以方差参数的验后点估计与方差估计分别为

$$\hat{V} = \frac{\alpha_1}{\beta_1 - 1} \tag{7.171}$$

$$\mathrm{var}(\hat{V}) = \frac{\alpha_1^2}{(\beta_1 - 1)^2(\beta_1 - 2)} \tag{7.172}$$

均值参数 μ 的边缘概率密度函数为

$$f_\mu(\mu \mid D) = \int_{\Theta_V} f(\mu, V \mid D)\,\mathrm{d}V \tag{7.173}$$

上述积分的计算则要复杂得多,从式(7.168)可以看出,变量 V 在多处出现,将式(7.168)改写为

$$f_\mu(\mu \mid D) = \frac{\alpha_1^{\beta_1}}{\sqrt{2\pi\eta_1}\,\Gamma(\beta_1)} \int_0^\infty \exp\left(-\frac{\alpha_1 + u}{V}\right) \cdot V^{-(\beta_1+1.5)}\,\mathrm{d}V \tag{7.174}$$

其中, $u = \dfrac{(\mu - \mu_1)^2}{2\eta_1}$。可以看出式(7.174)为逆 Gamma 分布形式,积分结果为

$$f_\mu(\mu \mid D) = \frac{\alpha_1^{\beta_1}\Gamma(\beta_1 + 0.5)}{\sqrt{2\pi\eta_1}\,\Gamma(\beta_1)} \alpha_1^{-\beta_1-0.5}\left[1 + \frac{(\mu - \mu_1)^2}{2\alpha_1\eta_1}\right]^{-\beta_1-0.5} \tag{7.175}$$

同样,式(7.175)中的待估参数或兴趣参数只有均值参数 μ,其他均为已知量。定义变量 z 为

$$z = \left(\frac{\beta_1}{\alpha_1 \eta_1}\right)^{0.5} (\mu - \mu_1) \tag{7.176}$$

则

$$\mu = \left(\frac{\alpha_1 \eta_1}{\beta_1}\right)^{0.5} z + \mu_1 \tag{7.177}$$

可得到关于变量 z 的概率密度函数:

$$f_z(z \mid D) = \frac{\Gamma(\beta_1 + 0.5)}{\sqrt{2\pi\beta_1}\,\Gamma(\beta_1)} \left[1 + \frac{z^2}{2\beta_1}\right]^{-(2\beta_1+1)/2} \tag{7.178}$$

该分布为自由度为 $2\beta_1$ 的中心 t 分布(学生氏分布),由于均值参数 μ 与变量 z 是线性变换,均值 μ 的验后概率密度函数实际上为自由度为 $2\beta_1$ 的非中心 t 分布。显然,该结论与经典统计学是一致的。

对于变量 z,其均值与方差分别为

$$E(z) = 0, \quad D(z) = \frac{\beta_1}{\beta_1 - 1} \tag{7.179}$$

则均值参数 μ 的验后均值与方差分别为

$$\hat{\mu} = \mu_1 \tag{7.180}$$

$$\text{var}(\hat{\mu}) = \frac{\alpha_1 \eta_1}{\beta_1} \cdot \frac{2\beta_1}{2\beta_1 - 2} = \frac{\alpha_1 \eta_1}{\beta_1 - 1} \tag{7.181}$$

同样其他统计推断可以基于 t 分布完成。

7.6.4　CEP 的统计推断

由于 CEP 服从何种分布目前并未有定论,CEP 的统计推断主要基于落点纵、横向偏差完成,而落点纵、横向偏差均服从正态分布。在获得落点纵、横向偏差的验后均值与方差的点估计 $\hat{\mu}_x$、$\hat{\mu}_z$、$\hat{V}_x$、$\hat{V}_z$ 后,根据 CEP 的定义计算 CEP 值 R_{cep}。

$$\iint\limits_{x^2+z^2 \leqslant R_{\text{cep}}^2} \frac{1}{2\pi\sqrt{\hat{V}_x \hat{V}_z}} \exp\left[-\frac{(x - \hat{\mu}_x)^2}{2\hat{V}_x} - \frac{(z - \hat{\mu}_z)^2}{2\hat{V}_z}\right] \mathrm{d}x\mathrm{d}z = 0.5 \tag{7.182}$$

CEP 的区间估计一般采用 Monte-Carlo 方法。前面已经得到了落点纵、横向偏差正态分布均值与方差的验后分布。首先从相应的 t 分布随机抽样，经过变换得到均值 μ 的随机样本；然后从逆 Gamma 分布随机抽样可以得到方差 V 的随机样本。设抽样次数为 N 次，则根据式(7.182)可以计算 N 个 CEP 的估计 $R_{\text{cep}1}, \cdots, R_{\text{cep}N}$，从小到大进行排序，有 $R_{\text{cep}(1)} \leqslant \cdots \leqslant R_{\text{cep}(N)}$，若给定置信水平为 $1 - \gamma$，则 CEP 的置信上界估计为 $R_{\text{cep}(\lfloor N \cdot (1-\gamma/2) \rfloor)}$，置信下界估计为 $R_{\text{cep}(\lfloor N\gamma/2 \rfloor)}$，其中 $\lfloor \cdot \rfloor$ 表示取整运算，相应的 CEP 的置信区间估计为 $[R_{\text{cep}(\lfloor N\gamma/2 \rfloor)}, R_{\text{cep}(\lfloor N \cdot (1-\gamma/2) \rfloor)}]$。

7.6.5　命中概率 Bayes 评估方法

假设导弹命中概率为 p，现场试验数据为 (n, s)，其中 n 为总试验次数，s 为成功次数。参数 p 的共轭验前概率密度函数为 Beta 分布，可根据式(7.92)确定。现场试验数据的似然函数为

$$L(D; p) = p^s (1 - p)^{n-s} \tag{7.183}$$

参数 p 的验后概率密度函数为

$$f(p \mid D) = L(D; p)\pi(p) \propto \frac{p^{s+\alpha-1} (1 - p)^{n-s+\beta-1}}{B(\alpha, \beta)} \tag{7.184}$$

使用归一化条件，可得到验后概率密度函数为

$$f(p \mid D) = \frac{p^{s+\alpha-1} (1 - p)^{n-s+\beta-1}}{B(\alpha + s, \beta + n - s)} \tag{7.185}$$

可见，参数 p 的验后分布仍然为 Beta 分布，分布参数综合了验前分布参数与现场试验数据。命中概率的验后点估计为

$$\hat{p}_b = \frac{s + \alpha}{n + \alpha + \beta} \tag{7.186}$$

如果使用经典统计方法，不使用验前信息，在上述现场试验数据情况下，使用极大似然估计方法可得到命中概率的点估计：

$$\hat{p}_c = \frac{s}{n} \tag{7.187}$$

命中概率 $1 - \gamma$ 置信度的置信下限可根据式(7.188)计算：

$$\int_{p_{\text{low}}}^{1} f(p \mid D) \, \mathrm{d}p = 1 - \gamma \tag{7.188}$$

同样，关于命中概率的其他估计可以基于式(7.185)所示验后概率密度函数计算得到，本节不再赘述。

7.6.6　Bayes 方法中的假设检验

Bayes 方法中假设检验的描述与第 6 章中是相同的，但在进行统计判断时更为直观，只需计算验后加权概率比即可。假设待估参数(兴趣参数)为 θ，验后概率密度函数为 $f(\theta \mid D)$，原假设与备择假设分别为 H_0、H_1：

$$H_0: \theta = \theta_0 \quad \leftrightarrow \quad H_1: \theta = \theta_1 \tag{7.189}$$

Bayes 决策所对应的验后加权概率比为

$$\frac{\kappa_0}{\kappa_1} = \frac{f(\theta \mid D, H_0)}{f(\theta \mid D, H_1)} \tag{7.190}$$

其中，$f(\theta \mid D, H_0)$ 表示原假设 H_0 成立时的验后概率密度；$f(\theta \mid D, H_1)$ 表示备择假设 H_1 成立时的验后概率密度。决策规则为

$$\begin{cases} \kappa_0/\kappa_1 > 1, & 接受 H_0 \\ \kappa_0/\kappa_1 < 1, & 接受 H_1 \end{cases} \tag{7.191}$$

对于式(7.190)，根据 Bayes 公式，有

$$\frac{\kappa_0}{\kappa_1} = \frac{L(D; \theta \mid H_0)\pi(\theta \mid H_0)\big/\displaystyle\int_{\Theta} L(D; \theta \mid H_0)\pi(\theta \mid H_0)\,d\theta}{L(D; \theta \mid H_1)\pi(\theta \mid H_1)\big/\displaystyle\int_{\Theta} L(D; \theta \mid H_1)\pi(\theta \mid H_1)\,d\theta} \tag{7.192}$$

其中，$L(D; \theta \mid H_0)$ 为 H_0 为真情况下现场试验数据的似然函数；$L(D; \theta \mid H_1)$ 为 H_1 为真情况下现场试验数据的似然函数；$\pi(\theta \mid H_0)$ 与 $\pi(\theta \mid H_0)$ 分别为 H_0 为真、H_1 为真情况下的验前概率密度值。定义

$$P_\pi = \frac{\pi(\theta \mid H_0)}{\pi(\theta \mid H_1)} \tag{7.193}$$

实际上，Bayes 公式中的分母与 H_0 为真或 H_1 为真无关，所以式(7.192)改写为

$$\frac{\kappa_0}{\kappa_1} = P_\pi \frac{L(D; \theta \mid H_0)}{L(D; \theta \mid H_1)} \tag{7.194}$$

考虑对于正态分布中方差的检验,均值为已知量 μ_0,假设检验为

$$H_0: \sigma = \sigma_0 \quad \leftrightarrow \quad H_1: \sigma = \sigma_1 = \lambda\sigma_0 \tag{7.195}$$

其中,λ 为检出比。在获得了现场试验数据 $D = \{x_1, x_2, \cdots, x_n\}$,似然函数可表示为

$$L(D; \sigma \mid H_0) = \prod_{i=1}^{n} \frac{1}{\sqrt{2\pi}\,\sigma_0} \exp\left[\frac{-(x_i - \mu_0)^2}{2\sigma_0^2}\right]$$

$$L(D; \sigma \mid H_1) = \prod_{i=1}^{n} \frac{1}{\sqrt{2\pi}\,\sigma_1} \exp\left[\frac{-(x_i - \mu_0)^2}{2\sigma_1^2}\right] \tag{7.196}$$

则 κ_0 与 κ_1 的比值为

$$\frac{\kappa_0}{\kappa_1} = \lambda^n \exp\left[\frac{1 - \lambda^2}{\lambda^2} \frac{1}{2\sigma_0^2} \sum_{i=1}^{n} (x_i - \mu_0)^2\right] P_\pi(\sigma) \tag{7.197}$$

通过计算上述比值,即可给出关于方差的检验结果。根据式(7.191),拒绝 H_0 的条件为 $\kappa_0/\kappa_1 < 1$,则

$$\frac{1}{\sigma_0^2} \sum_{i=1}^{n} (x_i - \mu_0)^2 = \frac{(n-1)S^2}{\sigma_0^2} > \frac{2\lambda^2}{\lambda^2 - 1} \ln(\lambda^n P_\pi) \tag{7.198}$$

研制方风险计算:

$$\alpha_B = P\{\text{拒绝 } H_0 \mid H_0\} = \int_{k_B}^{\infty} f(\chi)\,\mathrm{d}\chi \tag{7.199}$$

其中,$f(\chi)$ 为卡方分布的概率密度函数;$k_B = \dfrac{2\lambda^2}{\lambda^2 - 1} \ln(\lambda^n P_\pi)$。

使用方风险根据式(7.200)计算:

$$\beta_B = P\{\text{接受 } H_0 \mid H_1\} = \int_0^{k_B/\lambda^2} f(\chi)\,\mathrm{d}\chi \tag{7.200}$$

对于命中概率参数,假设检验为

$$H_0: p = p_0 \quad \leftrightarrow \quad H_1: p = p_1 \tag{7.201}$$

其中,$p_0 > p_1$,λ 为检出比,可参见 6.3 节定义。在获得了现场试验数据 $D = \{n, s\}$,似然函数可表示为

$$L(D; p \mid H_0) = p_0^s (1 - p_0)^{n-s}$$

$$L(D; p \mid H_1) = p_1^s (1 - p_1)^{n-s} \tag{7.202}$$

则 κ_0 与 κ_1 的比值为

$$\frac{\kappa_0}{\kappa_1} = \left(\frac{p_0}{p_1}\right)^s \frac{1}{\lambda^{n-s}} P_\pi \tag{7.203}$$

通过计算式(7.203)的值可以给出决策结果。根据式(7.191),拒绝 H_0 的条件为 $\kappa_0 / \kappa_1 < 1$,则临界值

$$s_k = s < \frac{n \ln \lambda - \ln P_\pi}{\ln d + \ln \lambda} \tag{7.204}$$

研制方风险计算:

$$\alpha_B = P\{拒绝 H_0 \mid H_0\} = \sum_{i=0}^{[s_k]} C_n^i p_0^i (1 - p_0)^{n-i} \tag{7.205}$$

使用方风险根据式(7.206)计算:

$$\beta_B = P\{接受 H_0 \mid H_1\} = 1 - \sum_{i=0}^{[s_k]} C_n^i p_1^i (1 - p_1)^{n-i} \tag{7.206}$$

7.7 Bayes 方法应用中的若干问题

7.7.1 "淹没"问题

从 Bayes 理论的观点来看,验前信息越充分,在保证一定置信度的前提下,现场试验数据可以大幅度减少,或者在完成现场试验后可以提高统计决策的置信度。但是,这种处理方法存在一个隐患,即验前信息的误用问题。一般而言,验前信息和现场试验信息的总体分布总会存在差异,在小样本条件下,验前信息的这种偏倚是否会影响决策的正确性和有效性是值得深入讨论的问题。根据式(7.167),均值的验后估计为

$$\mu_1 = \frac{\mu_0 + \eta_0 n \bar{x}}{1 + \eta_0 n} \tag{7.207}$$

根据式(7.107)得到的验前分布参数：

$$\eta_0 = \frac{1}{m} \tag{7.208}$$

则

$$\mu_1 = \frac{\mu_0}{1 + n/m} + \frac{n}{m} \frac{\bar{x}}{1 + n/m} \tag{7.209}$$

当验前信息子样数 m 与现场试验子样数 n 满足 $m \gg n$ 时，有

$$\mu_1 \approx \mu_0 \tag{7.210}$$

例如，当 $m = 200$，$n = 5$，验前信息均值为 $\mu_0 = 1.0$，现场试验信息均值 $\bar{x} = 1.5$，其验后均值为

$$\mu_1 = \frac{\mu_0 + \eta_0 n \bar{x}}{1 + \eta_0 n} = \frac{1 + 5/200 \times 1.5}{1 + 5/200} = 1.012 \tag{7.211}$$

与验前信息均值非常接近。对于方差参数，也有同样的结论。其原因在于，样本容量在参数的验后估计中扮演着加权系数的角色，验前信息样本容量远大于现场试验信息样本容量，意味着验前信息的权重在验后估计中非常大，从而导致"淹没"现象。实际上对于所有的其他统计分布，都存在着类似的问题。也就是说，在 Bayes 方法应用过程中，对验前信息不加甄别的使用是不可取的。因此，在使用 Bayes 方法时，需要对验前信息的可信度进行深入分析，只有满足可信度要求时，才能使用该验前信息。

7.7.2 非共轭分布的验后统计推断

7.6.1 节指出，使用共轭分布可以有效降低验后概率密度函数的计算难度，但并不是所有的待估参数(兴趣参数)存在共轭分布，或者验前分布不使用共轭分布时，验后统计推断将会比较复杂。例如使用混合验前分布时，其验后概率密度函数的权系数需要详细计算。

7.7.2.1 混合验前分布下命中概率的验后分布

假定某产品共进行了 n 次现场试验，成功 s 次，即现场试验信息 $D = (n, s)$，采用式(7.150)作为命中概率的验前分布，$\pi_c(p \mid D_0)$ 由式(7.92)确定，$\pi_0(p)$ 根据式(7.31)确定。则 p 的验后密度函数为

$$\pi_p(p \mid D) \propto \lambda_p \pi_{p1}(p \mid D) + (1 - \lambda_p)\pi_{p2}(p \mid D) \tag{7.212}$$

其中,

$$\pi_{p1}(p \mid D) = \frac{p^{\alpha_{p1}-1}(1-p)^{\beta_{p1}-1}}{B(\alpha_{p1}, \beta_{p1})}, \ \pi_{p2}(p \mid D) = \frac{p^{\alpha_{p2}-1}(1-p)^{\beta_{p2}-1}}{B(\alpha_{p2}, \beta_{p2})} \tag{7.213}$$

$$\alpha_{p1} = s_0 + s, \ \beta_{p1} = n_0 - s_0 + n - s \tag{7.214}$$

$$\alpha_{p2} = s + 0.5, \ \beta_{p2} = n - s + 0.5 \tag{7.215}$$

$B(\alpha_{p1}, \beta_{p1})$ 为 Beta 函数。验后加权系数为

$$\lambda_p = \frac{c}{c + (1-c)K} \tag{7.216}$$

其中,$K = \dfrac{m(D \mid \pi_0)}{m(D \mid \pi_c)}$; $m(D \mid \pi_c) = \dfrac{B(s_0 + s, n_0 - s_0 + n - s)}{B(s_0, n_0 - s_0)}$; $m(D \mid \pi_0) = \dfrac{B(s + 0.5, n - s + 0.5)}{B(0.5, 0.5)}$。

由式(7.212)可以看出,验后密度函数同样由两部分组成,两部分均为 Beta 分布,但是两部分的加权系数发生了变化,由式(7.216)确定。

7.7.2.2 混合验前分布下正态型试验数据的验后分布

对于正态分布的均值与方差,采用式(7.148)作为均值、方差的联合验前分布,其中 $\pi_c(\mu, V \mid D_0)$ 由式(7.106)确定,$\pi_0(\mu, V)$ 由式(7.149)确定,现场试验数据为 $D = \{x_1, x_2, \cdots x_n\}$。根据详细推导,可得到关于 μ、V 的验后概率密度函数:

$$\pi_p(\mu, V \mid D) = \lambda \pi_{p1}(\mu, V \mid D) + (1 - \lambda)\pi_{p2}(\mu, V \mid D) \tag{7.217}$$

其中,

$$\pi_{p1}(\mu, V \mid D) = \frac{1}{\sqrt{2\pi\eta_{p1}V}}\exp\left[-\frac{(\mu - \mu_{p1})^2}{2\eta_{p1}V}\right] \cdot \frac{\alpha_{p1}^{\beta_{p1}}}{\Gamma(\beta_{p1})}V^{-(\beta_{p1}+1)}\exp\left(-\frac{\alpha_{p1}}{V}\right) \tag{7.218}$$

$$\pi_{p2}(\mu, V \mid D) = \frac{1}{\sqrt{2\pi\eta_{p2}V}}\exp\left[-\frac{(\mu - \mu_{p2})^2}{2\eta_{p2}V}\right] \cdot \frac{\alpha_{p2}^{\beta_{p2}}}{\Gamma(\beta_{p2})}V^{-(\beta_{p2}+1)}\exp\left(-\frac{\alpha_{p2}}{V}\right) \tag{7.219}$$

$$\mu_{p1} = \frac{\mu_{0c} + \eta_{0c} n\bar{x}}{1 + \eta_{0c} n}, \quad \eta_{p1} = \frac{\eta_{0c}}{1 + \eta_{0c} n},$$

$$\alpha_{p1} = \alpha_{0c} + \frac{1}{2} n\hat{\sigma}^2 + \frac{1}{2} \frac{n(\bar{x} - \mu_{0c})^2}{n\eta_{0c} + 1}, \quad \beta_{p1} = \beta_{0c} + \frac{n}{2} \tag{7.220}$$

$$\mu_{p2} = \bar{x}, \quad \eta_{p2} = \frac{1}{n}, \quad \alpha_{p2} = \frac{1}{2} \sum_{i=1}^{n} (x_i - \bar{x})^2, \quad \beta_{p2} = \frac{n-2}{2} \tag{7.221}$$

其中, $\bar{x}$、$\hat{\sigma}^2$ 为现场试验数据的统计均值与方差:

$$\hat{\mu} = \bar{x} = \frac{1}{n} \sum_{i=1}^{n} x_i, \quad \hat{\sigma}^2 = \frac{1}{n-1} \sum_{i=1}^{n} (x_i - \bar{x})^2 \tag{7.222}$$

加权系数为

$$\lambda = \frac{c}{c + (1-c)K} \tag{7.223}$$

其中, $K = m(D \mid \pi_{p2})/m(D \mid \pi_{p1})$; $m(D \mid \pi_{p1}) = \frac{(2\pi)^{-\frac{n}{2}}\sqrt{\eta_{p1}}}{\sqrt{\eta_{0c}}} \frac{(\alpha_{0c})^{\beta_{0c}}}{\Gamma(\beta_{0c})} \frac{\Gamma(\beta_{p1})}{(\alpha_{p1})^{\beta_{p1}}}$;

$m(D \mid \pi_{p2}) = \frac{(2\pi)^{-\frac{n-1}{2}}\Gamma(\beta_{p2})\sqrt{\eta_{p2}}}{(\alpha_{p2})^{\beta_{p2}}}$。

　　由式(7.223)可以看出,验后密度函数同样由两部分组成,且都是正态-逆Gamma 分布,但是权系数不同。验后权系数 λ 在验后统计中扮演重要角色,且与变量 K 密切相关,而 K 与验前参数 m、μ_{0c}、σ_{0c}[由式(7.105)、式(7.107)确定]以及现场试验数据 n、$\hat{\mu}$、$\hat{\sigma}$[由式(7.222)确定]都有关系。

　　为描述的一般性,去掉均值与均方差中的估计符号,验前信息均值与均方差用 μ_0、σ_0 表示,现场试验信息的均值与均方差用 μ、σ 表示。下面分析在不同的 m、μ_0、σ_0、n、μ、σ 组合情况下, λ 的变化情况。K 重写为

$$K = \frac{(2\pi)^{\frac{1}{2}}\Gamma(n/2)}{\sqrt{n}} \frac{\sqrt{n+m}}{\sqrt{m}} \frac{\Gamma(m/2)}{\Gamma(n/2 + m/2)} \left[1 + \frac{m\sigma_0^2}{n\sigma^2} + \frac{m(\mu - \mu_0)^2}{(n+m)\sigma^2} \right]^{\frac{n}{2}}$$

$$\left[1 + \frac{n\sigma^2}{m\sigma_0^2} + \frac{n(\mu - \mu_0)^2}{(n+m)\sigma_0^2} \right]^{\frac{m}{2}} \tag{7.224}$$

均值的验后估计可表示为

$$\mu_{\text{post}} = \frac{c}{c + (1 - c)K} \frac{m\mu_{0c} + n\mu}{m + n} + \left[1 - \frac{c}{c + (1 - c)K} \right]\mu \qquad (7.225)$$

分四种情况讨论如下。

（1）当 μ_0、σ_0、μ、σ 已知，n 固定，$m \to \infty$。

式（7.224）中，$\lim\limits_{m \to \infty} \dfrac{\sqrt{n + m}}{\sqrt{m}} = 1$，$\lim\limits_{m \to \infty} \left[1 + \dfrac{n(\mu - \mu_0)^2}{\sigma_0^2(n + m)} + \dfrac{n\sigma^2}{m\sigma_0^2} \right]^{\frac{m}{2}}$ 为常数，而

$\lim\limits_{m \to \infty} \dfrac{\Gamma(m/2)}{\Gamma(n/2 + m/2)} \left[1 + \dfrac{\sigma_0^2}{n\sigma^2}m + \dfrac{m(\mu - \mu_0)^2}{n + m} \right]^{\frac{n}{2}} \to \infty$，所以 $\lim\limits_{m \to \infty} K \to \infty$，此时有 $\lim\limits_{m \to \infty} \lambda = 0$。也就是说当验前样本容量 m 很大时，无论 c 取何值，λ 的验后估计趋近于零。这实际上降低了验前信息对参数验后估计的影响，一定程度上避免了验前样本很大时"淹没"现场样本的情况。根据式（7.225），$\mu_{\text{post}} \approx \mu$。

（2）当 n、m、σ_0、σ 已知，μ 固定，$\mu_0 \to \infty$。

显然 $\lim\limits_{\mu_0 \to \infty} K \to \infty$，$\lim\limits_{\mu_0 \to \infty} \lambda = 0$。$\mu_0 \to \infty$ 可以认为验前信息与现场信息完全不相容，这种情况下利用验前信息没有意义。根据式（7.225），当 $\mu_0 \to \infty$ 时，$\mu_{\text{post}} = \lim\limits_{\mu_0 \to \infty} \dfrac{cm}{(1 - c)(m + n)} \dfrac{\mu_0}{K} + \mu = \mu$。计算结果说明，在 $\mu_0 \to \infty$ 的情况下，验前信息对验后估计没有影响。

（3）当 n、m、μ_0、μ 已知，σ 固定，$\sigma_0 \to \infty$。

其中 $\lim\limits_{\sigma_0 \to \infty} \left(1 + \dfrac{n(\bar{x} - \mu_0)^2}{\sigma_0^2(n + m)} + \dfrac{n\sigma^2}{m\sigma_0^2} \right)^{\frac{m}{2}} \to 1$，$\lim\limits_{\sigma_0 \to \infty} \left(1 + \dfrac{\sigma_0^2}{n\sigma^2}m + \dfrac{m(\mu - \mu_0)^2}{\sigma^2(n + m)} \right)^{\frac{n}{2}} \to \infty$，所以 $\lim\limits_{\sigma_0 \to \infty} K \to \infty$，$\lim\limits_{\sigma_0 \to \infty} \lambda = 0$。$\sigma_0 \to \infty$ 同样可以认为是验前信息与现场信息完全不相容，此时可以得到与 $\mu_0 \to \infty$ 类似的结论。

（4）n、m 已知，验前信息与现场信息完全相容，即 $\sigma_0 = \sigma$、$\mu_0 = \mu$。

此时，K 为

$$K = \frac{(2\pi)^{\frac{1}{2}}\sqrt{n + m}}{\sqrt{n}\sqrt{m}} \frac{\Gamma(n/2)\Gamma(m/2)}{\Gamma(n/2 + m/2)} \left(\frac{n + m}{n} \right)^{\frac{n}{2}} \left(\frac{n + m}{m} \right)^{\frac{m}{2}} \qquad (7.226)$$

计算表明，当 $m \approx n$ 时，$K \approx 1$，此时 $\lambda \approx c$，也就是说 λ 的验后估计与设置的验前权重 c 基本相当。

上述分析表明,混合验前方法具有一些比较优良的性质。当验前信息与现场信息完全不相容时,验前信息对验后估计的影响很小,验后估计只与现场信息有关;当验前信息样本数量很大时,验后估计也只与现场信息有关,从而有效地避免了验前信息"淹没"现场信息的情况。

7.7.3　MCMC 方法

Bayes 统计分析计算过程中,使用共轭分布会极大降低验后分布的计算难度,但是并不是所有的随机变量都有共轭分布,相反,大部分随机变量很难找到共轭分布,这会使验后概率密度函数变得复杂,特别是在多阶段 Bayes 统计推断、多维变量联合 Bayes 统计推断等问题中,验后概率密度函数会涉及高维积分等计算上的困难,这也限制了 Bayes 方法的应用。随着计算机技术的发展和 Bayes 理论的改进,马尔可夫链蒙特卡洛(Malkov Chain Monte-Carlo, MCMC)方法的出现使得高维积分计算问题得到解决,它将随机过程中的马尔可夫过程引入到蒙特卡洛模拟中,促进了 Bayes 方法的推广应用,本节将简要介绍相关内容。

7.7.3.1　蒙特卡洛积分

蒙特卡洛方法是一种使用基于随机数积分计算方法,假定需要计算复杂积分 $\int_a^b h(x)\,\mathrm{d}x$,如果可以把函数 $h(x)$ 分解为一个函数 $f(x)$ 和一个定义在 $[a,b]$ 区间上的概率密度函数 $p(x)$ 的乘积,那么

$$\int_a^b h(x)\,\mathrm{d}x = \int_a^b f(x)p(x)\,\mathrm{d}x = E_{p(x)}[f(x)] \tag{7.227}$$

即积分可以表达为密度 $p(x)$ 上的 $f(x)$ 的期望。因此,如果从密度 $p(x)$ 上抽取大量的随机变量 $x_1, \cdots, x_n$,则

$$\int_a^b h(x)\,\mathrm{d}x = E_{p(x)}[f(x)] \cong \frac{1}{n}\sum_{i=1}^n f(x_i) \tag{7.228}$$

这就是蒙特卡洛积分。

蒙特卡洛积分可以用来近似计算 Bayes 分析中验后统计推断,对于积分 $I(y) = \int_a^b f(y \mid x)p(x)\,\mathrm{d}x$,可以用式(7.229)近似:

$$\hat{I}(y) = \frac{1}{n}\sum_{i=1}^n f(y \mid x_i) \tag{7.229}$$

其中，x_i 是从密度 $p(x)$ 的抽样。估计的蒙特卡洛标准差为

$$\text{var}[I(y)] = \frac{1}{n}\left\{\frac{1}{n-1}\sum_{i=1}^{n}\left[f(y\mid x_i) - \hat{I}(y)\right]^2\right\} \tag{7.230}$$

令 X_t 表示一个随机变量 X 在 t 时刻的值，X 可能的取值范围称为状态空间，如果 X 的不同取值之间（状态空间内不同值之间）的转移概率仅仅依赖随机变量的当前状态，即

$$P(X_{t+1} = s_j \mid X_0 = s_k, \cdots, X_t = s_i) = P(X_{t+1} = s_j \mid X_t = s_i) \tag{7.231}$$

则随机变量是一个马尔可夫过程。因此，对一个马尔可夫随机变量而言，下一个时刻的状态只与随机变量的当前状态有关，而与之前的状态无关。一条马尔可夫链是指由一个马尔可夫过程产生的随机变量序列 $(x_1, \cdots, x_n)$，一条特定的马尔可夫链由其转移概率（或转移核）严格定义，即 $p(i,j) = p(i \rightarrow j)$ 表示一个随机过程从状态空间 s_i 一步转移到状态 s_j 的概率：

$$p(i, j) = p(i \rightarrow j) = P(X_{t+1} = s_j \mid X_t = s_i) \tag{7.232}$$

7.7.3.2 抽样方法

MCMC 方法中最常用的一类抽样算法是 Metropolis-Hastings 抽样算法与 Gibbs 抽样算法。假定需要从某个概率密度函数 $p(x)$ 抽取样本，$p(x) = f(x)/K$，其中正则化常数 K 未知且很难计算。Metropolis-Hastings 方法按下面的步骤产生一系列抽样。

（1）从任何满足 $f(x_0) > 0$ 的初始值 x_0 开始。

（2）用当前的 x_t 值，根据跳跃分布密度 $q(x_1, x_2)$ 抽取下一个候选点 x^*，该跳跃分布密度可以是一个任意转移概率密度函数 $q(x_1, x_2) = p(x_1 \rightarrow x_2)$。

（3）已知候选点 x^*，计算在候选点 x^* 和当前点 x_t 的密度比：

$$\alpha = \min\left[\frac{f(x^*)q(x^*, x_t)}{f(x_t)q(x_t, x^*)}, 1\right] \tag{7.233}$$

从式（7.233）可以看出，分子、分母中的标准化常数 K 可互相消除。

（4）如果 $\alpha > 1$，即跳跃密度增加，则接受候选点，令 $x_{t+1} = x^*$，并且返回步骤（2）；如果 $\alpha < 1$，那么就以概率 α 接受候选点，否则拒绝它并返回步骤（2）。

接受候选点会产生一条马尔可夫链 $(x_0, x_t, \cdots, x_k, \cdots)$，因为从 x_t 到 x_{t+1} 的转移概率仅仅依赖 x_t，而不依赖 $(x_0, \cdots, x_{t-1})$。成功实现 Metropolis-

Hastings 或其他 MCMC 抽样的关键是产生的马尔可夫链接近稳态的运行步数,称为燃烧期长度。燃烧期长度并不固定,与抽样随机数质量、待抽样概率密度函数等有关,实际中一般需要根据收敛检验方法评估马尔可夫链是否已达到稳态。数据链达到稳态后,逼近其平稳分布,向量 $(x_{k+1}, \cdots, x_{k+n})$ 代表的就是来自 $p(x)$ 的样本。

Gibbs 抽样最早用于图像处理,是 Metropolis-Hastings 抽样方法的一个特殊情况,其中随机值总是被接受(即 $\alpha = 1$)。对于多维联合分布而言,Gibbs 抽样每次只针对一元条件分布(其他变量赋予固定值),计算条件密度函数 $f(x \mid y)$ 或 $f(y \mid x)$ 要比通过从联合密度函数 $f(x, y)$ 积分获得边际密度函数[例如 $f(x)$ 或 $f(y)$]要容易很多,而且工程中这种条件分布往往具有比较简单的形式(例如正态分布、卡方分布等),容易抽样模拟。对于一个 n 维联合分布的抽样,Gibbs 抽样是从 n 个一元条件密度函数依次模拟 n 个随机变量,而不是直接使用 n 维联合分布概率密度函数抽样得到 n 维向量。

假设联合概率密度函数 $f(x_1, x_2, \cdots, x_n)$ 包含 n 个变量,则 Gibbs 一次抽样过程如下:

(1)随机给定初值 $\boldsymbol{x}^{(0)} = (x_1^{(0)}, \cdots, x_n^{(0)})$;

(2)根据条件概率密度函数 $f(x_1 \mid x_2^{(0)}, x_3^{(0)}, \cdots, x_n^{(0)})$ 抽取 $x_1^{(1)}$ 的值;

(3)根据条件概率密度函数 $f(x_2 \mid x_1^{(1)}, x_3^{(0)}, \cdots, x_n^{(0)})$ 抽取 $x_2^{(1)}$ 的值,如此依次抽样,直至根据条件概率密度函数 $f(x_n \mid x_1^{(1)}, x_2^{(1)}, \cdots, x_{n-1}^{(1)})$ 抽取 $x_n^{(1)}$ 的值。

根据上述 Gibbs 一次抽样过程,得到新的抽样值 $\boldsymbol{x}^{(1)} = (x_1^{(1)}, \cdots, x_n^{(1)})$,即完成了由初值 $\boldsymbol{x}^{(0)}$ 到 $\boldsymbol{x}^{(1)}$ 的转移,经过类似的 k 次抽样,可以得到抽样序列 $\boldsymbol{x}^{(1)}$、$\boldsymbol{x}^{(2)}$、$\cdots$、$\boldsymbol{x}^{(k)}$。经过足够的燃烧期后,得到的抽样序列就是来自 $f(x_1, x_2, \cdots, x_n)$。

MCMC 方法为 Bayes 验后计算提供了一种很好的解决方法,极大促进了 Bayes 方法的应用,特别是在 Bayes 网络、机器学习、人工智能等领域发展迅速,相关技术仍在不断进步中。

7.8 小结

本章以 Bayes 理论为基础,针对命中精度与命中概率指标,讨论了 Bayes 方法在精度评估中的应用问题。首先介绍了 Bayes 方法的基本原理与无信息验前理论,然后讨论了验前信息获取、信息一致性检验、验前分布构造方法等重要问题,并以精度指标为例说明了 Bayes 方法的使用流程与具体计算,最后分析了 Bayes 方法工程应用中的若干问题与目前的研究思路。

参 考 文 献

［ 1 ］ Col W S. Technology and the PeaceKeeper［R］. AIAA 1992 - 1326, 1992.

［ 2 ］ 张宗美.MX 洲际弹道导弹［M］.北京：宇航出版社,1999.

［ 3 ］ 张金槐.远程火箭精度分析与评估［M］.长沙：国防科技大学出版社,1995.

［ 4 ］ 贾沛然,陈克俊,何力.远程火箭弹道学［M］.长沙：国防科技大学出版社,1993.

［ 5 ］ 张晓今,张为华,江振宇.导弹系统性能分析［M］.北京：国防工业出版社,2013.

［ 6 ］ 郑伟.地球物理摄动因素对远程弹道导弹命中精度的影响分析及补偿方法研究［D］.长沙：国防科学技术大学,2006.

［ 7 ］ 秦永元.惯性导航［M］.北京：科学出版社,2006.

［ 8 ］ Titterton D H, Weston J L. Strapdown inertial navigation technology［M］. 2nd ed.London：Peter Peregrinus Ltd.,2004.

［ 9 ］ 张红良.陆用高精度激光陀螺捷联惯导系统误差参数估计方法研究［D］.长沙：国防科学技术大学,2010.

［10］ 杨华波,蔡洪,张士峰.高精度惯性平台误差自标定方法［J］.上海航天,2006,23(2)：33 - 36.

［11］ Shin E H, El-Sheimy N. A new calibration method for strapdown inertial navigation systems［J］. Z. Vermess, 2002, 127：1 - 10.

［12］ Syed Z F, Aggarwal P, Goodall C, et al. A new multi-position calibration method for MEMS inertial navigation systems［J］. Measurement Science and Technology, 2007(18)：1897 - 1907.

［13］ Fong W T, Ong S K, Nee A Y C. Methods for in-field user calibration of an inertial measurement unit without external equipment［J］. Measurement Science and Technology, 2008(19)：1 - 11.

［14］ Ding Z J, Cai H, Yang H B. An improved multi-position calibration method for low cost micro-electro mechanical systems inertial measurement units［J］. Proceedings of the Institution of Mechanical Engineers, Part G：J Aerospace Engineering, 2015(10)：1919 - 1930.

［15］ Jackson A D, Continuous calibration and alignment techniques for an all-attitude inertial platform［R］.AIAA 73 - 865,1973.

［16］ 丁智坚.全姿态惯性平台自标定自对准技术及试验研究［D］.长沙：国防科学技术大学,2016.

［17］ 杨华波,蔡洪,张士峰,等.高精度惯性平台连续自标定自对准技术［J］.宇航学报,2006,27(4)：600－604.

［18］ 曹渊,张士峰,杨华波,等.一种新的惯性平台快速连续旋转自对准方法［J］.兵工学报,2011,32(12)：1468－1473.

［19］ 曹渊,张士峰,杨华波,等.惯性平台误差快速自标定方法研究［J］.宇航学报,2011,32(6)：1281－1287.

［20］ Cao Y, Cai H, Zhang S F. A new continuous self-calibration scheme for a gimbaled inertial measurement unit［J］. Measurement Science and Technology, 2012,23(1)：385－394.

［21］ 吴梦旋.惯性仪表高阶误差模型系数在精密离心机上的测试方法［D］.哈尔滨：哈尔滨工业大学,2017.

［22］ 杨华波,张士峰,蔡洪.基于交叉验证的陀螺仪温度漂移建模方法［J］.宇航学报,2007,28(3)：589－593.

［23］ 杨华波.惯性测量系统误差标定及分离技术研究［D］.长沙：国防科学技术大学,2008.

［24］ 徐丽娜,邓正隆,张广莹,等.陀螺仪温度试验与建模研究［J］.宇航学报,1999,20(2)：99－103.

［25］ 程光显.适合制导系统工具误差分离设计的试验弹道［R］.战略导弹精度分析论文集,1990：77－85.

［26］ 杨华波,张士峰,蔡洪.惯导工具误差分离与折合的支持向量机方法［J］.系统仿真学报,2007,19(10)：2169－2177.

［27］ 邵长林,周旭,张凤林,等.基于非线性回归模型的分离导弹制导工具误差估计［C］.乌鲁木齐：国防科技工业与数学学术研讨会,2008.

［28］ 杨华波,郑伟,张士峰,等.定位、定向误差对弹道导弹落点的影响分析［C］.厦门：中国2004年航天测控技术研讨会,2004.

［29］ 杨华波,张士峰,蔡洪,等.考虑初始误差的制导工具误差分离建模与参数估计［J］.宇航学报,2007,28(6)：1638－1642.

［30］ 杨华波,张士峰,胡正东.海基导弹初始误差分离建模与参数估计［J］.系统工程与电子技术,2007,29(6)：931－933.

［31］ 李冬,魏超,周萱影.初始误差和制导工具误差估计的非线性方法［J］.国防科技大学学报,2018,40(6)：61－67.

［32］ 吴楠,陈磊.高超声速滑翔再入飞行器弹道估计的自适应卡尔曼滤波［J］.航空学报,2013,34(8)：1960－1971.

［33］ Lu Z J, Hu W D, Estimation of ballistic coefficients of space debris using the ratios between different objects［J］. Chinese Journal of Aeronautics, 2017, 30(3)：1204－1216.

［34］ 张君彪,熊家军,兰旭辉,等.基于自适应滤波的高超声速滑翔目标三维跟踪算法［J］.

系统工程与电子技术,2022,44(2):628-636.

[35] 杨华波,张士峰,蔡洪.再入飞行器弹道系数的自适应估计[J].2003,31(5):18-22.

[36] 张金槐.线性模型参数估计及其改进[M].长沙:国防科技大学出版社,1999.

[37] 张金槐,蔡洪.飞行器试验统计学[M].长沙:国防科技大学出版社,1995.

[38] Mirzaei F M, Rounmeliotis S I. A kalman filter-based algorithm for IMU-camera calibration: Observability analysis and performance evaluation[J]. IEEE Transactions on Robotics, 2008, 24(5): 1143-1156.

[39] Carmi A, Oshman Y. Nonlinear observability analysis of spacecraft attitude and angular rate with inertial uncertainty[J]. The Journal of the Astronautical Science, 2009, 57(1): 129-148.

[40] 段鹏伟,宫志华,徐旭,等.用于实时弹道滤波的 Sage-Husa 改进算法[J].弹道学报,2022,34(2):10-16.

[41] Cardillo G P, Mrstik A V, Plambeck T. A track filter for reentry objects with uncertain drag[J]. IEEE Transactions On Aerospace and Electronic Systems, 1999, 35(2): 394-408.

[42] 黄景帅,李永远,汤国建,等.高超声速滑翔目标自适应跟踪方法[J].航空学报,2020,41(9):292-305.

[43] 蔡洪.自适应 Kalman 滤波及其应用研究[D].长沙:国防科学技术大学,1996.

[44] Arasaratnam I, Haykin S. Cubature Kalman filtering for continuous-discrete systems: Theory and simulations[J]. IEEE Transactions on Signal Processing, 2010, 58(10): 4977-4993.

[45] 王正明,卢芳云,段晓君.导弹试验的设计与评估[M].第 3 版.北京:科学出版社,2022.

[46] 盛骤,谢式千,潘承毅.概率论与数理统计[M].第 3 版.北京:高等教育出版社,2001.

[47] 陈希孺.数理统计引论[M].北京:科学出版社,1999.

[48] Wald A. Sequential tests of statistical hypotheses[J]. The Annals of Mathematical Statistics, 1945, 16(2): 117-186.

[49] Efron B. Bootstrap methods: Another look at the jackknife[J]. The Annals of Statistics, 1979, 7(1): 1-26.

[50] 郑忠国.随机加权法[J].应用数学学报,1987,10(2):247-252.

[51] 程光显,张士峰.导弹落点精度的鉴定方法——概率圆方法[J].国防科技大学学报,2001,23(5):13-16.

[52] 杨华波,张士峰.导弹命中精度的序贯截尾概率圆检验方法[J].国防科技大学学报,2023,23(5):13-16.

[53] 郑小兵,孙翱,雷刚,等.小子样试验条件下的序贯概率圆精度检验方法[J].中国惯性技术学报,2017,25(5):566-570.

[54] Jeffreys H. Theroy of probability[M].Oxford: Oxford University Press,1961.

[55] Jaynes E T. Prior probabilities[J]. IEEE Transactions on Systems Science and Cybernetics, 1968(4): 227-241.

[56] James O B. Statistical decision theory and Bayesian analysis[M].Berlin: Springer, 1985.

[57] Robbins H. An empirical Bayes approach to statistics[C].California: Proceedings of the Third Berkeley Symposium on Mathmatical Statistics and Probability, 1955.

[58] Morris C. Parametric empirical Bayes inference: Theory and applications[J]. Journal of the American Statistical Association, 1983, 78: 47-65.

[59] 张金槐,唐雪梅.Bayes 方法[M].第 2 版.长沙:国防科技大学出版社,1995.

[60] 蔡洪,张士峰,张金槐.Bayes 试验分析与评估[M].长沙:国防科技大学出版社,2004.

[61] Papazoglou I A. Bayesian decision analysis and reliability certification[J]. Reliability Engineering and System Safegy, 1999, 66: 177-198.

[62] 唐雪梅,蔡洪,杨华波,等.导弹武器精度分析与评估[M].北京:国防工业出版社, 2015.

[63] 张金槐.利用验前信息的一种序贯检验方法-序贯验后加权检验方法[J].国防科技大学学报,1991,13(2): 1-13.

[64] Charles A W. A comparison of circular error probable estimations for small samples[D]. Dayton: Air Force Institute of Technology, 1997.

[65] Gregoriou G. CEP calculations for a rocket with different control systems[J]. Journal of Guidance, 1988, 11(3): 193-198.

[66] 张湘平,张金槐,谢红卫.关于样本容量、验前信息与 Bayes 决策风险的若干讨论[J]. 电子学报,2003,31(4): 536-538.

[67] Michael J B, Phillip E P, Shing M, et al. Test and evaluation of the Ballistic Missile Defense System[R]. AIAA20031031-094, 2003.

[68] 曹渊,胡正东,郭才发,等.基于整体推断的 Bayes 方法及其在精度评定中的应用[J]. 宇航学报,2009,30(6): 2354-2359.

[69] 王康,史贤俊,秦亮,等.基于 Bayes 小子样理论和序贯网图检验的武器装备测试性验证试验方案设计[J].兵工学报,2019,40(11): 2319-2328.

[70] Ibrahim J G, Chen M H, Sinha D. On optimality properties of the power prior[J]. Journal of the American Statistical Association, 2003, 98: 204-213.

[71] 杨华波,张士峰,蔡洪.Bayes 修正幂验前方法在制导精度评估中的应用研究[J].宇航学报,2009,30(6): 2237-2242.

[72] 张金槐,张士峰.验前大容量仿真信息"淹没"现场小子样试验信息问题[J].飞行器测控学报,2003,22(3): 1-6.

[73] 杨华波,蔡洪,张士峰.基于混合验前分布的制导精度评估方法[J].航空学报,2009, 30(5): 855-860.

[74] Stephen P B. Markov Chain Monte Carlo method and its application[J]. The Statistician,

1998: 47(1): 69-100.

[75] David S. Actuarial modeling with MCMC and BUGS[J]. North American Actuarial Journal, 2001, 5 (2): 96-125.

[76] Larry J L. Systems analysis and test and evaluation at APL[J]. Johns Hopkins APL Technical Digest, 2003, 24(1): 8-18.

[77] Dean A P, Harvey F. Incorporation of non-destructive centrifuge tests into missile guidance assessment[R]. ADA19961213, 1996.